快学速修家电丛书

家电维修实例速查

何爱萍　彭　琼　主编

河南科学技术出版社

·郑州·

内 容 提 要

本书共精选了1000多个最新家用电器维修典型实例，这些维修实例涉及了家用电器的各个领域，全书共分四大部分：国内外新型彩电维修实例速查；数码电器故障维修实例速查；电冰箱、空调故障维修实例速查；洗衣机、小家电故障维修实例速查。这些维修实例是一线高手多年维修实践和经验的总结，具有一定的典型性和代表性。全书采用表格式编排，每个实例既指出故障现象，又阐述原理分析和提出维修措施，语言通俗易懂，编排简洁明朗，实用性较强，读者可以根据故障现象快速查找。该书对于维修人员和初学者有重要的参考作用。

本书适用于家用电器维修人员、电工维修培训班学员及电子爱好者阅读。

图书在版编目（CIP）数据

家电维修实例速查/何爱萍，彭琼主编．—郑州：河南科学技术出版社，2015. 1

（快学速修家电丛书）

ISBN 978-7-5349-7213-3

Ⅰ.①电…　Ⅱ.①何…②彭　Ⅲ.①日用电气器具-维修　Ⅳ.①TM925. 07

中国版本图书馆CIP数据核字（2014）第166005号

出版发行：河南科学技术出版社

地址：郑州市经五路66号　　邮编：450002

电话：（0371）65788613　65788624

网址：www. hnstp. cn

策划编辑：孙　彤

责任编辑：张　恒

责任校对：柯　姣

封面设计：张　伟

责任印制：朱　飞

印　　刷：郑州龙洋印务有限公司

经　　销：全国新华书店

幅面尺寸：185mm×260mm　印张：19. 25　字数：470千字

版　　次：2015年1月第1版　2015年1月第1次印刷

定　　价：45. 00元

本书编写人员名单

主　编　何爱萍　彭　琼
编　者　何明生　何建军　何晓帆　刘　丽
　　　　刘　运　刘　燕　袁跃进　胡桂花
　　　　蒋　丽

前 言

近年来，由于家用电器的快速发展，家用电器的维修量也越来越大，更受到家电维修部门的重视，因此家电维修行业人员也在不断扩大，既有专业技术维修服务部，也有维修从业人员和业余爱好者。为了方便读者自学家用电器维修技术，满足电工电子技术培训班学员，家电维修门店和业余维修爱好者和对此类参考资料的需求，我们编写了《家电维修实例速查》一书，供大家参考。

本书共精选了1000多个最新家用电器维修典型实例，这些维修实例涉及了家用电器的众多领域。这些维修实例是一线高手多年的维修实践和经验总结，既有疑难故障的故障分析与维修方法，也有常见故障查找与快修措施；具有一定的典型性和代表性。为方便读者阅读，全书采用表格式编排，每个实例既指出故障现象，又阐述原理分析和提出维修措施，语言通俗易懂，编排简洁明朗，实用性较强，读者可以根据故障现象快速查找。该书对于维修人员和初学者有重要的参考作用。

本书在整理和编纂过程时，由于资料繁多，时间所限，希望读者在参考应用过程中，自行摸索与实践，本书内容仅供参考。

本书在编写与出版过程中，得到了河南科学技术出版社的大力支持和帮助，汇编和文字录入人员有蒋丽、袁跃进、胡桂花、刘丽、刘运、刘燕、何明生、何建军、何爱萍、何晓帆、彭琼等。另外，书中参考了部分专家、老师的宝贵资料，在此谨向他们表示诚恳的敬意和由衷的感谢。

由于编者水平所限，书中难免存在错误与疏漏之处，欢迎广大专业人员及读者批评指正。

编者

2014年8月

目 录

第 一 章

国内外新型彩电故障维修实例速查

第一节　国内新型彩电故障维修实例速查

一、长虹新型彩电故障维修实例速查

机型	故障现象	故障分析与维修方法
长虹 PT4206 型等离子彩电	TV 模式下无图像、无伴音	该故障可能发生在高频调谐器等相关电路。用万用表检测高频调谐器 U28（TM14-C2311RW）的 10 脚电压是否正常（有信号时为 0.8V，无信号时为 1.2V），若电压为 1.2V，说明 U28 无正常的视频信号输出，此时可用万用表检测 U28 的 32V、5V 供电电压是否正常。若正常，则检测 U28 的 7、8 脚的 I2C 总线电压是否正常（正常为 5V 左右）。该机经检查为高频调谐器 U28 内部损坏。更换高频调谐器 U28 后，故障排除
长虹 PT4206B 型等离子彩电	二次开机后，屏幕不亮	该故障可能发生在 PFC（功率因素校正）电路或 Q8005、Q8008 组成的电路等相关电路。检修时，先自检等离子屏，发现等离子电源上的指示灯 LED8003 和 LED8002 均亮，但是 LED8001 不亮，说明是 PFC 电路部分或 Q8005、Q8008 组成的电路部分不良。检测 PFC 电路升压后的检测 T-VPFC 点上的电压为 0V，不正常（正常时应为 400V），说明 PFC 部分损坏或没有供电。在路检测“二次”“三次”抗干扰电路和 D8003，发现 D8003 开路。更换 D8003 后开机，LED8001 还是不亮，测 Q8005 和 Q8008 都处于截止状态。IC8002 内部二极管的正端无电压，说明 PFC 模块 HIC8001 不良，没有输出高电平的 RELAY-ON 信号。更换 D8003 和 PFC 模块 HIC8001 后，故障排除

续表

机型	故障现象	故障分析与维修方法
长虹 PT4206C 型等离子彩电	开机后指示灯亮；二次开机后，指示灯能变化，屏幕不亮	该故障可能发生在等离子电源电路等相关部位。自检时发现 LED8001、LEDS002 和 LED8003 均点亮，但逻辑板上的 LED2000 不亮，说明 D5VL 和 D3V3 可能有问题。测 D5VL 和 D3V3 部分无电压，VA 部分也无电压。测 T-VPFC 检测点电压为 400V。在路检测电阻，发现 F8003 开路，Q8018、Q8016 短路，VS 的次级 HIC8004 上的 BC8054 电容（1kV/2200pF）已烧穿，说明组件 HIC8004 上的 BC8054 不良造成 VS 负载加重，使 Q8016 和 Q8018 损坏，取下 Q8016 和 Q8018 后，在路检测对称驱动三极管 Q8019、Q8012、Q8021、Q8022，没有问题。为防止 Q8016 和 Q8018 再次损坏，应将 Q8019、Q8020、Q8021、Q8022 一起更换。更换所有损坏元件后，故障排除
长虹 PT4206B 型等离子彩电	开机，“三无”指示灯不亮	该故障可能发生在电源供电电路或主板 CPU 控制电路等相关部位。用万用表检测电源板上 T8001 的次级整流电路输出，无短路。在路检测交流输入通道，正常。实测 D8007 上有 303V 电压，说明整流、滤波输入正常。测 IC8001 的 5 脚有 303V 电压，4 脚无电压，因为 IC8001（TOP223PN）是一个自带启动电路的开关电源集成电路，所以判定为 IC8001 内部损坏。更换 IC8001 后，故障排除
长虹 PT4206B 型等离子彩电	开机，“三无”指示灯不亮	该故障可能发生在电源供电电路或主板 CPU 控制电路等相关部位。检修时，打开机盖，用万用表检测电源板上 T8001 的次级整流电路输出，无短路。在路检测交流输入通道，正常。实测 D8007 上有 303V 电压，说明整流、滤波输入正常。测 IC8001 的 5 脚有 303V 电压，4 脚无电压，查 IC8001（TOP223PN）正常。再查 IC8001 的 4 脚的外接电路或 D8006 输出支路。在路检测 D8006 支路无异常。测供电二极管 D8013（1N4148RT），发现其正向电阻比正常值略小，取下 D8013 后测量，D8013 反向漏电。更换 D8013 后，故障排除
长虹 PT4206B 型等离子彩电	指示灯亮，二次开机灯变为黄色后整机无光，过一会儿保护停机	该故障可能发生在逻辑板或其供电电路等部位。用万用表测 F2000 处的 D3V3，正常；测 F2001 处的 D5VL，只有 1.34V，不正常。断开逻辑板供电接插件，测电源板上 D5VL 的检测点电压为 1.34V，还是不正常，检查对地电阻，未见异常。测 D5VL 的 DC/DC 变换器 IC8026 的 1 脚电压为17.5V，说明前级供电正常。调试 VR8009 可调电阻，开机时电压从 4.2V 逐渐下降到 1.34V，不正常。检查外接电阻 R8143、R8145 和 D8050、C8099 等均正常，判定为 IC8026（LM2576T-ADJ）内部损坏。更换 IC8026 后，故障排除

续表

机型	故障现象	故障分析与维修方法
长虹 PT4206H 型等离子彩电	指示灯亮，“二次”开机后，无继电器吸合声	该故障可能发生在主板控制电路等相关部位。开机后观察，指示灯亮，说明主板已得到供电，开机检测 RELAY（继电器）信号能从高电平变为低电平，说明主板 CPU 已正常工作。为判断主板的 RELAY 信号是否送到主电源板上，直接短接 J8005，指示灯 LED8002/LED8001 不亮，说明 RELAY 信号虽然已正常产生，但它并未正常控制继电器 RLY8001 和 RLY8002 的吸合，故障应该在 Q8009、Q8013、Q8004、Q8006、Q8005、Q8008 组成的电路上。在路检查三极管的好坏，发现 Q8008 不正常，取下 Q8008 检测，发现 b、c 极不通。更换 Q8008 后，故障排除
长虹 PT4206H 型等离子彩电	开机后指示灯亮，屏幕不亮	该故障可能发生在电源电路、等离子屏组件等相关部位。用万用表检测 F8002（250V/1A）开路，C8017 处的正、反向电阻均正常。测 D8007（SIWBS60）桥堆正向电阻正常，但交流输入端与直流负端短路，说明 D8007 内的二极管有一组短路。更换 D8007 桥堆和 F8002 后，故障排除
长虹 PT4209 型等离子彩电	开机后指示灯亮，但二次开机，指示灯闪烁，屏幕不亮，一会儿进入保护状态	检修时，为判断故障具体部位，先要对等离子屏幕进行自检。屏幕不亮，说明屏上组件不良。断开 CN8002、CN8003、CN8006 插座检查，VS 有很低的电压，VA 有 70V 电压；测 D3、V3 有 3.3V 电压，测 VS-ON 有 3.3V 电压。说明逻辑板输出正常。再检查 VS 电路控制管 Q207，工作在截止状态，正常，查 PC202S 的 4 脚有 8.14V 电压，说明 IC103 的软启动电压已正常建立。在路检测电阻，发现 VS 对地电阻正反方向正常。在路检测各个二极管时，发现 D221 和 D225 短路，说明 D221、D225、C206 可能损坏。取下 D221（RHR15120）后测量，发现 D221（1500V/15A）短路。更换 D221 后，故障排除
长虹 PT4209 型等离子彩电	二次开机后指示灯闪烁，屏幕不亮，一会儿进入保护状态	故障可能发生在屏幕组件、电源板、Y 驱动板或维持板等相关部位。检修时，先对屏幕进行自检。屏幕不亮，说明屏幕上组件不良，在自检状态下测 VS 电压只有 3V，VE 和 VSCON 没有电压，而 VA 及 D3V3 正常。测 VS-ON 信号电压为 3.3V，正常。这说明逻辑板输出控制正常，问题可能出在电源板或 Y 驱动板或维持板上。打开机盖，拔掉电源板上的 CN8002、CN8003、CN8006 插座，开机，VS 还是只有 3V 电压，说明故障在电源板上。 取下电源板，在路测 VS 输出部分对地电阻，未见异常。再次检测各组电压，检测到 VG 无电压，正常时只要有 D3V3 电压，VG 电压就应该是正常的。在路检查 IC403 和 IC402，发现输入端与地短路，说明可能是 IC403、IC402、C425、C412、D404 等元器件中的一个短路。经检查，发现 C425 短路损坏。更换 C425 后，故障排除

续表

机型	故障现象	故障分析与维修方法
长虹 PT4209 型等离子彩电	二次开机后，无光无图像	检修时，打开机盖，通电后用万用表检测电源电路、PFC电路均无异常。进一步检查 VS 驱动部分，怀疑故障由 VS 驱动部分的限流电阻 MPC203、MPC204、阻值变大引起，更换 MPC203、MPC204、C228、C229 后开机，故障不变。再查集成电路 IC203，经检测果然为 IC203 不良引起 VS 电压极低，导致该故障发生。更换 IC203 后，故障排除
长虹 PT4209 型等离子彩电	开机后图像声音均有，但屏幕画面上有均匀的竖直黑线	检修时，为判断故障部位，先对等离子屏幕进行自检，发现自检时的白光栅，也有均匀的竖条，说明故障在屏幕组件或等离子屏幕上。开机后观察，由于整个屏幕均有竖条，说明地址板与 COF 接触不良的可能性不大，故先把逻辑板上的插座 CN2002、CN2001 与对应的屏幕地址板连接插头清理后重新插上，故障不变，怀疑屏幕逻辑板内部损坏。更换屏幕逻辑板后，故障排除
长虹 PT4209 型等离子彩电	开机后，图像闪烁，一亮一暗	该故障可能发生在维持板或 Y 驱动板等相关部位。检修时，打开机盖，开机，用万用表检测维持板输出直流电压，在 85V 左右。再测 Y 驱动板缓冲板上的检测点，电压值不停闪动，不正常，怀疑为 Y 驱动板内部损坏。更换 Y 驱动板后，故障排除
长虹 PT4216 型等离子彩电	指示灯正常，开机时能听见继电器吸合的声音，二次开机后灯闪但无图像无声音	故障可能出在 PFC 电路等相关部位上。检修时，打开机盖，用万用表测 CN01 处有 220V 交流电压，再检测 PFC 电路 Q101（W20NM60）、Q102（W20NM60）、D102（S20LC60US）和 Q103（D1835）、Q104（D1229）、C117 等相关元件均已损坏。更换所有损坏的元器件后，故障排除
长虹 PT4216 型等离子彩电	通电后指示灯亮，开机后自动保护	检查电源板上的各组输出电压，发现 VA、5V-SB 等电压正常，说明等离子 PFC、VA 形成电路、待机 5V 电压形成电路正常。检查 VS 无电压输出，说明故障出在 VS 电压形成电路上。拔掉 VS 的输出连接插头，仍无输出。测 VS 对地短路，断开 VS 整流二极管后测量，不再短路，说明整流管已损坏。检查 VS 初级处理厚膜集成电路 MR5060 各脚对地电阻，未见异常。更换 VS 整流二极管后，故障排除
长虹 PT4216 型等离子彩电	图像和声音都正常，但整个屏幕从左至右有数十条竖直雨点干扰线条	屏幕上出现有规律间隔的线条或噪声点故障一般与主板数字电路有关，特别是与 D/A、A/D 转换器、帧存储器等相关部位有关。检修时，打开机盖，首先重焊主板电路，故障依旧。更换主板后，故障排除

续表

机型	故障现象	故障分析与维修方法
长虹 PT5016 型等离子彩电	二次开机图像声音均有，但屏幕上有竖条黑带	检修时，打开机盖，先对等离子进行自检，还是有竖直黑带，说明主板无故障，故障应该出在等离子屏幕组件上面。出现此故障，一般是地址板和逻辑板有故障造成的，如果是 COF 出故障，位置没有这么宽，再检查地址板供电电压，正常。怀疑是逻辑板输出接口不良。更换逻辑板后，故障排除
长虹LT4018P 型液晶彩电	开机后有图像声音，图像和字符均上下叠影	该机的字符产生几乎由 U700（GM1501）字符产生电路完成，帧存储器 U600 自动调出 GM1501 内的字符数据，与图像信号一起送入 U600 内进行暂存，在 GM1501 中进行处理后变为 LVDS 信号送至屏幕。 从上述原理可以看出，该机故障应在 U700、U600 及它们的外围元器件之中，本着先外后内的原则，先测 U700 和 U600 之间的连接电阻，发现 RN706A 排阻上的一个脚不通。更换 RN706A 后，故障排除
长虹LT32600 型液晶彩电	开机后，AV2、高清均出现一个声道无声	检修时，打开机盖，用万用表检测 U19 的 16 脚 5V 供电正常，用示波器检测 U19 的 13、30 脚的伴音输出信号，发现 13 脚无输出。断开 U19 供电，用万用表检测其对地电阻，发现其短路，断开 U19 的供电脚检测，短路故障依旧，排除了集成块失效的可能。检查供电脚外围电路，发现 Q27（2N3906）三极管短路。更换 Q27 后，故障排除
长虹LT32600 型液晶彩电	不定时死机	检修时，打开机盖，通电后用万用表检查 U9 的供电及复位电压均正常，替换外接晶体，故障依旧，在测 U9 及相关电路的总线电压时发现，用户存储器 U34 的 5 脚为 0.2V（正常应为 3.2V）。检查 U34 的 5 脚外接电阻都正常，断开 U34 的 5 脚后电压恢复，替换 U34（AT24C3）观察一段时间，未再出故障。更换 U34 后，故障排除
长虹LT32600 型液晶彩电	开机几分钟后出现灰屏	打开机盖，出故障时用万用表检测屏幕供电电压是否正常，此供电电压为 5V，实测只有 3.2V。断开 LVDS 连接线测得电压为 4.9V，怀疑逻辑板有问题，替换逻辑板故障不变，由此断定故障应该在主板。屏幕供电是由稳压集成块 U43 降压为 5V 后供给的。出故障时测 U43 的输入电压 24V，正常，4 脚反馈电压异常，怀疑 U43 性能变坏。更换 U43 后，故障排除
长虹LT32600 型液晶彩电	开机指示灯闪烁，然后红灯亮，用遥控器和该机按键均不能开机	检修时，打开机盖，开机，观察红色指示灯亮，说明集成块 U9（MST9U88L）及 U13 供电基本正常，晶振起振。怀疑 U9 内部 MCU 工作异常，用万用表检查 U9 外围电路，发现其待机/开机控制端，即 U9 的 173 脚为高电平，测电阻 R76（1kΩ），发现 R76 已开路。更换 R76 后，故障排除

续表

机型	故障现象	故障分析与维修方法
长虹LT32600型液晶彩电	TV状态有亮点干扰	检修时，打开机盖，开机，TV状态下所有频道出现亮点干扰，用示波器测高频头+32V供电时，发现其波形上下波动，正常情况下波形应为平滑直线，怀疑+32V受干扰影响。检查倍压电路时，发现电感L69与倍压电路相碰。拨正L69后，亮点干扰消除
长虹LT32600型液晶彩电	开机半个小时后无图像，蓝屏，AV正常	用万用表检测高频头的工作条件，发现U28（TM11-C2311RW）的11脚电压低，只有4V，其正常电压为5V。此脚是高频头内部的中放电路供电端，这个电压是由U24稳压后经L82、CA69、C231滤波后得到的，经检查发现U24内部性能不良。更换U24后，故障排除
长虹LT32600型液晶彩电	第一次开机是花屏，二次开机10min后图闪、花屏	打开机盖，用万用表和示波器检测主板屏5V供电及LVDS信号（通常电压是0.9~1.5V）均正常，上屏连接线良好。进一步检查驱动板，发现驱动板上的供电电感L601的2.5V处对地阻值为0Ω。测上屏电压为6.4V，偏高，怀疑主板U43电源调整电路变坏。更换U43后，故障排除
长虹LT37600型液晶彩电	光栅正常，收不到台	检修时，打开机盖，通电后用万用表测量高频头的5V工作电压、总线电压均正常，再测高频头的33V调谐电压只有10V左右，不正常。仔细检查33V调谐电压的形成电路，发现稳压二极管D66内部短路。更换D66后，故障排除
长虹LT37600型液晶彩电	高清状态时无伴音	检修时，打开机盖，对背光灯开关电路进行检查发现，U9（MST9U88L-LF）的189脚的输出电压为3.29V（偏高），正常情况下该脚电压应为2.02V，说明该脚外接电路与地之间存在开路现象。用万用表测三极管Q3的b极电压为0V，分别检查R29、R13，发现R29开路。更换R29后，故障排除
长虹LT40600型液晶彩电	接收TV、AV或高清信号，伴音均有杂音	检修时，打开机盖，输入正弦波信号，用示波器检查伴音通道波形，发现U9输出的伴音波形有毛刺。检查监视器输出波形正常。断开C272、C273，测量L37、L49上的伴音波形也有毛刺。将监视器输出的伴音信号短接到C272、C273后杂音消除，由此判断伴音功率放大器正常工作，怀疑U9工作异常导致该故障。检查U9供电和其68脚外接电容C72、CA91均正常。更换U9后，故障排除

续表

机型	故障现象	故障分析与维修方法
长虹 LT40600 型液晶彩电	TV 状态时，无信号	检修时，打开机盖，用万用表测 U8（TM14-C2311RW）图像输出的 10 脚无短路现象，对地阻值为 75Ω，正常。开机后测该脚电压为 1.24V（有信号时为 0.75V），说明 U28 未输出图像信号。 再测 32V、5V 供电电压，I2C 总线直流电压均为 5.09V 左右，正常，用替换法更换 U28 后，故障不变。将电视机置于全自动搜索状态，用示波器检测 U9 的 152 脚 SCL-EXT 上的总线波形正常，送到 Q33、Q32 的输入端也正常，但经过 MOS 管 Q33 后，SCL-EXT 波形幅度有被衰减的现象。怀疑 Q33（1N7002）内部损坏。更换 Q33 后，故障排除
长虹 LT42600 型液晶彩电	无图像无伴音	检修时，打开机盖，检查高频头的工作条件：通电后用万用表检查 33V 调谐电压供电正常；检查 5VIF 高频头工作电压正常；检测高频头总线 SDA-TV、SCL-TV 上的电压，发现时钟线 SCL-TV 上电压为 4.9 V，而数据线 SDA-TV 上电压只有 0.3V，SDA-TV 电压不正常。检查 Q32 的 S 极电压为 0.32V。Q32 的 S 极与 V9 的 151 脚通过 R338 连接，并且 V9 的 151 脚接有上拉电阻 R227，测 V9 的 151 脚电压为 3.3V，说明 R338 开路。更换 R338 后，故障排除
长虹 LT42600 型液晶彩电	开机后，左边白屏且无图像	开机观察，该故障在开机 10min 后出现，右边是正常的。检修时，打开机盖，拆下驱动电路并没有发现有异常的现象，用酒精清洗排线及补焊排座后，装上去经过一天的试用观察，故障没有再出现，说明故障原因是驱动板电路脏污及灰尘引起的接触不良。经上述处理后，故障排除
长虹 LT42700 型液晶彩电	黑屏，有声音、无图像	该故障可能发生在主板或逻辑板等相关部位。逐一检查逻辑板相关元器件，发现 U7（TPS65162）供电脚阻值很低，更换，但更换 U7 后试机，故障依旧。再次测 U7 供电电压只有 8V 多，于是怀疑 U7 前端供电异常。测 U43 的 1 脚供电电压为+24V，2 脚输出只有 8V 多，判定为稳压块 U43 内部损坏。更换 U43 后，故障排除
长虹 CHDW260F8 型液晶彩电	字符伴音正常，图像“黑屏”	检修时，打开机盖，用万用表测量 TDA15063 的 85、86、87 脚时，未发现异常，再测量 TDA8759 的 118、119 脚 I2C 总线，I2C 总线电压跳变。测量 TDA8759 的 105、17 脚行、场同步信号，未见异常，用示波器测量数字信号输出端无波形，说明 TDA8759 没有工作，信号输入正常，I2C 总线正常，同步信号正常。测量 TDA8759R 的 174 脚电压 3.3V（正常），87、88 脚无 1.8V 电压，测量阻值未对地短路。再测量 L404 电感，发现 L404 开路。更换 L404 后，故障排除

续表

机型	故障现象	故障分析与维修方法
长虹 CHDW320F8 型液晶彩电	无光栅，无图像，无伴音	检修时，打开机盖，检查电源保险完好，通电，用万用表测 300V 直流电压正常，但电源输出端无电压输出。切断电源，用万用表电阻挡逐一测量电源输出端对地电阻值。当测量其+5V 电源输出端时，发现其阻值很小，存在严重短路，当断开 USB 模块组件后，发现+5V 端电阻阻值正常。进一步检查发现，主板与 USB 模块组件之间的连接线（+5V 线与地线）短路。更换连接线后，故障排除
长虹 CHD29600H 型数字高清彩电	屏幕出现彩虹雾状光栅	该故障可能发生在场扫描电路等相关部位。能引起此现象的具体原因可能有：±16V 供电不正常；逆程供电不正常；正、负场锯齿波电压输入不对称；集成电路本身损坏等。检修时，打开机盖，根据上述几个原因进行仔细检查，最终发现集成电路 STV8172A 的 4 脚电压为 0V，正常应为−16V，测量 R302 一端有交流脉冲，另一端没有，说明 R302 已开路。更换 R302 后，故障排除
长虹 CHD34166 型数字高清彩电	画面缩小，并有收缩现象	该故障可能发生在电源电路、检校电路等相关部位。检修时，打开机盖，开机，用万用表测主电源 145V 正常，检修过流电阻 R822 正常，细查电源电路均未发现故障点。再查检校电路，发现检校管 Q219 内部损坏。更换 Q219 后，故障排除
长虹 CHD29155 型数字高清彩电	无图像、有伴音、有字符	该故障可能发生在帧存储器等相关部位。检修时，打开机盖，用示波器测量 HTV118 与动态存储器间的信息通道，也有信号输出。先对帧存储器进行检查，用万用表测量帧存储器的供电电压正常，怀疑该故障由动态帧存储器内部损坏所致。更换动态帧存储器后，通电试机，故障排除
长虹 CHD29155 型数字高清彩电	TV/AV 信号正常，接收 VGA、HDTV 信号无图像	检修时，打开机盖，通电后用万用表测 HDTV 前端信号处理电路 MST9886 的供电电压正常，测量 MST9886 和 HTV118 之间的信息传输通道，没有发现电路板有断线和多层电路板间过孔不通的情况，怀疑故障由 MST9886 内部不良引起。更换 MST9886 后，故障排除
长虹 CHD29S18 型数字高清彩电	按下电源开关，指示灯亮，再按遥控开机键，指示灯闪，听到高压声，有行高压输出，但灯丝不亮，无光栅无伴音	该故障可能发生在主板电路、电源电路、行输出电路和音效处理电路等相关部位。检修时，打开机盖，用万用表测量电源五组输出电压正常，测 TDA9332 的 8 脚行激励输出电压为 8V，说明电路进入保护工作状态。测逆程电容正常，查高压包内部损坏。更换高压包后，通电试机，故障排除

续表

机型	故障现象	故障分析与维修方法
长虹 DP4388 型背投影彩电	二次开机后无光、有声	检修时，打开机盖，“二次”开机，投影管灯丝未亮，再用万用表测量推动管 V402 的 c 极电压为 0V，异常。V402 的 c 极电压为 0V 有两种可能：一种是 V402 工作在饱和状态；另一种是 V402 的 c 极无供电电压。测量 V402 的 b 极电压有 0.7V，正常，再测量偏置电阻 R417 另一端仍无 21V 供电电压，怀疑 21V 电压形成电路 V880 不良。更换稳压二极管 VD817 后，故障排除
长虹 DP4388 型背投影彩电	二次开机后无光，无伴音	该故障可能发生在行输出电路、阳极高压等相关部位。检修时，打开机盖，用万用表测量行推动管 V402 的 e 极电压为 0V，b 极有 0.7V 电压，测量 TDA933X 的 8 脚无行激励脉冲输出，说明行扫描电路不工作，可能是由行激励脉冲形成电路故障引起的。再测量 TDA933X 的 17 脚行启动电压也不稳定，在 2~8V 之间变化；用示波器测量 TDA933X 的 10、11 脚输入的 I2C 总线信号波形不稳定。由此判定，TDA933X 的 8 脚无正常的行激励信号输出，有可能是控制系统输出的 I2C 总线信号不稳定造成的。测量微处理器 P87C766 工作电压正常，12MHz 时钟振荡波形稳定，13 脚电平却在高与低之间变化。经仔细检查，行输出变压器无异常，怀疑阳极高压组件内部损坏。更换阳极高压组件后，故障排除
长虹 DP4388 型背投影彩电	光栅左边有几根竖黑条	该故障可能发生在行扫描电路等相关部位，通常是由行扫描电路中的防阻尼振荡元件 R442 开路引起的，也可能由个别行输出管、行输出变压器性能变差引起此现象。检修时，打开机盖，仔细检查，发现电阻 R442 内部开路。更换 R442 后，故障排除
长虹 DP4388 型背投影彩电	画面拉丝	检修时，先进入会聚画面状态，若观察会聚画面无干扰，由此判定该故障与 TDA933X 相关的 RGB 处理电路及 R、G、B 视频放大电路无关，可能由 TV/AV 处理的梳状电路 TDA9181、变频电路等共用电路引起。将 TDA9181 视频信号输入 12 脚与 Y、C 信号输出 14、16 脚断开，再把三脚外电路短接后，屏幕上有正常图像显示，说明 TDA9181 内部损坏。更换 TDA9181 后，故障排除
长虹 DP4388 型背投影彩电	无信号时蓝色背景显示不正常，蓝色与黑色横条纹交替出现并且从下到上移动，接收电视信号，画面与屏幕显示字符出现不同步现象	该故障可能发生在字符形成场同步信号处理电路等相关部位。检修时，打开机盖，用万用表测量 HCT157 有关引脚工作电压及对地电阻，发现 7 脚电压为 0.4V，电压异常，且该脚对地电阻接近 0Ω，故判定该集成块 HCT157 损坏。更换 HCT157 后，故障排除

续表

机型	故障现象	故障分析与维修方法
长虹 DP4368 型背投影彩电	接收 TV 信号无图像	该故障可能发生在同步分离电路、H002 组件等相关部位。检修时，打开机盖，仔细检查 H002 及周围电路元器件，发现 H002 外接射随管 V272 内部损坏。更换 V272 后，故障排除
长虹 DP5188 型背投影彩电	开机后呈黑屏，有伴音	检修时，打开机盖，通电后，用万用表测量 TDA933X 的 23、24、26、27、28 脚电压异常，再测量变频组件 Y、U、V 输入脚电压，发现 Y 脚电压异常（正常为 3.3V），再测量 TDA9321 的 Y 脚信号（49 脚）电压也低，由此怀疑 TDA9321 内部电路不良。更换 TDA9321 后，故障排除
长虹 DP5188 型背投影彩电	开机，过一段时间画面无彩色	该故障可能发生在行一致性检测电路等相关部位。检修时，打开机盖，开机后观察，机器工作一段时间画面无彩色，说明色通道工作不正常。考虑到该故障与色度信号处理有关的电路有 TDA9181、TDA9321 的 52 ~ 55 引脚、变频组件、TDA9178 及 TDA933X 等电路有关，检修该电路时，应首先检查组成的色度信号解调电路。最终发现 TDA9321 的 55 脚外接晶体内部失效。更换 TDA9321 的 55 脚外接晶体后，故障排除
长虹 DP5188 型背投影彩电	能接收电视信号，但光栅、场幅自动变化，字符也乱变	检修时，打开机盖，先用万用表测量总线 39、40 脚输出的电压是否正常（正常应为 3.3V 左右）；若电压异常，用示波器观察 39、40 脚波形是否稳定；若波形稳定，则判断为 I2C 总线外接电路有故障。此时可分别将丽音组件、TDA9178 彩色瞬态改善电路、字符形成电路、变频组件、AV 转换电路、会聚组件等逐一断开，同时观察屏幕上显示变化的情况：断开哪一电路时，屏幕显示正常，则说明该电路不良。该机故障经检查为变频组件损坏。更换变频组件后，故障排除

二、海尔新型彩电故障维修实例速查

机型	故障现象	故障分析与维修方法
海尔 29F5D-TA 型高清彩电	开机后指示灯亮，无光栅、无伴音	该故障可能发生在行输出电路、总线控制系统等相关部位。检修时，打开机盖，开机后检查发现+B 端电压为 130V，行未启动。该机行场输出电路 IC603（TDA9118）由 CPU 总线控制，检测 IC603 的 29 脚电压为 12V，总线端子 SCL 端（30 脚）、SDA 端（31 脚）电压分别为 0.7V、4.2V，显然电压异常，导致行不启动。检测 30 脚对地电阻很小，断开 30 脚后检测 PCB 板阻值仍然很小。依次断开总线各路负载，发现 IC801（LM1269）的 12 脚对地电阻为 0Ω。更换 LM1269 后，故障排除

续表

机型	故障现象	故障分析与维修方法
海尔 29F7A-PN 型高清彩电	指示灯亮，不开机	该故障可能发生在行输出电路等相关部位。检修时，打开机盖，检查发现二次开机后，+B 电压在 70~130V 之间反复变化，同时喇叭有“咔咔”声。由此判断为行输出变压器内部不良。更换行输出变压器后，故障排除
海尔 29F9D-PY 型高清彩电	音量在 9 与 10 之间有跃变	该故障可能发生在音量控制电路等相关部位。首先进入总线查看 VOL 数据未见异常，检修时，打开机盖，通电后用万用表检测伴音处理及控制芯片 LV1116 信号异常，查其外围电路元器件无异常，由此判断为伴音处理及控制芯片 LV1116 不良。更换 LV1116 后，故障排除
海尔 29F9B-PY 型高清彩电	黑屏，有伴音	该故障可能发生在行扫描电路等相关部位。检修时，打开机盖，检查为行未启动，检查发现电感断路，行启动后，无脉冲返回，从而保护。更换行线性校正电感后恢复正常。另外，TDA9332 的 13 脚脉冲过高也会引起此类故障。更换行线性校正电感后，故障排除
海尔 29F7A-PN 型高清彩电	指示灯亮，不开机	该故障可能发生在行输出电路等相关部位。检修时，打开机盖，检查发现二次开机后，+B 电压在 70~130V 之间反复变化，同时喇叭有“咔咔”声。判断为行输出变压器内部不良。更换行输出变压器 FBT-B-40 后，开机图像声音正常
海尔 29F5D-TA 型高清彩电	开机后指示灯亮，无光栅、无伴音	该故障可能发生在行输出电路、总线控制系统等相关部位。检修时，打开机盖，开机后检查发现+B 电压为 130V，行未启动。该机行场输出电路 IC603（TDA9118）由 CPU 总线控制，检测 IC603 的 29 脚电压为 12V，总线端子 SCL（30 脚）、SDA（31 脚）电压分别为 0.7V、4.2V，显然电压异常，导致行不启动。检测 30 脚对地电阻很小，断开 30 脚后检测 PCB 板阻值仍然很小。依次断开总线各路负载，发现 IC801（LM1269）的 12 脚对地电阻为 0Ω，更换 LM1269 后开机，图像正常
海尔 29F7A-PN 型高清彩电	指示灯亮，不开机，行不启动	该故障可能发生在数字板、行输出电路等相关部位。检修时，打开机盖，重点检查数字板上的 TDA9332 的 13、14 脚，行场同步输入脚信号是否正常。检查 13、14 脚外围电路正常，将 13 脚对地短路、14 脚断开，故障依旧。替换 TDA9332 的 12MHz 晶体振荡器后，有行激励输出，开机图像正常，说明 12MHz 晶体振荡器内部失效。更换 12MHz 晶体振荡器后，故障排除

续表

机型	故障现象	故障分析与维修方法
海尔 D29FV6H-A8 型高清彩电	开机蓝色指示灯闪，同时机器内发出“喀喀”的响声	该故障可能发生在开关电源电路等相关部位。检修时，打开机盖，开机后用万用表检测+B 电压在 140~180V 之间变化，说明该故障由电源电压过高引起。在路检测光电耦合器 1、2 脚无电压。分析故障应在+B 取样环路、TL431 精密稳压器件、光电耦合器本身。经仔细检查，发现光电耦合器 1、2 脚短路。更换光电耦合器后，故障排除
海尔 D29FV6H-A8 型高清彩电	无伴音，音量开大后喇叭声音嘶哑	检修时，打开机盖，用万用表检测 2 脚供电电压为 26V，输出脚 12、14 脚电压为 11V、9V，用手触摸散热片温升较高，判断为 TDA7497 损坏。更换 TDA7497 后，故障排除
海尔 D29FV6H-A8 型高清彩电	无台，自动选台操作后，有不稳定的图像出现	该故障可能发生在由 IC001、LA76818A 组成的小信号处理电路等相关部位。开机后观察，有图像出现，说明 LA76818 组成的中放电路、高频头应该正常。检修时，打开机盖，用万用表测 IC001 的 10 脚（AFT 输出脚）电压为 0.45V 不变化，断开数字板的 AFC 输入脚（CPU 集成在数字板上）电压能回升，说明数字板有问题。更换数字板后，故障排除
海尔 D29FV6H-A8 型高清彩电	不定期出现有伴音无光栅现象	该故障可能发生在行输出电路等相关部位。检修时，打开机盖，检查发现，机器黑屏时有高压失落的声音。观察灯丝不亮，用万用表检测+B 电压 145V 正常，当检测到行输出变压器+B 电压输入脚时，发现行瞬间有启动。仔细观察发现行输出变压器 2 脚有微小裂纹，补焊后机器恢复正常
海尔 D29FV6H-A8 型高清彩电	电源指示灯亮，不开机，有伴音	该故障可能发生在行输出电路等相关部位。检修时，打开机盖，二次开机后用万用表检测+B 电压正常，观察灯丝未亮。检测行输出管集电极电压也正常（用指针式仪表检测，因为用数字式仪表检测容易被烧坏），分析故障应由行输出级未工作导致。检测行激励管 Q606（IRF630）的栅极有行频脉冲，而集电极的脉冲幅度很低，怀疑 Q606 损坏。更换 Q606 后开机，再次启动，机器恢复正常
海尔 D29FV6H-A8 型高清彩电	行幅大，伴有枕形失真	检修时，打开机盖，用万用表检测检校三极管 Q619c 极电压为 5.8V，b 极电压为 0.7V，异常。测 Q614 三极管 e 极与 c 极漏电。正常时 Q619 的 b 极电压为 0.53V，c 极电压为 15.4V，e 极电压为 0V。更换 Q614 后，故障排除
海尔 D29FV6H-PR 型高清彩电	开机后声像正常，约 1h 后图像顶部压缩，并出现一条亮线。图像底部约有 2cm 卷边	检修时，打开机盖，首先怀疑场输出块 2、4 脚的正负供电不稳定，但在出现故障时实测供电稳定，为防止正负供电滤波不良，在 C620、C622 处分别并联了一只 470μF/25V 的电容，且替换了升压二极管 D603 及升压电容 C618，工作恢复正常。更换 D603、C618 后，故障排除

续表

机型	故障现象	故障分析与维修方法
海尔 D34FV6H-CN 型高清彩电	不定期黑屏，但有伴音	该故障可能发生在行逆程脉冲信号产生电路等相关部位。检修时，打开机盖，检查集成电路 TDA9332 及外围电路元器件，发现电容 C411（1000pF/1kV）内部漏电，导致行逆程脉冲较高，使 TDA9332 的 13 脚电压过高，内部保护而切断行激励脉冲，导致黑屏有伴音。更换电容 C411 后，故障排除
海尔 D29FV6H-PR 型高清彩电	收看中突然无光栅、无图像、无伴音，无规律地击穿行输出管外接的阻尼二极管	该故障可能发生在行输出电路等相关部位。检修时，打开机盖，开机后检查发现，机内间歇地发出轻微的“哒哒”声。经查上下阻尼二极管 D609、D610 击穿，导致+132V（+B）电压对地短路。更换阻尼二极管后试机，故障排除
海尔 43B3Y-N 型背投影彩电	光栅忽亮忽暗，并有打火声	该故障可能发生在高压逆变电路、投影管电路等相关部位。检修时，打开机盖，开机后检查发现，加速极、聚焦极供电的电位器组件有裂痕，说明故障就是由于它损坏引起的。更换并调整后，工作恢复正常
海尔 43B3Y-N 型背投影彩电	图像暗、光栅闪动，并且会聚变差	该故障可能发生在数字会聚电路等相关部位。检修时，打开机盖，怀疑会聚调整失调。首先进入会聚调整无效，怀疑 DPTV 组件异常，更换后工作恢复正常
海尔 HB-43B3Y-N 型背投影彩电	开机后，随着机内发出“啪啪”声，光栅和伴音消失	该故障可能发生在高压逆变电路、投影管电路等相关部位。检修时，打开机盖，开机后检查“高压包”表面没有打火的痕迹，怀疑是投影管打火，断开绿色投影管的高压后，该机不再保护，说明绿投影管存在打火现象。将它的高压嘴部位重新处理后，工作恢复正常
海尔 HB-4499PN 型背投影彩电	“黑屏”有字符	该故障可能发生在 AV/TV 切换电路、视频电路等相关部位。检修时，打开机盖，用电容跨接 AV/TV 切换芯片 IC700 相应的信号输入端和信号输出端，图像恢复正常，说明 IC700 未工作。用万用表测 IC700 的供电端（42 脚）有 9V 电压，测得其 I2C 总线 33 脚（控制端）和 34 脚电压低，脱开 33、34 脚后，I2C 总线电压恢复正常，说明 IC700 内部电路损坏。更换 IC700 后，故障排除
海尔 HB-4499PN 型背投影彩电	无光栅、无伴音，有高频“吱吱”叫声	检修时，打开机盖，检查负载电路是否有短路的元件。在路用万用表检测高压逆变管 Q416 正常。而在路检测行输出管 Q403 时，发现其 3 个极间电阻均为 0Ω，怀疑 Q403 被击穿，经检查果然被击穿。更换 Q403 后，工作恢复正常

续表

机型	故障现象	故障分析与维修方法
海尔HB-4499PN型背投影彩电	开机后，几秒钟后，光栅和伴音消失，随后电源指示灯闪烁发光	该故障可能由扫描电路异常引起。在路用万用表测场输出电路IC1401（LA7846）有正常的激励信号输入，说明扫描小信号处理电路工作正常，故障在场输出电路。查该电路的供电正常，检查外围元件正常，怀疑LA7846损坏。更换LA7846后，故障排除
海尔HB-4499PN型背投影彩电	右上角无图像，且有红、绿、蓝三色回扫线	该故障可能发生在会聚电路、视频信号处理电路、投影管电路等相关部位。先进入会聚调整模式，调整会聚后故障消失，但过一段时间后故障再次出现，说明会聚电路出现硬件故障。替换后发现，一只会聚功率放大管性能下降。更换会聚功率放大管并调整会聚后，故障排除
海尔HB-4499PN型背投影彩电	图像模糊不清且有蓝色镶边，字符有重影并且出现色分离	该故障可能发生在会聚电路、蓝信号处理电路、蓝投影管电路等相关部位。检修时，打开机盖，检查发现故障是由蓝色投影管上的紧固螺丝松动引起的。重新紧固螺丝后，故障排除
海尔HB-4690B型背投影彩电	图像有蓝色拖尾	该故障可能发生在会聚电路、蓝信号处理电路、蓝投影管电路等相关部位。检修时，打开机盖，检查调整聚焦和会聚无效，检查视频放大器输出的蓝信号也正常，故怀疑蓝投影管异常。更换蓝投影管并调整后，工作恢复正常，故障排除
海尔HB-5499N型背投影彩电	光栅小且会聚差	该故障可能发生在电源电路、行输出电路、会聚电路等相关部位。检修时，打开机盖，进入会聚调整状态无效，通电后用万用表测会聚功率放大电路无供电，查限流电阻R2095开路，怀疑它被过流损坏。经检查发现，会聚功率放大块4脚内部电路对地短路。更换会聚功率放大块和R2095后，故障排除
海尔HB-5499N型背投影彩电	图像中间靠上部位有一条浅黑道	该故障可能发生在会聚电路、视频信号处理电路、投影管电路等相关部位。先调整会聚无效，怀疑投影管异常。检修时，打开机盖，当断开绿色投影管的高压线后，故障现象消失，说明故障由绿色投影管工作异常所致。查绿色投影管的视频放大电路工作正常，怀疑该管损坏。更换绿色投影管并调整后，故障排除
海尔HB-5499PN型背投影彩电	无光栅、无伴音，电源指示灯不亮	该故障可能发生在电源电路或其负载电路等相关部位。检修时，打开机盖，用万用表在开机瞬间测开关电源无电压输出，说明开关电源未工作。测电源厚膜电路STR-F6658的3脚有300V供电，说明220V交流电整流、滤波电路正常，厚膜电路STR-F6658未工作。测STR-F6658的4脚电压在6.5~12V之间跳变，说明STR-F6658工作在欠压或过流保护状态。检查供电电路时，发现稳压器ZD801性能下降。更换ZD801后，故障排除

续表

机型	故障现象	故障分析与维修方法
海尔 HB-5499PN 型背投影彩电	指示灯亮，不开机	该故障可能发生在电源电路或其负载电路等相关部位。检修时，打开机盖，检测 IC401、R1440、R1441、D419、D420 均损坏。拆除损坏元件，测 C467 两端仍为短路状态，C466 两端约有 20Ω 不稳定阻值。顺线路查找，挑开 IC401 的 2、7 脚（供电脚），复测 C466、C467 两端已处于电容充放电状态。分别更换 IC401、R1440、D419、D420，查 IC401 外围元件无故障。通电开机，±17V、±5V 均恢复正常。接上信号，图像会聚轻微失调，经过会聚微调，图像声音俱佳。更换 IC401、R1440、D419、D420 后，故障排除
海尔 T2563E 型彩电	屡次烧坏电源开关管，换上新管并开机十几分钟后电源开关管会再次击穿	该故障可能发生在开关电源电路等相关部位。检修时，打开机盖，用万用表检测+300V 电源电压正常，电源开关管各级电压也正常，但电源“吱吱”叫声很响，经检查二极管 VD901 不良。更换 VD901 后，故障排除
海尔 29F5D-TA 型彩电	无频道字符显示	该故障可能发生在变频板、存储器等相关部位。检修时，打开机盖，试机后发现，无频道字符显示，却有菜单字符显示。这说明是存储器内部数据异常。更换带数据存储器后，频道字符恢复正常，故障排除
海尔 29F5D-TA 型彩电	换台时出现黑屏，随后显示图像	该故障可能发生在总线数控制等相关部位。开机后观察，正常时该机换台为静止换台，怀疑总线数据错误，检查结果为系统功能设定第 2 页（OPTION MENU2）中的 BLK PROCESS（换台过程方式）数据为“1”，调为“0”后换台方式为静止换台，工作恢复正常
海尔 29F66 型彩电	开机后无光栅，无图像，无伴音	该故障可能发生在开关电源、行扫描电路等相关部位。检修时，打开机盖，检查开关电源，发现其 N101 的 11 脚外接的过流保护二极管 VD758 内部击穿。更换 VD758 和 N101 后，故障排除
海尔 34F9B-T 型彩电	一条水平亮带	该故障可能发生在场输出电路、场小信号形成电路等相关部位。检修时，打开机盖，通电后，用万用表对场输出块 LA7833（Q301）及其外围元件进行检查、替换，故障依旧。转向检查场小信号形成电路。TB1240N 的 22 脚为场锯齿波形成电容连接端，在 25 脚电压的控制下，使场锯齿波幅度保持稳定。检查发现电容 C301、C323 内部不良。更换 C301、C323 后，故障排除

续表

机型	故障现象	故障分析与维修方法
海尔 25F3A-T 型彩电	伴音声小	该故障可能发生在伴音功率放大电路等相关部位。由原理可知，超级芯片 TMPA8803（N204）的 28 脚输出音频信号，经 C103、C704 耦合至伴音功率放大块 N701（TDA2611）的 7 脚。检修时，打开机盖，用万用表检测 N701 各脚电压正常。从 C703 左端注入信号，声音洪亮，但从 C703 右端注入信号时声音较小。检查 C703 正常，于是怀疑静音控制管 V701 工作异常。断开 V701 的 c 极后试机，伴音恢复正常。更换 V701 后，故障排除
海尔 29T1A-S 型彩电	行幅缩小，屏幕两侧出现黑边	该故障可能发生在行幅自动控制前级电路等相关部位。该机设有行幅自动稳定电路。检修时，打开机盖，用万用表检测由 V701、V702、V703 等元件组成的检校电路工作正常，再查由 V210、V211 等元件组成的行幅自动控制前级电路。在亮、暗画面时用万用表测得 V210 的 c 极电压变化明显，但 V211 的 c 极电压基本无变化。拆下 V211 检查，发现其 c、e 极有约 10kΩ 的漏电阻。更换 V211 后，故障排除
海尔 HP-2909A2 型彩电	自动搜索时有时能存台有时不能存台	该故障可能出在存储器 N702（PCF8522）电路。检修时，打开机盖，用万用表检测存储器的电源，发现偏低且不稳定，检查 5V 电源电路，发现电阻 R774 脱焊，造成存储器供电不稳定，引起不能存储故障。补焊 R774 后，故障排除
海尔 HP-2128 型彩电	自动搜索时有图像出现但不能存储	该故障可能发生在自动搜索存储电路等相关部位。检修时，打开机盖，用万用表检测 N701 的 9 脚的 AFT 电压为 1V（远低于正常值 2.5V），搜到信号时有变化但变化很小（在 0.3~1.5V 之间）。检查 N101 的 44 脚至 N701 的 9 脚之间的电路元件，发现 C754 漏电。更换 C754 后，故障排除
海尔 HP-2559 型彩电	图像和伴音正常，但收看中无规律自动关机	检查矩阵电路，没有发现损坏元件，仔细观察各矩阵开关引脚之间灰垢较多，用酒精清洗晾干后，再试机，不再出现自动关机现象
海尔 HP-3408 型彩电	开机后无光栅、无图像、无伴音，指示灯亮	检修时，打开机盖，用万用表检测电源电路，+B 端（140V）和其他输出直流电压正常。查行推动管 V901 的 b 极电压为 0.76V（正常时为 0.4V），属饱和状态。再向前查行推动信号的来源 N301（TDA8844）的 40 脚电压，也为 0.76V，怀疑 TDA8844 内部损坏。更换 TDA8844 后，故障排除

续表

机型	故障现象	故障分析与维修方法
海尔 HS-2558D 型彩电	自动搜索时不能存储	检修时，打开机盖，检查存储器电压，发现数据线（SDA）和时钟线（SCL）上的电压都很低，仅为 1.2V，比正常的 4.8V 低许多。该机 I2C 总线上只挂接了存储器 N802 和伴音信号处理电路 N3401（TDA8424）。检测上拉电阻正常，试断开 N3401 的 I2C 总线引脚 11、12 脚，通电测微处理器 N801 的 2、3 脚电压升为 4.8V，同时自动搜索存台也恢复正常，只是暂无伴音。因此，判断被控电路 N3401 的 I2C 总线接口电路内部损坏，造成微处理器和存储器的 I2C 总线电压失常，引发不能存储故障。更换 N3401 后，故障排除
海尔 H-3468P 型彩电	开机无屏幕显示、无伴音、无图像，遥控失灵	检修时，打开机盖，检查微处理器的工作条件正常，查微处理器的 39、40 脚的 I2C 总线输出信号，发现无脉冲信号输出（正常时应有 5Vp-p 的脉冲波形）。逐一断开各被控电路的 I2C 总线接口电路，当断开 IC301（TDA8376A）的 I2C 总线引脚时，微处理器的 I2C 总线信号恢复正常，测量 IC301 的 I2C 总线引脚对地短路。更换 TDA8376A 后，故障排除
海尔 8829 型东芝超级单片机彩电	图像背景有浮雕状的干扰	检修时，打开机盖，观察发现，在图像较亮时，图像背景有类似浮雕状的干扰，水平方向上下窜动。用带数据的存储器替换 N202 后故障依旧，说明故障在 N201（TMP8829 V1.0）的亮度通道，但该机为超大规模集成电路，所有信号处理基本上都在 N201 内部。与亮度通道有关的引脚只有 46 脚，检查 46 脚外接的 R217、C232，发现 C232 电容内部失效。更换 C232 后，故障排除
海尔 8829 型东芝超级单片机彩电	TV 伴音稍有杂音	检修时，打开机盖，检查发现，输入 AV 音频信号喇叭发音不失真，说明 N602（TDA7496SA）、N601（TA1343）、N802 基本正常。以上电路是 AV/TV 音频信号的公共通道，为进一步区分故障，在 N201（TMP8829）的 38 脚音频信号输入端输入 VCD 音频信号，故障依旧。 继续在三极管 V201（C1815）的 e 极输入音频信号，伴音响亮无杂音，说明故障在 N201 本身以及伴音解调电路。检查 31、33、34、35、36、37、38 脚外围元件，发现电容 C227 内部漏电。更换 C227 后，故障排除
海尔 8829 型东芝超级单片机彩电	热机行幅缩小失真	该故障可能发生在检校电路等相关部位。检修时，打开机盖，用万用表检测阻尼二极管 VD413、VD412，检校三极管 V403、V402 等正常，在检测阻尼二极管中点电压时发现偏高。更换 VD412 后，故障排除

续表

机型	故障现象	故障分析与维修方法
海尔 8829 型东芝超级单片机彩电	光栅发暗	检修时，打开机盖，用万用表检测 G2 滤波电容 C909 正常。在故障出现时，检测得知 G2 的电压缓慢降低又缓慢恢复到正常。用烙铁对 C909 进行加温，故障马上出现。检测 G2 的电压为 196V，不正常。判定为 C909 内部性能变差。更换 C909 后，故障排除
海尔 8829 型东芝超级单片机彩电	行幅缩小，同时光栅上部有亮带并压缩	检修时，打开机盖，用万用表检测+B 电压为 103V，比正常电压 130V 降低很多。开关电源其他绕组输出的电压均降低，怀疑电源稳压电路出现问题。检查+B 稳压电路元件 R562、RP561、R566、N503 正常，去掉待机控制三极管 V562 后故障依旧。调整 RP561 电位器电压，只能降低不能增高，去掉 C563 后，调整 RP561 电位器+B 能升高，工作恢复正常。仔细调整+B 电压为 130V，故障排除

三、TCL 新型彩电故障维修实例速查

机型	故障现象	故障分析与维修方法
TCL-PDP403 型等离子彩电	接通电源后，按等离子屏幕或机顶盒上的待机键，蓝色指示灯闪烁几下后变为红色，不能开机	故障应该出在 CPU 外部电源检测电路。由原理可知，通信板 CPU 的 27 脚为电源检测脚，正常时该脚电压为 5V。当交流 220V 输入电压过低时，通过 R7（取样电阻）和 U1（比较器）等组成的检测电路检测，U1 的 1 脚输出高电平，光电耦合器 U4 的 3、4 脚导通，CPU 的 27 脚变为低电平，整机转入保护状态。检修时，打开机盖，开机，用万用表实测 CPU 的 27 脚电压为 0V，经仔细检查发现 R7 内部开路。更换 R7 后，故障排除
TCL-PDP42U3H 型等离子彩电	开机时只听见继电器吸合声，随即整机进入保护状态	检修时，打开机盖，开机，用万用表分别测量各组电源对地电阻，当测量到给伴音功率放大器供电这组电源时，发现阻值明显偏小，怀疑伴音功率放大器 TDA2024 对地短路。更换 TDA2024 后，故障排除
TCL-PDP42U3H 型等离子彩电	热机出现绿屏，遥控、按键均不起作用，有时出现自动关机，按“待机”键又可开机	怀疑数字板 MCU 的晶体振荡器不良。检修时，打开机盖，用万用表检测，发现 MCU 的晶体振荡器 U17（14.318MHz）内部失效。更换晶体振荡器 U17 后，故障排除

续表

机型	故障现象	故障分析与维修方法
TCL-PDP42US 型等离子彩电	热机无声音	检修时，打开机盖，该机采用 MPG3410 做丽音及音效处理，首先用万用表测量 IC204（MPG3410）的供电及时钟、I2C 总线数据电压。当测量到 XN101 时，发现两端电压不等（其中一只脚电压为 0V，另一只脚电压为 5V），不正常。经仔细检测发现，XN101（18.433MHz）晶体两端的补偿电容（3.3pF）漏电。更换该电容后，故障排除
TCL-LCD1526 型液晶彩电	开机后图像约出现 1s 后，进入保护状态	该故障可能发生在逆变器电路等相关部位。经开机检测，检修时，打开机盖，看到背光高压板 C2B 处和屏蔽罩有打火发黑的痕迹，在打火处加贴绝缘胶片，开机后一切恢复正常。经上述处理后，故障排除
TCL-LCD1526 型液晶彩电	待机状态红色指示灯正常亮，开机时红色指示灯一直在闪，不能开机	该故障可能发生在开机控制电路等相关部位。检修时，打开机盖，开机，用万用表检测 MCU 的 CONTR-PW 开机控制脚电压变化正常，但 IC804（KIA278R08）的 2 脚无电压输出，测 IC804 的 1 脚电压几乎为 0V，测二极管 D807 的正负端的电压差较大，判定二极管内部开路。更换 D807 后，故障排除
TCL-LCD2066B 型液晶彩电	出现白屏现象	该故障可能发生在液晶屏等相关部位。开机后观察，每次开机时液晶屏上显示出的白屏现象有所不同，液晶屏上还出现不同的水平或垂直的条纹，根据维修经验判断，这是比较典型的液晶屏损坏现象。检修时，打开机盖，先检查液晶屏排线，正常，由此确认液晶屏内部损坏。更换液晶屏后，故障排除
TCL-LCD37K73 型液晶彩电	VGA 无图像	VGA 有 5 路信号输入，分别为 R、G、B 信号和行、场同步脉冲。其中，R、G、B 为相似电路，电压和对地电阻应基本相同。在 VGA 插座附近找到 VGA 输入的行场脉冲的隔离电阻 R105、R106，用数字式万用表的二极管挡测此两处的对地电阻，发现相差较大，不正常。进一步检查发现，场脉冲至 U9 的 17 脚的过孔断。用导线将其直接连接后，开机，其 VGA 正常，故障排除
TCL-LCD32B66-L 型液晶彩电	左声道无声	检修时，打开机盖，对 INL-、INL+脚采用 0.47μF 电容接地，干扰 INL+脚，仍然无声，判断 MAX9704 未正常工作。左右输入的 INL+、INR+为相似电路，INR+、INR-为相似电路。采用相似电路比较法检查，发现 INL-和 INR-的电压差别很大，用万用表测两者对地电阻值亦相差很大。拆下和左声道有关的 INL-对地电容测量，发现有漏电现象。更换对地电容后，故障排除

续表

机型	故障现象	故障分析与维修方法
TCL－LCD40B66－P型液晶彩电	无图像、无伴音、无光栅、无待机指示	检修时，打开机盖，开机，用万用表测+5V-SB待机电压只有0.4V，远远低于正常值，IC15（NCP1200）的8脚电压在35~47V之间波动，6脚电压为1.2V，其他各脚电压均为0V，供IC1（TDA16888）工作的供电支路C36上的电压为8V。断开R96与IC15的8脚的连线，再测R96下端电压近280V，迅速关机。由此判断IC15损坏的可能性极大。用热风枪把贴片元件IC15拆下，在路检查，已损坏，再检测又发现Z4（P6KE200）短路。更换IC15、Z4后，故障排除
TCL－LCD40B66－P型液晶彩电	开机，指示灯亮，不变色，操作面板、遥控器、电视机无反应	检修时，打开机盖，操作面板按键不能开机，用万用表测U48的+5V供电电压正常，6脚电压始终为0V，无高电平5V跳变。根据检修经验，从厂家保修站拷贝U48数据进行重装后，机器顺利进入开机状态，出现正常图像和伴音，但按面板“频道+/-”“声音+/-”键操作无效，替换面板接收处理芯片U46（2G66），面板所有功能恢复正常，说明遥控接收头损坏。更换U46后，故障排除
TCL－LCD41A7－1P型液晶彩电	开机后黑屏	检修时，打开机盖，用万用表检测得知无24V电压输出，分析可能由保护电路起作用或稳压电路异常引起。用万用表测量IC2各引脚电压，发现5脚无脉冲电压输出，导致开关管Q2、Q17截止，开关变压器T1无输出。测量IC2的2脚电压呈低电平。断电，测量待机电路，发现Q12的c、e极之间击穿短路。更换Q12后，故障排除
TCL－LCD41A7－1P型液晶彩电	自动关机	该故障可能发生在电源电路等相关部位。检修时，打开机盖，用万用表检测电源板各路输出，发现12V输出端无电压，说明12V电源部分有问题。该机12V电源以IC6（NCP1377）为核心构成，更换NCP1377后故障依旧。检查外围元件，发现光电耦合器IC8不良。更换IC8后，故障排除
TCL－LCD41A7－1P型液晶彩电	开机后有光栅，无图无声	该故障可能由12V电源无输出或DC/DC变换电路出故障所致。测12V电源，发现无12V电压输出，看来故障在以电源控制芯片NCP1377为核心的控制电路上。断电，用电阻法测量启动电路。检测高压端的二极管D11正、反阻值正常，电容C36正常，测量D13、R37正常。测得稳压管ZD5正反向阻值一样大，损坏。更换ZD5后，故障排除
TCL－LCD41A7－1P型液晶彩电	黑屏，声音正常	测量开关变压器T1的次级绕组有24V电压，说明该处电路有开路性故障。观察24V输出部分电路元件的焊脚，发现滤波电感L3一端有裂纹。用万用表测量其一端无电压，一端有24V电压，断电补焊L3后接通电源试机，机器恢复正常

续表

机型	故障现象	故障分析与维修方法
TCL- LCD 41A7-1P 型液晶彩电	有图像，声音正常，光栅忽明忽暗	该故障可能发生在电源电路等相关部位。用万用表检测启动电路，发现 IC2 的 6 脚（VCC 端）电压在 9V 左右波动（正常应为 12.5V）。查 C21、ZD1 正常，D7 正反向阻值正常，发现电感 L5 性能不良。用同规格电感 L5 替换后，故障排除
TCL-LCD42B03-P 型液晶彩电	不开机	该故障可能发生在电源控制电路等相关部位。关机，测 U48 的 6 脚对地电阻为 0Ω，拆下 U48 测其 6 脚，已短路。线路中的 U48 为 MCU 扩展芯片，其 6 脚为开机/待机控制端，开机时输出高电平信号，加到 Q34 的 b 极，使 Q34 导通，继电器 RELA2 吸合，使+12V-ROV 的电源和主板的+12V 的工作电源开启。更换 U48 后，故障排除
TCL-LCD42B66 型液晶彩电	无图像、无伴音、无光栅	该故障可能发生在电源控制电路等相关部位。检修时，打开机盖，用万用表检测量电源板，无输出电压。经仔细检查发现，保险丝烧黑（断），估计由瞬间电流过大引起。进一步检测发现，Q2（K2837）、D1（1N5406）内部短路。更换 Q2、D1，故障排除
TCL-HID29158HB 型高清彩电	图像有白道滚动，图像暗时不明显，自动搜台在低端后端的频点时，机内有异响，图像有白道滚动	可能是 ABL 电路有故障，但在自动搜台到某频道时有异响且损坏行输出管。本着先易后难的原则先检测 ABL 电路，在检测时发现 Q404 三极管为 A1015。将其更换为 C1815 后，故障排除
TCL-HIDP29E64S 型高清彩电	绿屏回扫线后自动关机	用万用表检测视频放大器电压 200V 正常，而绿屏回扫线一般由视频放大管损坏引起。而该机使用 LM2451 视频放大 IC。直接替换 LM2451 后开机，自动关机正常，可还是会黑屏。查 RGB 输出激励电压 2.6V 正常，说明视频放大 IC 还是没工作，检查 LM2451 的 7 脚工作电压 VBB 为 0V，正常为 12V。往前查，经过 L501 有 12V，说明 LM2451 内部断路引起此保险电感熔断。更换 LM2451 后，故障排除
TCL-HID299S.P 型高清彩电	VGA 信号能同步，TV/AV 信号不能同步	可能是倍行电路板坏，但替换后故障依旧。再查输入到 TDA9332 的 TV/AV 信号 23、24 脚。以此往前查找，IC202 的输出脚 14、15 脚无信号，而其输入端 2、12 脚也无信号。以此往前查 IC1302 的 14、15 脚，有信号，说明在此有断路，经仔细检查电路板，发现该处一铜箔断裂。重新补焊后，故障排除

续表

机型	故障现象	故障分析与维修方法
TCL－HID299S. I 型高清彩电	有声无图	开机后观察，用万用表检测有高压、灯丝亮，三枪190V截止，调高加速极出现回归线，测量IC201的21、24、26脚均无电压输出。检查IC201供电，发现12V升为16V，将12V负载电路完全断开，电压仍不正常，替换12V三端稳压器后开机，一切正常。更换三端稳压器后，故障排除
TCL－HID28M61 型高清彩电	不开机	该故障可能发生在开机控制电路等相关部位。开机检查发现主电源输出为0V，断开待机控制管Q843，用万用表瞬间测量仍无输出，测量IC801的1脚电压300V正常，3脚电压4.6V不正常。于是检查D816、D815，发现D816内部损坏。更换D816后，故障排除
TCL－HID29208H 型高清彩电	电源指示灯闪烁不停，图像闪烁	检修时，打开机盖，更换消磁电阻后开机并观察，电源指示灯闪但图像不闪，说明指示灯闪，另有原因，用遥控器操作，发现遥控失灵，检查遥控器未损坏。由于此机在商场货架上，将此机从货架上抬下试机，指示灯不闪，说明商场货架处有干扰。将机器抬上货架，关掉货架底下的日光灯，一切正常，分析原因可能是接收头灵敏度过高。更换接收头后，故障排除
TCL－HID29A711 型高清彩电	指示灯亮，不开机	开机后观测，指示灯亮，按遥控板和机上按键均不能二次开机，显然不是保护电路故障。由于该机的CPU集成在UD1（TDA12063H）内部，检查UD1的工作条件正常。怀疑软件出故障，拔掉UD3（24C32），开机后正常光栅出现，证实软件出故障。重新刷写存储器程序后，故障排除
TCL－HID29A711 型高清彩电	二次开机又保护	该故障可能发生在保护电路等相关部位。开机后观察，指示灯亮，二次开机后马上保护。检修时，打开机盖，经检查，断开D207后，图像声音正常，说明是场保护，重点检查由C325、R327、D305、C338、Q301及Q204外围元件组成的场保护电路，发现C338（100nF）电容漏电。更换C338后，故障排除
TCL－HID299S. P 型高清彩电	图像偏紫红色	检修时，打开机盖，仔细检查视频放大板上的元件，发现该机的视频放大电路由分立元件组成，电路采用共射-共基宽频视频放大器+互补推挽输出对管形式。用放大镜观察，发现视频放大电路上互补输出对管的引脚有一圈不明显的裂纹，用烙铁对该脚进行了补焊。重新补焊后，故障排除

续表

机型	故障现象	故障分析与维修方法
TCL-HID29276PB 型高清彩电	开机后，满屏横彩条，接信号，黑屏有高压	由原理可知，场脉冲的流程 IC001 的 16 脚输出场同步信号经插座 JN101 的 6 脚进入到数字板，经 QN102、QN101 放大后输入到 UN700（MST9883）进行模数转换同步跟踪，然后输入到变频芯片。如果这两级放大电路和 UN700 之间出现问题，都会引起故障。 检修时，打开机盖，用万用表实测 QN102 工作电压正常，QN101 的 b、e 极无压差，取下该贴片三极管 3904，发现 b、e 极击穿。更换 QN101 后，故障排除
TCL-HID29189H 型高清彩电	有声音无图像，偶尔又正常	该故障一般由电路板接触不良所致。估计问题出在场扫描及其相关电路。检修时，打开机盖，看见电路板上许多处焊点出现了裂纹，重新焊接场集成块（用略微不易熔化焊锡加锡补焊）再试机，一切恢复正常
TCL-HID29208P 型高清彩电	伴音正常，无图像	用示波器测 N2 的 87、89 脚均有普通图像信号波形，测 N2 的 143 脚输出、送往 N2 的 16 脚的 27MHz 视频像素时钟波形正常。由此判断，扫描频率变换组件（N1+N5）某一块没有工作。查其供电电源时，发现四端稳压器 N12 的输出端电压为 0V；LM317 的 1 脚为输出电压调节端（ADJ 端），查其两只分压电阻 R802 和 R801，发现 R801（100kΩ）开路。更换 R801 电阻后，故障排除
TCL-HID29208P 型高清彩电	无光栅，无图像，无伴音	该故障一般出在开关电源电路等相关部位。检修时，打开机盖，检查后，发现 F801 熔断且 N801 的 1、2 脚内部的 MOSFET 开关管击穿。重点检查 N801 的 1 脚外接的尖峰吸收电路，发现 D801 内部开路。更换损坏元器后，故障排除
TCL-HID34189PB 型高清彩电	有声音无图像，关机瞬间有光	先检查视频放大板，该机视频放大板由 TDA6111Q 及少数外围元件组成，该 IC 的 1 脚为基准电压形成脚，其电压与 IC 的 3 脚送入电压进行比较，测 1 脚电压 3.5V，明显高于正常时的 2.5V 基准电压，当 1 脚电压高于 2.5V 时 IC 内部电路关闭不工作，视频放大器截止。检查 1 脚外部电路、Q531 与 Q532 等组成的消亮电路，发现电阻 R533 开路。更换 R533 后，故障排除
TCL-HID4321H 型背投影彩电	色彩不良，类似彩色制式不对	该故障可能出在视频解码电路等相关部位。开机观察，现象类似于彩色制式不对。打开菜单，发现彩色制式在自动项，调到 PAL 制，故障依旧。判断问题可能出在 TDA9321 与数字板之间，仔细检测发现 U 路无电压，检查其相关元器件，发现 U 信号的一路放大管 Q1173 内部损坏。更换 Q1173 后，故障排除

续表

机型	故障现象	故障分析与维修方法
TCL-HID432 型背投影彩电	接通电源开关，红色指示灯亮，按“待机”键，红色变为蓝色，但不开机	用万用表测量场输出集成电路 IC3501（STV9379）的 2、4 脚电压为+15V、−15V，供电正常；泵电源的 6 脚电压为 14V，异常（正常应为 30V 以上）；输出端 5 脚电压为 0.8V（正常应为 0V）；3 脚保护电压为 0V（正常应为高电平）。显然，此集成块已损坏。更换 IC3501 后，故障排除
TCL－HID4321HA 型背投影彩电	有图像，无伴音	重点检查静音消噪电路。该机采用双声道 A 类功率放大器 IC601（TDA7264）和双声道 D 类（数字）功率放大器 IC6801（TDA7490，重低音功率放大）。这两片集成电路同时出故障的可能性较小，于是查其外围的音频静音和关机消噪电路，发现关机消噪控制管 Q601 的 e、c 极正反向电阻均为 200Ω。更换 Q601 后，故障排除

四、创维新型彩电故障维修实例速查

机型	故障现象	故障分析与维修方法
创维 PDP 43PABHV 型等离子彩电	不开机	检修时，打开机盖，应从电源电路查起。该机使用的是三星 V3 屏，按照三星 V3 屏电源板的启动方法启动电源，电源输出正常，说明故障不在电源板电路。对数字板中的 MCU 电路进行检查，发现复位电路中的 R9312（4.7kΩ）一脚由于焊接问题而开路，导致 MCU 无法复位，造成不能开机故障。重新焊接 R9312 后，故障排除
创维 421 型（8TP5 机芯）液晶彩电	开机后黑屏	检修时，打开机盖，通电开机，检查伴音是否正常。若伴音正常，用万用表检测电源板背光供电电压是否正常（正常应为 25V 左右）。若正常，则检测主板背光控制电压是否正常（正常应为 3V 左右），检测背光板供电插座有无虚焊。在实际检修中，由背光板 25V 供电插座虚焊引起此类故障较常见。经检查为 25V 供电插座脱焊。重新补焊后，故障排除
创维 15AAB 型液晶彩电	无光栅，无图像，无伴音	检修时，打开机盖，查 MCU 电路，用万用表检测 MCU（KS88C4504）的 12、5、53 脚供电均正常，测 MCU 晶体振荡器 Y2（10MHz）也已经起振，之后测复位端 19 脚的电压，正常应该为高电平，而此时为 0V。查复位电路及其外围，复位电路是由 ICQ3（DS1813）形成的，查 DS1813 的供电正常，而复位输出端却为 0V，判定为 DS1813 内部损坏。更换 DS1813 后，故障排除

续表

机型	故障现象	故障分析与维修方法
创维 DLP53HD 型高清彩电	图像闪烁	检修时，打开机盖，把色度减到零，变为黑白图像，此时图像依然闪烁，排除驱动板的问题，清洁色轮和传感器。经检查，色轮和传感器脏污。清洁色轮和传感器后，故障排除
创维 21T88HT 型高清彩电	图像花屏	根据实际维修经验，一般由 HV206 输出排阻或其本身异常所致。检查排阻 RP01～RP04，发现似有虚焊，重新补焊一遍后开机，故障消除
创维 21T98HT 型高清彩电	TV 状态下不定时跑台，其他信号正常	该故障可能发生在高、中频处理电路，即高频头组件等相关部位。检修时，打开机盖，检查供电及 VT 管电压均正常，用万用表测量 4、5 脚总线控制约为 4V，基本正常，怀疑高频头内部出现问题，更换一只新件，故障依旧，怀疑 VT 稳压性能不良。更换一只 33V 稳压管后，故障排除
创维 21D9BHT 型高清彩电	黑屏但伴音正常	用万用表测 HTV025 的 RGB 输出电压仅为 0.2V 左右，比正常值低很多，断开后级电路，故障依旧。检查外围电路基本正常，怀疑 HTV025 内部的 D/A 转换部分性能不良。更换 HTV025 后，故障排除
创维 21D9BHT 型高清彩电	不定时烧行输出管	重点检查行振荡、行推动电路部分。检查行推动变压器是否有焊缝，正常。检查行振荡电路，该机采用 OM8380（TDA9332）作为行场小信号处理，行振荡信号是由 12MHz 晶体振荡器倍频得到的，查其外围其他元器件无异常。怀疑 12MHz 晶体振荡器性能不良。更换一只同规格的晶体振荡器后，故障排除
创维 21T98HT 型（3D20 机芯）高清彩电	遥控失控	检修时，检验遥控器正常，且发射信号后，接收头直至 CPU（HM602）的 IR 输入脚（15 脚）均有 4V 左右的电压，说明发射信号已经送入 CPU。怀疑频率偏移，更换 X101（12MHz）及周边电容，故障依旧，由此基本可判断 CPU 内部接收电路不良。更换 HM602 后，故障排除
创维 22D88HT 型（3D20 机芯）高清彩电	TV 图像不清楚，AV/YUV 等正常	检查高频头外围电路，没有发现异常，怀疑高频头内部不良，更换一只新品，故障排除。为了准确判断故障点，把高频头拆开，测量 TDA9885 供电脚（20 脚）电压较低，约为 4V（正常约为 5V），怀疑 TDA9885 性能不良。更换 TDA9885 后，故障排除

续表

机型	故障现象	故障分析与维修方法
创维 29T66HT 高清彩电	有光栅、无图像、无伴音	根据电路分析，故障出在音视频转换块上。本着先易后难的原则，首先更换音视频转换块，将 IC301（CD4053BE）拆下换上新品，开机后一切正常
创维 29T68HT 型高清彩电	图像偏色	用万用表检测视频放大板红枪阴极电压为 175V，说明红枪没有工作。测量 IC501（LM1269）红基色输出端（20 脚）电压为 0V（正常为 2V 左右），而 18、19 脚蓝绿基色输出电压正常，判定为 IC501（LM1269）内部不良。对于该机型，有时视频放大板有脱焊现象，故障征状也是偏色。更换 LM1269 后，故障排除
创维 29T83HT 高清彩电	图像扭曲，行不同步	该故障一般出在行振荡电路等相关部位。检修时，打开机盖，用万用表测量 IC801（TDA9116）的 6 脚电压偏低，而正常值为 3.8V，检查 IC801 的 6 脚外围电路，测量 C341 电容时发现管脚有松动，拆下发现管脚已快断裂。更换 C341 后，故障排除
创维 29T95HT 型（6P18 机芯）高清彩电	无光栅、无图像、无伴音，指示灯不亮	该故障一般出在开关电源电路、行输出电路等相关部位。检修时，打开机盖，用万用表测量+B 端对地电阻为 0Ω，说明+B 端负载有短路现象。检查行输出电路，发现 D307（BY495）、D308（FMLC16）、枕形校正管 Q308（TIP122）均已击穿，限流电阻 R373（2.2Ω/2W）也已开路。上述元件的损坏应与行逆程电容失容有关，进一步检查发现行逆程电容 C318（4700pF/2kV）容量明显变小。更换所有损坏的元器件后，故障排除
创维 29T95HT 型（6P18 机芯）高清彩电	图像声音均正常，但电源发出“吱吱”的响声	根据经验，电源吸收回路的电容 C620 非常容易损坏，当手触摸到 C620 时感觉非常热，更换 C620 后开机“吱吱”声仍然有，电源升温很快。关机后，将电流表串入行电路中测量电流正常，再次检查电源，发现吸收回路上的 D612（BA158）被击穿。更换 D612 后，故障排除
创维 32D98HP 型（6P20 机芯）高清彩电	开机后绿灯亮，无其他动作	检修时，打开机盖，用万用表测 IC604（7805）输入端电压只有 3.2V，输出端电压只有 0.2V。R625 是 IC604 的限流电阻，阻值为 8Ω。故障时，测 R625 上有 5V 压降，明显过流。经检查，故障是 IC604 输出端所接 D631 引起的。由于在出厂时把 D631 正极引脚打弯后压在附近的地线铜皮上，给 IC604 输出端对地短路埋下隐患。遇到此故障，只需把 D631 正极折弯部分掰正即可

续表

机型	故障现象	故障分析与维修方法
创维 34T86HT 型高清彩电	图像有竖条干扰	检修时，打开机盖，接通电源，收看 20min 左右后图像上出现竖条干扰线，像竹帘一样。用螺丝刀轻轻敲打数字板，图像时好时坏但伴音正常，怀疑数字板有脱焊现象。于是对数字板补焊，但十几分钟后故障依旧。最后，更换数字板，开机后一切正常
创维 34DH60 型高清彩电	开机后绿灯亮，有高压启动又消失的声音，无光无声	检修时，打开机盖，仔细检查显像管高压发生器供电电路后，发现 IO804（7812 稳压块）引脚脱焊。脱焊不严重时，图像清晰度有时受影响，偶尔有烧行输出管的故障出现；不开机时大多已严重脱焊。重新补焊后，故障排除
创维 43P888HDI 型（88HD 机芯）高清背投影彩电	红色指示灯亮，遥控开机后电源指示灯由红色变为紫色，且能听到继电器 DL601 吸合声，但无光栅、无图像、无伴音	初步判断主板部分有虚焊，将主板从机箱内脱离出来，目测后未发现有明显虚焊元件，但还是将有可能引起行不工作的元件逐一补焊（对于双面电路须两面均补），恢复电路开机，图像、声音均恢复正常
创维 43P888HDI 型（88HD 机芯）高清背投影彩电	二次不开机	该机芯行场扫描处理块（兼三基色视频放大功能）为 CXA2180（IC501）。先检查 IC501 的各路供电，测得 IC501 的 8、20、50 脚的 5V 供电和 61 脚的 9V 供电均正常。顺着 Q510 的 G 极逐步往前查，发现 IC501（CXA2180）的 16 脚（HOUT）外接一只控制三极管 Q510（C1815），其 b 极受控于 IC1 的 37 脚（1080SW）。怀疑 Q510 内部漏电。更换 Q510 后，故障排除
创维 43P888HDI 型（88HD 机芯）高清背投影彩电	开机后，有高压声，灯丝亮但黑屏	用万用表测量 CPU 保护端（12 脚）电压为 0V（正常为 5V），说明故障在于某个元件有问题。断开挂在总线上的 IC 试机，都不起振。接着检查数字板，拆下数字板后发现 1.8V 滤波电容 C43（470μF/16V）鼓包，N3（LD1086DT18）电路板有明显的过热烧糊的痕迹。更换 C43、N3 后，故障排除
创维 43P888HDI 型（88HD 机芯）高清背投影彩电	不开机	检修时，打开机盖，用万用表检查供电，测量数字板上 5V、3.3V 供电电压均正常，但 1.8V 供电电压只有 1.1V 并波动。测量 N3（LD1086DT18）输入电压 5V 正常，断开 1.8V 负载后，输出电压升至 1.68V。为了判断故障是否由 N3 不良所致，断电后人为断开 R60，接上 1.5V 干电池，开机后图像、伴音均正常，多次开/关机仍正常，这说明故障就是数字板 1.8V 负载不良引起的。更换数字板后，故障排除

续表

机型	故障现象	故障分析与维修方法
创维 43P66HD 型背投影彩电	图像红色不良	检修时，打开机盖，用万用表检测 IC802 的供电正常，6 脚电压是 0V，8 脚电压是-2.5V，这两个电压严重偏低，正常时分别为 0.13V、-0.02V。由于 IC802 的 6 脚电压由 IC801 的 65 脚供给，判定 IC801 内部损坏。更换 IC801 后，故障排除
创维 300S/480 机芯背投影彩电	无光栅、无伴音，有高频叫声	该故障可能出在电源电路、行扫描电路等相关部位。检修时，打开机盖，用万用表检测主开关电源输出电压均略低于正常值，说明主电源内阻大。检查 C820 两端电压正常，电源厚膜电路 IC801（STR-F6656）的 1、4 脚外接元件也正常，怀疑 IC801 内部异常。更换 IC801 后，故障排除
创维 300S/480 机芯背投影彩电	无光栅、无伴音，电源指示灯亮	在开机瞬间测开关电源并无电压输出，说明不是过压保护电路动作引起该故障。怀疑是供电电路异常，导致 IC801 工作在欠压保护状态。但检查 D819 和 C808 正常，怀疑开关变压器 T801 所接的整流管有异常。在路检查，发现+B 电源整流管 D831 击穿。更换 D831 后，故障排除
创维580HD/680HD 机芯背投影彩电	热机后自动关机	在自动关机前，用万用表测运算放大器 IC9601 的 1 脚未输出高电平控制，说明“X 射线”过大，保护电路未动作；而 Q849 的 c 极有保护信号输出，说明行扫描过流保护电路动作。由于该机能正常工作一段时间，并且在保护电路动作前没发现亮度下降、图像尺寸变化的异常现象，怀疑行输出过流保护电路误动作。检查取样电阻 R885 和 R886 正常，怀疑 Q849 内部不良。更换 Q849 后，故障排除
创维580HD/680HD 机芯背投影彩电	无光无声，电源指示灯亮	检修时，打开机盖，用万用表检测主电源电路输出电压正常，测连接器 D70 的 3 脚有行激励信号输入，说明 TDA9332 的 8 脚已输出行激励脉冲，而 D70 的 6 脚没有行激励脉冲输出，说明行激励电路异常。检查行激励电路，发现行激励管 2K2962（Q501）性能下降。更换 2SK2962 后，故障排除
创维580HD/680HD 机芯背投影彩电	无光无声，电源指示灯亮	该故障可能出在系统控制电路、主电源电路或扫描电路等相关部位。检修时，打开机盖，开机后，用万用表检测连接器 D70 的 5 脚没有行激励信号输入，测 DPTV 组件也没有行同步信号输出，测 DPTV 组件的供电、复位信号正常，说明 DPTV 组件异常。更换 DPTV 组件后，故障排除

续表

机型	故障现象	故障分析与维修方法
创维580HD/680HD型背投影彩电	无字符显示	检查CPU的1、2脚行、场同步信号是否正常，若无行、场同步信号，则检查IC2707同步信号切换及相关电路元器件，再检查CPU的字符振荡电路（CPU的28、29脚外围元件L1101、C1105、C1106）是否正常，接下来检查CPU的振荡输出端（50、51、52脚）至IC7110（BA7603）字符切换电路上的元器件及IC7110本身，最后检查字符消隐信号是否正常。经检查，IC7110内部不良。更换IC7110后，故障排除
创维21NF8800型（3P20机芯）彩电	有伴音，黑屏	开机后观察，OM8838的18脚为高电平检测信号反馈脚，人为关掉高电平保护电路，将18脚对地短路（反复调整加速极电位器），发现屏幕上出现图像，这时把加速极调回原位置，发现图像红色拖尾。检查发现尾板上有很多地方虚焊，补焊后开机，故障依旧。分析RGB三路视频放大电压不正常会出现彩色拖尾现象，于是在路测视频放大电压值在150V左右轻微波动，怀疑视频放大滤波电容C505失效。更换C505后，故障排除
创维25NF88型（5T20机芯）彩电	开机后有“叽叽”声，指示灯随“叽叽”叫声闪烁，无光栅、无伴音	重点检查待机控制电路。将Q603的b、e极用导线短路，强行开机，发现ZD602负端对地电压只有5V。由电路分析可以看出，此管为12V稳压管，无论在待机或开机状态，均应有12V电压。将ZD602更换后试机，+B端电压110V稳定，将短路线及灯泡拆去，图像、伴音良好。更换ZD602后，故障排除
创维25NF885型（5T25机芯）彩电	关机时屏幕闪烁	该故障可能出在CPU、亮度、ABL以及视频放大输出电路等相关部位。用万用表检测CPU的37、38脚总线电压分别为2.2V、1V，比正常值4.0V低。将这两条线路上挂接的IC201（TB1240）、IC102（TA1219）、IC401（TA8766）等元件一一断开，电压不变，最后查出时钟线上的瓷片电容C010（100pF）漏电。更换C010后，故障排除
创维25ND90型（5T20机芯）彩电	自动选台时，节目号不递升	该故障可能出在调谐控制电路等相关部位。检修时，打开机盖，用万用表检测IC001（87CM38N-IR02）的13脚（AFT输入端）电压为5.6V，正常为2.4V；IC201的1脚（AFT输出端）电压为8.6V，正常为2.4V。断开CPU的13脚电路，IC201的1脚电压仍为8.6V。查小信号处理电路IC201（TB1240）内部损坏。更换IC201后，故障排除

续表

机型	故障现象	故障分析与维修方法
创维 29NL90 型（5T20 机芯）彩电	机内异响，有高压打火声	开机后观察，高压包 T302（051229-00）打火。更换 T302 后试机，机器出现枕形失真且行幅不足。进入工厂模式调有关数据，不起作用，检查得知检校功率放大管 Q303（3CA688）的 c、e 极之间短路。更换 Q303 后，故障排除
创维 25T190 型（5T25 机芯）彩电	光栅亮度不足，水平枕形失真	检修时，打开机盖，检查发现高压包 T302（051229-00）已鼓包，将其更换，光栅亮度正常，枕形失真消失
创维 25T190 型（5T25 机芯）彩电	在 U 频段收不到台	如果频段电压切换正常，那就是高频头有问题；如果频段切换电压不正常，则涉及 I2C 总线数据、存储器、CPU 等。经查频段电压切换不正常，进入工厂模式，发现 MOD0 数据变为“13”，将其调为“16”后，机器恢复正常
创维 29T61HT 型（6D90 机芯）彩电	雷击后 TV/AV1/AV2 模式下无视频信号，HDTV/DVD 输入正常，伴音正常，TV 状态下有伴音显示无信号输入，5min 后自动关机	检修时，打开机盖，沿 AV 输入线路检查到数字板，发现 AV1 输入电路上的二极管击穿损坏，用 1N4148 代换，接收视频信号却仍无图像。视频信号是直接进入视频切换集成块 5147 的，测量 5147 外接晶体振荡器两脚无电压，断定该贴片元件已损坏。更换 5147 贴片后复原试机，雪花出现，AV 模式下也有了视频画面，机器工作恢复正常
创维 29T61HD 型彩电	换台时“扑扑”响	检修时，打开机盖，更换伴音音效处理电路 N701（LV1117）及伴音功率放大器 N601（LA4278）后不起作用。经仔细检测发现，伴音功率放大器 N601 的两个信号输入端（2、5 脚）电压不一致，2 脚电压偏低。进一步检查，发现电容 C604（4.7μF/50V）击穿。更换 C604 后，故障排除
创维 29S1900 型彩电	无光栅、无图像、无伴音，指示灯亮	开机测量电源各组电压均正常，测量 IC201（TB1240N）各脚电压，发现 36 脚的 5V 电压只有 3.3V，比正常值低了很多。检查 36 脚外围元件未见异常。将 36 脚断开，5V 电压回到正常值，怀疑 TB1240N 的 36 脚内部短路。更换 TB1240N 后，故障排除
创维 29NL90 型（5T20 机芯）彩电	开机后无光栅、无图像、无伴音，仔细听机内有“叽叽”叫声，指示灯随之闪烁	该故障可能发生在开关电源电路等相关部位。检修时，打开机盖，该机曾修过数次，故障均是由 Q601 不良而引发的。测量换下的 D1640 却是好的，经检查得知 Q601 内部损坏。更换 Q601 后，故障排除

五、康佳新型彩电故障维修实例速查

机型	故障现象	故障分析与维修方法
康佳 PDP4209J 型等离子彩电	无光栅，无图像，无伴音	检修时，打开机盖，通电检查，开机能听到电源继电器吸合的声音，但在吸合瞬间又自动断开。分析此现象是整机在开机启动的过程中检测到有故障，立刻进入保护状态。试更换数字板后开机，无效；替换电源板试机，故障依旧。 再拔下电源板向伴音功率放大板供电的插排 GN802-P501 后，能开机（此插排共有 4 针，分别为+30V、+20V 和两个地线端口），随后出现图像，但无伴音。将伴音功率放大板拆下仔细检查，发现伴音功率放大块 ANS277 已经开裂。更换 ANS277 后，故障排除
康佳 PDP4218 型等离子彩电	有图像，无声音	故障点在声音处理的公共通道，即 N230（MSP3463G）声音处理电路或伴音功率放大电路 N210（TDA8944A）以及静音电路。 用镊子干扰 N210 的音频输入脚，扬声器发出“喀喀”声，说明故障在前级电路。用万用表测量 N230 供电、复位电压和 I2C 总线，均正常，由于晶体为易损器件，用万用表测量不出好坏。更换 Z230（18.432MHz）后试机，声音恢复正常
康佳 LC-TM1708P 型液晶彩电	有声音、无图像	检修时，打开机盖，查看背光灯未亮，用万用表测量逆变器（CN1 的 1、2 脚）12V 供电正常；CN1 排插的 3 脚为背光灯开关（正常时为 3V）；CN1 的 4 脚亮度调节端电压正常。检查保险丝 F1（3.0A/125V）烧断，说明逆变器有严重短路故障。对电路板大功率元件进行检测，发现推挽输出电路 Q3 击穿。更换 Q3 和 F1 后，故障排除
康佳 LC-TM1708P 型液晶彩电	开机后图像出现约 1 s 后，进入保护状态	该故障可能发生在逆变器等相关部位。检修时，打开机盖，看到背光高压板 PT1 处和屏蔽罩有打火发黑的痕迹。在打火处加贴绝缘胶片，开机后一切恢复正常
康佳 LC-TM1708P 液晶彩电	灯管点亮后瞬间熄灭	该故障可能发生在高压电路等相关部位。开机后观察，从故障现象看，灯管点亮不到 1s，应该是过电流保护。为证实这一判断，将 D12、D14 断开，开机后不再保护，证明实属过电流保护。对高压电路元件进行检测，未见异常。检查保护电路元件，也未见异常，判断为高压变换器内部损坏。更换 PT1、D12、D14 及灯管后，故障排除

续表

机型	故障现象	故障分析与维修方法
康佳 LC－TM2018 型液晶彩电	自动关机	该机自动关机时与待机状态相同，由于该机采用外观精致的触摸式按键，而按键里面的金属容易产生短路，造成待机按键自动接通，进入待机状态，有时在待机有时又自动开机。经检查，果然是待机按键内部短路。更换待机按键开关后，故障排除
康佳 LC－TM2611 型液晶彩电	有声音、无图像，背光灯不亮	检修时，打开机盖，开机后，用万用表检查电源板上24V电压输出，正常，但24V电压进入逆变器后，经过一个6.3A的保险，该保险一端电压为24V（正常），另一端电压为0V，经检查保险已开路。进一步寻找保险开路原因，发现24V逆变器供电端对地电阻值为几欧，显然已对地短路，断开各路灯管的升压电路，24V供电端还是对地短路，最后检查发现隔直流电容C47对地短路。更换C47后，故障排除
康佳 LC－TM2611 型液晶彩电	有光栅，无图像	重点应检查N412、N411、N501等相关电路，因为N412之前的电路都产生模拟信号，如果它们有问题，按“AV/TV”键应该不会转换。对N412进行检查，发现59、69、76脚无5V供电，而这些供电均由N804（MP1410ES）提供，N804输出电压由N501（GM1601）的3脚控制，外围电路都正常。替换N804，有5V电压输出，机器工作恢复正常。更换N804后，故障排除
康佳 LC－TM3008 型液晶彩电	出现黑屏现象	该故障可能发生在CPU控制电路、背光灯（逆变器）或LCD屏等相关部位。在路检测U802（MP1410ES）的3脚对地电阻值是否正常。若该电阻值为0Ω，则检查U802的3脚外接稳压二极管VD802是否短路。在实际检修工作中，因稳压二极管VD802短路而引起“黑屏”故障较常见。经检查，稳压二极管VD802内部短路。更换VD802后，故障排除
康佳 LC－TM3211 型液晶彩电	信号弱，图像雪花点大	进入工厂菜单调节AGC脚电压为0V，用万用表检测高频头AGC对地阻值为100Ω。AGC脚电压是由N102（TDA9885T）的14脚通过R113（100Ω）送出，怀疑N102的14脚短路或外围电路有问题，通过检查发现电容TC125（22μF）短路。更换TC125后，故障排除
康佳 LC－TM3211 型液晶彩电	有图像，无伴音	故障出在伴音处理电路等相关部位。测量音频处理器MSP3463的16脚对地阻值为几十欧；断开C164后，测量MSP3463的16脚对地电阻值恢复正常，开机声音正常；进一步检测发现，电容C164（0.1μF/63V）内部已击穿。更换C164后，故障排除

续表

机型	故障现象	故障分析与维修方法
康佳 LC－TM3719 型液晶彩电	开机后，始终处于待机状态	重点检查程序存储器 N401、N502（24C32）、晶体振荡器 Z104（14.31818）等元器件。先用万用表检查供电和存储块的工作电压，检测 N502 的工作电压为 1V（正常工作电压为 4V）。N502 为 BGA 提供 I2C 总线电压，替换 N502 和晶体振荡器 Z104，再开机后红灯能变为绿灯但转变较慢，需要 8s（正常为 2s，红灯转变为绿灯）。分析可能是程序存储内部数据错乱，或识别数据能力有问题，更换 N401 程序存储块，再开机，机器工作恢复正常
康佳 P25981 型高清彩电	无光栅、无图像、无伴音	检修时，打开机盖，用万用表测量+B 端电压为 0V，测量 TDA16846 的 2 脚电压比正常值高出很多，11 脚电压也比正常值高。更换 TDA16846 后，开机测量+B 端电压仍然为 0V。仔细听电源有“吱吱”的启动声，测量其他各组电压均有高低不稳的现象，但+B 端电压始终为 0V。将 VD906 拆下测量完好，更换 VD906，开机后测量+B 电压恢复正常，故障排除
康佳 P29AS28 型高清彩电	收看过程中突然无声音，图像一直处于正常状态	检修时，打开机盖，用万用表检测伴音功率放大集成块 TDAZ616 的 7 脚电源输入端电压+26V，正常。再测其 2 脚静音控制端电压为 6V，有时为 24V。开机后用遥控器对着电视反复按压数次，此脚电压依然是 6V。静音脚电压始终是 6V、功率放大块处于静音状态，正常时此脚电压应在 6V 左右来回变化。检查该电路，发现静音二极管 V201 内部损坏。更换 V201 后，故障排除
康佳 P29ST390 型高清彩电	雷雨过后，无光栅、无图像、无伴音	该故障可能发生在开关电源等相关部位。检修时，打开机盖，用灯泡将 300W 电压泄放后，查 150kΩ、120kΩ 启动电阻阻值正常，查 KA5Q1265 的 2 脚供电元件 VD910、R916、C908 及 5 脚外接元件 VD911、R913、C913、VD909、R912 均正常，最后发现光电耦合器 N902 短路。更换 N902 后，故障排除
康佳 29FG188 型高清彩电	行幅小，有回扫线，亮度暗，无伴音	检查保护电路均正常，再仔细测量各组电压，发现 N951（L7805）的输出端电压只有 2V，而正常值为 5V。将负载断开，5V 电压正常；将负载一一接上，5V 电压明显下降；将电流表串入 N951 输出端与负载之间，测得电流只有 150mA。检查 L7805、整流二极管均正常，拆下 R954（0.12Ω）测量阻值明显变大。更换 R954 后，故障排除

续表

机型	故障现象	故障分析与维修方法
康佳 T2112 型高清彩电	图像场幅压缩	仔细观察发现，在敲击电路板过程中，除了图像上下跳动外，还有伴音失真和音量减小现象发生。这两种故障并存，因此怀疑小信号处理电路供电中的三端稳压集成电路 N303（AN7812）引脚虚焊。检查 N303，果然如此。重新补焊后，故障排除
康佳 BT4310 型背投影彩电	无光栅、有伴音	用万用表检测发现，投影管的阴极电压过高，再测多功能处理器 TA1316AN（N301）的 R、G、B 信号输出端无信号输出，而 N301 有色差分量信号输入，这说明是 N301 工作异常。检测 N301 的相关引脚时发现，行逆脉冲输入端（24 脚）电压为 0V，说明行逆程脉冲输入电路或 24 脚内部电路异常。进一步仔细检查发现，行逆程脉冲输入回路上用于限幅的 5.6V 稳压管 VD445 内部击穿。更换 VD445 后，故障排除
康佳 BT4310 型背投影彩电	图像上有横道干扰	检修时，打开机盖，拔下电视机背面的有线电视信号插头后，蓝屏上仍有横道干扰，怀疑是由打火引起的。按压所有电路板无效，当按压高压分配器上的 4 根高压线后，故障现象消失，这说明故障是由高压线松动引起的。重新固定高压线后，故障排除
康佳 P34FG218 型高清彩电	自动关机	测量待机管 V953 的 c 极 13.5V 电压时有时无，而 b 极电压不变，关机拆下 V953 测量完好，怀疑该管功率不足。更换一个功率略大一点的管子（最好管子上有散热片），开机后一切恢复正常
康佳 BT4301 型背投影彩电	字符黯淡且上下抖动	故障部位主要在视频信号处理、TV/AV 切换电路和 DPTV 组件等相关部位。检修时，打开机盖，用电容短接 TV/AV 切换芯片 TA885 的视频信号输出端和相应的信号输入端无效，怀疑 DPTV 组件异常。更换 DPTV 组件后，故障排除
康佳 BT4310 型背投影彩电	无光栅、无伴音，电源指示灯不亮	检查开关电源发现，电源厚膜电路 N802（STR6709）的 1、2、3 脚之间的阻值为 0Ω，说明 N802 内的开关管击穿。进一步检查发现，稳压管 VD856 击穿。更换 N802 和 VD856 后，故障排除
康佳 BT4310 型背投影彩电	无光栅、无伴音，指示灯发橙色光	怀疑被保护的电路异常或保护电路误动作。在检查其他受保护电路时，发现场输出电路 N401（LA7846N）的供电端（7 脚）几乎无电压，而 C429 两端有电压，说明限流电阻 R456 开路。R456 是限流电阻和场输出电路过流保护的取样电阻，它开路多因 LA7846N 的 7 脚对地阻值为 0Ω，这说明 LA7846N 内部已损坏。更换 R456、N401 并恢复 V850 后，故障排除

续表

机型	故障现象	故障分析与维修方法
康佳 BT4310H 型背投影彩电	红色背景时，出现拉丝现象	该故障可能发生在视频输出放大器电路等相关部位。开机后观察，怀疑红信号视频输出放大器或红投影管异常。检修时，打开机盖，按压高压分配器的高压线，结果故障消失，说明高压线接触不良。做出相应处理后，故障排除
康佳 BT4310L 型背投影彩电	会聚变差	检修时，打开机盖，用示波器测连接器 PC105 的 7 脚输出蓝水平会聚信号正常，怀疑会聚功率放大电路 NC01（STK392-040）内部损坏。更换 NC01 后，故障排除
康佳 BT4310L 型背投影彩电	有伴音，无图像	检修时，打开机盖，用万用表测量 RGB 矩阵电路 N301 的 19、29、40 脚，发现 N301 的 40 脚（+9V 供电端）电压仅为 4.8V 且不稳定。检查该脚外接滤波元件 C330、C339、L305，发现 L305 内部不良。更换 L305（22μH）后，故障排除
康佳 BT4320 型背投影彩电	无光栅、无伴音，电源指示灯亮	测 SR801 的供电端无电压，说明供电电路异常；测 C842 两端也无 11V 电压，说明微处理器电源未输出 11V。最终检查发现，熔断器 ZP80 开路。更换 ZP80 后，故障排除
康佳 BT5080 型背投影彩电	无光栅、无伴音，电源指示灯不亮	查看 220V 交流电输入回路的保险管是否正常。在开机瞬间，若主电源输出电压超过正常值，随后下降，说明主电源的稳压控制电路异常，使电源厚膜电路 N802（STR6709）的 9 脚内的过压保护电路动作。若发现该开关电源在待机状态下电压过高，说明故障发生在 N826 及其供电电路。检查 N826 的供电电路发现，滤波电容 C832（10μF/160V）内部漏电。更换 C832 后，故障排除
康佳 BT5080 型背投影彩电	无光栅、无伴音，有继电器吸合又释放声	在开机瞬间，测 V406 的 c 极无电压输出，说明 200V 供电电压低（束电流大）导致保护电路动作，故障是由 200V 供电电路或视频输出放大电路、投影管异常所致。 在开机瞬间，测连接器 XS420 的 1 脚电压正常，说明 200V 供电保护电路误动作。仔细检查发现，电阻 R424（390kΩ）内部开路。更换 R424 后，故障排除
康佳 BT5080 型背投影彩电	有信号输入时自动关机	由于该机在无信号输入时，仅蓝投影管和绿投影管工作，红投影管不工作，而在有信号输入后，红色投影管也会参与工作，所以判断故障是由红投影管异常引起过流保护电路动作。因此，取下红投影管的尾板后，故障不再出现，确定故障是由红投影管异常引起的。更换红投影管后，故障排除

续表

机型	故障现象	故障分析与维修方法
康佳 BT5080 型背投影彩电	水平方向枕形失真	查看枕形失真电路的调制电容 C752 正常，用示波器检测枕形放大管 V763 的 b 极有正常的场频抛物波脉冲输入，而 c 极输出的信号不正常，怀疑 V763 异常。但焊下检查 V763 正常，替换也无效，说明行输出电路有元件异常。经进一步检查发现，阻尼管 VD461（ERC20-060）内部击穿。更换 VD461 后，故障排除
康佳 BT5080 型背投影彩电	出现蓝屏现象	检修时，打开机盖，用电容短接 TV/AV 切换芯片 TA8851 的视频信号输出端和相应的信号输入端后，屏幕上出现图像，判断 TA8851 内部损坏。更换 TA8851 后，故障排除
康佳 BT5080 型背投影彩电	无图像、无声音、蓝屏，但有字符显示	采用 AV 端子输入信号后，故障依旧，说明 TV/AV 电路工作异常，用万用表测 TV/AV 切换板上无 9V 供电电压，而连接器上有 9V 电压，说明供电线路异常。经仔细检查发现，滤波电感 LV05 内部开路。更换 LV05 后，故障排除
康佳 BT5080 型背投影彩电	图像时有时无	检修时，打开机盖，采用 AV 和 PDVD 端子输入信号后，故障依旧，说明故障部位在视频后端处理电路、投影管电路。该机的视频后端处理由以 TA1316AN 为核心的电路来完成，它有正常的视频信号输入，而它的 41～43 脚无 R、G、B 信号输出，说明 TA1316AN 构成的视频后端处理电路工作异常。检查相关引脚电压时发现 52 脚电压异常，检查 52 脚外接元件发现 V311（2SA1015）内部损坏。更换 V311 后，故障排除
康佳 BT5080 型背投影彩电	有时缺蓝色	用万用表测视频后端处理器 TA1316AN 的 41 脚输出的蓝信号不正常，接着测 TA1316AN 的 9 脚输入的 Cb 色差信号也不正常，而连接器 XSM02 的 4 脚输入的来自 DPTV 组件的 Cb 信号正常，说明故障部位在 XSM02 与 TA1316AN之间，检查它们直接的线路板正常，怀疑耦合电容 C308 内部开路，经检测果然如此。更换 C308 后，故障排除
康佳 BT5850H 型背投影彩电	无光栅，无伴音，指示灯发光	该故障可能发生在行扫描电路。测多功能芯片 N301（TA1316AN）的供电端 19、40、50 脚电压正常，测 N301 的 30、31 脚电压在 2.5V 左右波动，怀疑 N301 内部异常。更换 N301 后，故障排除

续表

机型	故障现象	故障分析与维修方法
康佳 P21SE358 型超级芯片彩电	收不到电视信号	该故障可能发生在高频头等相关部位。该机使用 11 脚频率合成高频头，检测高频头各脚电压，除 1 脚电压由 4V 降为 0V 不正常外，其他脚电压均正常。U101 的 1 脚由上位到 5V 的 R112 和接地的 R113 分压在 4V 左右，然后连接到 N906 的 43 脚上。怀疑 R112 不良，断开检查其阻值为 15kΩ，正常；接着断开 N906 的 43 脚，高频头 AGC 电压上升到 4V，机器可以收台了。关机后测量 N906 的 43 脚对地电阻只有 70 多欧，说明 N906 内部短路。更换 N906 后，故障排除
康佳 P2961S 型超级芯片彩电	有光栅，无图像，无伴音	故障可能出在高频头与中放电路之间。检修时，打开机盖，检查高频头的工作电压基本正常；检查中放电路 STV8223B 的各脚工作电压也在正常范围内；检查外围电路也未见异常。判定故障出在制式切换电路。仔细检查 N102（TC4052）的各脚电压，发现 13 脚电压比正常值低了很多，查外围电路正常，判断 N102 内部损坏。更换 N102 后，故障排除
康佳 P2973S 型彩电	黑屏无字符，灯丝亮	检修时，打开机盖，开机后观察，调节加速极电压，出现光栅、但严重散焦，替换显像管管座，故障依旧。焊开场偏转线圈，测量其两输出端有固定的直流电压输出，异常。进一步测量 VCT3801A 的 34、35 脚电压相等，判断场输出集成块 TDA8177F 内部损坏。更换 TDA8177F 后，故障排除
康佳 P2592N 型彩电	图像失真，行幅偏窄	用万用表测量小信号处理电路 TB1240N 的 35 脚电压为 3.2V，正常；测量 LM4558 各脚电压都正常；当测到 V420（C3852）时，b 极电压为 0V，c 极电压为 55V，该管处于截止状态。正常情况下该管 b 极电压应为 0.56V，c 极电压为 20V 左右。同时，V405（A1015）的 b 极电压为 10.6V，e 极电压为 7.5V，也处于截止状态，造成 TB1240N 的 35 脚输出的枕形校正脉冲无法加到 V420 的 b 极进行末级推动。拆下 V420 检查，发现 b、e 极间已击穿。更换 V420 后，故障排除
康佳 P2592N 型彩电	指示灯亮，无光栅	检修时，打开机盖，通电后用万用表测量电源+B 端电压，刚开机时为+130V，几秒钟后降至几十伏，怀疑是行、场保护电路动作导致的自动关机，于是断开 CPU（N601）的 40 脚外接三极管 V613 的 b 极引脚。 再次开机，发现场供电支路保险电阻 R402（0.33Ω/1W）冒烟，立即关机并用手摸场输出集成块 N401（TA8421K）表面严重发烫，焊下检测已损坏。再检查无其他元器件不良。更换 N401 后，故障排除

续表

机型	故障现象	故障分析与维修方法
康佳 A1488N 型数字化彩电	无光栅无图像无伴音，LED 灯不亮（一）	检修时，打开机盖，用示波器监视 N901 的 1 脚正向启动脉冲幅度十分微弱，仔细检查，发现启动电阻 R905 内部开路。更换 R905 后，故障排除
康佳 A1488N 型数字化彩电	无光栅无图像无伴音，LED 灯不亮（二）	检修时，打开机盖，用万用表测 N901 的 1 脚电源启动电阻 R905 良好，查正反馈回路 VD907、R909、C914、VD904 及正反馈线圈 11、12 号绕组均正常，开路脉宽调制电路中的 R908，电源仍不能振荡工作。再测量 N901 的 3 脚电压为 302V，判定电源厚膜电路 N901 内部损坏。更换 N901 后，故障排除
康佳 A1488N 型数字化彩电	开机后无光栅无图像无伴音，LED 灯亮	用万用表测量电源二次回路+B 端的 115V 行推动、行扫描输出级和+27V 场输出级（此电压经 ON/OFF 电路开关管 V906 控制、VD921 稳压送到 N101 行扫描小信号电路的 28 脚，结果+27V 无输出。由电路可知 N902 的输入电压也是取自 T901 的 1～3 号绕组，因此影响+27V 无输出的元件只有整流二极管 VD911。因为滤波电容 C926 击穿会导致开关电源过流保护电路起控作用，强制开关管截止退出工作。经检查，果然为 VD911 内部损坏。更换 VD911 后，机器工作恢复正常
康佳 A1488N 型数字化彩电	开机后，无光栅、无图像、无伴音，红色指示灯亮	该故障出在电源二次负回路。检修时，打开机盖，用万用表测+B 端 115V、+27V 正常，N101 的 28 脚电压为 0V，测 Q606 的 c 极电压约为 0.1V，经查发现二极管 VD919 内部失效。更换 VD919 后，故障排除
康佳 A1488N 型数字化彩电	开机后，无光栅、无图像、无伴音，电源指示灯亮	该故障一般发生在电源开关机控制电路。检修时，打开机盖，用万用表测电源二次回路+B 端 115V、+27V 电压正常，测 N101 的 28 脚电压为 0V，测微处理器 N601 的 20 脚电压为 0V，经检查 V603 内部损坏。更换 V603 后，故障排除
康佳 A1488N 型数字化彩电	开机后，无光栅、无图像、无伴音，F901 烧断	N901 损坏的原因主要有：N901 的 1 脚的分压电阻 R903 变质，滤波电容 C901 内部失效。更换 C901、N901 后，故障排除
康佳 A1488N 型数字化彩电	开机后，电压输出不稳定，不能正常工作	检修时，打开机盖，电源待机时 12V、正常工作时 19V，实测只有 10.5V 左右且不稳定。检查 VD902、C912，发现 C912 内部失效。更换 C912 后，故障排除
康佳 A1488N 型数字化彩电	220V 交流电电压较低时，不能工作	在调节过程中依次用万用表监视光电耦合器 N903 的 4 脚和误差放大器 N904 的 2 脚电压基本无变化，判定 N904 内部不良。更换 N904 后，故障排除

续表

机型	故障现象	故障分析与维修方法
康佳 A1488N 型数字化彩电	工作时，图像正常，无伴音	检修时，打开机盖，用示波器观察 N102 的 1、2 脚伴音中频信号和 13 脚解调音频信号波形正常，测 N1001 的 24、25 脚左右声道模拟音频信号也正常，说明故障在功率放大器 N201（LA4261）。N201 内 L、R 声道彼此独立，同时出问题的可能性甚小，只有 N201 的 9 脚+18V 供电和 N601 的 17 脚所属静音电路出问题，才会导致 N201 的 7、10 脚 L、R 声道同时无输出。用万用表测 N201 的 9 脚电压为 0，查+18V 至 N201 的 9 脚电路，发现电路印制板断裂。重新补焊后，故障排除

六、海信新型彩电故障维修实例速查

机型	故障现象	故障分析与维修方法
海信 TLM2088 型液晶彩电	工作一段时间后，伴音突然减小直至消失	该故障可能发生在伴音功率放大及供电电路等相关部位。检修时，打开机盖，检查伴音功率放大输出电路的工作条件，发现功率放大集成电路 TDA1517 的 7 脚供电电压慢慢下降，当电压从 11.8V 降低到 10.6V 时伴音消失。沿+12V 供电来源检查，发现开关电源输出的+12V 电压在逐步降低。 仔细检查该电路相关元器件，发现稳压取样误差放大集成电路 KA431 内部不良。更换 KA431 后，故障排除
海信 TLM3201 型液晶彩电	有伴音，黑屏，背光灯不亮	该故障可能发生在背光灯电源电路等相关部位。检修时，打开机盖，发现背光灯厚膜块 STR-W5667 已经炸掉，CE027 电容已经损坏。用万用表检测 STR-W5667 周边元件发现，RE039、RE038、RE038 均损坏。更换损坏元件后，故障排除
海信 TLM3277 型液晶彩电	工作一会儿后自动关机	该故障可能发生在液晶驱动板电路等相关部位。检修时，打开机盖，检查发现液晶驱动板有一插排没插紧，插紧后机器工作恢复正常
海信 TLM3277 型液晶彩电	无光栅，无图像，无伴音	检修时，打开机盖，检查发现电源板上的电阻 RB039 烧毁。此电阻为 0.27Ω，应为开关电源的限流或过流保护取样电阻。此电阻烧坏，一般开关电源管或开关电源集成电路都会有问题。经进一步检查，发现开关电源厚膜块 STRW5677 内部击穿。更换 RB039 和电源块后，故障排除

续表

机型	故障现象	故障分析与维修方法
海信 TLM3277 型液晶彩电	无图像、无伴音，指示灯亮	开机后用万用表测量待机电源+5V-S 正常，背光灯电源 24V 正常，测量 DE501 负极小信号 12V 供电电压在 12~17V 之间波动，显然电压偏高。采用快速判断故障范围的方法，人为将光电耦合器 N002 的 3、4 脚短路，使电路处于弱振状态，测量 12V 电压输出为 0V，说明故障在电源次级电路，经进一步检查，发现 NE501、SE012 均已损坏。更换 NE501、SE012 后，故障排除
海信 TLM3277 型液晶彩电	无图像、无伴音，指示灯闪烁	测量 24V 输出电压为 0V，发现 RE039 已烧坏，测量得知 NE003（STR-5667）的 2 脚对地短路，更换后开机 24V 波动厉害。经检测，RE034（3.3kΩ）、RE033 两只电阻均开路。RE034 和 VE002、RE036、RE035 组成背光灯电源关断电路，当 12V 负载很轻时，VE002 导通使 NE003 停止工作。更换 RE034、RE033 后开机，故障排除
海信 TLM4077 型液晶彩电	指示灯蓝灯亮，黑屏	测量 24V 背光灯电源输出端电压为 0V。将电源板拆下接上假负载（该机在 CE551 电解电容两端加上 39Ω/5W 电阻作为负载）。测量 CE019 电容两端电压为 300V，证明 PFC（功率因数校正电路）没有工作，正常工作时电压应为 375V；测量 TE003 开关变压器次级整流二极管 DE511 两端正反向阻值只有 50Ω，明显偏小。拆下 DE511，检测发现已被击穿。更换 DE511 后，故障排除
海信 TLM4788 型液晶彩电	不开机，指示灯不亮	故障出在待机开关电源电路。检查+5V-S 开关电源输出电路有关元件 CE564、CE562、LE561、CE561、DE561 等，发现整流二极管 DE561 内部开路。更换 DE561 后，+5V-S 电压输出正常，故障排除
海信 TLM13737 型液晶彩电	开机后液晶屏显示“无效模式”字样，在 TV、AV、S-VIDEO 状态下均无图像，VGA、高清信号输入显示正常	检修时，打开机盖，用万用表检测 TV/AV 处理块 A/D 转换器 N006（VPC3230D）的 5V、3.3V（电感 L014、L015）供电电压正常。但晶体振荡器 Z002（JLAS20K）两端电压偏低，正常应在 3V 左右波动，判定晶体振荡器 Z002 内部漏电。更换 Z002 后，故障排除
海信 TLM15197 型液晶彩电	无信号。开机后无图像，VGA 显示正常，用户菜单中视频亮度和伴音两选项无法打开	检查 TV/VGA 行场同步切换集成电路 N104，正常；测量伴音板上高频头 A900（FSTDC-3W2M-5V）的 33V 供电电压偏低，不到 5V；测量其输入端排插 XP110，发现 12V 的供电电压不到 3V（33V 供电电压是由 12V 升压得来的）；测量主板上的开关集成电路 N110（IRF7314）输入电压正常，但输出电压为 3V 左右，且自身对地阻值变大。检查外围器件正常，判定开关集成电路 N110 内部损坏。更换 N110 后，故障排除

续表

机型	故障现象	故障分析与维修方法
海信 HDP2902H 型高清彩电	开机听到行“吱吱”几声，行输出管就被击穿了	用万用表测量+B 端电压为正常的 130V。接着断电，测量行输出变压器二次侧各路供电输出无短路；在+B 端串接一只 60W 灯泡，通电，测量数字板的行激励信号 HD 输出端电压为 1.2V，正常。检测行激励管 2SC2383 正常，行激励变压器 12V 供电正常；行逆程电容、S 校正电容也未有问题。仔细对照电路分析，行输出管 b 极串接电阻 R412（0.33Ω），对地接有 R411（22Ω），把两只电阻拆下用数字式万用表测量，发现 R412 由 0.33Ω 增加到 7Ω。用导线短接 R412 后，故障排除
海信 HDP2902D 型高清彩电	开机后烧毁行输出管	该故障通常有以下几种原因：①电压过高；②行负载严重短路（如行输出变压器次级供电输出短路、行输出匝间短路、行偏转线圈短路等）；③逆程电容损坏；④行激励严重不足。检修时，打开机盖，经检查为第 3 种原因，逆程电容损坏。更换逆程电容和行输出管后，故障排除
海信 HDP2902D 型高清彩电	图像左移 1/3，上边有轻度摆动，两个半幅画面有抖动感	检修时，打开机盖，从数字板接口 XS501B（实际位号为 XS502）的 71、72 脚逆检查易损元件 V201 及稳压二极管 VDZ402 均未损坏，其他阻容元件也无明显损坏，只剩下 C411 和 C420。拆下嫌疑最大的 C411（680pF/2kV），检查发现已明显烧焦。更换 C411 后，故障排除
海信 HDP2908 型高清彩电	无光栅、无图像、无伴音，有轻微“吱吱”响声	检修时，打开机盖，经检测电源负载有短路现象。用万用表测+B 端端对地短路，检查+B 整流管 VD805、行输出管 V403 均正常。检查逆程电容 C413（560pF/2kV）两引脚焊点烧松变黄，翻过电路板后发现 C413 已烧毁，测其已短路。更换 C413 后，故障排除
海信 HDP2911GB 型高清彩电	开机 1 小时左右后烧毁行输出管	仔细观察行推动及输出部分元件，发现连接在行推动管 V402 的 c 极上的 R417 略有变色并有掉皮迹象。冷机时测 R417 阻值为 20Ω 正常，热机时监测 V402 的 c 极供电，发现刚开机时基本正常，12min 后连接 R417 的 T401 的 1 脚的端电压逐渐下降，同时手摸行输出管散热片温升严重，判定为 R417 内部不良。更换 R417 后，故障排除
海信 HDP2919 型高清彩电	图像场幅只有满屏时的 2/3，图像、声音等都正常	对场输出块 TDA8177 的外围元件进行检查均正常。试将场反馈取样电阻 R309 两端并联一只 3Ω 左右的电阻，使 R309 阻值为 0.6Ω 左右。开机后，图像场幅增大超出屏幕，进入总线将场幅和场线性数据调节至适当后退出，场幅恢复正常

续表

机型	故障现象	故障分析与维修方法
海信 HDP2919H 型高清彩电	有图像，无伴音	用 AV 方式输入无伴音，说明伴音功率放大器 N602（TDA7497）未工作。用万用表检测伴音音效处理电路 N601 的各脚电压，未发现异常；检测 N602，发现 7 脚（SVR 端）无电压。拆下该引脚外接电解电容 C633（470μF/35V），测量发现内部已严重漏电。更换 C633 后，故障排除
海信 HDP2919CH 型高清彩电	开机后 1 小时左右，行输出管损坏	检查行输出管 V403、行推动变压器 T401 及周围元件，无虚焊；测量行推动管 V402 的 c 极电压为 14.7V，基本正常；取下 C430，用电容表测量正常；测量 C429、R409 及 VD403，正常。直接替换推挽管 V404、V405 并检查检校电路基本正常后试机，机器恢复正常
海信 HDP2919DH 型高清彩电	收看过程中图像漂移	该机的微处理器由集成块 FLI8120 内部部分电路组成，FLI8120 的 4 脚为自动频率控制电压输出端，输出的 AFT 电压经 R304、数字板与主板间的接口和 R102 加到高频调谐器的 AFT 脚上。 将机器置于自动搜索预置节目状态，搜索过程中测量数字板与主板间的接口电路中的 AFT 脚电压，发现仅为 0.2V，且变化得慢且很小，此处正常电压约为 5V。进一步检查主板上的电阻 R102 正常，取下数字板，检查集成块 FLI8120 的 4 脚外围电路，发现电阻 R304 虚焊。补焊 R304 后，故障排除
海信 HDP2919H 型高清彩电	无光栅、无图像、无伴音（一）	检修时，打开机盖，用万用表测 300V 正常，+B 端电压为 0V，检查开关变压器次级电路正常。测 N801 的 3 脚供电电压为 20V 左右，基本正常。查 N801 内部损坏。更换 N801 后，故障排除
海信 HDP2919H 型高清彩电	无光栅、无图像、无伴音（二）	该故障可能发生在开关电源电路等相关部位。检修时，打开机盖，用万用表测 300V 正常，+B 端电压为 0V，检查开关变压器次级电路正常。仔细检查发现，C823（1000pF/1kV）电容漏电，更换后机器工作恢复正常
海信 HDTV3277H 型高清彩电	指示灯亮，无图无声，屏幕有雾状暗淡光栅，控制无效，无字符	检修时，打开机盖，检查显像管座正常且工作环境良好。能开机，说明 CPU 工作应该基本正常。联想到无字符，应该和行场逆程脉冲有关系。 用万用表测 N301（TDA8177）的各引脚电压发现与正常电压差别较大。判断 N301 内部可能损坏。经替换试验后，机器工作恢复正常

续表

机型	故障现象	故障分析与维修方法
海信 HDP2978M 型高清彩电	无光栅、无图像、无伴音	检修时，打开机盖，检查发现保险丝烧黑，说明电源初级短路。用万用表检测整流二极管，发现有两只被击穿短路，其余元件未见异常，更换后开机，电源指示灯闪烁，不开机，行未起振。测+B 端及几路次级电压正常，测解码板基座供电端 8V 供电电压只有 6V 左右，5V 供电电压只有 4V 左右。由原理分析可知，8V 电压不正常会导致 5V 电压不正常，看来故障出在 8V 电源的负载上。检查其负载，当断开 N701（TDA7439）的 3 脚 8V 电压供电端后，恢复正常。经检查，N701 损坏。更换 N701 后，故障排除
海信 HDP3411 型高清彩电	伴音时有时无	用万用表测量音效处理块 N701 的 8V 供电电压正常；总线电压为 4.5V 左右，另一线总线电压低，仅为 2.1V。测量解码板上排插 XS502，发现其中一路总线的对地阻值比另一路大，怀疑是排插接触不良。更换排插 XS502 后，故障排除
海信 TRIDENT 机芯高清彩电	无光栅、无图像、无伴音，指示灯亮	检修时，打开机盖，检查数字板上各主要供电电压，用万用表测 8V 供电电压正常，而 5V 输入电压被拉低到 2V 左右，判断 5V 负载电路存在短路。 测量各稳压器的输出端对地阻值，发现 U4 的 2 脚阻值已接近于 0Ω。取下 U4 测其阻值仍小，试开机测 5V 电压恢复正常，判定 U4 内部短路。U4 为 3.3V 稳压器，该电压供给了 U1（DPTV-MV）。更换 U4 后，故障排除
海信 TRIDENT 高清机芯彩电	亮度高，有回扫线	该机的亮度控制是在 U15 内部完成的，分析 U15 内部电路，RGB 信号在输出前还要经过 44 脚输入的暗电流检测信号的控制。该信号电压的大小将直接控制 RGB 信号的输出幅度，从而影响到图像的亮度。测 44 脚电压为 0V，正常应为 6V 左右。检查其外围电路，发现外接的滤波电容 C223（100pF）内部严重漏电。更换 C223 后，故障排除
海信 TRIDENT 高清机芯彩电	场不同步	检修时，打开机盖，用万用表对 U15 外围电路进行检查，测量 8V 供电及总线电压均正常，替换晶体振荡器 Y3 无效。再对场脉冲信号进行检查，测 U15 的 23 脚电压为 3.3V，而 U1 的 35 脚脉冲输出端电压也为 3.3V，正常应为 0.1V，明显偏高。断开 R142 后再测 U1 的 35 脚电压不变，而 U15 的 23 脚上的高电压消失，检查 U1 的供电、总线等工作条件未见异常，更换晶体振荡器 Y1 也无效。判定 U1 内部损坏。更换 U1 后，故障排除
海信 TRIDENT 高清机芯彩电	黑屏，有字符	对 TV 视频信号输入电路进行检查，该信号进入数字板后，经 R25、R26、C66 等元件后送入 U1 的 158 脚。对上述元件进行检查，发现 R25 阻值已由 390Ω 变为无穷大。更换 R25 后，故障排除

续表

机型	故障现象	故障分析与维修方法
海信 HDT4311PG 型高清背投影彩电	图像彩色不好，水平方向红色与绿色、蓝色不重合	由原理可知，会聚信号是由会聚单元产生 RGB 三色的行场共 6 路会聚调整信号，经过会聚功率放大模块放大，调整相应的会聚偏转线圈，使 RGB 三色画面颜色重合。在路测量红色行会聚限流电阻 RK41（2.2Ω），发现已经开路。再测量 IK04（STK392-120）与 IK05 的在路电阻无异常。更换 RK41，故障排除
海信 HDT4311PG 型高清背投影彩电	有伴音无图像（一）	检查电源芯片 IP01（STR6668）的供电和二次反馈都正常，电源次级 28V 整流二极管短路。检查 28V 负载没有对地短路情况，代换 28V 整流二极管 DP33（RU4Z），开机后又立即烧坏，拆除会聚板的供电端子，28V 电压正常。再测量会聚功率放大输出电路，无短路现象，怀疑会聚单元输出的会聚信号不良，导致会聚功率放大过流。更换会聚单元和模块，机器工作恢复正常
海信 HDT4311PG 型高清背投影彩电	有伴音无图像（二）	故障出在-8V 供电电路。该机器-8V 的电压是经过 IP05 二次开关电源形成的。电路中，IP05 取样电阻为 4.7kΩ，输出电压为（4.7kΩ/1kΩ+1）×1.26V=7.182V。通过+8V 供电，内部振荡，LP43 为蓄能电感，通过 DP50 整流 CP48 滤波形成-8V 电压。 现+8V 供电电压正常，没有-8V 电压，说明 IP05 未工作。测量外围元件都正常，检查整流二极管 DP33（RU4Z）烧坏，PQ1CF2 内部损坏。更换 DP33、PQ1CF2 后，故障排除
海信 HDT4311PG 型高清背投影彩电	图像会聚不良	会聚单元会聚模式检测信无输出。用示波器测量输入到会聚单元的行场脉冲信号正常，更换会聚单元后，机器工作恢复正常
海信 HDT4311PG 型高清背投影彩电	红色水平会聚不良	由原理可知，会聚功率放大电路 18 脚为 R 输出，测量 28 脚与 10 脚电源端之间的阻值，发现几乎为 0Ω，说明模块内部击穿。 替换 STK392-120，更换损坏的电阻，开机，图像基本正常，进入会聚状态微调 R 会聚，图像恢复正常，故障排除
海信 HDT4311PH 型背投影彩电	屏幕不定时黑屏，黑屏时伴音正常，遥控关机或主电源关机再开机一切正常，故障无规律	故障可能在 ABL 电路上。检查 ABL 外围电路，发现 M62501 的 9 脚外接的二极管 1N4148 反向漏电。更换 1N4148 后，故障排除

续表

机型	故障现象	故障分析与维修方法
海信 HDT5066PG 型高清背投影彩电	有伴音无图像	检测主模块 STR6668B，发现 300V 供电电压正常，4 脚供电电压基本正常；再测量稳压控制光电耦合器，也正常。怀疑负载太重。测量电源次级行供电、±28V 供电、8V 整流二极管对地电阻均正常，唯有 220V 供电二极管 DP32-RU3C 对地电阻变小。取下测量发现，DP32-RU3C 内部反向漏电。更换 DP32-RU3C 后，故障排除
海信 HDT5066PG 型高清背投影彩电	有伴音无图像（一）	故障可能出在扫描板。逐个测量主板的保护执行元件，发现 Q754 的 b-e 结电压为 0.6V，Q754 已导通，再测 D760 也导通，说明检校电压过低。经检测发现检校管 Q657 的 c-e 结漏电。更换 Q657 后，故障排除
海信 HDT5066PG 型高清背投影彩电	有伴音无图像（二）	测量 R529 两端电压，发现在开机瞬间可以达到 1.5V，证明场扫描有过流故障。仔细检查场输出 I601（LA7846N）外围元件无异常，判定 I601 内部损坏。更换 I601 后，故障排除
海信 TC3489D 型背投影彩电	自动关机	该故障可能发生在电台识别信号传输电路等相关部位。检修时，打开机盖，经查发现电阻 R253 开路，因为电阻 R253 的开路，致使电台识别信号不能到达 N701 的 13 脚，CPU 误认为是无信号，继而发出关机指令。更换 R253 后，故障排除
海信 TCP5001 型背投影彩电	水平亮线	检修时，打开机盖，用万用表测量场供电电压正常，试替换 IC601 后该机恢复正常，但工作几分钟后又出现水平亮线故障，且烧坏场信号处理集成电路。再次更换场电路后电源电压波动明显，怀疑电源滤波不良。更换电解电容 C622 后，故障排除
海信 TDP4302P 型背投影彩电	屏幕左侧有 5~6 根垂直阻尼条	判断故障出在蓝、绿线性调整电路。经仔细检查该电路相关元器件，发现 R740（2.2kΩ）开路。更换 R740 后，故障排除
海信 TF2901G 型背投影彩电	一条水平亮线（一）	检修时，打开机盖，测量场扫描输出 TA8427K 各脚电压，发现 2 脚输出电压为 9.3V（正常值为 13V）；5 脚为 1.2V（正常值 0.6V）；7 脚无电压。怀疑 TA8427K 损坏。更换 TA8427K 后，故障排除
海信 TF2901G 型背投影彩电	一条水平亮线（二）	该故障可能发生在场扫描电路、小信号处理器等相关部位。检修时，打开机盖，用万用表测 TB1238AN 各供电脚，当查至 46 脚时，发现只有 2V 左右的电压（正常为 5V），仔细检查发现外接 L7805（5V 稳压器）内部损坏。更换 L7805 后，故障排除

第二节　国外新型彩电故障维修实例速查

一、东芝新型彩电故障维修实例速查

机型	故障现象	故障分析与维修方法
东芝 43AGUC 型背投影彩电	无光栅、无图像、无伴音	该故障可能发生在开关电源电路、行场输出电路等相关部位。用万用表检测电源厚膜块 Q801 的 1 脚电压为 292V，但开关变压器 T862 次级无输出电压。
东芝 43AGUC 型背投影彩电	无光栅、无图像、无伴音	检查发现 Q801 的 9 脚没有稳压后的 9.0V 电压输出，说明其内部的 9.0V 稳压器失效。选用 1 只三端稳压块 L7809，将 L7809 的 1 脚焊在 Q801 的 8 脚、2 脚焊在 Q801 的 9 脚、3 脚焊在 Q801 的 3 脚即可
东芝 43G9UXC 型背投影彩电	开机半小时后，光栅、图像抖动伸缩，会聚也不好，R、G、B 三幅图像不重合，伴音正常	用万用表检测会聚放电路 Q764（TC74HC4049AP）行场脉冲放大电路的 2、3、4、5 脚电压（在故障出现时）与正常值有明显差别。正常时 2 脚电压为 0.7V，3、4 脚电压为 4.2V，5 脚电压为 0.5 V，9 脚电压为 4.4V，10 脚电压为 0V；故障时 2 脚电压上升为 3V，3、4 脚电压下降为 2.2V，5 脚电压上升为 2.4V，9 脚电压为 4.4V，10 脚电压为 0V。5 脚是行脉冲输入脚，2 脚输出行脉冲列数字会聚处理信号。5 脚的电压在故障出现时逐渐从 0.5V 左右上升到 2.4V 左右，从电路上分析，可能是行脉冲钳位电路 D7705 反向漏电或 Q764 集成块性能不良。经检查，D7705 反向漏电。更换 D7705 后，故障排除
东芝 43G9UXC 型背投影彩电	光栅、图像极暗，伴音正常，其他控制均正常	该故障可能发生在视频放大电路、显像管电路、ABL 电路及亮度通道等相关部位。检修时，打开机盖，用万用表检测显像管加速极电压正常，测显像管三阴极电压均高达 180V 左右，故可确定该故障部位在视频放大电路。 测视频放大管 Q911 的 c 极电压为 200V 左右，b 极和 e 极电压均为 9V 左右，即 Q911 截止。测 Q913 的 b 极电压为 3V 左右正常，但 Q915 已正偏导通，最后查出 D972 反向漏电。因为 Q915 导通，所以 R、G、B 三视频放大管的 e 极电压升高而截止，三阴极电压随之升高，光栅亮度变暗。更换 D972 后，故障排除
东芝 43G9UXC 型背投影彩电	开机后黑屏，但伴音正常	该故障可能发生在视频放大电路、显像管电路、ABL 电路、消隐电路及亮度通道等相关部位。检修时，打开机盖，开机后观察，灯丝已亮，用万用表测加速极电压为 200V 左右，正常；三只显像管的阴极电压为 200V，不正常。测 R、G、B 三基色输入信号电压为 2.5V 左右，基本正常。 再检查消隐电路是否正常。发现三极管 Q915 的 e、c 极被击穿。另外，D972 被击穿或反向漏电也会造成该故障。由于 Q915 的 e、c 极被击穿，Q915 的 c 极电压升高，使 D914 导通（正常情况下 Q914 截止），Q911 截止，三显像管的阴极电压升高而无光栅。更换 Q915 后，故障排除

续表

机型	故障现象	故障分析与维修方法
东芝 43DPUXC 型背投影彩电	刚开机时，只要不转换频道或不自动选台光图像声音均正常；当转换频道（无信号的频道）自动选台或人工选台时，就保护，绿灯闪	检修时，打开机盖，检查保护电路均正常，如果把R、G、B三根高压线中任何一根拔下来后就不保护了，说明在束电流ABL检测后才保护。 用万用表检测ABL行输出变压器T461的8脚电压在不保护时为+15V左右，而在转换频道或选台时的瞬间突然降到-100V左右。根据此现象判断，可能是T461内部不良。更换T461后，故障排除
东芝 43D7UC 型背投影彩电	开机无光无声，红色指示灯亮	该故障可能发生在开关稳压电源电路、行输出电路等相关部位。检修时，打开机盖，用万用表检测主电源输出，行输出管的c极电压只有55V左右，把行输出管的c极脱空后仍只有55V左右，说明故障在开关稳压电源部分。 此时测量开关稳压电源部分相关元器件，发现D885、D889整流输出（40V）只有15V左右且波动。 再测Q801（STR6709）的9脚电压为6V左右且波动，而正常状态时为7.3V左右且稳定。于是关机，测STR6709的1脚300V电压放不掉，而正常状态下能马上放到只有25V左右。根据以上检测，可初步判断故障在开关电源初级回路。 测D806正极与开关变压器T862的9脚不通，检查发现线路板上有一条裂缝。重新连接好后，故障排除
东芝 43VRUC 型背投影彩电	开机无光无声，指示灯亮（一）	该故障可能发生在开关电源电路、行输出电路等相关部位。检修时，打开机盖，开机用万用表检测行输出Q404的c极电压为0V，测120V输出保护器Z470（2A）开路，串入电流表后开机，5A挡表针打到头，说明行电流很大。把高压去掉后行输出电流还是很大，再把行偏转线圈拔掉，行输出电流仍然很大，判断行输出变压器损坏。更换行输出变压器和Z470后，故障排除
东芝 43A8UC 型背投影彩电	开机无光无声，指示灯亮（二）	检修时，打开机盖，开机用万用表检测行输出管Q404的c极电压为0V，检查Q404已被击穿，测120V输出端保护器Z856（2000mA）开路，测行输出逆程电容C440、C467、C444、C443、C468等均良好。换Q404和Z856后开机，Q404就被击穿，Z856开路，同时，ABL电路上的电阻R247（1kΩ）开路，怀疑行输出变压器损坏。更换行输出变压器T461和以上被损件后，故障排除

续表

机型	故障现象	故障分析与维修方法
东芝 43VRKC 型背投影彩电	有伴音无光栅，控制正常，能改变电视频道，能调节音量大小等	打开机盖，开机用万用表检测 R、G、B 三只显像管的阴极电压均为 200V 左右，偏高；再测三个加速极电压为 200V 左右，正常，三只显像管灯丝均亮。测 R、G、B 三基色信号输入电压只有零点几伏。 测 Q510、TA1360、ANG 的相关脚电压，12、40、55 脚电压为 9V，正常；19 脚电压为 9V，正常；30、31 脚总线电压为 4V 左右，正常；而 41、42、43 脚 R、G、B 三基色信号输出电压只有零点几伏，过低。判断集成块 Q510（TA1360ANG）内部损坏。更换 TA1360ANG 后，故障排除
东芝 43VP8UC 型背投影彩电	刚开机时图像声音均正常，10 多分钟后，光栅图像会偏绿，而且越来越绿，越来越亮，伴音正常	该故障可能发生在 Y 信号处理电路或三基色矩阵电路等相关部位。检修时，打开机盖，开机用万用表检测 Q510（TA1360）的 41、42、43 脚 RGB 输出电压均正常，而且基本相同，但 10 多分钟后，42 脚输出电压逐渐升高，据此判断为集成块 Q510（TA1360）内部不良。更换 Q510 后，故障排除
东芝 43/50SH9UC 型背投影彩电	开机面板指示灯和面板控制的蓝框灯都亮，屏幕呈黑屏	该故障可能是消隐电路工作异常所致。检修时，打开机盖，开机后用万用表测量三基色消隐控制管 Q4452～Q4454 的 b 的电压为 1.7V 左右，消隐电路处于工作状态。测量场消隐电路上二极管 D372 正端的电压是 2.4V（正常时应为低电平），Q372 的 b 极的电压为 0.67V，断开电阻 R379（10kΩ）后光栅出现，测量后发现场消隐电路上的电阻 R377 开路。更换电阻 R377 后，故障排除
东芝 43A9UC 型背投影彩电	开机无光无声，红色指示灯亮	该故障可能发生在开关电源电路、行场输出电路等相关部位。开机后，测行输出管 Q404 的 c 极电压仍为 0V，测保护器 Z856（2A）开路。换 Z856 后，Q404 的 c 极电压恢复为 120V，正常，但仍无光有声。观察显像管灯丝亮，测场输出 Q301（LA7833）的 1、6 脚电压±16V，正常，2 脚电压为 0V，在关机瞬间有光栅。判断可能是场输出块 Q301 内部损坏。更换 Q301 后，故障排除
东芝 43N9UXC 型背投影彩电	开机后无光栅、无图像、无伴音，红绿指示灯交替闪烁	应重点检查电源及控制电路等相关部位。检修时，打开机盖，按开机键，继电器 SR801 吸合一下后立即断开。该继电器用于控制主电源的交流输入，副电源对 CPU 的供电，用万用表测 CPU（QA01）的 42 脚 5V 电压正常，33 脚复位电压正常，6 脚 5V 电压正常，说明副电源工作正常，测 CPU 的 7 脚无 5V 电压输出，但在开机瞬间 7 脚有电压输出，说明故障在主电源控制部分，经进一步检查发现，F811 内部开路。更换 F811 后，故障排除

续表

机型	故障现象	故障分析与维修方法
东芝 48PJ5UC 型背投影彩电	开机无光无声，红色指示灯亮	测主电源 300V 滤波电容 C810 两端电压为 0V，整流桥堆 D801 两端无 220V 输入，继电器 3R80 和 3R81 均未吸合。测 Q845 的 c 极电压为 11V 左右，b 极电压为 0V，测 Q846 的 c 极电压为 18V、e 极电压为 6V、b 极电压为 5.5V，判定 Q845、Q846 均已损坏。更换 Q845、Q846 后，故障排除
东芝 48PJ7UC 型背投影彩电	自动搜台时，信号不能存储，图像一闪而过	应重点检查 CPU 控制及信号存储电路等相关部位。检修时，打开机盖，开机后观察机器自动搜台时台号有变化，说明 CPU 已输入 TV 同步信号，故障可能在存储器。经用万用表检查存储芯片 24LC08，发现各引脚电压异常，判断其内部损坏。更换 24LC08 后，故障排除
东芝 48PJ7UC 型背投影彩电	开机后，无光栅、无图像、无伴音，待机指示灯亮，不能启动	应重点检查电源及负载电路等相关部位。检修时，打开机盖，用万用表测主电压从 95V 左右降到 30V 且开关变压器有“吱吱”响声，说明负载或电源有短路故障。仔细检查电源电路相关元件，发现电容 C846 内部不良。更换 C846 后，故障排除
东芝 50VH8UC 型背投影彩电	开机后光栅图像正常，无伴音	判断故障在伴音信号处理电路。用耳机听得伴音信号处理电路 QD41（NJM2700L）的 41、43 脚有伴音信号输入，而 30、31 脚有 L、R 伴音信号输出到 QD01（NJW1136D）的 1、32 脚，但 QD01 的 7、26 脚无 L、R 声道伴音信号输出，测量 QD01 的 17 脚 12V 电源正常，测量 14、15 脚总线控制电压为 4.2V 左右也正常，判断 QD01 内部损坏。更换 QD01 后，故障排除
东芝 50DPUXC 型背投影彩电	无光无声，红色指示灯亮	故障在会聚功率放大电路。分别脱开会聚功率放大器 Q751、Q752 供电电压的相关脚，当脱开 Q751 的相关脚后，开机后有光栅、图像及伴音，只是会聚不好。更换 Q751 后，故障排除
东芝 61N9UXC 型背投影彩电	开机后，屏幕亮度很低，调节亮度变化不大	故障可能出在显示器及供电电路等相关部位。检修时，打开机盖，用万用表测量主电压及视频放大电压均正常，但在检查视频放大电压时，发现 CRT 灯丝不够亮，测灯丝电压只有 22V 左右，检查灯丝供电电阻 R933（1.5Ω/2W）阻值高达 5Ω。更换 R933 后，故障排除
东芝 2539UH 型彩电	经常出现音量小，并有“咔咔”声	切断 H008 音频输出端与伴音功率放大输入端的连接，开机后试听，“咔咔”噪声消失，由此判断故障出在 H008 内部音频信号处理电路。用万用表检测 H008 各脚电压，伴音信号输出端（16、17 脚）电压由正常时的 7.5V 上升到 10V 左右且不停波动，判断伴音信号处理电路 H008 引脚开焊、接触不良。将 H008 全部补焊后，故障排除

续表

机型	故障现象	故障分析与维修方法
东芝 TB1238 型单片机彩电	遥控失灵，自动搜索不能保留节目	用示波器检测 N701 的 32 脚的时钟信号波形，并仔细观察其周期，发现周期明显小于 0.1μs（正常情况下，该时钟信号的周期为 0.125μs），判定石英晶体内部损坏。更换石英晶体后，故障排除
东芝 28W3D 型 16:9宽屏彩电	开机后无光栅、无图像、无伴音，电源指示灯不亮（一）	该故障一般发生在电源电路等相关部位。检修时，打开机盖，用万用表检查开关稳压电源电路启动电阻 R828，正常。测 Q823 的 b、c 极电压，发现 b 极电压仅为 0.5V，而 c 极电压为 0V。测量 C809 两端电压正常，约为 300V。进一步检查发现，F802 内部开路。更换 F802 后，故障排除
东芝 28W3D 型 16:9宽屏彩电	开机后无光栅、无图像、无伴音，电源指示灯不亮（二）	应重点检查电源及行扫描电路等相关部位。检修时，打开机盖，用万用表测 C831 两端电阻为 1.2Ω 左右。顺路检查，发现行输出管 Q404（2SD2253FA）的 c 极与 e 极已被击穿短路。更换 Q404 后，开机不久，行输出管 Q404 又被击穿。于是进一步检查行输出变压器 T461 和行逆程电容，发现行输出变压器 T461 内部短路。更换 T461 后，故障排除
东芝 28W3D 型 16:9宽屏彩电	开机后无光栅、无图像、无伴音，电源指示灯不亮（三）	应重点检查电源电路等相关部位。检修时，打开机盖，检查 F801 已烧断，且电解电容 C809（560μF/450V）已开裂，分析可能为外界输入的交流电压太高，导致稳压电路 C809 损坏。进一步检查发现，开关管 Q823（2SC4706）及限流电阻 R822（4.7Ω/5W）均已损坏。更换损坏元件后，故障排除
东芝 28W3DH 型 16:9宽屏彩电	机器工作后，自动关机保护	问题出在显像管阳极高压保护电路中。测 IC482 的 8 脚电压为 8.2V 正常，测 Q484 的 b、e、c 极电压分别 3.7V、4.1V、4.2V，说明 Q484 已导通。由于 Q484 的 b 极接有 6.2V 稳压管 D484，因此 Q484 的 b 极电压为 3.8V。经检查发现，D484 内部不良。更换 D484 后，故障排除
东芝 28W3DXH 型 16:9宽屏彩电	开机后无光栅、无图像、无伴音，待机指示灯亮，按压二次开机键和节目调节键均无效	判断故障为电源欠压保护电路不良引起误起控。分别检测 R868 两引脚电位为 -1.8V、295V，显然 Q832 的 b 极电位（-1.8V）过低（正常时约为 0.7V）。经检测发现，电阻 R868 内部不良。更换 R868 后，故障排除

续表

机型	故障现象	故障分析与维修方法
东芝 28W4UC 型 16:9 宽屏彩电	机器工作时，光栅暗淡，行场幅度均不足	该故障一般发生在电源电路等相关部位。检修时，打开机盖，用万用表测 C831 两端电压为+108V，正常应为+125V。断开 Q404 的 c 极，测 C831 两端电压仍为+108V，由此判断电源稳压控制电路有问题。经仔细检查该电路相关元件，发现 Q822 内部损坏。更换 Q822 后，故障排除
东芝 28W4UC 型 16:9 宽屏彩电	开机后无光栅、无图像、无伴音，电源指示灯不亮	应重点检查电源电路等相关部位。检修时，打开机盖，检查保险管 F801 烧断，Q823 被击穿。更换 F801 和 Q823 后，通电后，故障依旧。用万用表测 Q823 的 c 极电压为 300V，正常；而 b 极电压为 0.1V，正常为 0.3V 左右。进一步检查 Q822、R828、Q840、Q824 及 D823 等相关元件，发现 Q822 内部不良。更换 Q822 后，故障排除
东芝 28W4UH 型 16:9 宽屏彩电	开机 30 分钟后，自动关机	应重点检查电源电路等相关部位。检修时，打开机盖，用万用表测+125V、+25V 电压输出均偏低，怀疑电源负载较重、有短路或漏电故障。断开 L826 接上电源均恢复正常，说明故障出在+125V 电源负载部分。复原 L826，断开 R444 并接上假负载，再断开 R329 和 R416，开机后测+125V 电压仍偏低，故怀疑 C446（33μF/220V）内部不良。经检查发现，该电容内部严重漏电。更换 C446 后，故障排除
东芝 F5DW 型 16:9宽屏彩电	工作时，有光栅、无图像、无伴音	应重点检查高频调谐及相关电路等相关部位。拔出天线插头，通过一只 2200pF 电容将天线感应的 RF 信号直接耦合到主调谐器 H001 输入插口，机器恢复正常。打开功率二分配器 ZV10，用万用表测量天线输入端对地电阻为 0Ω，检查输入回路电感耦合件 T01、旁路电容 C01，发现电容 C01 内部击穿。更换 C01 后，故障排除
东芝 F5DW 型 16:9宽屏彩电	接收信号，图像浅淡，有噪声	应重点检查 FS 调谐器内的高放电路等相关部位。检修时，打开机盖，用万用表测 H001 的 2 脚静态电压 3.3V，正常时应为 8.6V，脱开滤波电容 C101，电压恢复到 8.5V，接收信号强度适中，H001 的 2 脚电压下落到正常的 7.0V，屏幕画面噪声消失、图像清晰、对比度增强。检查该电路相关元件，发现滤波电容 C101 内部短路。更换 C101 后，故障排除

续表

机型	故障现象	故障分析与维修方法
东芝 F5DW 型 16:9 宽屏彩电	开机时光栅正常，随后逐渐变亮，突然自动停机保护	在故障出现时，用万用表测量开关电源二次回路直流输出均下降到正常值的 1/2 左右，且行小信号处理电路电源控制管 Q430 截止，切断射极的+9V 输出。短路行过流检测电阻 R470，光栅出现，说明关机原因为过流。仔细检查钳位电路相关元件，发现 R402 开路。更换 R402 后，故障排除
东芝 F5DW 型 16:9 宽屏彩电	工作时，P/N/S 三大制式图像无彩色	问题出在 TA1222AN 内的色差信号处理电路。在 TA1222AN 内，R-Y 和 B-Y 信号由彼此独立的电路处理，同时丢失的可能性不大。54 脚为色饱和度控制端口，其内的峰值检波器检出的色差信号幅值经外围电容 C508 滤波平滑成直流电压，用于色饱和度控制。当 54 脚电压下降到 1.0V 以下时，消色电路动作，关闭色度通道，结果 P/N/S 三大制式均无彩色。用万用表测量 54 脚电压为 0V，检查发现 C508 内部击穿。更换 C508 后，故障排除
东芝 F5DW 型 16:9 宽屏彩电	工作时，P/N 制式信号无彩色，S 制式图像垂直清晰度下降	问题可能出在沙堡脉冲通道等相关部位。检修时，打开机盖，用示波器测 TA1222AN 的 2 脚，无沙堡脉冲，可是 25 脚的行逆程脉冲幅度却标准，判定 TA1222AN 内部不良。更换 TA1222AN 后，故障排除
东芝 F5DW 型 16:9 宽屏彩电	工作时，SECAM 制式图像无彩色	问题应出在 SECAM 解码器 TA8765N 电路等相关部位。检修时，打开机盖，用万用表实测 TA8765N 的 5 脚电压为 0.1V，东芝 F5DW 机心制式识别优先 PAL 制，对应 TA1222AN 的 3 脚电位为 0.8V，3 脚与 TA8765N 的 5 脚经接插件 PQ02 直通，两脚电位无论在哪种制式下理应相等。进一步仔细观察发现，TA1222AN 的 3 脚引脚脱焊。重新补焊后，故障排除
东芝 F5DW 型 16:9 宽屏彩电	自动搜台时，收不到信号，只有隐约字符出现	应重点检查微处理器及 I2C 总线控制系统等相关部位。检修时，打开机盖，经反复仔细检查微处理器 QA01 的 37、38 脚至 27、28 脚之间铜箔线条，果然发现 SDA 线有一处裂断。重新补焊后，故障排除
东芝 F5DW 型 16:9 宽屏彩电	工作时，无子画面，无字符显示	该故障一般发生在 TA1222AN 内行、场同步脉冲电路等相关部位。检修时，打开机盖，用示波器检查 TA1222AN 的 30、31 脚行、场同步脉冲波形，结果 31 脚场同步脉冲幅度达 4.8V_{p-p}，30 脚行同步脉冲幅度微弱。仔细检查 30 脚输出电路中的焊点、线条和相关元件，发现 30 脚与 39 脚因污物而漏电。清除污物后，故障排除

续表

机型	故障现象	故障分析与维修方法
东芝 32WD4UC 型双屏/画中画彩电	开机后，无光栅、无图像、无伴音，待机指示灯不亮	应重点检查电源电路等相关部位。检修时，打开机盖，测 C809 两端电压为 295V 左右，正常。测 Q823 的 b、e 极电压，发现 b 极电压为+0.5V；而 c 极电压为 0V，正常电压应为 295V 左右。据此怀疑问题出在电源启动电路。经进一步检查电源启动电路，发现 R828 内部断路。更换 R828 后，故障排除
东芝 32WD4UC 型双屏/画中画彩电	无光栅、无图像、无伴音，电源指示灯不亮（一）	应重点检查电源电路等相关部位。检修时，打开机盖，检查交流保险管及滤波电容 C809 完好，用万用表检测开关管 Q823 无异常。测 C809 两端电压为+295V 左右，正常。测 Q823 的 b、e 极电压，发现 b 极电压为+0.5V；而 c 极电压为 0V，正常电压应为+295V 左右。由此怀疑问题出在电源启动电路。经进一步检查电源启动电路，发现 R828 内部断路。更换 R828 后，故障排除
东芝 32WD4UC 型双屏/画中画彩电	无光栅、无图像、无伴音，电源指示灯不亮（二）	检修时，打开机盖，检查交流和直流保险管均正常。用万用表测 Q823 的 c 极电压为 300V 左右，正常；b 极电压为 0.4V 左右，也正常。测 T803 次级滤波电容 C831 两端电压为 48V，正常为 125V。C827 两端电压为 0V，正常为 9V。检查 Z1 温度保险丝已开路，说明 T803 次级 25V 供电电路有短路之处，25V 电压主要供给音频功率放大电路 IC670 及 Q835。经检查发现，IC670 内部损坏。更换 IC670 后，故障排除
东芝 32WD4UE 型双屏/画中画彩电	无光栅、无图像、无伴音，电源指示灯不亮（三）	检查保险管 F802 已烧断，电源开关管 Q823 也已损坏。分析判断 Q823 损坏的原因有：220V 交流电压过高且过压保护电路失效；脉宽调制稳压系统出现故障。故障发生时 220V 交流电电压在正常变化范围内，因此输入 220V 电压过高、过压保护电路失效引起的可能性小，问题极可能出在脉宽调制稳压系统电路。仔细检查由 Q847、IC826、Q824、Q828 组成的脉宽调制稳压电路，发现 Q824 内部损坏。更换 Q824 后，故障排除
东芝 32DW5UC 型双屏/画中画彩电	工作时，图像上有噪波干扰，伴音也不清晰	应重点检查中频信号处理电路等相关部位。检修时，打开机盖，经检查中频处理电路 H002 中各电路均正常。怀疑声表面波滤波器到调谐器之间的信号电路中某元件性能严重下降。为了确定是调谐器还是声表面波滤波器有问题，将声表面滤波器更换新件，然后开机，故障消失

续表

机型	故障现象	故障分析与维修方法
东芝 32DW5UE 型双屏/画中画彩电	无光栅、无图像、无伴音，待机指示灯亮，不能启动	应重点检查电源及负载电路等相关部位。检修时，打开机盖，用万用表测+125V 输出端电压为 0V。断开 F470，从电源输出端接假负载测+125V 输出端电压正常，检查行扫描电路直流电阻，无明显的短路故障，恢复 F470。 把场扫描的供电电路 R370 从电路上取下，开机后测+125V 电压恢复，说明造成电源 Z801 保护的原因是场扫描电路负载过流。经仔细检查场扫描输出电路外围元件无异常，判定 Q301 内部不良。更换 Q301 后，故障排除
东芝 32DW5UE 型双屏/画中画彩电	接收 PAL 制式信号图像无彩色	应重点检查 Q501 色解码电路或 PAL/NTSC 识别电路等相关部位。开机后检查 Q501 外围电路无异常，判断 Q501 内部损坏。更换 Q501 后，故障排除
东芝 32DW5UE 型双屏/画中画彩电	工作时，有伴音、无图像	应重点检查图像中放及 AV 切换电路等相关部位。开机后检查，发现 AV 切换电路耦合电容 CV42（33μF/16V）内部断路。更换 CV42 后，故障排除
东芝 32DW5UH 型双屏/画中画彩电	接收 P/N 制式信号图像均无彩色，SECAM 制式图像清晰度下降	沙堡脉冲丢失，选通门分离不出色同步信号，也就不能完成 P/N 制式信号的解调，导致 P/N 制式制图像无彩色。检修时，用示波器测 TA1222AN 的 2 脚无沙堡脉冲信号，但检测 25 脚输入的行逆程脉冲波形幅度正常，由此判定 TA1222AN 芯片内部不良。更换 TA1222AN 后，故障排除
东芝 32/36SW9UC 型宽屏彩电	开机后无光栅、无伴音	该故障可能发生在开关电源电路、行场输出电路等相关部位。检修时，打开机盖，经检查该机发现 R328、D3030 损坏，QY601（TA1304N）内部电路不良。更换 R328、D3030、QY601 后，故障排除
东芝 34W9UC 型宽屏彩电	会聚电路不工作，进入维修模式下显示网格图像信号时上下部横线弯曲严重，竖线直但不可调	检查会聚功率放大电路的静噪电路。测 Q772 的 c 极电压为 4.77V（正常时为-33.4V），Q773 的 c 极电压为 0.47V（正常时为 4.88V），拆下 Q773 三极管测量发现其 c-e 结漏电。更换 Q773 后，故障排除
东芝 32P8H 型画中画彩电	开机后，无光栅、无图像、无伴音，待机指示灯不亮	应重点检查电源电路等相关部位。检修时，打开机盖，用万用表测+B 端电压为+145V，正常；测行输出管 Q404 的 c 极电压也为+145V 左右。测行振荡集成块 IC501 的 39 脚电压仅为 0.9V，正常应为 1.7V；测其电源供电端（40 脚）电压也只有 5.2V，正常应为 9V。这说明问题在其供电电路。由原理分析可知，该电压是由电源电路中的 Q815 提供的。经检测发现，Q815 内部损坏。更换 Q815 后，故障排除

续表

机型	故障现象	故障分析与维修方法
东芝 32P8H 型画中画彩电	开机后不久，自动关机，随后又自行启动	当出现自动关机时，用万用表测量 ICA01 的 52 脚是否有 5V 电压；若正常，再测 22 脚（复位端）电压是否正常；若异常，应检查 Q816、RA32、CA06 是否损坏。若上述元件正常，则为 ICA01 失效。 若 ICA01 的 22 脚 5V 电压正常，可用示波器测 ICA01 的 28、29 脚是否有振荡波形。若有振荡波形且频率、幅度正常，则为 ICA01 失效，否则应检查 R1015、CA04、CA05 是否不良。经检查发现，电阻 R1015 内部阻值增大。更换 R1015 后，故障排除
东芝 3429KTP 型画中画彩电	工作时，图像伴音均正常，屏幕上无字符显示	应重点检查字符显示及行场逆程脉冲信号通道等相关部位。检修时，打开机盖，用示波器测 QA01 的 47、48 脚输出的行、场逆程脉冲，发现 47 脚有行逆程脉冲输入。再用万用表测其 48 脚电压为 0.8V，正常应为 4.6V，检查相关三极管 Q802，发现其内部击穿。更换 Q802 后，故障排除
东芝 3429KTP 型画中画彩电	有图像伴音，屏幕全红且满屏回扫线	应重点检查视频放大电路等相关部位，并且大多由末级视频放大电路中红色激励信号有故障造成。检修时，打开机盖，用万用表测 Q505 的 c 极电压只有 20V，正常为 155V，说明 Q505 有问题，造成红色激励-红色阴极电流过大，使屏幕发红。焊下该管检测，果然发现其内部不良。更换 Q505 后，故障排除
东芝 3429KTP 型画中画彩电	无画中画功能	检修时，打开机盖，检查发现 ICP46 的+9V 稳压电路中 QP70 输入端电压为+12V 正常，但输出端电压却为 0V，经检查 QP70 内部损坏。更换 QP70 后，故障排除
东芝 3429KTP 型画中画彩电	伴音正常，图像出现周期性上下抖动现象	应重点检查场扫描电路等相关部位。检修时，打开机盖，检查电阻 R320 一端（另一端与 Q302 的 13 脚相连输出波形稳定）。进一步检查发现，3.0V 稳压二极管 D304 内部不良。更换 D304 后，故障排除
东芝 3429KTP 型画中画彩电	工作时，图像对比度太强，且调节不起作用	应重点检查扫描速度调制电路等相关部位。检修时，打开机盖，将扫描速度调制电路的输入接插件 P702B 从电路上拔下后，故障消失，证明判断正确。经仔细检查得知，该电路中的调制电路、控制部分正常，驱动级 Q711、Q712 的直流工作电压也正常。检查其相关元件 C719、C720 时发现，C720 内部严重漏电。更换 C720 后，故障排除

续表

机型	故障现象	故障分析与维修方法
东芝 3429KTP 型画中画彩电	自动搜台后，信号不能存储	检修时，打开机盖，用万用表测 QA01 的 CH 脚电压，发现一直为 4.3V，说明中放集成电路 IC101（AN5179）输出的 AFC 电压异常。经检查发现，IC101 内部损坏。更换 IC101 后，故障排除
东芝 3429KTP 型画中画彩电	工作时，伴音正常，图像有噪波，不清晰	检查 H003 供电电路，测+B 端电压只有 3V，正常为+10V，检查+10V 稳压块 ICP06 的 1 脚输入电压为+12V 正常，说明 ICP06 或 CP15 有问题。经检测，ICP06 内部不良。更换 ICP06 后，故障排除
东芝 3429KTP 型画中画彩电	工作时，有伴音，无图像	该故障一般发生在中放电路或 AV 控制电路等相关部位。检修时，打开机盖，用一只 0.01μF 电容将声表面滤波器图像中频输入、输出端短接，立即出现图像，说明声表面滤波器 Z101 内部不良。更换 Z101 后，故障排除
东芝 34VF6C 型彩电	屏幕出现同心七彩色环	该故障可能发生在消磁电路等相关部位。检修时，打开机盖，经检查消磁继电器损坏。更换消磁继电器后，故障排除
东芝 34N6UXC 型彩电	开机后，无光栅、无图像、无伴音，红绿灯交替闪烁不止	检查供电调整管 Q420 无 9V 电压输出，测 Q830、Q831、Q832 无+5V、+9V 电压输出，而各输入端有+8V 和+12V 电压输入。由原理可知：各输出电压都由 Q420 的 e 极输出的电压控制。检查 Q420 的 b 极无电压，测连接器 BB06 的 13 脚有电压，经仔细检查发现电阻 R425 内部开路。更换 R425 后，故障排除
东芝 34P8DH 型彩电	开机后，无光栅、无图像、无伴音，电源指示灯不亮	应重点检查电源电路等相关部位。检修时，打开机盖，检查保险丝 F801 已熔断，说明开关电源电路中有元件短路。用万用表测开关管 Q804 的 c 极对地电阻，发现正反向阻值均很小，经检查 Q804 内部击穿。进一步测 IC807（TEA5170）各脚对地电阻值均不正常，检查其外围电路无异常，判定 IC807 内部也已损坏。更换 F801、Q804 及 IC807 后，故障排除

二、松下新型彩电故障维修实例速查

机型	故障现象	故障分析与维修方法
松下 T42PA60C 型等离子彩电	不开机，电源指示灯闪烁 6 次	故障应该发生在 SC 板上等相关部位。检修时，打开机盖，拔掉 SC20，开机后用万用表测量二极管 D6585 正极为高电平，Q6581 截止，IC6581 的 6 脚电压偏高至 9.1V，正常为 7.3V。关机后测量 R6582 和 R6583（均为 39kΩ 的贴片电阻），其中 R6583 电阻阻值变小。更换 R6583 后，故障排除

续表

机型	故障现象	故障分析与维修方法
松下 T42PA60C 型等离子彩电	无法开机，电源指示灯闪烁 7 次	故障应该发生在 SC 板上等相关部位。检修时，打开机盖，拔掉 SC20，开机后用万用表测量 SC 板上相关检测点，发现 S0S7 已处于高电平保护状态。S0S7 检测点连着二极管 D6480、D6862、D6872、D6826、D6760，因此这些二极管的负极电压都是一样的，检修时只需测量各个二极管的正极电压是否为高电平，就可以区分是哪部分电路异常引起的保护。 测量到 D6826 的正极时发现其电压为高电平，Q6824 的 b 极电压为低电平，D6825 截止、负极电压偏低。关机后测量 R6837（47kΩ 的贴片电阻）阻值变小。更换 R6837 后，故障排除
松下 TC-43P700G 型背投影彩电	无光栅、无图像、无伴音，指示灯不亮，听不到继电器吸合声	该故障可能发生在开关电源电路等相关部位。开机后观察，指示灯不亮，听不到继电器吸合声。检修时，打开机盖，发现保险管 F801 已经熔断。 检查整流滤波元件 D801、C822（主开关电源）、D6712、C883（副开关电源）良好，再检查主副开关电源模块 IC801 和 IC881，发现 IC801（STR6656LF53）的 2、3 脚内 MOSFET 开关管击穿。更换 F801、IC801、R836 后，故障排除
松下 TC-51P700G 型背投影彩电	有图像、无伴音	该故障可能发生在伴音信号处理及功率放大电路等相关部位。检修时，打开机盖，经仔细检测发现，伴音处理电路 IC2001 的外围电路电容 C9301 内部漏电。更换 C9301 后，故障排除
松下 TC-51P700G 型背投影彩电	无图像、无伴音	启动该机 I2C 总线故障自检功能，对挂接 IC 进行检查。在开机状态下同时按下遥控器上的“HELP”频道搜索和该机音量“-”键，机芯进入自检模式，屏幕显示检测结果，只有 AV/TV 开关 IC3001 检测结果为“NO”，其他 IC 均为“OK”。 直接找到机芯 A 板上的 AV/TV 开关 IC3001，测量其 42 脚电压为 9.0V，测 33 脚（SCL 端）、34 脚（SDA 端）电压，发现 34 脚电压低于 2.8V，检查 SDA 线上拉电阻和该脚串联的保护电阻，发现 IC3001 的 34 脚串接的电阻 R3029 一端引脚松动。重新补焊后，故障排除
松下 TC-28W12G 型大野画王彩电	自动搜索无信号，半自动选台正常	应重点检查面板控制电路等相关部位。检修时，打开机盖，经检查发现 S006 键内部损坏。更换 S006 按键后，故障排除

续表

机型	故障现象	故障分析与维修方法
松下 TC-28W12G型大野画王彩电	自动搜台时有瞬间停顿感，但节目号不翻转，信号锁不住	故障应出在 AFC 控制电路。检查 IC1213 的 10 脚 AFC 电压动态变化范围，由正常的 1.8~4.7V 变窄为 0.52~2.15V。进一步检查发现，B-A 板间接插件 B2-A25 插头、插座内部氧化而接触不良。更换一套新的接插件后，故障排除
松下 TC-29GF10R型三超画王彩电	开机后无光栅、无图像、无伴音，按选台键无效，面板上待机指示灯亮（一）	该故障一般发生在电源负载及保护电路等相关部位。检修时，打开机盖，用万用表测 Q856 的 b 极电位升高，原因只有两种，即遥控电源过压保护电路起控或综合保护电路 Q857 漏电损坏。测 Q857 的 b、c、e 极电压依次为 4.7V、4.9V、4.1V，正常应分别为 4.9V、4.8V、0V，经检测发现 Q857 内部损坏。更换 Q857 后，故障排除
松下 TC-29GF10R型三超画王彩电	开机后无光栅、无图像、无伴音，按选台键无效，面板上待机指示灯亮（二）	用万用表 R×1k 挡在路测量行输出管 Q522 的 c 极对地正、反向电阻均为 0Ω，说明行管 Q552 已被击穿。该故障是显像管束流过大而引发的，应重点检查视频放大电路。拔下显像管管座，开机后测量视频放大管 Q357 的 c 极电压为 40V，正常应为 150~210V。测接插件 L3 的 1 脚视频放大电压为 50V，正常应为 220V。由此判断视频放大电压形成电路不良。拆下测量相关元件 D559、C504，发现 C504 内部严重漏电。更换 C504 后，故障排除
松下 TC-29GF10R型三超画王彩电	开机后无光栅、无图像、无伴音，按选台键无效，面板上待机指示灯亮（三）	故障一般出在主开关电源振荡电路等相关部位。检修时，打开机盖，经检查故障是由 R816、R817、D820、Q803 组成的过压保护监控电路不良引起误动作所致。进一步检查发现，Q803 内部不良。更换 Q803 后，故障排除
松下 TC-29GF10R型三超画王彩电	无光栅、无图像、无伴音，待机指示灯亮，且伴有继电器吸合又释放的“哒哒”声	故障一般出在电源及负载电路等相关部位。检修时，打开机盖，用万用表检查行电路限流电阻 R557 与行输出管 Q552 均无异常，开机后测 Q552 的 c 极电压为 120V 左右，显然低于正常值 140V。断电后测行逆程电容均正常。由此判断行输出变压器 T501 内部短路。更换 T501 后，故障排除
松下 TC-29GF10R型三超画王彩电	无光栅、无图像、无伴音，待机指示灯不亮（一）	检修时，打开机盖，通电后，用万用表检测主电源滤波电容 C856 两端电压为 0V。检查发现，继电器 RL801 未吸合，继电器工作状态受辅助电路控制。测辅助电源滤波电容 C850 两端电压为 50V，发现 R862 开路。更换 R862 并开机后 R862 立即烧毁。再仔细查看印刷板相关电路上的元器件，发现主板边角处有一只 Q855 的三极管与 R862 相连接，检测此管已经被击穿。更换 R862、Q855 后，故障排除

续表

机型	故障现象	故障分析与维修方法
松下 TC-29GF10R 型三超画王彩电	无光栅、无图像、无伴音，待机指示灯不亮（二）	断电，脱焊过压保护监控元件 Q855 的 c 极，通电，电源指示灯发光正常，此时测 Q850 的 c 极电压为正常值 10.6V，由此推断过压保护监控电路元件不良。断电后拆下 D862、Q855 检测，发现 D862 内部不良。更换 D862 后，故障排除
松下 TC-29GF10R 型三超画王彩电	无光栅、无图像、无伴音，待机指示灯不亮（三）	用万用表 R×10 挡在路检测行输出管 Q552 的 c 极对地正反向电阻均为 0Ω。拆下 Q552 检测，其 c、e 极之间已被击穿短路。 引起 Q552 击穿损坏的因素有：①Q552 自身性能不良；②行输出变压器 T501 内部局部短路或场输出电路出现短路故障或视频放大电路工作异常，引起显像管电子束电流过大或显像管碰极损坏等，致使行输出 Q552 的 c 极电流过大而击穿损坏；③行激励信号异常引起欠激励或过激励，致使行输出管因功耗剧增而击穿损坏；④+B 输出端过流保护监控电路元件不良引起保护功能失效。 在更换 Q552 前，在路分别检测过流保护监控元件 Q553、D551、R557，结果发现 D551 阳极引脚虚焊开路。重新补焊后，故障排除
松下 TC-29GF10R 型三超画王彩电	无光栅、无图像、无伴音，状态指示灯红、绿色发光管交替发光后转为红色发光管常亮	故障一般出在电源及负载电路等相关部位。检修时，打开机盖，断电后脱开保护电路 D551 的阴极，并检测确认行逆程电容均正常时开机，测行输出管的 c 极电压恒为 125V 左右。由此判断行输出变压器 T501 内部存在局部短路。更换 T501 后，故障排除
松下 TC-29GF10R 型三超画王彩电	工作时，画面缺红色	该故障一般发生在三基色输出电路等相关部位。检修时，打开机盖，用万用表测 Q354 的 b 电压仅 0.8V，正常时为 2.9V。检查 Q354、R357 良好，拔出接插件 L1，测解码板 R 输出端子 3.0V 正常。仔细检查接插件发现，其内部金属插头座均已氧化变黑，用导线直接接通各端子，开机后彩色图像恢复正常
松下 TC-29GF10R 型三超画王彩电	图像右上角和右下角不满幅	怀疑 IC701 内部四角失真修正控制电路不良。重新调整音量控制键，使修正参数恢复至“12”时关机并更换 IC701，再次开机后发现图像右上角和右下角露出的黑边消失且图像无失真。由此说明，故障由检校集成块 IC701 内部电路不良所致。更换 IC701 并进行参数调整后，故障排除

续表

机型	故障现象	故障分析与维修方法
松下 TC-29GF10R 型三超画王彩电	光栅枕形失真且不停地闪烁、抖动	应重点检查电源电路等相关部位。检修时，打开机盖，开机后用万用表测主电压在 160V 左右波动，而正常值应为 143V。检查电源电路相关元件发现，电容 C926（22μF/250V）已鼓包，焊下测量其内部已失效。更换 C926 后，故障排除
松下 TC-29GF12G 型三超画王彩电	工作时，机内冒烟，光栅较暗	应重点检查电源及负载电路等相关部位。检修时，打开机盖，用万用表测开关电源主电压仅为 11V，检查其负载未发现异常，再次开机后观察发现，电源板上的 C926 冒烟。关机后，焊下 C926 测量，已明显漏电。 更换 C926 后光栅行、场幅度恢复正常，但光栅仍较暗且无屏显，不久主板上的电阻 R437 又冒烟。断开 R437 后，测 R437 一端高达 170V，分析是此高电压经 R437 后击穿稳压管 ZD401 入地。进一步检查 C415、D411、C434 等相关元件，发现 C434 内部开路。更换 R437、ZD401、C434 后，故障排除
松下 TC-29GF15R 型三超画王彩电	无光栅、无图像、无伴音，待机指示灯亮（一）	检修时，打开机盖，用万用表测 D 板上排插 D7 的 1、2 脚之间直流电压为 300V，由此说明继电器确已可靠吸合，且开关电源交流整流滤波电路已正常工作；测+B 输出端电压为 0V，说明振荡电路未起振。 再测排插 D6 的 5 脚（厚膜块 IC801 的 5 脚启动端）电压为 5. 6V，显然低于正常值 14. 6V，故怀疑启动电压形成电路元件开路或变质，或 IC801 的 5 脚外接电路元件漏电损坏，或保护电路 Q803 误导通等。 断电后拔去 D 板至 P 板的排插 D6，在路检测 IC801 的 5 脚正反向电阻（将万用表置欧姆挡 R×1k 挡）依次为 0. 8kΩ、3. 2kΩ，正常时应分别为 4. 8kΩ 及无穷大，由此判断 5 脚外接元件或内部电路漏电损坏。依次拆下 D823、C811 测试，发现 C811 内部严重漏电。更换 C811 后，故障排除
松下 TC-29GF15R 型三超画王彩电	无光栅、无图像、无伴音，待机指示灯亮（二）	应重点检查电源及行输出电路等相关部位。检修时，打开机盖，拔去接插件 X1，并在 D11 的 3 脚与地之间接上一只 100W 灯泡做假负载，用万用表监测假负载两端直流电压，通电开机后测主电压为 140V 且稳定，说明电源正常，故障可能在行、场输出电路。 关机后用万用表 R×1k 挡在路测行输出管 Q552 的 c 极对地正反向电阻均为 0Ω，说明行输出管已被击穿。在更换行输出管前，在路检测过流保护电路 Q553、D551、R557 等元件是否正常。经检查发现，D551 正极引脚脱焊，整流滤波电容 C504 内部漏电。更换 Q552、C504 并补焊 D551 后，故障排除

续表

机型	故障现象	故障分析与维修方法
松下TC-29GF15R型三超画王彩电	工作时，图像规律性地出现枕形失真	该故障一般发生在以IC701为主的检校电路等相关部位。检修时，打开机盖，用万用表测CPU（IC1213）的总线输出端31、32脚电压正常，波形幅度也正常。而测IC701（TA8859）的总线接口电压时发现，9脚电压和波形正常，但10脚在发生故障时电压偏低、波形幅度变小，而隔离电阻R703左端的电压和波形正常。仔细检查R703发现，它的一只引脚虚焊。重新补焊后，故障排除
松下TC-29GF15R型三超画王彩电	开机后无光栅无图像无伴音，面板上两只指示灯均发红光，无继电器吸合声	用万用表测IC1213的22、61脚对地工作电压为5.0V，正常；测IC1213的54脚（重新启动信号端）电压为1.2V，正常应为5.0V。54脚启动电压是由复位集成块IC1212的1脚输出的5V复位电压经R1153、C1251滤波形成的。 分别检测IC1212的1、2脚电压依次为1.3V、5.0V；脱开R1153引脚，测IC1212的1脚输出电压仍为1.3V左右，故判断复位集成块IC1212已损坏。更换IC1212后，故障排除
松下TC-29GF20R型三超画王彩电	开机后，无光栅、无图像、无伴音，两只电源指示灯均亮	应重点检查开机控制电路等相关部位。检修时，打开机盖，用万用表检查，发现控制电路三极管Q855（2SC1473）、Q850（2SA1535）c-e结内部均已击穿。更换Q855、Q850后，故障排除
松下TC-29GF30R型三超画王彩电	伴音正常，图像行幅偏大	应重点检查行输出及枕形失真校正电路等相关部位。检修时，打开机盖，用万用表检查行校正电路，发现Q712的b、e极开路，Q711内部软击穿。更换Q712、Q711后，故障排除
松下TC-29GF80R型三超画王彩电	工作时，图像上有一层浅白色薄雾，图像散焦	故障一般出在聚焦电路等相关部位。该机聚焦分压电路由行输出变压器的11脚经电阻R572、R573（电路中用导线连接），通过电阻R574（1.8MΩ）到地。R574损坏后将导致显像管加速极和聚焦极电压上升，出现此现象。经检查发现，电阻R574内部不良。更换R574后，故障排除
松下TC-29GF80R型三超画王彩电	工作时，图像缺绿色	故障一般出在视频信号处理及相关电路等相关部位。检修时，打开机盖，用万用表测TDA6103Q的2脚直流电压为3.2V，8脚电压为112V均正常。对于采用直耦方式的视频放大器来说，由于末级电压放大级的偏压直接来自前级，因此只要末级输出端的直流电压正常，就意味着整个视频信号通道畅通。 再用示波器测TDA6103Q的2脚G信号和8脚G信号波形幅度正常，进一步检查发现电阻R362内部开路。更换R362后，故障排除

续表

机型	故障现象	故障分析与维修方法
松下 TC-29GF80R 型三超画王彩电	工作时，图像声音正常，但关机时出现亮点	检修时，打开机盖，用万用表检查消亮点电路中的 C369、Q369、D353 均正常，测 D353 正极电压只有 0.2V，接插件 CN3014 脚电压为+9V，拔动插头时发现导线脱焊。重新补焊后，故障排除
松下 TC-29GF85R 型三超画王彩电	呈黑屏状态，有字符显示	开机后观察，黑屏有字符显示，说明电源和行场扫描正常。用万用表测显像管三个阴极电压为 200V，说明显像管三枪截止，调整 I2C 总线，自检 CK1 各项数据正常，但更改的数据不能存储，判定 24CL08 存储器内部损坏。更换 24CL08 芯片后，故障排除
松下 TC-29GF85G 型三超画王彩电	工作时，TV 与 AV 状态下均无图像无伴音，光栅正常	该故障一般发生在 TV/AV 转换电路等相关部位。检修时，打开机盖，用万用表检查 AV 转换板上的 IC301（9N103832APG）的 45、46 脚，发现 9V 供电电压偏低，只有 6V，断开 45、46 脚，9V 电压恢复正常，判定 TV/AV 公共通道集成块 IC301 内部损坏。更换 IC301 后，故障排除
松下 TC-29GF85G 型三超画王彩电	按电源开关后，无光栅、无图像、无伴音，二次开机无反应	应重点检查电源控制及负载电路等相关部位。检修时，打开机盖，检查发现行输出管已被击穿。更换行输出管后，二次开机，绿灯点亮，但屏幕仍无光栅，且又烧坏行输出管。进一步仔细检查行负载电路，发现大板 D9 插座的 1 脚铜箔断裂。重新补焊并更换行输出管后，故障排除
松下 TC-29GF85G 型三超画王彩电	工作一段时间后，图像变模糊	该故障一般发生在视频信号处理及图像解码电路等相关部位。检修时，打开机盖，用加热法给解码块 TA1215AN 加热，发现图像很快变黑，再用无水酒精棉球降温，图像又恢复清晰正常，判定 TA1215AN 集成块内部热稳定不良。更换 TA1215AN 后，图像恢复正常

三、索尼新型彩电故障维修实例速查

机型	故障现象	故障分析与维修方法
索尼 KV－2553TC 型彩电	工作时，收不到 UHF 频段信号	检修时，打开机盖，检查电源、解码、行场扫描、视频放大、伴音等电路均正常，判断故障出在高频头信号通道上。将机器接收频道选至 UHF 频段，用万用表测高频调谐器上 UHF 频段接点上的 12V 调谐电压不正常。由于其他频段接收正常，说明高频调谐器内部损坏。更换高频调谐器后，故障排除

续表

机型	故障现象	故障分析与维修方法
索尼 KV－2553TC 型彩电	工作时，图像随音量大小闪烁	检修时，打开机盖，用万用表测主电源+B 端 115V 电压输出，将音量关掉后 115V 电压正常，声音大时 115V 电压摆动不稳，说明电源带负载能力差。用替换法分别替换 IC601、C607、VD604，当替换 VD604 后故障消失，说明 VD604 性能不良，VD604 在电路中起续流作用。更换 VD604 后，故障排除
索尼 KV－2565 型彩电	开机后，无光栅、无图像、无伴音，电源指示灯不亮	检修时，打开机盖，检查发现行输出管 C4927 已被击穿，保险电阻 R340 熔断。在 R340 处（135V 电压输出处）接 100W 灯泡，开机后用万用表测灯泡两端电压为 135V，正常，说明开关电源输出 135V 电压正常，行输出管击穿的原因可能是行逆程电容开路或行输出变压器损坏。 更换行输出管后开机，屏幕为一条水平亮线，进一步检测发现场扫描输出电路 μPC1498H 内部不良。更换 μPC1498H 后，故障排除
索尼 KV－2565MT 型彩电	开机后，无光栅、无图像、无伴音，电源指示灯不亮	该故障一般发生在电源及控制电路。用万用表的直流电压 10V 挡，测微处理器 IC002 的+5V 供电端（42 脚）的电压仅为+1V。再测五端集成稳压器件 IC001 的输入端（1 脚）电压为+14V，正常。断开 IC001 的 5 脚与 IC002 的 42 脚的连接线，再测 IC001 的 5 脚电压仍很低，由此判定 IC001 内部不良。更换 IC001 后，故障排除
索尼 KV-2565MTJ 型彩电	工作时，图像突然行不同步，随后声光消失	故障可能出在行振荡及相关电路，且行输出管损坏的可能性最大。该机的 IC301（CXA-1213S）是内含亮度、色度及行、场振荡电路的大规模集成块。其 29 脚外接的晶体振荡器 X301（500kHz）和阻尼电阻，是本机行振荡电路正常工作的关键元件。经查 X301 内部已严重漏电。用同型号规格的晶体振荡器换上后，再测行输出管 Q802（2SC4927），其三极均被击穿。更换 2SC4927 后通电观察，故障依旧。进一步检查行输出电路，又发现+B 端限流电阻 R340（1.2Ω/3W）开路。更换 R340 后，故障排除
索尼 KV－2585MT 型彩电	开机后图像行不同步，随后自动停机	故障可能出在行扫描电路。由原理可知：该机 IC301（CXA-1213S）是内含亮度、色度及行、场振荡电路的大规模集成块。其 29 脚外接的 500kHz 晶体振荡器和阻尼电阻，是本机行振荡电路正常工作的外围关键元件。经检查发现，晶体振荡器内部严重漏电。更换晶体振荡器后，故障排除

续表

机型	故障现象	故障分析与维修方法
索尼 KV－F25 型彩电	工作时，图像下半幅收缩、上半幅拉长，有时产生枕形失真，有时行、场幅都扩大，有时又恢复正常	检修时，打开机盖，用万用表测 IC001 和 IC003 存储块各种电压，发现微处理器 IC001 输出的数据总线 53 脚（存储块的 5 脚）电压只有 1V，比正常的 4.6V 低了许多。检查其外围电路，发现稳压管 D078（5.6V）内部漏电。更换 D078 后，故障排除
索尼 KV－F25 型彩电	工作数秒后，屏幕为水平一条亮带，机器自动保护	判断可能是场扫描集成电路 IC1501 异常。测 IC1501 各引脚电压，发现其 2 脚电压不正常。在刚开机时，该脚电压为+15V（正常值）。但开机后 10s 左右，该脚电压迅速下跌，当电压降为 10V 左右时，机器自动进入待机状态。由此说明，故障出在 IC1501 正电流电压形成电路或其 2 脚外围电路元件中。经检查该电路 D814、C835 等相关元件，发现 C835 内部损坏。更换 C835 后，故障排除
索尼 KV－F25MF1 型彩电	开机后满屏雪花点，收不到信号。自动搜索时，各频道信号一晃而过，不记忆	检测中放解调谐器 IF101 的 AFT 输出端电压为 4V，基本正常。为排除 AFT 线圈失谐的可能，拆下 AFT 线圈检测良好，再测 IC001 的 AFT 输入端（42 脚）电压为 0.5V，而正常时应为 2V，明显偏低。检查 R038 阻值正常，由此判定 IC001 内部损坏。更换 IC001 后，重新调整各参数，故障排除
索尼 KV－G25M1 型彩电	开机后无光栅无图像无伴音，待机指示灯亮	由原理可知，以 Q561、R858 为核心的保护电路，用于检测行扫描电路是否过流。该电路正常工作时 R858 上压降较小，当过流时 R858 上压降较大。Q561 的 b 极电压下降，使 Q561 处于导通状态，其 c 极电压通过 D591 使 IC300 处于保护状态。经进一步检测该电路相关元件，发现 Q561 内部不良。更换 Q561 后，故障排除
索尼 KV－G25T1 型彩电	开机后无光栅、无图像、无伴音，且烧断保险丝	检修时，打开机盖，检查保险丝 F601 炸裂。更换 F601 后，在开机瞬间又被烧断，说明电源部分有短路故障存在。首先在路检查电源厚膜块 IC601（STR6707）、开关变压器 T601、300V 电源、滤波电容 C604（330μF/400V）均正常。再检查整流桥堆 D601、消磁线圈 THP601、消磁电阻 R606 均正常。进一步分析认为，有可能是某个元件软击穿造成的。根据维修经验判断，最可疑的就是消磁电阻、晶体振荡器和电解电容等元器件。分别替换消磁电阻、整流桥堆 D601、电源集成块 IC601，果然发现 300V 电源的滤波电容 C604 内部软击穿。更换 C604 后，机器工作恢复正常

续表

机型	故障现象	故障分析与维修方法
索尼 KV－G25T1型彩电	开机后无光栅、无图像、无伴音，待机指示灯亮	应重点检查电源及负载电路。检修时，打开机盖，用万用表测+B端无电压输出，断开行输出管Q802的c极，故障依旧。怀疑+135V过流保护电路异常。检查该电路相关元件，发现电阻R563内部不良。更换R563后，机器工作恢复正常
索尼 KV－J25MF1型彩电	机器自动搜台时，信号不能存储	检修时，打开机盖，用万用表测高频调谐器中放部分的TV同步信号输出异常，用连线接出高频调谐器总线，测IC02（LA7910）有关引脚电压与正常值明显不符，判定IC02内部不良。更换IC02后，故障排除
索尼 KV－J25MF2型彩电	工作时，图像右移且局部抖动，数秒钟后自动关机	应重点检查解码芯片IC104（CXA2050S）及两个保护检测电路的相关元件。检修时，打开机盖，经仔细检查发现R866（1.2Ω）内部阻值变大。更换R866后，故障排除
索尼 KV－K25型彩电	无画中画功能	检修时，打开机盖，用万用表测CPU引脚波形及电压均正常。该机采用I2C控制系统，判断I2C总线控制有偏差。查阅I2C总线调整及数据资料，对照调整数据发现“5F”和“60”项的数据出错，将“5F”和“60”项数据分别改为“21”“05”后，画中画功能恢复正常
索尼 KV－K25F1型彩电	工作时，光栅极亮，且图像及字符严重拖尾	检修时，打开机盖，用万用表检测显像管G的2脚电压为980V，经检查发现R702开路，更换R720后，光栅亮度恢复正常，但图像拖尾仍未解决。进一步检查发现，水平会聚电位器RV702（110MΩ）内部开路。更换RV702后，机器工作恢复正常
索尼 KV－K25MF1型彩电	开机后无光栅、无图像、无伴音，关机时有亮光闪烁	故障可能出在行扫描及X射线保护电路。检修时，打开机盖，断开行脉冲过高保护稳压二极管D1502一端引脚，试机，故障依旧。断开电阻R860一端引脚，用万用表检测135V电源，正常。关机后，检查三极管Q803及其外围元件，发现电阻R884内部开路。由于R884开路使Q803导通，触发微处理器与行振荡电路进入X射线保护。更换R884后，故障排除
索尼 KV－K25MF1型彩电	工作时，有伴音，无光栅	检修时，打开机盖，用万用表测IC304各脚电压，发现26、31、33脚的电压分别为9.5V、0.9V、3.4V，而正常值应分别为7.8V、2.5V、6.4V。由原理可知：IC301的26脚为ABL输入端，其电压高低与显像管是否发光有关，发光时该脚电压下降，不发光时该脚电压上升。现26脚电压上升，必然是由于显像管不发光造成的。31脚为1kV电压输入端，此端与视频放大电路有联系，当视频放大管工作不正常时，此端电压也受到影响。经仔细检查发现，IC304的33脚外接电容C357内部被击穿。更换C351后，故障排除

续表

机型	故障现象	故障分析与维修方法
索尼 KV－K25MF1 型彩电	开机后屏幕上光栅极暗，伴音正常	应重点检查亮度信号处理电路。检修时，打开机盖，检查电源供电电压、行扫描电路工作均正常，判断故障在画中画处理电路。经进一步检查该电路相关元件，发现 IC1407（μPC7812H）内部损坏。更换 IC1407 后，故障排除
索尼 KV－K25MF1 型彩电	开机不能启动，电源指示灯不亮	检修时，打开机盖，用万用表测 D 基板 CN0525 的 4、6 脚之间有 300V 电压输入，但 CN520 无 33V、15V、7V 电压，再测 IC601（STR-S6708）的 1、2、3 脚电压不正常，故拆下 IC601，测得其 1、2、3 脚之间的 c-e 结被击穿。更换 IC601，同时检查 D604、D607、D608 及 R640、R624、R626、R615 无问题，确认 F2 基板上的 IC2601（STR-81145A）的 2、3 脚之间无短路现象。开机，机器工作恢复正常
索尼 KV-K25MH11 型彩电	开机后无光无图无声，电源指示灯闪烁 4 次	检查 IC561（CXD2018Q）时，发现 27 脚复位电压仅 3.8V。检查其外围元件时发现电容 C546 内部漏电，并且漏电电阻时大时小，不稳定，从而使 CPU 出现自检误判。更换 C546 后，故障排除
索尼 KV－K25MN11 型彩电	在进行图像失真的调整后，发现子画面突然消失	进入维修状态，检查 5D（OP0）、5E（OP1）两项内容是否为 0110、1101。对应于不同机型彩电，此参数不同。检查得知此机这两项参数正确。当把第 38 项 EPL（External PLL）为 0001 时，PinP 出现。重新写入，子画面恢复正常
索尼 KV-27GT2 型彩电	开机后，无光栅、无图像、无伴音，电源指示灯不亮	该机由 110V 交流供电，操作者误接入 220V 交流电，导致电源块 STR3212 烧坏。更换 STR3212 后，故障排除
索尼 KV-W28MH11 型 16:9宽屏彩电	收不到 VHF-H 频段信号	用万用表测高放场效应管 Q02 漏极直流工作电压，第二栅极 RF AGC 电压正常。再打开画中画（PIP）FS 调谐器 TU102 的金属盖，测其内高放场效应管 Q02 第一栅极、第二栅极、漏极和源极在路电阻，与 TU101 中高放场效应管四个极在路电阻完全相同，说明 TU101VHF-H 频段高放级阻容件无短路、开路现象，判断高放场效应管 Q02 内部损坏。更换 Q02 后，故障排除

续表

机型	故障现象	故障分析与维修方法
索尼 KV-W28MH11 型 16:9宽屏彩电	开机后无蓝背景显示功能	检修时，打开机盖，用万用表测 CPU 芯片 IC003 的 43、45 脚直流电压均为 0V。若 43 脚有蓝色背景脉冲输出、45 脚有高速消隐脉冲输出，则万用表指针会在 0.3~0.5V 之间抖动，两脚内部功能电路同时出差错的可能性极小，问题一般出在集成块 IC1501 的 13 脚至 IC003 的 22 脚的蓝背景控制电路。测 IC003 的 22 脚电压为 4.65V，显然 Q1507 已经导通。焊下该管，经检查其内部损坏。更换 Q1507 后，故障排除
索尼 KV-W28MH11 型 16:9宽屏彩电	开机后无光栅、无图像、无伴音，待机指示灯亮	用示波器观察场输出块 STV9379 的 1 脚场频锯齿波幅度只有 0.28Vp-p，而运算放大器 IC6504 的 1 脚（R1554 下端）锯齿波电压达 1.1Vp-p。检查 R1554、R1556、R1561、C1558，发现 C1558 内部严重漏电。更换 C1558 后，机器工作恢复正常
索尼 KV-2965 型彩电	开机后无光栅、无图像、无伴音，电源指示灯也不亮	检修时，打开机盖，用万用表测开关电源的三组输出，+13.5V、+22V、+14V 均正常。再测 CPU 的 42 脚电压为 0.5V（异常），正常应为+5V。该机的 CPU 供电电源和一般彩电电源不同，它不是使用辅助电源单独供电，而是由开关电源的+14V 电压经五端集成稳压器 L78LR05S 产生的。当断开稳压器的 5 脚和 CPU 的 42 脚的连接线再测 5 脚输出电压时，+5V 电压恢复正常。试用外接+5V 稳压电源对 CPU 的 42 脚供电，待机指示灯能点亮，说明 CPU 基本正常，分析为稳压器 LA78LR05S 内部不良。更换五端稳压器后，机器恢复正常
索尼 KV-2965MT 型彩电	工作时图像行幅变大，伴音正常	检修时，打开机盖，用万用表测 IC821 的 5 脚电压约为 4.2V，说明校正电压输出正常，故障可能出在输出电路上。经仔细检查该电路的 R843、C810、L821 等相关元件，发现 L821 直流电阻值仅为 4Ω 左右，正常应为 6Ω 左右，判定其内部短路。更换 L821 后，故障排除
索尼 KV-2965MT 型彩电	工作时，图像枕形失真，行幅变大	检修时，打开机盖，用万用表测 IC821 的 5 脚电压仅 1.8V 左右，说明检校电路虽有校正电压输出，但电压偏低。用示波器测 IC821 的 5 脚无下凸抛物波形输出，而检查 IC821 左端有上凸抛物波形，说明 IC821 输入正常。关机后测 IC821 的 5 脚对地正、反向电阻值在 110Ω 左右。检查 IC821 的 5 脚外围元件，发现 D821 内部不良。更换 D821 后，故障排除

续表

机型	故障现象	故障分析与维修方法
索尼 KV-2965MTJ 型彩电	工作时，间断性、无规律地出现无光栅无图像无伴音现象	打开机盖，用万用表检查 IC601 各脚，发现 1~3 脚焊点上有明显的裂纹，由于这些焊点对应连接 IC601 内部开关管的各极，而 IC601 作为发热器件而被紧固在散热片上，其引脚受热接触不良，逐渐形成似连非连的裂缝，从而造成该故障。重新补焊后，故障排除
索尼 KV－2900F 型彩电	开机后无光栅、无图像、无伴音，电源指示灯不亮（一）	开机后，用万用表测电源厚膜块 IC601（STR－S5941）的 1 脚，有 295V 左右的脉动直流电压，但+B 端无电压输出，正常时应为+135V。检查+B 端输出电路中的保险丝电阻 PS655 未断，其负载也无短路之处。判断开关电源的启动电路有问题，分别检查启动电阻 R602、正反馈支路 R611 和 C608 等，发现 R602 内部开路。更换 R602 后，故障排除
索尼 KV－2900F 型彩电	开机后无光栅、无图像、无伴音，电源指示灯不亮（二）	检修时，打开机盖，用万用表测 C607 两端有 300V 电压，测电源厚膜块 IC602 的 1 脚开关调整管 c 极对地有 300V 电压，说明直流高压及反馈回路正常。测 IC602 其他脚对地电压均为 0V，关机后测 IC602 各脚对地的正、反向电阻值为 15kΩ 和 17.5Ω，正常时正、反向电阻为 1~5kΩ。由原理可知：IC602 的 3 脚是其内部开关调整管 b 极引出脚，与外围直流通路相连的有偏置电阻 R603，测 R603（470kΩ/0.5W）在路电阻大于其标称值 470kΩ。焊下 R603 测量，发现其内部已开路。更换 R603 后，故障排除
索尼 KV－2900F 型彩电	开机后，无光栅、无图像、无伴音，有消磁冲击声（一）	测电源厚膜块 IC602 其他脚对地电压均为 0V，显然该开关稳压电源电路处于停振状态。其原因可能有：①IC602 开路损坏；②IC602 外围振荡偏置电路发生故障，使 IC602 正常工作的条件受到损坏。关机后测 IC602 各脚对地的正、反向电阻，实测阻值为 15kΩ 和 17.5Ω，正常时正反向电阻为 1~5kΩ。进一步检查 IC602 的 3 脚（开关调整管 b 极引出脚）外接元件，发现偏置电阻 R603 内部开路。更换 R603 后，故障排除
索尼 KV－2900F 型彩电	开机后，无光栅、无图像、无伴音，有消磁冲击声（二）	应重点检查电源电路。测+B 端电压为 0V，+22V 输出为 3V，14V 输出为 1.2V，再用交流电压挡测量+B 输出绕组端约有 4V 的交流电压，初步判断+B 端的供电回路中有短路故障。焊下保护稳压二极管 VD657，发现短路现象消失。经检查发现，VD657 内部被击穿。更换 VD657 后，故障排除

续表

机型	故障现象	故障分析与维修方法
索尼 KV-2900T 型彩电	开机后电源指示灯不亮，无光栅、无图像、无伴音	应重点检查电源及负载电路。检修时，打开机盖，检查发现电源厚膜块 IC602（STR-S5941）内部损坏。更换 IC602 后，故障排除
索尼 KV-2900T 型彩电	开机后无光栅、无图像、无伴音，待机指示灯亮	应重点检查微处理器开关机控制部分和行扫描电路。检修时，打开机盖，用万用表测微处理器 IC001 的 1 脚电压为 0V（正常应为+5V 左右），由此说明微处理器 IC001 因无+5V 电压输入而没有工作。进一步检查发现，PS651 电阻内部开路。更换 PS651 后，故障排除
索尼 KV-2900T 型彩电	工作时，行幅出现收缩现象	测行输出管 Q804 的 c 极电压，该脚电压在 132.5～135V 间不稳定地变动，光栅正常时为稳定的 135.1V，由此说明行推动至行输出部分有故障。测行推动管 Q805 的 c 极电压，正常时该脚电压为 118V 左右，故障出现时下降为 81V 左右。进一步检查发现，行推动变压器内部性能变差。更换行推动变压器后，故障排除
索尼 KV-2900T 型彩电	机器工作不久，声光消失	应重点检查电源电路。检修时，打开机盖，开机，在故障出现时用万用表测量电容 C618 两端对地电压为 285V，基本正常；测电源厚膜集成块 IC602 的 1 脚电压为 0V。仔细检查相关元件，发现开关变压器 T603 的 2 脚脱焊。重新补焊后，故障排除
索尼 KV-2900T 型彩电	图像及伴音正常，但常出现自动关机现象	应重点检查电源及保护电路。检修时，打开机盖，用万用表测量电容 C618，正极对地电压约为 285V，基本正常。测电源厚膜集成块 IC602 的 1 脚电压为 0V。经仔细检查发现，开关变压器 T603 的 4 脚虚焊。重新补焊后，故障排除
索尼 KV-E29 型彩电	工作时，主画面行不同步，子画面正常，伴音正常	应重点检查主画面行同步电路。检修时，打开机盖，用示波器观察 IC104 的 53 脚无同步脉冲，而测 C147 右端的同步脉冲信号正常。经检查发现，片状电容 C147 内部损坏。更换 C147 后，故障排除
索尼 KV-E29MFH1 型彩电	开机后无光栅、无图像、无伴音，电源指示灯亮	应重点检查电源及负载电路。检修时，打开机盖，检查 F1690 保险丝完好，发现限流电阻 R1611 内部已开路，电源厚膜块 IC601 内部的开关管被击穿。进一步检查发现，稳压电路 Q600、D601 也已被击穿。更换 Q600、D601、IC601 后，故障排除

续表

机型	故障现象	故障分析与维修方法
索尼 KV-E29MF1型彩电	无光栅、无图像、无伴音，待机指示灯亮	故障出在场输出电路。连续按遥控器开机键，屏幕上有水平亮线出现，说明场输出电路故障引起保护。经仔细检查 IC1501 外围元件正常，判定 IC1501 内部损坏。更换 IC1501 后，机器工作恢复正常
索尼 KV-E29MF1型彩电	将彩色制式调在自动或 PAL 状态，图像场不同步	应重点检查微处理器及梳状滤波器电路。检修时，打开机盖，用万用表测 IC001 的 4 脚（THR 端）电压波动不止，正常时 4 脚应无电压。顺电路往前检查，用万用表测数字梳状滤波器 IC301（SBX1856-01）的 2 脚（COUT 端）、4 脚（YOUT 端），均无电压。再检查其供电电路，发现三端稳压器 IC302 内部损坏。更换 IC302 后，故障排除
索尼 KV-F29 型彩电	开机后无光栅、无图像、无伴音，机内有“吱、吱”声	检修时，打开机盖，用 R×10 挡测行输出管 Q2591，因为是 NPN 型管，故红笔接 b 极、黑表笔去测 c 极，正常机阻值为∞，而此机为 5Ω。用针头套空 Q2591 的 b 极和 e 极，再测，证实行输出管被击穿。为了防止新装上的行输出管再次被击穿，必须再检查此机易损元件：行逆程二极管 D2506，检校电路 Q2503、Q2505 等。果然 Q2503 也已被击穿。更换 Q2591、Q2503 后，故障排除
索尼 KV-F29MF1型彩电	开机后无光栅、无图像、无伴音，待机指示灯亮（一）	应重点检查电源及保护电路。检修时，打开机盖，测保护电路中 Q803 各极的电压，发现其 c 极为 6V 左右，而正常时则为 0.2V 左右，由此说明 Q803 或其外围电路元件有问题。分别检查 R887、R892、R806 及 R884 等相关元件，发现 R884 内部损坏。更换 R884 后，故障排除
索尼 KV-F29MF1型彩电	开机后无光栅、无图像、无伴音，待机指示灯亮（二）	检修时，打开机盖，先断开保护电路的取样元件进行故障判别。当怀疑显像管过压保护电路动作时，在确认行逆程电容的电容量正常后，可断开显像管过压保护电路的取样元件，以免损坏显像管、行输出管等元件。经检查发现保护电路本身故障，其中二极管 D1504 内部损坏。更换 D1504 后，故障排除
索尼 KV-F29MF1型彩电	开机后无光栅、无图像、无伴音，待机指示灯亮（三）	应重点检查电源及保护电路。检修时，打开机盖，用万用表测保护电路中 Q803 各极的电压，发现其 c 电极为 6V 左右，而正常时则为 0.2V 左右，由此说明 Q803 或其外围电路元件有问题。分别检查 R887、R892、R806 及 R884，发现 R806 内部损坏。更换 R806 后，机器工作恢复正常

续表

机型	故障现象	故障分析与维修方法
索尼 KV-F29MF1 型彩电	开机后无光栅、无图像、无伴音，待机指示灯亮（四）	检修时，打开机盖，在启动瞬间，用万用表测量 CN106 的 8 脚（连接场保护电路）电压为 5V，正常；再测其 1 脚电压，却发现该电压在快速上升。由于该电压正常时为 0V，故认为行电路有问题。先用静态方法检查从行振荡至行输出管周围的各元件基本正常，确认行输出管也正常。再测 R886 两端电压为 2V 左右，说明行电流过大，据此判断行输出高压包内部有局部短路。更换行输出变压器后，故障排除
索尼 KV-F29MF1 型彩电	开机后进入待机状态，指示灯闪亮 5 次	根据指示灯自检显示的提示，指示灯闪亮 5 次为几何失真校正电路故障。打开机盖，用万用表直接检查该电路 IC561（CXD2018）的 1 脚电压为 0.5V，11 脚由正常时的 2.1V 降为 0.5V，两脚电压均不正常。检查该电路外围元件，未见异常，判断 IC561 内部损坏。更换 IC561 后，机器工作恢复正常
索尼 KV-F29MF1 型彩电	开机即进入待机状态	该故障一般发生在电源负载及保护电路。检修时，打开机盖，检查 D 板过压过流保护器 Q803 及外围电路。逐一检查发现，R884（220kΩ）阻值变大为 900kΩ。更换 R884 后，故障排除
索尼 KV-F29MF1 型彩电	开机后无光栅、无图像、无伴音，电源指示灯不亮	应重点检查电源电路。检修时，打开机盖，用万用表 R×1 挡在路测 IC601 的 1、2、3 脚之间的电阻值过小，说明 IC601（STR-S6709）内的开关管已被击穿。更换 IC601 后，故障排除
索尼 KV-F29MF1 型彩电	工作时，图像伴音正常，无字符显示	应重点检查字符显示及控制电路。检修时，打开机盖，将示波器探头依次搭在 IC001 的 51、50、49 脚，按下屏显功能键，三只引脚输出的 R、G、B 正极性字符脉冲幅度正常。将示波器探头移至 IC304 的 40 脚，示波管上看不到任何波形，再用万用表测 40 脚电压始终为 0V。由于屏幕上没有一种颜色字符，D312、D313、D314 三只开关二极管不会同时失效，检查得知 R342 损坏。更换 R342 后，故障排除
索尼 KV-F29MF1 型彩电	开机后，接收 VHF-H 频段信号时图像漂移	应重点检查调谐器电路。检修时，打开机盖，拆开调谐器 TU101 屏蔽盒盖，用放大镜找到调谐专用集成芯片 TDA5631 的 22~25 脚 VHF-H 本振回路中的主调谐变容二极管 VD5，经检测发现 VD5 内部漏电。更换 VD5 后，故障排除

续表

机型	故障现象	故障分析与维修方法
索尼 KV-F29MF1 型彩电	开机后保险管烧断，无光栅、无图像、无伴音	应重点检查电源电路。检修时，打开机盖，用万用表 R×1 挡在路测整流堆 D2600 每个二极管的正、反向电阻，若阻值过小，则为 D2600 或与其并联的高频滤波电容不良。经检查，D2600 内部损坏。更换 D2600 后，故障排除
索尼 KV-F29MF1 型彩电	工作时菜单功能失效	应重点检查微处理器及键控电路。检修时，打开机盖，按下制式选择键，制式控制功能正常；再按调谐键，微调功能失效。经仔细检查发现，电阻 R5902（3.3kΩ）内部不良。更换 R5902 后，故障排除
索尼 KV-F29MF1 型彩电	开机后，自动搜台信号不能存储	故障出在 AFT 及微处理器控制电路。检修时，打开机盖，经仔细检查该电路 Q105、R107、R108、Q106、C111 等相关元件，发现 Q106 内部不良。更换 Q106 后，故障排除
索尼 KV-F29MF1 型彩电	开机后无光栅，但关机有亮光	应重点检查电源及行场扫描电路。检修时，打开机盖，用万用表测+B 端电压正常，测显像管灯丝电压正常，且关机有亮光，说明高电压也正常。再测显像管三枪阴极电压为 200V 左右，说明 CRT 三枪截止，判断故障出在行场扫描电路。仔细检查行场扫描块 IC304（CXA1587S），发现有的引脚有虚焊点。重新补焊后，故障排除
索尼 KV-F29MF1 型彩电	工作时，图像枕形失真，伴音正常	应重点检查枕形失真校正电路。检修时，打开机盖，用万用表测该电路各三极管正常，但检测到 IC2504 相关引脚电压异常。仔细检查外围电路元件，发现 R2507 内部损坏。更换 R2507 后，机器工作恢复正常
索尼 KV-F29MF1J 型彩电	无光栅、无图像、无伴音，待机指示灯亮，屏幕有静电感应	检修时，打开机盖，用万用表测 Q1504 的 c 极电压为 0V，判断故障出在场输出电路。测场输出块 IC1501 的 5 脚电压为 3V，而正常值为 0V；1 脚电压为 1.4V，2、4 脚±15V 电压正常。检查其外围电路无异常，判定 IC1501 内部不良。更换 IC1501 后，故障排除
索尼 KV-F29MF1J 型彩电	开机后无光栅、无图像、无伴音，消磁继电器反复吸合	检修时，打开机盖，用示波器和万用表检测数据线 SDA、时钟线 SCL 电压，发现 SDA 电压由正常的 5V 降低到 3V，SCL 电压正常，故判断数据线电压被某个 IC 拉低。依次断开每个受控 I2C 的数据线，当断开 IC202 时继电器不再吸合，用万用表测 IC202 电源端（15、16 脚），发现无+9V 供电电源。经仔细查发现，电路印制板断裂。重新补焊后，故障排除

续表

机型	故障现象	故障分析与维修方法
索尼 KV－F29MH11型彩电	工作时图像彩色异常，有时为单色，伴音失控且噪声较大，遥控及面板操作功能不起作用	采用分段开路法，检查微处理器和各被控器件的状态。当断开 E2PROM 存储器上的尖峰脉冲防护串联电阻 R076、R077 时，总线上的电压恢复正常，遥控及本机操作等功能键也基本恢复正常，由此判定存储器内的 SDA 和 SCL 接口短路。更换存储器后，机器工作恢复正常
索尼 KV－F29MH11型彩电	工作时，遥控功能全部失效，面板按键一切正常	故障应出在机内遥控接收电路。检查时，可直接用万用表测量 IC4900 的 2 脚（电源端）电压，测 2 脚电压正常。于是关机，拔下 H4 板，仔细检查后发现 IC4900 的 1 脚（信号输出端）虚焊。重新补焊后，故障排除
索尼 KV－F29MH31型彩电	开机后，消磁继电器反复吸合，机器不能正常启动	检修时，打开机盖，接通电源，用万用表检测数据线（SDA）、时钟线（SCL），发现 SDA 的电压由 5V 降低到 2.0V 左右。再检查 K 基板的 IC1802 的各脚电压，发现 16 脚无+9V 电压。此电压是经 IC1803 由 15V 降压得到的。查 CN1803 无+15V 电压，向前查 D 基板的 CN0531 的 1 脚无+15V 电压，查 R625 及 D604 均已损坏。更换 R625、D604 后，故障排除
索尼 KV-J29MF1 型彩电	开机后无光栅、无图像、无伴音，机内有“吱吱”声，指示灯不亮	应重点检查电源保护及行输出电路。检修时，打开机盖，用万用表测+B 端电压为 70V 左右，断开行负载，接入 150W 灯泡做假负载后，再测+B 端电压上升到 145V，几秒后+B 端电压电压又下降到 23V 左右，判断故障出在稳压控制电路。经检查该电路相关元件，发现光电耦合器 IC600 内部不良。更换 IC600 后，故障排除
索尼 KV-J29MF1 型彩电	开机后有图像伴音，无字符显示	检修时，打开机盖，用万用表测微处理器 IC001 的 1、2 脚行场同步信号，1 脚电压正常，2 脚电压仅为 0.3V，正常时应为 0.7V。断开 IC001 的 2、17 脚和 IC104 的 36 脚，测 IC001 的 2 脚为负电压，正常时应为 0V，关机后再测量在路电阻均正常。进一步检查 IC104 外围电路，发现其 36 脚外接三极管 Q112 内部不良。更换 Q112 后，故障排除
索尼 KV-J29MF1 型彩电	开机后无光栅、无图像、无伴音，电源指示灯不亮	应重点检查电源电路。检修时，打开机盖，用万用表测五端 5V 稳压器 IC002（L78LR050MA）的 1 脚电压为 11.7V，2 脚电压为 5.78V，3 脚为地，4 脚电压为 2.5V，5 脚电压为 5V。由原理可知：4 脚电压是 CPU（IC001）的 38 脚（RESET 端）的复位电压，正常值为 5V。脱开 IC002 的 4 脚，5V 电压恢复正常，怀疑 4 脚外接的 C010（0.022μF）不良。焊下检测，果然其内部漏电。更换 C010 后，故障排除

续表

机型	故障现象	故障分析与维修方法
索尼 KV-J29MF1 型彩电	开机后即进入待机状态	应重点检查电源负载电路。检修时，打开机盖，检查行输出管 Q2591 及阻尼管 D2506 均已被击穿，更换后可二次开机，但光栅枕形失真且行幅不满，调整总线有关参数变化不大。检查 S 形失真校正电路，发现 L2504 发烫，经检查发现电阻 R2501（2.2Ω）内部断路。更换 R2501 后，故障排除
索尼 KV-K29 型彩电	开机后，无光栅、无图像、无伴音，机内有“哒哒”声	应重点检查待机控制电路。检修时，打开机盖，通电后用万用表测 CPU 的 VCC 端（64 脚，+5V 电压）随“哒哒”声在 0~5V 之间变化。仔细检查 CPU 供电电路，测 C608 正极在 0~5V 之间变化，正常应为 7V。进一步检查，发现电阻 R626 内部损坏。更换 R626 后，故障排除
索尼 KV-K29 型彩电	开机后无光栅、无图像、无伴音，电源指示灯不亮	应重点检查电源电路。检修时，打开机盖，检查发现电源厚膜块 STR-S6709 已炸裂，检查负载无击穿短路现象。更换 STR-S6709，故障排除
索尼 KV-K29MF1 型彩电	按电源开关后，机器即自动进入待机状态	故障可能发生在 X 射线保护及待机控制电路。检查保护电路发现 Q803 的发射结已正偏导通，其 c 极输出高电平，且 IC304 的 9 脚也为高电平，IC001 输出保护指令。分析 Q803 误导通的原因，可能有 Q803 的 c、e 极被击穿或漏电、D803 开路、R886 和 R884 变质等。经仔细检查上述相关元件，发现 R884 内部变质。更换 R884 后，故障排除
索尼 KV-K29MF1 型彩电	开机后自动待机	该故障一般发生在电源控制及负载电路。检修时，打开机盖，检查场输出电路 IC561 及其外围电路，测 IC561 大部分引脚电压异常，其 27 脚电压仅为 0.5V，正常应为 5V，测 IC561 的 1 脚无场扫描信号。进一步检查，发现片状电容 C546 内部不良。更换 C546 后，机器工作恢复正常
索尼 KV-K29MF1 型彩电	接收信号图像声音正常，但从 AV1 端子输入信号，无图像，伴音正常	应重点检查 AV 转换电路。检修时，打开机盖，用万用表测 AV 转换电路 IC201（CXA1545AS）的 1 脚电压为 8V，7、13 脚电压均为 3.6V，1 脚电压与正常值相差很大，检查外围元件无异常，判定 IC201 内部不良。更换 IC201 后，故障排除
索尼 KV-K29MF1 型彩电	工作时，图像发白、模糊不清，无层次感	用万用表检查通道和亮度处理电路未见异常。检测 CPU 输出端总线电压基本正常。根据有关资料，使该机进入维修状态，找到副亮度、副对比项目进行数据调整，均无明显改善。于是判断 CPU 内部不良。更换 CPU 芯片后，故障排除

续表

机型	故障现象	故障分析与维修方法
索尼 KV-K29MF1 型彩电	工作时，图像层次不清，彩色拖尾严重	该故障可能发生在视频放大末级及显像管电路。检修时，打开机盖，检查显像管加速极电压。用万用表测 CN701 的 1 脚（显像管加速极电压输入端）电压约为 120V，而正常值应为 1kV。检查 D 板（行输出部分）上 1kV 电压供给电路，发现 R804（1kΩ/1W）内部开路。更换 R804 后，故障排除
索尼 KV-K29MF1 型彩电	开机后消磁继电器不断发出“嗒、嗒”声，屏幕上有一条水平亮线闪现，遥控及手控全部失灵	故障可能出在 I2C 总线系统及被控电路。检修时，打开机盖，经检查发现，IC304 的 22 脚（SCL 端）串接的 R333（220Ω）两端压降约 0.1V（大于其他集成块隔离电阻的压降），判断故障就在此处。考虑到集成块损坏的概率较小，故检查该脚对地并接的 5V 稳压管 D015，发现其反向漏电。更换 D015 后，故障排除
索尼 KV-K29MF1 型彩电	开机后有伴音、无光栅	检修时，打开机盖，用万用表测电源，行、场扫描电路各主要点电压均正常；再测视频放大板各电压，发现 R、G、B 三色输入端电压很低；再检查相关图像显示合成电路 IC304（CXA1587S）。实测 IC304 的 2、3、4 脚电压正常，而 28、29、30 脚电压只 0.3V。检查外围电路、ABL 电路、IC304 的 31 脚（IK 输入脚）电压均正常，判定集成块 CXA1587S 内部损坏。更换 CXA1587S 后，故障排除
索尼 KV－K29MF1J 型彩电	开机后无光栅、无图像、无伴音，待机指示灯亮	故障出在行输出电路。检查行扫描电路，测行输出管 Q2591（2SC4927）的 b 极无-0.2V 电压，用示波器观察 b 极无行激励波形，测推动管 Q2502 的 b 极亦无波形。该信号由 IC304（CXA1587C）色度、行场扫描信号处理集成电路的 18 脚输出。测其 18 脚电压只有 1.6V，偏离正常值 2.9V。此集成电路由三组电源 VCC1（9V）、VCC2（9V）、VCC3（5V）供电，测 VCC1、VCC2 只有 4V，正常应为 9V。经进一步检查行扫描电路相关元件，发现电容 C110 内部不良。更换 C110 后，机器工作恢复正常
索尼 KV－K29MH11 型彩电	工作时，图像向右移出屏幕数厘米	怀疑问题出现在 H-SHIFT 锁定环节系统。该电路由 IC304（CXA1587S）及外围电路组成。用万用表测 IC304 相关引脚电压基本正常，但在用示波器测 8 脚平衡相位波形时，发现脉冲波形有跳跃迹象。检查 IC304 的 8 脚外围接有相位二极管 D57、电阻 R590、通道电容 C588，经检测 D57 内部损坏。更换 D57 后，机器工作恢复正常

续表

机型	故障现象	故障分析与维修方法
索尼 KV－K29MH11 型彩电	开机后无光栅、无图像、无伴音，电源指示灯亮	经检查，发现行输出管 Q2591（C4927）内部被击穿，过流检测电阻 R886（1.2Ω/3W）烧断，Q2591 和 R886 损坏。检查行逆程电容及行偏转线圈等均正常。更换新件，并在行输出级退耦电容 C846（33μF/160V）前串一只 100Ω/50W 陶瓷电阻。开机后测得该电阻上有约 30V 电压，此时有伴音但仍有“吱吱”声，约 20s 后能见到较稀疏且边缘不整齐的扫描线，怀疑行振荡率偏低。 经进一步检查，发现 IC304（CXA1587S）的 15 脚所接的行振荡晶体 CF581 内部损坏。更换 CF581 后，故障排除
索尼 KV－K29MH11 型彩电	开机后无光栅、无图像、无伴音，电源指示灯不亮	检查 F1 板（电源输入电路），发现熔丝管 F1690（4A/250V）被烧断，说明电源电路存在严重短路性故障。检查 F2 板，发现桥式整流管 D2600（D4SB60L）和集成块 IC2601 均已损坏。更换损坏元器件后，故障排除
索尼 KV-S29MH1 型彩电	工作时，主画面彩色异常，且不清晰	判断主画面调谐器内电路有问题。打开调谐器，用万用表测调谐器内的 IC1001、Q1002 两只高放管第二栅极电压仅 3V 左右，而正常值为 7V。仔细观察，发现 R1008 片状电阻内部烧坏。更换 R1008 后，故障排除
索尼 KV-S29MH1 型彩电	开机后无光栅、无图像、无伴音，电源指示灯不亮	应重点检查电源电路。检修时，打开机盖，用万用表测 Q601、Q602（2SC4834）两只电源开关管各脚在路电阻时，发现两管 e 极处有炸裂痕迹。焊下检测两管均损坏。再查 R606（0.11Ω/2W）限流电阻呈开路状态。更换 Q601、Q602、R606 后，故障排除
索尼 KV-S29MH1 型彩电	工作时，图像模糊，色调异常，黑白对比度弱，伴音正常	经检查小画面调谐正常，故判断主画面调谐器内电路有故障。测主画面调谐器内的 IC1001 各脚电压无异常，测 Q1001、Q1002 两只高放管第二栅级电压仅 3V 左右，而正常值为 7V。进一步仔细检查，发现片状电阻 R1008 内部开路。更换 R1008 后，机器工作恢复正常
索尼 KV-29MF11 型彩电	开机后无光栅、无图像、无伴音，待机指示灯亮，机器不能启动	应重点检查电源及待机控制电路。经检查发现，稳压二极管 D1502 内部被击穿。更换 D1502 后，故障排除

续表

机型	故障现象	故障分析与维修方法
索尼 KV-29MF11 型彩电	开机后无光栅、无图像、无伴音，机器不能启动	应重点检查待机控制电路。检修时，打开机盖，检查发现 Q602 内部不良。更换 Q602 后，机器工作恢复正常
索尼 KV-W32MH11 型 16:9宽屏彩电	工作时，屏幕上部有回扫线	故障可能出在场扫描输出系统，具体原因有：①场输出级 STV9379 的 2、3、5 脚和外围 D1557、C1556 组成的泵电源输出特性不良；②变焦垂直消隐脉冲形成电路工作异常，不能产生完整的变焦垂直消隐脉冲。经检查发现，D1557、C1556、C1556 内部失效。更换损坏元器件后，故障排除
索尼 KV-W32MH11 型 16:9宽屏彩电	机器工作时，屏幕上部有回扫线	检修时，打开机盖，用示波器观察变焦模式时 Q2501 的 e 极 ZOOM-Vp 波形，示波管上显示的类似第一种矩形波，也就是说Ⅱ级运算放大器的 1 脚无矩形脉冲输出或在传输中丢失。检查复合二极管 D2501 正、反向电阻值同为无穷大。更换 D2501 后，故障排除
索尼 KV-W32MH11 型 16:9宽屏彩电	开机后无光栅、无图像、无伴音，待机指示灯亮（一）	故障一般出在场输出电路。检修时，打开机盖，断开 STV9379 的 3 脚外接电阻 R1557，待机状态解除，屏幕中央显示一条横亮线。触摸场输出 STV9379 散热片，手感温升很高，判断 STV9379 内部存在过流短路。更换 STV9379 后，故障排除
索尼 KV-W32MH11 型 16:9宽屏彩电	开机后无光栅、无图像、无伴音，待机指示灯亮（二）	应重点检查待机控制电路。检修时，打开机盖，断开 IC652 的 1 脚回路电阻，机器进入正常工作。测 Q653 的 c 极电压为 0V，说明微处理器 IC003、Q653 工作正常。怀疑稳压器 IC652 内部损坏。经进一步检测发现，稳压器 IC652 内部不良。更换 IC652 后，故障排除
索尼 KV-W32MH11 型 16:9宽屏彩电	开机后无光栅、无图像、无伴音，待机指示灯亮（三）	应重点检查待机控制电路。检修时，打开机盖，用万用表测可控稳压器 IC2603 的 2 脚、IC2601 的 2 脚、IC4601 的 2 脚输出电压始均终为 0V，测其控制端（4 脚）电压只有 1.3V，正常时为 4.9V。经进一步检查发现，R059 内部阻值变大。更换 R059 后，故障排除
索尼 KV-W32MH11 型 16:9宽屏彩电	自动搜台时，信号不能存储，图像一闪而过（一）	应重点检查微处理器控制电路及调谐系统。检修时，打开机盖，在自动搜索过程中屏幕画面最清晰时用示波器监视同步分离管 Q101 的 b 极 VIDEO 信号幅度正常，但 c 极无复合同步脉冲 SYNC 输出。用万用表测 Q101 的 b 极、e 极直流电压正常，判定同步分离管 Q101 内部损坏。更换 Q101 后，自动存储功能恢复正常

续表

机型	故障现象	故障分析与维修方法
索尼 KV-W32MH11 型 16:9宽屏彩电	自动搜台时，信号不能存储，图像一闪而过（二）	应重点检查 I2C 总线控制系统及信号存储电路。检修时，按下遥控定时自动关机键（OFF TIMER）和音量减（VOL-）键，机器进入自检状态，面板电源指示管闪烁次数为 1，显然 IC002 或相关外围电路有问题。 打开机盖，用万用表测 IC002 的 8 脚电压+5V，5 脚和 6 脚电压分别为 4.8V、4.7V，均正常，说明存储器 IC002（E2PROM）内部失效。更换 IC002 后，对原存储的全部项目重新调整设置后，故障排除
索尼 KV-W32MH11 型 16:9宽屏彩电	开机后无光栅、无图像、无伴音，电源指示灯不亮（一）	应重点检查电源电路。检修时，打开机盖，用万用表测整流滤波 F1 板上电容 C1624 的正端电压为 0V，检查熔断器 F3601 良好，说明开关管 Q605、Q606 和整流桥 D1601 完好。测 D1601 的 2 脚电压为 300V。检查限流电阻 R1604，发现已开路。用大功率电阻更换 R1604 后开机，声光出现，但 R1604 温度极高。关机后，检查 Q1601、D1602 等相关元件，发现 D1601 内部不良。更换 R1604、D1601 后，故障排除
索尼 KV-W32MH11 型 16:9宽屏彩电	工作时，子画面无屏显功能	故障一般出在子画面屏显控制电路。检修时，打开机盖，用频率计测试 IC1305 的 6、7 脚时钟振荡器频率标准 6.25MHz，16 脚行扫描脉冲和 15 脚场扫描脉冲 5.0Vp-p，1、2、3 脚的三种数字信号波形全部正常，但 11 脚无字符脉冲信号输出。由于子画面图像正常，因此子画面视频 Y 信号通道和后续画中画 A/D 变换电路 IC1405 也不会有问题。经检测发现 IC1305 内部失效。更换屏显芯片 IC1305 后，机器工作恢复正常
索尼 KV-W32MH11 型 16:9宽屏彩电	工作时，字符在屏幕垂直方向的位置严重偏移，原应位于屏幕右上角的字符移到屏幕的右下部分；应位于屏幕下部的字符消失	故障可能出在行场脉冲电路。检查±15V 供电电路，发现+15V 供电电路的滤波电容 C562 内部发热，经检查发现其内部失效。进一步检查又发现，整流二极管 D527 反向电阻较小。更换 C562、D527 后，故障排除
索尼 KV-W32MH11 型 16:9宽屏彩电	开机后无光栅、无图像、无伴音，电源指示灯不亮（二）	应重点检查电源电路。检修时，打开机盖，用万用表测电源±22V 输出端电压始终为 0V，测 Q605 电压为 296V，说明整流滤波电路工作正常。断开 D611，在 IC601 的 15 脚加入+14V 直流电压，发现 IC601 的 6 脚锯齿波振荡器能正常起振。检查电源启动电路 R613、R1604、接插件 CN601，发现 R1604 内部不良。更换 R1604 后，故障排除

续表

机型	故障现象	故障分析与维修方法
索尼 KV-L34MF1 型彩电	开机后无光栅、无图像、无伴音，关机后有亮光	该故障可能发生在 X 射线保护电路。检修时，打开机盖，用万用表测主电压由 135V 迅速跌为 30V，说明保护电路起控而使整机处于待机状态。关机后检查 Q803 及外围相关元件，发现电阻 R884 内部开路。更换 R884 后，机器工作恢复正常
索尼 KV-L34MF1 型彩电	工作时，光栅正常，但图像伴音时有时无	应重点检查中放及高频调谐电路。检修时，打开机盖，用万用表测中放盒 AGC 电压不稳，怀疑中放盒有故障，但更换后故障依旧。再测高频调谐器调谐电压，发现也不稳，重新搜台，调谐电压只能在 0～18V 变化，测丽音解调器 IC1102（TDA8205）稳压管电压，也只有 18V 左右，挑开 IC1102 一端，电压上升到 30V，由此判定 IC1102 内部损坏。更换 IC1102 后，故障排除

四、三星新型彩电故障维修实例速查

机型	故障现象	故障分析与维修方法
三星 PS42Q7H 型等离子彩电	无图像、无伴音	检修时，打开机盖，检查高频头板，用正常的高频头板进行替换，故障依旧；检查 RF 信号插头，正常；检查电路板和附近各个连接件，发现主板上的连接件有些松动，把连接件插入牢固后，图像出现但无声。 再进入菜单显示，有关声音设定的三项内容（高音、低音、平衡）均已变成灰色显示，不能进行调整。于是检查中央扬声器输入设定情况，发现已被设为开启状态，把该项设定改为关闭后，声音恢复正常
三星 PS42Q7H 型等离子彩电	开机后，无图像，伴音正常	检修时，打开机盖，从主 SMPS 板拆除 CN809 电缆后，用万用表检测 Vs 与 Va 端电压不正常，再检查主 SMPS 板与 DC-DC SMPS 板是否有问题。若 Vs 与 Va 端电压正常，则重新连接 CN809 电缆并从 DC-DC SMPS 板拆除 CN1、CN2、CN4 和 CN6 电缆，检测 DC-DC SMPS 板的输出电压是否正常。若电压不正常，则说明故障出在 DC-DC SMPS 板上；若电压不正常，则说明故障可能出在 Y 主板、X 主板、逻辑板、Y 扫描板上。经检查发现，逻辑板内部损坏。更换逻辑板后，故障排除

续表

机型	故障现象	故障分析与维修方法
三星 SP43T6HP 型背投影彩电	指示灯闪烁，不开机	检修时，打开机盖，发现线路板上有漏液，用酒精清洗干净线路板，再用吹风机吹干。检查投影管，发现加液口橡胶阀向外鼓起到最大，分析漏液原因应该是内部压力过大。拆除橡胶阀，用针筒抽掉一部分液体（直到能把橡胶阀帽反过来刚好压下去，液体无外漏即可）。若三枪均有漏液，处理方法相同，同时拧紧四周螺钉。如果还出现漏液，需替换密封圈和橡胶阀。在清洗线路板时发现有几只元件引脚已被腐蚀，将其清洗后逐一补焊好，故障排除。
三星 SP43T6HP 型背投影彩电	整机无反应，不开机	检修时，打开机盖，开机后用万用表测量 CPU 供电有 5V 电压，按开机键后 CPU 输出电压正常，但整机无反应。后来检查电源的所有负载电路，发现行输出管 J6920 被击穿。更换 J6920 后，仍然不能开机。 检查行激励电压没有输出，检查 9V 供电电压没有。此 9V 供电由 IC801（278R09）产生，检查此电路输入脚与 IC807（KA78R12）输出端相连，其连线断路。经仔细检查发现，电路板上金属孔被腐蚀，导致 9V 电压不稳，行输出管也因激励失常而损坏。更换损坏元器件并用导线连好断路点后，故障排除
三星 CS-2551N 型彩电	开机黑屏，光栅异常，调高加速极电压后，黑屏变为有点偏红光栅，并可看到很淡的图像	判断 ABL 电路出问题。从高压包引脚找到 ABL 脚，再从 ABL 脚顺铜箔走线跟踪，测得 R419 为 1kΩ、R417 为 65kΩ、R418 开路。根据 R418 色环得出为 68kΩ，用功率大一点的 68kΩ 电阻替换，整机恢复正常。一个星期后又出现相同故障，再检查发现 R417 也开路，更换 R417 为 62 kΩ 电阻后，一切正常
三星 CS-2551N 型彩电	开机，指示灯亮后闪动，无法正常开机	检修时，打开机盖，开机后用万用表测+B 端 130V 电压实为 160V，其他三组电源 6. 5V、14. 5V、15V 电压都在波动。重点检查开关电源稳压部分。先换基准 IC TL431 无效，再换光电耦合器也无效，再检查稳压取样电阻。其中，拆下 R815 五色环电阻，根据其色环，阻值应为 127kΩ，但实测为 320kΩ。用 100kΩ+27kΩ 功率较大电阻换上，开机后+B 端 130V 电压稳定正常。更换 R815 电阻后，故障排除
三星 S51A 机芯 29 英寸彩电	图像模糊，散焦	该故障可能发生在显像管电路、场输出电路等相关部位。检修时，打开机盖，换三个管座后故障依旧。焊开场偏转线圈，开机后，用万用表测量场偏转线圈输出端子有固定的直流电压输出。检查 TDA8843 场信号输出 46、47 脚电压分别为 0V 和 2. 4V，异常。进一步检查，发现 TDA8843 的 46 脚内部对地短路。更换 TDA8843 后，故障排除

续表

机型	故障现象	故障分析与维修方法
三星 CS-6230Z 型彩电	开机后无光栅、无图像、无伴音，电源指示灯不亮（一）	检修时，打开机盖，检查电源保险丝烧断，开关管 Q801 被击穿。更换 Q801 后，用调压器降压供电，电压从 110V 升到 220V 时，电路仍不启动，检查启动和正反馈电路，未见异常。当电压升到 210V 时，只听到“啪”的一声，保险丝熔断。用万用表检查 Q801 再次被击穿。关机后，测开关电路对地参数，发现 IC801 的 14、15 脚对地电阻偏低，正向 6kΩ，反向 5kΩ，且两脚对地电阻相等。测 14、15 脚之间的电阻为 0Ω，判定 IC801 内部被击穿。更换 IC801、Q801 后，故障排除
三星 CS-6230Z 型彩电	开机后无光栅、无图像、无伴音，电源指示灯不亮（二）	检修时，打开机盖，检查保险丝 F801 完好，用万用表测待机状态时无电压输出。Q801 的 c 极有 300V 电压，测三个输出端对地电阻正常。检查启动电路，发现 D808 两端电压仅为 3.8V。检查 R800、R806 阻值正常，判定 D808 内部损坏。更换 D808 后，故障排除
三星 CS-6230Z 型彩电	开机后无光栅、无图像、无伴音，待机指示灯亮	应重点检查电源及负载电路。检修时，打开机盖，检查 F801 完好，检查待机状态正常。用万用表测微处理器 RIC01 的 5V 电源正常，RIC01 的 10 脚电压为 5V 也正常。再测 Q806 的 c 极电压为 12V，判断问题出在行振荡电路，进一步检测发现行扫描集成块 IC501 相关引脚电压异常，检查外围元件无损坏，判定 IC501 内部不良。更换 IC501 后，故障排除

五、LG 新型彩电故障维修实例速查

机型	故障现象	故障分析与维修方法
LG MP00DA 机芯背投影彩电	屏幕的下半部图像正常，上半部无光，靠近屏幕中央的图像压缩	该故障可能发生在场扫描电路等相关部位。检修时，打开机盖，用示波器测量 IC1401（LA7846）的 5、6 脚（VD+、VD-端）的信号波形，发现 5 脚信号波形为正常的锯齿波形，而 6 脚信号波形严重失真，说明故障是由 VD-端信号波形失真引起的。 继续用示波器检查 IC501（VDP3130Y）的 30 脚输出的 VD 波形，为正常的锯齿波，说明故障在 IC501 的 30 脚和 IC1401 的 6 脚的连接线路上。再用示波器测量 Q501 的 b、e 极的信号波形，发现 b 极的信号波形为正常的锯齿波，而 e 极输出失真波形。用万用表测量 Q501（2SA1266），发现 e-c 结被击穿。更换 Q501 后，故障排除

续表

机型	故障现象	故障分析与维修方法
LG MP00DA 机芯背投影彩电	画面出现严重的枕形失真	判断故障在会聚信号驱动电路上。用万用表测量 IC2001、IC2002（STK392-120）的 4、12、5、10 脚工作电压，发现 4、12 脚电压为-26V 正常，而 5、10 脚电压由正常的 26V 变为 0V，说明故障是由 26V 供电线路故障引起的。检查 26V 供电线路，发现 R2069（0.47Ω/2W）内部开路，C2064（0.1μF）内部被击穿。更换 R2069、C2064 后，故障排除
LG MP00DA 机芯背投影彩电	开机后，红色指示灯亮一下即熄灭，无光栅、无伴音	检修时，打开机盖，为了区分故障部位，用万用表检查行输出电路的相关元器件 Q403（2SC5446）和阻尼二极管 D428、D427，高压控制产生电路的 Q416（2SD1887）、Q433（K2518）、D415（RGP15J）、D414 和 D426 等元件，发现 Q433、D415 均被击穿短路。更换 Q433 和 D415 后，故障排除
LG MP00DA 机芯背投影彩电	能正常开机和显示图像，但当画面由暗变亮时，出现保护关机	检修时，打开机盖，检查过流保护线路，用万用表测量过流保护电路的电流取样电阻 R415（0.47Ω/2W），发现其阻值变为 1.3Ω。更换 R415 后，故障排除

第二章

数码相机、摄录像机、打印机故障维修实例速查

第一节　数码相机故障维修实例速查

一、佳能数码相机故障维修实例速查

1. 佳能 A60 /70/85 型数码相机

机型	故障现象	故障分析与维修方法
佳能 A60 型数码相机	拍摄时正常，但向电脑传输照片时，LCD 显示屏突然出现错误提示，无法正常使用	此故障可能是由数码相机内部程序（固件）问题引起的。首先从佳能相机官方网站上下载固件数据文件和更新执行程序，然后将数码相机与电脑连接好并打开电源开关，运行固件更新执行程序。根据提示选择连接通信端口，输入数据文件后，开始刷新内部控制程序，在提示完成后，关闭数码相机。接着打开数码相机电源开关，传输照片，工作正常，故障排除
佳能 A60 型数码相机	变焦镜头的光阑叶片被油污沾染	光阑叶片被油污沾染是常见的故障之一。通常变焦镜头的光学结构是：后镜组位于光阑后方，而两个变焦组位于光阑前方，光阑是静止的。在有的照相机结构中，光阑是移动镜组的一部分，要清除油污，就要拆卸光阑叶片，才能取出整个镜组，操作时一定要十分小心
佳能 A60 型数码相机	变焦机构的运动有明显的自由滑移	如果变焦机构的运动相当平滑且无明显的自行滑移，只是感觉不太均匀，则不必对它进行修复，因为一般人想要对此进行改善是不太可能的，相反只会使情况变得更糟糕。早期的一些变焦镜头带有可调节的摩擦垫，但调整的结果往往导致变焦运动变得不平滑。但是，如果感觉到机构中有沙粒或是有明显的自动滑移，通过仔细的清洁、重新添加润滑油脂、拧紧固定螺钉或调换滚筒及滑块可以解决问题。 彻底清洁机构的工作量非常大，要卸下所有的运动部件、清除原有的油脂（这是去除沙粒的唯一途径），然后重新添加润滑油脂，进行安装并调试

续表

机型	故障现象	故障分析与维修方法
佳能 A60 型数码相机	变焦镜头晃动过多	绝大多数变焦镜头都有不同程度的晃动。可抓住镜头，前后拉伸并旋转，进行测试。同时，镜头也要能有些滑移。镜头的少量晃动是允许的，如果滑移或晃动过多，则是不正常的。质量越高的镜头，晃动越小。如果不能确定晃动是否属于正常范围，那么只能将镜头边使用边观察一段时间。如镜头内有螺钉松动，注意及时修理，否则螺钉脱落，会将运动机构卡住
佳能 A60 型数码相机	变焦镜头外力损伤	变焦镜头受外力的损害，容易导致变焦镜筒扭曲、塑料滑块断裂或螺旋槽凹陷。如果发现变焦机构过紧或被卡住，很可能就是前部受力使螺旋槽被挤压。如情况不严重，可予以修复。取下外卡环和镜筒，卸下一个塑料滑块，然后将它沿槽滑动，这样很快就能找到螺旋槽的变形部位。再用一根塑料楔插入该部分槽中进行矫正，矫正过程中要随时进行调试、检查。注意，不要使用金属棒或其他尖锐的物体，以免损坏槽内的滑动表面。如槽口被扩展过宽，则变焦机构可能在其他部位被卡住。 塑料滑块及滚柱会因受力而断裂。测试方法是：抓住镜头进行前后推拉，若有过量滑移（1mm 以上），则可能是滚柱或滑块折断。此外，变焦机构内的断裂料屑也会限制变焦，因此必须彻底清除。更换折断滚柱并不困难。金属滚柱被撞击后，可能会嵌入螺旋槽壁，使变焦过程在某一点变得明显不均匀，也有可能卡住变焦机构。凸起周围的不平处可用锉刀修磨，但对凸起本身不必进行处理，因为运动中有些小小的不均匀并无大碍，修磨后必须清除所有的碎屑。如果变焦镜筒的任何一部分被损坏，可更换镜筒
佳能 A60 型数码相机	变焦镜头螺钉松动	变焦镜头的另一个常见故障是螺钉松动，使镜头晃动，不能移动。如果转动对焦环及变焦环没有任何效果，可取下橡胶套圈，在环的周围有些固定螺钉，将它们拧紧即可。 螺钉经常松动的另一个部位在镜头基部。许多镜头在镜筒的两部分交接处可调，通常椭圆孔用于调整总的对焦距离。如果这些调节螺钉松动，会导致镜头晃动或相片离焦。解决办法是：松开套筒上的三四颗普通紧固螺钉，取下套筒。在大多数设计中，松动的螺钉即位于套筒下，两部分镜筒之间可能还有些垫圈。重新装配这两部分，并拧紧螺钉即可
佳能 A60 型数码相机	变焦镜头螺纹磨损	变焦镜头的螺纹螺距很深，剖面成方形或梯形。螺纹是许多对焦机构的重要组成部分，读者可以找一个旧镜头，拆开后清洁其螺纹，并用放大镜仔细检查，然后重新组装好。分离螺纹前必须做好记号，装配时将该标记作为螺纹的起始

续表

机型	故障现象	故障分析与维修方法
佳能 A70 型数码相机	相机开机，但是屏幕不显示	第二块主板坏。更换第二块主板后，故障排除
佳能 A70、A75 型数码相机	相机黑屏	一般有两个可能：一个是快门没打开，一个是 CCD 坏。最简单是办法是开机后看一下光圈打开没有。如果看不清，可以变焦放大光圈，就可以判断是什么坏了。光圈要是打开了，那就是 CCD 坏了。反之，没打开就是光圈坏了。更换损坏的元件后，故障排除
佳能 A70 型数码相机	花屏，黑屏有菜单和文字显示，回看照片正常	判断 CCD 不良。更换 CCD 后，故障排除
佳能 A70 型数码相机	室内拍摄正常，室外曝光过度	光圈组件损坏或排线坏。更换损坏元件后，故障排除
佳能 A70 型数码相机	相机操作一切正常，但取景和拍摄照片全黑	对着镜头看在快门按钮按下的一瞬间快门是否关闭后又打开。如果快门开合正常，一般为 CCD 或主板问题。如果快门无动作，则为快门故障。经检查发现快门一直闭合无法打开。更换或维修快门后，故障排除
佳能 A70 型数码相机	相机开机后出现异响，镜头无法伸出或无法缩回，液晶屏上显示错误提示	一般相机被摔过后容易出现该故障。故障原因在于镜头内部机械部分卡住。拆开相机检查镜头内部。此类故障的严重程度可轻可重：轻则镜头的滑轨错位，拆下装好就行了；重则摔坏了相机内部的齿轮等重要部件，相机可能就报废了
佳能 A70 型数码相机	不开机	如果装上电池后开机一点反应也没有，一般是主板问题。首先检查主板上的电源电路，检查到故障后对应解决。电池触点脱焊和开机键损坏同样会造成此故障。经过上述故障点处理后，故障排除
佳能 A70 型数码相机	无法对焦，拍摄的照片全部是模糊的	故障原因有：对焦组件出现故障；对焦电机排线断；镜头摔过磕过，使里面的镜片移位。检查到故障点后对应解决。如果镜片移位，可矫正后用 502 胶粘好
佳能 A70 型数码相机	闪光灯损坏	如果闪光灯使用得不多，本身一般不会坏。应重点检查主板上的相应电路。检查闪光灯振荡电路、闪光电容和触发电路。故障原因一般是元件脱焊和某些元件（三极管等）烧坏。 把怀疑脱焊的元件重新焊接一遍。检查和更换损坏元件后，故障排除

续表

机型	故障现象	故障分析与维修方法
佳能 A70 型数码相机	某个或某几个按键失灵	用万用表检查按键有无损坏，要求按键接触良好且无漏电。有时候一个按键受潮漏电可导致几个按键甚至整个相机失灵。如果按键无问题，则检查主板、排线、插座等。 对于按键受潮或损坏，可用无水酒精擦洗，然后用吹风机吹干并安装好即可。若是主板出问题需仔细检查妥善解决
佳能 A70 型数码相机	开机后出现“E18”错误报警，无法拍照	据了解该相机在出现故障前被摔过。此故障可能是由变焦镜头问题引起的。拆开数码相机外壳，拆下镜头组件仔细检查，发现变焦齿轮变形错位。将错位的齿轮重新对正组装好后，开机测试，故障排除
佳能 A85 型数码相机	照片底色泛紫色，模糊不清	判断 CCD 损坏。更换 CCD 后，故障排除
佳能 A85 型数码相机	不开机，没有任何反应	一般判断是电源板损坏。更换电源板后，故障排除
佳能 A85 型数码相机	照片底色泛紫色，模糊不清	一般是 CCD 损坏。更换 CCD 后，故障排除
佳能 A95 型数码相机	从 LCD 上看所取景象正常，但是照出来后照片发白，放大后照片上面有横条	一般内置镜头不断快门线，就是叶片被油粘住了。其中油是从电机泄漏出来的，用酒精清洗叶片即可。清洗叶片时要特别小心，叶片很容易变形，一旦变形很难复原。外置伸缩镜头中的故障一般都是快门线断，由于伸缩频率太高。更换快门线即可。外置伸缩镜头也有叶片被油粘住的，处理方法同内置镜头

2. 佳能 A610/620/400 型数码相机

机型	故障现象	故障分析与维修方法
佳能 A610 型数码相机	花屏，黑屏有菜单和文字显示，回看照片正常，CCD 不良	判断 CCD 损坏。更换 CCD 后，故障排除
佳能 A610 型数码相机	从 LCD 上看所取景像正常，但是照出来后照片发白，放大后照片上有横条	一般内置镜头不断快门线，是叶片被油粘住了。其中油从电机泄漏出来的，用酒精清洗叶片即可。清洗叶片时要特别小心，叶片很容易变形，一旦变形很难复原。外置伸缩镜头一般都是快门线断，由于伸缩频率太高，更换快门线即可。外置伸缩镜头也有叶片被油粘住的，处理方法同内置镜头

续表

机型	故障现象	故障分析与维修方法
佳能 A610 型数码相机	能拍照，但无法回放	耗电极大，充满电的电池拍摄十几张照片后就提示电力不足，电池和相机发热厉害。主板短路。更换主板后，故障排除
佳能 A610、A620 型数码相机	高压保护液晶屏显示图像扭曲、偏色、模糊、混乱、拍照和摄像都是如此，甚至黑屏	使用时间长了以后 CCD 内部引线脱焊导致故障。更换 CCD，也可以把损坏的 CCD 上的玻璃封装拆下来，对引线重新焊接后再封回去。经上述处理后，故障排除
佳能 A620 型数码相机	取景显示屏黑屏或花屏，拍照或录像后回放跟取景时一样	此类故障多发生早期 A 系列及 IXUS 系列机型上，一般是传感器（CCD）出现异常。维修或更换 CCD 后，故障排除
佳能 A620 型数码相机	开机时指示灯亮，镜头却无法伸出并发出异响	判断镜头变焦组件损坏。更换镜头变焦组件后，故障排除
佳能 A620 型数码相机	在室内拍摄成像有横条纹，室外拍摄画面发白（曝光过度），拍摄（录像）动作正常	判断镜头快门组件坏。更换镜头快门组后件后，故障排除
佳能 A400 型数码相机	在拍照时突然自动关机	首先应该想到的是电池电力不足。可在更换电池后，数码相机仍然无法启动。此时感到数码相机比较热，由此判断是连续使用相机时间过长，造成相机过热。将其关机停用一段时间后，故障排除
佳能 A400 型数码相机	显示“E18”字符	涉及镜头单元或镜头挡板的错误，实际上有可能是镜头内的一颗螺钉脱落了。使用专用的工具，重新把它拧上后，故障排除

3. 佳能 300d/1000d 型数码相机

机型	故障现象	故障分析与维修方法
佳能 300d 型数码相机	工作时，不对焦（或者叫焦点漂移）	这是佳能 300d 相机最常见的一个故障。如果遇到这种情况，先检查镜头是否是完好的，再检查主反光板和副反光板的定位是否正确，副反光板定位杆是否断裂，对焦传感器是否正常（是否有人拆卸过，位置是否正常），对焦驱动电路是否损坏。根据具体情况相应排除故障，机器即可恢复正常

续表

机型	故障现象	故障分析与维修方法
佳能 300d 型数码相机	一切操作功能正常，但拍摄的照片只有上半部分正常，下半部分都是黑影	此故障可能是由 CCD 影像传感器损坏、反光板故障或副反光板故障引起的。首先打开数码相机的后盖，然后观察拍摄动作，发现数码相机工作时，快门帘的开启功能正常，但反光板组件有故障。位于主板光板下方的副反光板在数码相机拍照时没有收起，仍然展开，与水平位置成 45°，刚好挡住了焦平面上半部的进光，造成拍摄的照片下半部不正常。更换副反光板后，故障排除
佳能 300d 型数码相机	不对焦（或者叫焦点漂移）	先检查镜头是否正常，再检查主反光板和副反光板的定位是否正确、副反光板定位杆是否断裂、对焦传感器是否正常（是否有人拆卸过，位置是否正常）、对焦驱动电路是否正常。根据具体情况相应排除故障，机器工作恢复正常
佳能 300d 型数码相机	相机显示“ERR99”	取出电池重新安装，如果使用非佳能的镜头或者相机或镜头操作不正确，也可能发生这个错误。相机快门部分异常、主板故障均可能导致此报错。根据具体情况相应排除故障，机器工作恢复正常
佳能 300d 型数码相机	相机显示“ERR05”	内置闪光灯的自动弹起操作受到阻碍
佳能 300d 型数码相机	相机显示“ERR04”	CF 卡已满，删除 CF 卡中不需要的图像或更换该卡
佳能 300d 型数码相机	相机显示“ERR01”	镜头与相机之间通信失败，试着清洁镜头触点。或取出并重新插入 CF 卡；格式化 CF 卡；使用其他 CF 卡
佳能 300d 型数码相机	模式盘乱跳或失灵	模式盘内部接触故障或模式盘组件变形，断裂
佳能 300d 型数码相机	在室内成像时有条纹，室外成像时画面发白，录像正常	判断镜头变焦组件损坏。更换镜头变焦组件后，故障排除
佳能 300d 型数码相机	取景模糊，无法正确对焦	对焦组件坏或相机传感器发生偏移。经专业调整后，故障排除
佳能 300d 型数码相机	不能照相	能显示菜单说明电源部分及大部分电路是正常的，液晶显示等也正常，应重点检查镜头部分。经检查发现镜头排线断裂。更换排线，故障排除
佳能 300d 型数码相机	拍摄时使用闪光灯（特别是晚上）图片出现白点或白圈	闪光灯的光线令空气中的灰尘或昆虫反光，使用广角时最明显，属正常现象

续表

机型	故障现象	故障分析与维修方法
佳能 300d 型数码相机	使用了最高分辨率，光线也很好，但拍摄出来的照片却模糊不清	这种现象通常是由在按快门释放键时照相机抖动而造成的，处理方法是：①在拍摄照片时一定要拿稳相机，建议最好使用三角架，或者将相机放到桌子、柜台或固定的物体上。②将自动聚焦框定位于拍照物上或使用聚焦锁定机能。③镜头有脏污会造成相机取景困难，从而使拍摄出的图像模糊，用专用的清洁镜头用纸清洁镜头。④在选择标准模式时，拍照物短于距离镜头的最小有效距离（0.6m），或者在选择近拍模式时，拍照物远于最小有效距离。⑤在自拍模式下，站在照相机的正面按快门释放键，应看着取景器按快门释放键，不要站在照相机前按快门释放键。⑥在不正确的聚焦范围内使用快速聚焦功能，视距离使用正确的快速聚焦键
佳能 300d 型数码相机	使用的 CF 卡无法插入或插入 CF 卡无法开机	卡槽针角变形或卡槽板坏。检修或更换后，故障排除
佳能 300d 型数码相机	在相同的光线亮度环境下拍摄，最终成像的四角出现明暗不一的现象	暗角现象与镜筒组件的位置结构有一定的关系，相机中的镜头光轴与 CCD 中心相对应，这样的结构使 CCD 四周的光量与中心相比虽然暗一点，可是并没有明显的暗角。如果 CCD 往镜筒左上角偏移，越靠近镜筒边缘入射光量就变得越少，于是暗角现象会慢慢凸现；直到 CCD 左上角完全没有了光线入射，此时暗角就会比较明显。 处理方法是：①在拍摄照片时将相机设置为光圈优先模式；②先使用最小光圈拍摄蓝天，接着一档一档开大光圈进行拍摄；③在电脑中应该使用看图软件浏览照片，检查周围是否有明显差异；④如果出现的暗角比较明显，应该送维修站纠正 CCD 与镜筒口径位置，或更换镜筒组件
佳能 300d 型数码相机	液晶显示器加电后能正常显示当前状态和功能设定，但是不能正常显示图像，而且画面有明显瑕疵或出现黑屏现象	这种现象多数是由 CCD 图像传感器存在缺陷或损坏导致的。更换 CCD 图像传感器后，故障排除

续表

机型	故障现象	故障分析与维修方法
佳能 1000d 型数码相机	在拍照时突然自动关机	如果数码相机突然自动关闭，首先应该想到的是电池电力不足。因为数码相机比较耗电，由于电池电力不足而自动关机的现象经常出现。可在更换电池后，数码相机仍然无法启动。 此时感到数码相机比较热，由此判断连续使用相机时间过长，造成相机过热而自动关机。停止使用，使其冷却后再使用即可排除故障
佳能 1000d 型数码相机	没有使用电池进行连接，使用的是外接电源，在使用时不小心碰掉了外接电源的插头，当再次开机使用时，发现相机中的SIM 卡既无法删除旧照片，又无法再保存新照片	可能是由于 SIM 卡正在使用时突然断电导致写入数据错误或存储卡数据系统紊乱，从而导致无法删除和保存照片。只要使用读卡器重新格式化 SIM 卡后即可解决该故障。 在使用数码相机的过程中，注意不要让数码相机突然掉电，这样会导致写入数据错误或存储卡中数据的紊乱，从而无法删除或保存图片
佳能 1000d 型数码相机	拍摄的景物与 LCD 监视器里显示的景物有位移	因为所有的照片在拍摄时都会有停滞的现象，也就是指在按动快门后到能够实际拍摄出景物之间有一定的延时，此时如果景物有变化或拍摄者的手抖动，就会造成这种故障的发生。可使用三角架或更换为停滞时间短的数码相机来解决该问题。数码相机在电量不足的情况下也有可能导致这种故障的发生，此昆就要及时充电或使用备用电池
佳能 1000d 型数码相机	拍摄时使用闪光灯（特别是晚上），图片出现白点或白圈	闪光灯的光线令空气中的灰尘或昆虫反光，使用广角时最明显，属正常现象
佳能 1000d 型数码相机	显示菜单，无图像	能显示菜单说明电源部分及大部分电路是正常的，液晶显示等也正常，应重点检查镜头部分。经检查发现镜头排线断裂。更换排线后，故障排除
佳能 1000d 型数码相机	近距拍摄效果不好	在拍摄照片时，如果物体离数码相机太近，超出了焦距对焦范围，那么拍摄出来的照片的最终效果就不会太清晰。如果数码相机有微距拍摄功能，只要激活其功能并在相机允许的近距离范围内拍摄相片即可得到较好的效果。因为现在市场上流行的多数数码相机都具有微距拍摄的功能，所以用微距拍摄即可

续表

机型	故障现象	故障分析与维修方法
佳能 1000d 型数码相机	在夜间拍摄照片时，必须利用内置闪光灯才能进行拍摄，但只能拍摄到人物，背后夜景在相片上消失了	利用内置闪光灯拍摄时，快门只会自动调得较高，曝光时间不够，因此背后光线较弱的夜景，就不能被很好地拍摄在相片中。处理方法是：①将相机安装在三角架上，再利用 TV 快门功能，调校快门至较慢速度，如 1~2s 等，长时间曝光使被拍人物背后的夜景重现。不过在曝光中途被拍的人物绝不能动，否则会变得模糊不清。②利用数码相机的光灯模式，在闪光灯拍摄后，继续曝光一点时间，使背景的微弱光线都能拍摄下来，这样便可保证被拍人物及背后夜景都能清晰地显现于相片中。如果发现背景仍有模糊情况，可能仍要将相机安装在三角架上拍摄
佳能 1000d 型数码相机	在拍照时，突然出现了按快门释放键时不能拍照的现象	引起故障的原因有可能是 Smart Media 卡存储已满，也有可能是正在拍照时或正在写入 Smart Media 卡时电池电量耗尽。处理方法：①如果是 Smait Media 卡存储已满导致的故障，应该更换 Smart Media 卡，也可以删掉不要的照片或将全部相片资料传送至个人电脑后删掉即可。②如果是正在拍照时或正在写入 Smart Media 卡时电池电量耗尽导致的故障，此时可以更换电池并重新拍照即可。 值得注意的是，刚拍的照片正在被写入 Smart Media 卡时，应该放开快门释放键，等到绿色指示灯停止闪烁，并且液晶显示屏显示消失后再使用
佳能 1000d 型数码相机	无法识别其存储卡	这种现象通常是由存储卡芯片损坏或者是使用了与数码相机不相容的存储卡导致的，更换存储卡即可
佳能 1000d 型数码相机	拍摄的照片有较为明显的漏光痕迹，而且色彩渐变，出现偏色现象	由于现在数码相机过于追求小型功能化，闪光灯与镜头组件部分的距离相比以前有所缩短，加上闪光灯与镜头组件各自在组装时虽然在厂商的规格范围内，但仍然有不太严谨的情况发生。闪光灯中镁灯管发出的高亮光线透过镜头组件中的孔隙，映射到 CCD 表面破坏了色彩还原时的 RGB 三原色成分，导致最后拍摄的照片出现偏色现象。 处理方法是：①在拍摄照片时应设置相机为最高 ISO 感光度模式。②要开启强制发光功能。③盖严镜头盖，确保镜头没有任何光线入射。④分别运用光学变焦使相机在长焦、广角和中端拍摄照片。⑤通过 LCD 观察有无明显的漏光偏色现象。⑥如果在 LCD 中观察没有异样，可以把刚刚拍摄的照片导入电脑中的 Photoshop 图像处理软件，直接按 Ctrl+L 键调出色阶对话框，在对话框中拉动右边的白色箭头到有图像信息的位置，就可看见最终图像的偏色效果。⑦检查出偏色现象以后，应该将数码相机送维修站校正闪光灯

二、三星数码相机故障维修实例速查

1. 三星 I5/I6/ i50/ i85 型数码相机故障维修实例速查

机型	故障现象	故障分析与维修方法
三星 I5/I6 型数码相机	从 LCD 上看相正常，但是照出来发白，放大后照片上有横条	一般内置镜头快门线不会断，是叶片被油粘住了，油从电机泄漏出来，用酒精清洗叶片即可。清洗叶片时，要特别小心，叶片很容易变形，一旦变形很难复原。外置伸缩镜头一般都是快门线断，因为伸缩频率太高，更换快门线即可。外置伸缩镜头也有叶片被油粘住的，处理方法同内置镜头
三星 Dig Imax i50 型数码相机	USB 连接发生故障，请检查 USB 驱动程序安装不正确	请检查并正确安装 USB 驱动程序
三星 Dig Imax i50 型数码相机	USB 连接发生故障，请检查 USB 线缆未接通或规格不匹配	使用正确规格的 USB 线缆
三星 Dig Imax i50 型数码相机	USB 连接发生故障，请检查电脑将 USB 当成其他设备或未知设备	照相机在设备管理器中显示为“未知设备”。正确安装相机驱动程序。关闭相机电源，拔掉 USB 线缆，重新连接 USB 线缆，打开相机电源，电脑可正确识别相机
三星 Dig Imax i50 型数码相机	文件传输过程中出现错误	关闭相机电源再打开，然后再重新传输文件
三星 Dig Imax i50 型数码相机	如何知道电脑是否支持 USB	具体方法是：①确认电脑或键盘上的 USB 接口。 ②确认操作系统版本，如 Windows 98、Windows 98 SE、Windows 2000、Windows ME、Windows XP，均支持 USB 界面。 ③检查设备管理器中的通用串行总线控制器。按下列步骤检查：对于 Windows 98 和 Windows ME，搜索“开始”→“设置”→“控制面板”→“系统”→“设备管理器”→“通用串行总线控制器”；对于 Windows 2000 和 Windows XP，搜索“开始”→“设置”→“控制面板”→“系统”→“硬件”→“设备管理器”→“通用串行总线控制器”。在“通用串行总线控制器”下应有“USB host controller”和“USB root hub”选项。 ④当具备以上条件时，电脑可支持 USB。
三星 Dig Imax i50 型数码相机	使用 USB HUB 时不连接	若 PC 和 HUB 不兼容，那么当通过 USB HUB 将相机与 PC 连接时会出现问题。此时，可将相机用数据线直接与 PC 连接

续表

机型	故障现象	故障分析与维修方法
三星 Dig Imax i50 型数码相机	电脑是否与其他设备的 USB 线缆连接	当电脑与其他设备的 USB 线缆连接时，相机有可能不被正常识别。此时，拔掉其他 USB 线缆，只保留相机的 USB 线缆即可
三星 Dig Imax i50 型数码相机	当打开设备管理器（点击开始→设置→控制面板→性能与维护→系统→硬件→设备管理器）时，出现一些带有黄色问号或感叹号，标志为“未知设备”或“其他设备”项	①在带有问号或感叹号标志上，点击鼠标右键，并选择“删除”，重新启动电脑，并再次与相机连接。在 Windows 98 操作系统中，应删除相机驱动程序，并重新启动电脑，然后重新安装相机驱动程序。 ②双击带有问号或感叹号的条目，点击“驱动程序”项，然后点击“更新驱动程序”或“重新安装驱动程序”。如果出现一条信息，要求指定该设备的相应驱动程序，请指定驱动光盘中的“USB driver”
三星 Dig Imax i50 型数码相机	在有的安全程序中，电脑不能把相机识别为可移动磁盘	停止安全程序后，连接相机和电脑，停止安全程序的方法参考说明书中的安全程序指南
三星 Dig Imax i50 型数码相机	动态影像在电脑上不能播放	通常都是电脑中没有视频编码解码器或冲突导致的，重新安装视频编码解码器即可
三星 i85 型数码相机	插入充电器后，充电器指示灯红色黄色交替闪烁（正常时红色灯常亮），不能充电	一般是由电池仓内的电池触脚不良引起的不充电故障。修理方法是：插入充电器后首先亮了一下红色的灯，然后红色黄色灯交替闪烁，正常时红色灯常亮才是充电状态。首先将充电器和电池放在另一台相机上测试可以充电，排除了电池和充电器不良。根据维修经验，一般相机不充电是电源板引起的，因此更换电源板，但故障依旧。然后用手按住电池测试，发现红灯常亮，于是用带钩的镊子把几个电池触脚向外拉伸了一点，又顺便把电池触脚及电池仓都清洁了一下，反复测试后确认可以正常充电，恢复正常，故障排除

2. 三星 NV10/350SE/ S500/ S800 型数码相机

机型	故障现象	故障分析与维修方法
三星 NV10 型数码相机	拍照成像有条纹、曝光过度	一般由主板不良引起成像条纹、泛白。根据经验，成像出现条纹、曝光过度是由镜筒不良引起的。更换镜筒和主板后，拍照测试，只是对焦不良（未做升级和相面调整），成像并没有出现条纹。将相机升级然后调整相面，经过拍照测试后，故障排除

续表

机型	故障现象	故障分析与维修方法
三星 S500 型数码相机	开机后镜头不出 3~5 秒后报警，然后自动关机断电，镜头不回	镜头内部灰尘过多导致开机时镜头复位时各个镜筒受阻不能复位而报警。修理方法是：将镜头拆开用吹尘球吹掉灰尘，用药棉蘸酒精擦拭各个镜筒内部和滑道，最后给镜筒内部滑道上油即可
三星 S500 型数码相机	照片上布满横纹，曝光过度，摄像正常	快门损坏，一直打开而不能闭合；或是快门排线坏。检修或更换相应配件即可
三星 S500 型数码相机	室内拍摄正常，室外曝光过度	判断光圈组件损坏或排线坏。检修或更换相应配件即可
三星 S500 型数码相机	操作一切正常，但取景和拍摄照片全黑高温（主传感器坏）	对着镜头看在快门按钮按下一瞬间快门是否关闭后又打开。如果快门开合正常，一般为 CCD 或主板问题。如果快门无动作，则为快门故障，快门一直闭合无法打开。更换或维修相应部件或主传感器后，故障排除
三星 S500 型数码相机（适合其他型）	在室内拍摄成像时有横条纹，室外拍摄时画面发白（曝光过度），摄像正常	这类故障在三星 S 系列和 i 系列中都很普遍，一般是传感器（CCD）出现异常。检修或更换 CCD 后，故障排除
三星 S500 型数码相机	取景显示屏是花屏或黑屏，拍照或录像后回放跟取景时一样	传感器（CCD）出现异常。检修或更换 CCD 后，故障排除
三星 S500 型数码相机	取景白屏，拍摄及其他功能正常	LCD 损坏或按键板故障。检修或更换相应配件后，故障排除
三星 350SE 型数码相机	在山上拍照时不小心掉在地上，相机壳已摔坏，相机开机后无任何反应	用万用表检查发现主板各路电压均无，互感滤波器 CMP1 不通，有断裂痕迹。此电源互感滤波器的作用是在使用外接电源时可防止机器内外的高频信号相互干扰，机内的电池也要通过它供电。更换损坏元件后，故障排除
三星 350SE 型数码相机	在室外拍摄画面发白，录像正常	镜头快门组件坏。检修或更换相应配件后，故障排除
三星 350SE 型数码相机	启动电源后镜头盖打开，其他无反应	判断主板出故障。检修或更换主板后，故障排除
三星 350SE 型数码相机	取景白屏，成像及其他功能正常	判断 LCD 损坏或按键板有故障，检修或更换相应配件后，故障排除
三星 350SE 型数码相机	液晶显示器显示图像时有明显瑕疵或出现黑屏	加电后液晶显示器能正常显示当前状态和功能设定，但不能正常显示图像，画面有明显瑕疵或出现黑屏。出现这种情况，多数是由 CCD 图像传感器存在缺陷或损坏所致。此时应更换 CCD 图像传感器

续表

机型	故障现象	故障分析与维修方法
三星 350SE 型数码相机	电脑不能正常下载照片	判断电脑连接线有故障。依照相机接口不同，电脑连线方式很多，常用的标准串口连接线就有三种，此外还有 USB 等其他连接线。进行连接线操作时务必做到到位、不松动，有条件的话，最好有备用连接线，这样连接线出现问题可以及时更换
三星 350SE 型数码相机	用专用照相纸打印出来的照片不清楚	数码照片的图像质量直接与每英寸像素数目（dpi），即图像分辨率有关。像素越高，分辨率越高，图像质量越好。为了得到好的打印质量，所需的图像分辨率大约是 300dpi。使用数码相机拍照时，如果准备将照片打印出来，一定要使用相机所允许的最大像素数。当然，像素越高也就意味着文件越大，在相机内存中存放的照片的数量就会减少
三星 350SE 型数码相机	打印出来的图像模糊不清、灰暗和过度饱和	照片拍摄正常，但打印出来的图像模糊不清、灰暗和过度饱和。这种情况多数是因为所用的纸张不符合要求。打印图像时所用的纸张类型对图片的质量有重大影响。同一幅图像打印在专用相片纸上显得亮丽动人；打印在复印纸上则清晰、光亮；而打印在便宜的多用途纸上，则会显得模糊不清、灰暗和过度饱和
三星 S800 型数码相机	液晶屏显示图像扭曲、偏色、模糊、混乱甚至黑屏。拍照和摄像都是如此	判断 CCD 有问题。这些故障相机共同的特点是都用了 SONY 的 CCD，使用时间长了以后 CCD 内部引线脱焊导致故障。更换 CCD，也可以把损坏的 CCD 上的玻璃封装拆下来，对引线重新焊接后再封回去
三星 S800 型数码相机	开闪光灯后不能拍照，关闭闪光灯能拍照	判断闪光灯板坏或主板损坏。维修或更换相应闪光灯板或主板后，故障排除
三星 S800 型数码相机	液晶屏黑屏或显示错乱，照片正常	液晶屏排线损坏，旋转 LCD 的机器上多见。更换排线后，故障排除
三星 S800 型数码相机	不识别 CF 卡	先换个 CF 卡试试，CF 卡故障多见，一般由野蛮插拔导致。排除卡的问题之后，一般是相机的卡槽坏了。更换卡插槽。由于卡槽下方一般有各种电路和芯片，更换务必非常小心
三星 S800 型数码相机	某个或某几个按键失灵	先用万用表检查按键有无损坏，要求按键接触良好且无漏电。某些时候一个按键受潮漏电可导致几个按键甚至整个相机失灵。如果按键无问题，则检查主板、排线、插座等
三星 S800 型数码相机	闪光灯损坏	应重点检查主板上的相应电路。检查闪光灯振荡电路、闪光电容和触发电路。一般是脱焊和某些元件（三极管等）烧坏。把怀疑脱焊的地方重新焊接一遍，检查和更换损坏元件后，故障排除

续表

机型	故障现象	故障分析与维修方法
三星 S800 型数码相机	无法对焦，拍摄的照片全部是模糊的	可能是对焦组件出现故障，对焦电机排线断，也可能是镜头摔过磕过，使里面的镜片移位。查到故障后对应解决
三星 S800 型数码相机	镜头内部机械部分卡住	拆开相机检查镜头内部。此类故障的严重程度可大可小，很可能是镜头的滑轨错位。拆下装好即可
三星 S800 型数码相机	相机操作一切正常，但取景和拍摄照片全黑	对着镜头看在快门按钮按下一瞬间快门是否关闭后又打开。如果快门开合正常，一般为 CCD 或主板问题。如果快门无动作，则为快门故障，快门一直闭合无法打开。更换或维修相应部件后，故障排除
三星 S800 型数码相机	室内拍摄正常，室外曝光过度	判断光圈组件损坏或排线坏。更换相应配件后，故障排除
三星 S800 型数码相机	按开机键镜头不伸出，液晶屏无显示，机器“滴滴滴”响几声就没反应	机器不开机但能发出报警声，说明相机主板能检测到故障，因此主板应该没问题，故障应该出在其他硬件。首先，怀疑镜头有问题，拆机把镜头排线取下。然后，加电开机，机器正常开机，只是镜头没有动作，那是因为排线取下。维修方法是把镜头解体，用毛刷清理镜筒，把灰尘清理干净，再重新组装好
三星 S800 型数码相机	开机后镜头不能伸出或伸出后不能缩回（这类故障在 S 系列中偶尔出现）	判断镜头变焦组件损坏。检修或更换相应组件后，故障排除

三、尼康数码相机故障维修实例速查

1. 尼康 5400/5700 型数码相机

机型	故障现象	故障分析与维修方法
尼康 5400 型数码相机	能开机但是镜头不能伸缩，提示镜头错误	初步判断对焦组有故障，于是拆开机器，特别注意开盖后先对主电容放电。对镜头组件全部进行清理，发现没有很多杂物。然后，对对焦组件的滑道用铅笔润滑，使用外加直流电 2.5V 电压对对焦组件进行测试，对焦组件正常，装机。装机后仍然提示镜头错误，重新拆机，放电，打开镜头组，取掉 CCD，重新对对焦组件加 2.5V 交流电压测试，正常。装上 CCD 对对焦组件加 2.5V 交流电压测试，镜头伸缩受阻。经检查发现 CCD 组件中手动调焦组件里面的一个塑料齿轮变形，导致整个对焦电机运行受阻。更换损坏齿轮后，故障排除

续表

机型	故障现象	故障分析与维修方法
尼康 5400 型数码相机	机身剧烈振动，画面模糊不清	故障多发生在带防抖功能的机型上，联系售后服务部修复
尼康 5400 型数码相机	开机提示镜头错误	故障多发生在 S 系列机型上，联系售后服务部更换
尼康 5400 型数码相机	取景模糊，无法正确对焦	判断对焦组件损坏或者发生偏移，调整或更换对焦组件
尼康 5400 型数码相机	使用的 CF 卡无法插入或插入 CF 卡后无法开机	判断卡槽针角变形或卡槽板坏，修复或更换卡槽板
尼康 5400 型数码相机	部分或全部按键失灵	判断按键板发生异常，更换按键板
尼康 5700 型数码相机	可以正常开机，但在拍摄模式下，液晶屏黑屏没显示；而在预览模式下，可以浏览相机存储卡中的照片	数码相机在拍摄模式下黑屏，可能是镜头中的快门有故障，CCD 损坏或图像处理器有故障。 如果快门无法打开，景物光线无法进入相机，就无法获得图像，显示屏就会黑屏。而 CCD 是数码相机成像器件，损坏后的表现一般就是相机黑屏、花屏、图像扭曲、图像变色、色彩失调等症状。因此，CCD 也是重点检查的对象。最后是图像处理器。图像处理器是数码相机的数据处理和控制中心，一旦出现故障，同样可能出现黑屏故障。 对于这些故障原因，一般先检查快门，再检查 CCD，最后检查图像处理器。最终确定图像处理器损坏。更换图像处理器后，故障排除
尼康 5700 型数码相机	不能对焦	可能是对焦机构卡住或对焦机构驱动电路损坏。比较常见的是对焦机构卡住错位造成，因为数码相机镜筒较短，内对焦机构比较脆弱。小心拆开对焦机构，仔细研究内部机构，对故障处进行维修处理后重新装配调试
尼康 5700 型数码相机	不开机	先检查各功能开关是否正常，操作是否到位。在确定各功能开关正常后，按供电电路的正常与否来检查。由于数码相机工作时电流较大，特别是液晶显示屏开启瞬间，电流达到 0.6A 左右，这给供电电路的小阻值保护电阻很大的电压，这些几十欧、几欧甚至零点几欧的保险电阻极易短路，造成开路，出现死机。因此，在检修这类故障时，要重点检查这些阻值小的电阻，一般可以解决问题

2. 尼康 Coolpix885 型数码相机

机型	故障现象	故障分析与维修方法
尼康 Coolpix885 型数码相机	相机使用不当，镜头进入沙子。能开机，镜头有点卡，不能关机。开机后 LCD 显示 System Error，不能变焦，快门也按不下。可以浏览 CF 卡中已存图片，与计算机相连下载图片也没有问题	初步判断是相机主电路板的故障，但考虑到此相机有错误记忆功能，相机开机镜头有点卡，使相机产生错误记忆，最终使相机出现上述症状。解决办法是：清理相机镜头（相机故障部分），并消除相机错误记忆。 提示：清理完毕后装回相机，注意镜头光学取景器垫片各不相同。在装回相机以前把装在模式转换控制板上的“记忆电容”（C3058，0.3F/5.5V）的电放掉，以消除相机以前产生的错误记忆。建议“记忆电容”的电放到 1.5V 以下，不建议直接用导线放电
尼康 Coolpix885 型数码相机	LCD 无法显示，其他功能正常	判断 LCD 排线组损坏。排线后，故障排除
尼康 Coolpix885 型数码相机（适合其他型）	在室内拍摄成像时有横条纹，在室外拍摄时画面发白（曝光过度）	判断镜头快门和快门组件异常。检修或更换损坏快门或快门组件后，故障排除
尼康 Coolpix885 型数码相机（适合其他型）	取景显示屏是黑屏或花屏，拍照或录像后回放跟取景时一样	传感器（CCD）出现异常。检修或更换 CCD 后，故障排除
尼康 Coolpix885 型数码相机（适合其他型）	不闪光	这种故障依照传统相机的检修办法，思路大致为：供电→振荡→整流→高压充电→触发→闪光。开机后检查，若主电容上无高压，则故障在发光部分；反之，则查振荡电路部分
尼康 Coolpix885 型数码相机（适合其他型）	不能存储图像	一般为存储卡损坏或存储卡与相机接触不良。存储卡可用其他相机或者读卡器检测。其接触点可用清洁剂洁净，最好采用修手机的方法，用橡皮擦，认真擦去触点的污物，保持触点的良好性能

第二节　摄录像机故障维修实例速查

一、松下摄录像机故障维修实例速查

1. 松下 DS30/50/60/GS 型数码摄像机

机型	故障现象	故障分析与维修方法
松下 DS30 型数码摄像机	放带时电源指示一闪一闪，有时会检测到带子有时绞带，大多时候又能正常工作	判断排插接触不良。这是松下 DS30 型摄像机的通病。将机器拆开找到在机器底部的一排线（比较多的那一根），把它从线路板上拨出，找一个薄云母片，用剪刀把云母片剪成与排线一样宽，把云母片插入线路板排座后再把排线插入，装机后试机，故障排除

续表

机型	故障现象	故障分析与维修方法
松下 DS30 型数码摄像机	摄像时寻像器无图像，电源指示灯狂闪，放像与倒进带无效	判断故障是“摄像头主件”与主板的接口接触不良。更换或修理后故障排除
松下 DS30 型数码摄像机	数码摄像机找不到电源	这种故障可能有两种情况：①发生在使用充电电池时。这时首先可以检查一下充电电池是否未装上或者安装不正确，这时只要正确安装好电池即可。然后，检查一下充电电池是否未充电，解决方法是换上充好电的电池或者将电池充好电后再使用。最后，有可能充电电池失效，充电电池的寿命是有限的，经过多次充放电后其使用时间便会逐渐缩短，直至最后失效。如果将失效的电池装入机内，自然无法给数码摄像机供电，在这种情况下应更换新电池。②发生在使用交流适配器进行交流供电时。这时首先要检查一下适配器是否接好，应重新连接好交流电源插头。然后，检查是否是交流适配器出了故障，通常是开关稳压电路未工作引起的，把稳压电路调整一下即可
松下 DS50 型摄像机	放带时电源指示灯一闪一闪，后灭了，不能使用；用相机模式也不行。不放带；相机模式可以用	磁鼓没有旋转起来，机器保护停机，没有放带且机器部分保护电路不动作，机器可以拍照。经检查是 CPU 没有检测到走带动作而保护，就是进带轮与倒带轮下面的光电管没有工作，一般是机芯与主板的排线不良。重新插好即可排除故障
松下 DS50 型数码摄像机	把录制的视频拷贝到电脑里才发现，安装自带的驱动后，再用 USB 线接上，有设备链接提示，但电脑里却没有显示设备或盘，只能在设置为读 SD 卡的时候能看见存在 SD 卡里的照片	如果想把磁带里的内容拷贝到电脑上，对于台式电脑，只能去买 1394 采集卡才能连接。如果是笔记本电脑，只要买一根两边都是 4 接口的 DV 线配上采集软件即可
松下 DS50 型数码摄像机	摄像键不起作用	常见的故障原因是使用者没有把模式转盘拨到摄像挡，或者是录像带已经用完。比较麻烦的故障原因是，由于湿气凝结造成摄像带与摄像机的磁鼓粘连，摄像机自动保护，摄录按钮暂时失效，无法继续拍摄。前两种原因都可以对症解决。如果是最后一种原因，那么就需要将摄像带退出带仓，把摄像机放在干燥通风的地方通电 1 小时以上，一般都可以解决问题

续表

机型	故障现象	故障分析与维修方法
松下 DS50 型数码摄像机	使用取景器取景时看到的影像模糊不清	一般原因是使用者未调整取景器的镜头。如果观察仔细，就会发现取景器的两侧其实有一个小小的调节旋钮，可以根据使用者的视力情况进行调节。经过这样的调整，取景器中的影像就会变得十分清楚
松下 DS50 型数码摄像机	拍摄很亮或者很黑的背景前的景物时出现竖条	这是由拍摄对象和背景之间对比度太大造成的，不属于机器本身的故障
松下 DS50 型数码摄像机	回放的图像上有横线或短暂的马赛克出现，有时声音也出现中断现象	一般故障原因是数码摄像机的视频磁头由于拍摄时间过长脏了，解决办法是使用专门的清洁带清洁磁头，或者使用棉球蘸取无水酒精来轻轻地擦洗磁头。擦拭时，切记不可用手或其他硬物触摸磁头，以免弄脏或划伤磁头。建议每使用数码摄像机拍摄 10h 左右就要清洁一次视频磁头，这样可以保证一直可以获得满意、清晰的拍摄效果。当数码摄像机使用了很长时间后，清洁带也不起什么作用时，可能是磁头已经比较严重地磨损了。这时就只能更换一个新的视频磁头
松下 DS50 型数码摄像机	无法正常开机	主要原因有 3 种：电池没电、摄像机自动保护和摄像机电路或机械故障。排除方法是：①若电池没电，充电即可。②摄像机自动保护。检查造成自动保护的原因一般有两种：①DV 内部或者 DV 带上有水蒸气。这时候千万不要强行开机，否则很容易损坏磁头，正确的处理方法是用电扇或者电吹风的冷风挡吹干，待干透以后即可正常开机使用。②DV 带表面有严重划痕，为了保护磁头不受损坏，DV 机自动停机。其解决方法是更换 DV 带。③摄像机电路或机械故障。检修或更换相应部件即可
松下 DS50 型数码摄像机	无法正确录像	判断磁带故障或电路损坏。排除方法是：①拆下磁带，观察写保护片是否被拆下。如果是这种情况，用胶带堵住写保护孔即可。②如果磁带到头了，倒带后即可正常使用。③更换磁带，以排除磁带损坏的情况。如果以上处理无效，可能是电路故障，必然经专业的检查维修
松下 DS50 型数码摄像机	拍摄时取景器无图像显示	故障原因可能镜头盖未取下、屏幕开启或取景器故障。排除方法是：①检查镜头盖，如未取下，取下即可。②检查 LCD 屏幕是否开启，如已开启，关闭即可。③将摄像机和电视机相连接（DV 的 VIDEO-OUT 端连接到电视机的 VIDEO-IN 端），打开 DV，如电视屏幕上显示的图像正常，说明拍摄部分没有故障，故障出在取景器。如此就要进行专业检查维修

续表

机型	故障现象	故障分析与维修方法
松下 DS50 型数码摄像机	拍摄质量差，图像模糊，失真，或有雪花状斑点出现	故障原因可能是操作失误或磁头太脏。排除方法是：①排除操作失误。②使用专用的清洗液清洗磁头或更换新的磁带拍摄
松下 DS50 型数码摄像机	回放时没有图像	故障原因可能是拍摄时操作失误、磁带质量差或磁带老化。排除方法是：①确认拍摄时操作是否正确，请教高手或翻阅说明书。②更换其他磁带，如果回放正常，可能是磁带磁粉脱落或者使用了劣质磁带。③更换质量好的新磁带后，重新拍摄一段录像并回放，如果仍然无法回放，可能就是写入电路故障。如此就要进行专业检查维修
松下 DS50 型数码摄像机	回放时没有声音，图像正常但是没有声音	故障原因可能是操作失误或硬件损坏。排除方法是：①排除拍摄时候的操作失误，比如没有开启麦克风之类的。②检查扬声器音量开关，如果音量太低，则开大一点
松下 DS50 型数码摄像机	屏幕变暗或者不显示	屏幕没开启或者屏幕后灯泡老化。排除方法是：①检查屏幕开关是否开启；②连接电视视频，如果可以正常显示，则可能是 LCD 背面的灯泡老化失效导致的。当然也可能是屏幕与机身的排线断裂导致的。对上述各项进行检查或维修后，故障排除
松下 DS50 型数码摄像机	不能开始拍摄，按下摄像开始/停止按钮时，取景器上不出现拍摄显示符号，录像带也不走动	故障原因及处理方法有：①录像带盒上的保险片（防误抹片）被挖掉，这样自然无法正常录像。解决的办法是可以用胶布重新将挡舌孔贴住，或者换一盘保险片完好的录像带。②是未插入录像带，这种情况多为一时疏忽所致，但却不时遇到。插入录像带时一定要查看一下保险片是否完好。如果录像带已到尽头或录像带粘到了磁鼓上。此时应该退出磁带，重新装带。③是数码摄像机的"启/停按钮"相关的摄像部分的操作电路故障。
松下 DS60 型数码摄像机	打开电源开关后，录像器即显示菜单，按其他键无动作	这类故障多是由开关内部接触不良引起的。检修步骤是：①取下电池组，用微型十字型螺丝刀分别卸下摄像机右侧黑色盖板四周的六个螺丝钉。②卸盖板，轻轻向后拉动盖板，使其脱离机体。③拔下喇叭连线和组合开关排线。④拆开组合开关。仔细观察发现，菜单键、多功能刻度盘以及拍照键三组开关被一块盖板扣在一起，卸下盖板的两个固定螺丝钉，可以看到菜单开关。⑤检查开关。用万用表欧姆挡测量该开关两端，发现开关始终处于闭合导通状态，说明开关已损坏。更换开关后，故障排除

续表

机型	故障现象	故障分析与维修方法
松下 DS60 型数码摄像机	重放图像质量时好时坏	图像的质量优劣与机械系统有一定的联系。正确的操作流程是：把机器全部拆开，裸机工作，看其走带过程。简单的处理方法是：装上电池组，向上推动出盒键，使带仓打开，在供带盘（白色）的左侧有一个环形铁片，上面有 4 个锯齿牙，用镊子夹住锯齿牙上面的弹簧钩向供带盘方向拉动 1 个齿或者 2 个齿，然后装上磁带重放，故障排除，图像质量恢复正常。这种故障常常是磁带张力不足，造成磁带松弛的缘故。当然，导柱高度不正确也会造成图像质量不好
松下 DS60 型数码摄像机	录放后磁带出现折痕	打开机器后仔细观察走带情况，发现主导轴和压带轮相对位置不对。正常情况下，主导轴和压带轮位置出现偏差或错位，就会发生主导轴的外缘和压带轮之间的受力不均，使磁带上下牵引，这样常使磁带中心出现折痕。该机是磁带上沿出现折痕，说明压带轮上沿压力大。 发现故障后，经检查该机由于使用劣质磁带，导致磁带缠绕在压带轮上，用力拖拽磁带造成的故障。根据这种情况，不必更换零件，只需细心调整、校正压带轮，使之与主导轴的轴线相互平行即可
松下 GS400、GS11、GS15、GS30 型数码摄像机	摄像机 LCD 上无任何显示，但是取景器“猫眼”正常	判断 LCD 传输排线断。更换 LCD 排线后，故障排除

2. 松下 NV-M8000/9000 型摄录像机

机型	故障现象	故障分析与维修方法
松下 NV－M8000 型摄录像机	机器开机后，电源指示灯亮，按出盒键带仓不能弹出	故障可能发生在带仓控制电路及相关部位。检修时，打开机盖，用万用表测 QR6037A 管 b 极电压为 12V，按下“EJECT”键，电压立即变为低电平 0V，说明按键开关 S6502 工作正常。顺着电路检查 UR6037B 管 c 极电压为 8.4V（正常应为 11.5V），b、e 极电压均为 0V。在按下“EJECT”键瞬间，c 极电压从 8.4V 变为 12V，b、e 极电压均从 0V 变为高电平 12V，正常情况下 c 极电压从低电平 0V 变为 0.7V，说明故障出在 QR6037B 管 e 极电路。 由原理分析可知，在带仓下降状态下，QR6037 管 e 极经 D6025→接插件 P6006 的 2 脚→SW1503 接地。按下出盒键，QR6037 管 e 极电压从低电平 0V 变为高电平 12V。经进一步检查发现，带仓下开关 SW1503 内部开关簧片断裂。更换 SW1503 后，故障排除

续表

机型	故障现象	故障分析与维修方法
松下 NV－M8000型摄录像机	机器进入摄录状态时，磁带不加载，数秒后自动断电	故障可能出在机械传动机构及加载电机驱动电路。检修时，打开机盖，用万用表测加载电机驱动集成块IC6004的6脚（LOAD端）为低电平0V，按下重放键，6脚立即从低电平0V变为高电平3.6V，说明系统控制微处理器发出加载指令已加到IC6004的6脚，故障应在加载电机驱动电路。 用万用表测IC6004各脚对地电压，发现1、9脚在路对地正反向电阻正常。接通电池开关，用万用表测电源稳压管Q6005（2SD1819）各脚对地电压，c极电压为9V，b极电压为7.8V，e极电压为0V，正常情况下e极电压应为7V。进一步检查发现Q6005内部断路。更换Q6005后，故障排除
松下 NV－M8000型摄录像机	机器入盒后不加载，3s后自动断电保护	故障可能出在机械传动机构及加载驱动电路，检修时，打开机盖，按下重放键，用手触摸加载电机皮带轮转动，说明故障出在机械传动机构。检查机械传动机构发现，在加载齿轮与中载齿轮之间有一枚螺钉卡在中间，因此造成加载齿轮不能与齿圈啮合传动。经检查发现录像带盒的紧固螺钉失落其中。取出螺钉后，故障排除
松下 NV－M8000型摄录像机	工作时，未能进入插入编辑（INST）状态	故障可能出在键盘操作电路。检修时，打开机盖，开机后插入一盒没有抠去防误抹挡片的录像带，用示波器检查接插件P6003脚有键扫描信号输出，用一只二极管正极接接插件P6003脚，在暂停状态下同时按下REC和A.DUB键，画板上“REC”和A.DUB指示灯亮，机器能够进入INST状态，说明故障出在“A.DUB”按键或电路板线条及接插件上。取下操作电路板检查发现，二极管D6514正极虚焊。重新补焊后，故障排除
松下 NV－M8000型摄录像机	机器开机装盒后，各功能均不起作用	经开机后检查发现电源及显示正常，判断故障出在带头、带尾检测接收器上。检修时，拆开机壳，找到带头、带尾检测接收器，发现导线在机板金属卡破皮，对地短路，使CPU输入低电平，因而CPU判断无盒带装入，造成录像部分不动作。在破皮处套上绝缘套管，机器工作恢复正常

续表

机型	故障现象	故障分析与维修方法
松下 NV－M8000型摄录像机	机器重放时画面出现横向噪波带	可能为磁迹故障。检修时，先清洁磁鼓和带道，没有变化；再将机械部分全面检查一遍，也进行了跟踪微调整，更换了传动皮带，并对各个齿轮、滑轮全部进行了清洁，均未能解决问题。进一步分析，判断由机芯相关部位磁化所致。用专用消磁器将带轨、磁鼓、音控磁头、全消磁头、各个导柱滑轮消一遍磁后试机，故障排除
松下 NV－M8000型摄录像机	机器插上电源即能工作，但断电源后不能重新开机	故障一般出在电源开关机控制电路。检修时，在关机状态下用万用表测电源控制管 Q6001 的 b 极，为高电平 13V；在接通电源开关瞬间，Q6001 的 b 极立即从高电平 13V 变为 12.3V。这说明电源接通控制电压已加到 Q6001 的 b 极。进一步检查 QR6003 的 c 极电压为 0V，正常时在电源关断状态下为 13V，电源接通时为 0V。经检测发现 QR6003 内部被击穿。更换 QR6003 后，故障排除
松下 NV－M8000型摄录像机	机器摄录过程中，不能进入待机状态	故障可能出在 IC6001 的 6 脚键扫描信号接通电路或 IC1001 的 19 脚控制电路。检修时，打开机盖，在摄像暂停状态下用示波器检测 IC6001 的 6 脚有键扫描信号输出，顺电路检查按键开关 SW001 的一端有键扫描信号。将示波器探头移到 SW001 的另一端，按下 STAND-BY 键，观察示波器上无键扫描信号。用镊子短路一下 SW001 开关焊点，待机指示灯立即点亮，寻像器内光栅消失，操作面板上“REC”“PLAY”“PASUSE/STILL”指示灯熄灭，机器进入摄像待机状态。再用镊子短路一下 SW001 开关焊点，待命状态立即解除。由此判定按键开关 SW001 内部不良。更换 SW001 后，故障排除
松下 NV－M8000型摄录像机	机器放入未抠防抹片的磁带，不能进入摄录状态	故障一般发生在防抹检测电路。检修时，打开机盖，用万用表测 Q6003 各脚对地电压：e 极电压为 9V；b 极电压为 3V，正常应为 8V；c 极电压为 3V，正常情况下为 8.6V。这说明 Q6003 的 c 极输出的 9V 电压异常。经进一步检测发现，Q6003 内部被击穿。更换 Q6003 后，故障排除
松下 NV－M8000型摄录像机	机器插入未抠去防抹片的磁带，不能进入 CAM 状态	故障一般出在防抹检测控制电路。检修时，打开机盖，用万用表测 QR6018 各脚对地电压正常。用示波器检测 IC6001 的 6 脚输出的键扫描脉冲信号正常。进一步检测二极管 D6015 正极，发现无键扫描脉冲信号。关机后，用万用表测 IC6001 的 6 脚至 D6015 正极之间的电阻为∞，经仔细检查发现 D6015 正极引脚脱焊。重新补焊后，故障排除

续表

机型	故障现象	故障分析与维修方法
松下 NV－M8000型摄录像机	机器摄像时寻像器内有光栅无图像	故障可能出在磁鼓及相关部位。该机寻像器的视频信号是从磁鼓控制磁头5S、5F上取得的。如果上述磁头损坏，则在寻像器中即会出现有光栅无图像现象。检修时，打开机盖，经检查发现VHE0422型磁鼓上的控制磁头一只已严重磨损，另一只也已损坏。更换磁鼓后，故障排除
松下 NV－M8000型摄录像机	机器摄录时无图像	故障一般出在CCD及其驱动电路。检修时，打开摄像头外罩，用万用表先检查+16V、-8V、+5V、+9V电压均正常；接着检查IC201、IC202各脚电压均正常。最后，用示波器检查FP201，却见其4脚无视频信号输出。经检查发现FP201内部损坏。更换FP201后，故障排除
松下 NV－M8000型摄录像机	机器摄录数分钟后，录像器屏幕上图像消失，变为一片黑色光栅	故障一般发生在CCD图像传感器及驱动器电路。应重点检查IC201、IC202是否工作正常。检修时，打开摄像头外罩，用万用表测+16V、-8V、+5V、+9V电压均正常；检查IC201各脚电压，发现1、44脚电压明显异常。经检查发现为晶体振荡器X201内部短路。更换X201后，故障排除
松下 NV－M8000型摄录像机	机器摄录时有图像无伴音	故障一般出在音频信号记录处理电路。由原理可知：机器摄录时，由话筒送来的信号先经Q4007放大，送至IC4003的2脚；再经其内部放大电路放大、开关电路选择后，从IC4003和5脚输送至IC4002的11脚；然后在IC4002内部经自动电平控制（ALC），加至放大器C的同相输入端；放大器C输出的信号加至录/放切换选择开关，经该开关对信号进行切换处理后分成两路。一路由IC4002的13脚输送到线路输出接口；另一路先经录/放切换开关送到放大器D做均衡放大，再由IC4002的19脚送到音频录/放磁头。 根据上述分析，检修时，打开机盖，将该机线路输出接口与电视机AV输入端相连，结果发现电视机扬声器中无伴音发出，由此判断故障出在话筒组件和MIC放大电路。进一步查话筒组件及MIC放大电路，发现Q4007内部损坏。更换Q4007后，故障排除
松下 NV－M8000型摄录像机	机器摄录及重放时，寻像器上图像表面布满噪波	故障可能发生在视频信号切换及磁头控制电路。检修时，打开机盖，用万用表检查发现REC ON控制管Q5008B管b极无电压（正常重放时应为0.5V，记录时为0.7V）。关机后，用万用表检查Q5008B管，发现b-e结已被击穿损坏，因此造成视频磁头L2重放信号输出端接地。更换Q5008B管后，故障排除

续表

机型	故障现象	故障分析与维修方法
松下 NV－M9000 型摄录像机	开机后，寻像器内光栅闪亮即灭，按出盒键带仓弹不出，几秒后电源指示灯自动熄灭	故障一般发生在电源及相关电路。检修时，打开机盖，开机后用万用表检查 NOREG12V、SWNO REG12V 和主导轴电机 9V 电压输出正常，其余电压均无输出。再用万用表检查开关稳压器集成块 IC1001 的 10、14、25 脚上的 12V 电压正常。用示波器检查 IC1001 的 27 脚上 0.7Vp-p 三角波形正常，说明 IC1001 内部基准电压发生器电路工作正常。 将示波器探头分别移至 9、11、15 脚上观察无脉宽调制比较信号输出。取出电池，用万用表测 IC1001 各脚在路对地电阻，发现 15 脚对地正反向电阻均为 0Ω，正常值为 6kΩ 左右。进一步检查相关元件发现，开关管 Q1004 的 b-e 结被击穿。更换 Q1004 后，故障排除
松下 NV－M9000 型摄录像机	插上电源开机，指示灯一闪即灭，机内有焦煳味	故障可能出在电源及相关电路。检修时，打开机盖，焊下电源屏蔽盒观察元器件无烧坏的痕迹，用万用表检查 NOREG12V 电压正常，几秒后发现脉冲变压器 T1001 内部冒烟，说明故障出在 T1001 与 Q1004 组成的开关电源初级回路。焊下开关管 Q1004，用万用表检查发现其内部被击穿，更换 Q1004 后接着检查脉冲变压器 T1001。从电路板上焊下 T1001 用万用表 R×1 挡检查初级绕组 1、2 脚之间已短路（正常直流电阻应为 5Ω 左右），因此造成插入电池时 12V 电压通过 T1001 初级绕组直接加到被击穿损坏的开关管 Q1004 的 c 极上，过大的电流流过 T1001 初级绕组线圈冒烟短路，从而导致上述故障发生。更换 T1001 后，故障排除
松下 NV－M9000 型摄录像机	工作时出现不定时停机但不收带，几秒后自动断电保护	故障可能出在主导轴及相关部位。取出磁带后，开机后观察，发现开机瞬间收带轮不微动，怀疑主导轴电机霍耳器件有故障。拆下主导轴电机，用万用表测 3 个霍耳器件中各脚间在路阻值，发现 3 个中有 1 个霍耳器件不正常。更换霍耳器件或主导轴电子线圈整板后，故障排除
松下 NV－M9000 型摄录像机	机器装入未抠防抹片的磁带，将功能开关扳到摄像位置，录像机操纵板上 PLAY、PAUSE、REC 三个指示灯能同时点亮，不能摄录	故障可能出在防误抹开关等相关部位。检修时，打开机盖，先检查摄像、录像功能开关，触点良好，开关正常。分析机内可能有接触不良故障。先观察仓上边缘防误抹开关，发现触片氧化严重，用砂纸打磨触点后试机，故障排除。该机的防误抹开关固定在一个软铝片上，机器使用日久氧化或装盒时该铝片受力引起变形，都会造成防误抹开关接触不良，导致该故障出现

续表

机型	故障现象	故障分析与维修方法
松下 NV－M9000型摄录像机	机器装带后，带仓有时不能正常压下，有时压下后，摄像时又自动打开	故障一般出在带仓复位机构。检修时，打开机盖，取下操作按键电路板发现各按键开关无锈蚀、霉断或短路痕迹。怀疑 EJECT 键不良，用万用表测该键，发现有时能通断但弹力不足，用烙铁焊下此开关，拆开检查，看到复位圆形弹簧触片已失去弹性，与下面的触点呈虚接触状态，稍微一动就会发出出盒指令。更换一个弹力很好的按键开关后，故障排除。如无高矮合适的按键，也可以用普通小按键内合适的圆形弹片做应急替换
松下 NV－M9000型摄录像机	开机后，OPERATE 指示灯不亮，无任何动作	故障可能出在功能键控板及相关电路。检修时，打开机盖，先检查功能键板 OPERATE 开关良好，线路板上线路良好。由于机器无任何动作，再检查上面键控板与主电路板 VEP03945A 上 FP6001 插头相连的扁排线，发现标号“1”的连线断裂。由维修经验可知：该机常出现扁排线中线折断故障，维修时要注意先检查这种情况。重新连线后，故障排除
松下 NV－M9000型摄录像机	摄录时，图像及彩色均正常，无伴音	故障一般发生在音频信号处理电路。检修时，先用一盒伴音信号完好的录像带插入摄像机中重放，电视机上彩色图像和伴音信号均为正常，说明故障出在音频记录信号处理电路。再插入一盒空白带拍摄，扬声器上出现同期声话筒啸叫声，说明该机同期声话筒信号已到达 IC4002 的 13 脚（音频信号输出端），判断故障出在音频记录放大器或录放电子切换开关控制电路。 将电视机的音量开关关小，用一台音频信号发生器将 1kHz 正弦波信号从 IC4002 的 11 脚注入，用示波器检查 IC4002 的 19 脚输出的音频记录放大信号正常，顺着电路检查接插件 P4002 的 3 脚上的超音频偏磁信号也正常。这说明故障出在 P4002 的 3 脚至 IC4002 的 19 脚这段电路。关机后，用万用表检查发现，从 IC4002 的 19 脚至电容 C4019 之间印制板铜箔线条已断裂开路。重新补焊后，故障排除
松下 NV－M9000型摄录像机	摄录正常，但重放时录像器满屏横纹	摄录正常说明走带机构及摄录部分、微处理器是正常的，故障应出在重放电路。检修时，用示波器顺信号线路检查，发现前置放大器 IC5001 的 5 脚只有杂乱波形的信号，不是图像信号波形，试更换 IC5001，故障依旧。

续表

机型	故障现象	故障分析与维修方法
松下 NV－M9000型摄录像机	摄录正常，但重放时录像器满屏横纹	由于前置放大器IC5001是录放共用的，当其14脚电压为5V时则处于放像状态。测其14脚电压为0V，查其外围电路有一个NPN三极管，测其b极电压为2.7V，e极电压为5V，c极电压为0V，正常时c极电压为5V，判断三极管c-e结开路。更换该管后，故障排除
松下 NV－M9000型摄录像机	开机后一进入摄像或重放状态就停机保护	经开机后观察，机器放入磁带，快进、倒带功能正常，按重放键后便停机保护。能加载、卸载且快进、倒带正常，说明主导轴电机、加载电机及驱动电路均正常，判断故障可能出在鼓电机驱动电路。 在进行放像操作时，观察机芯内各机构的动作情况，用万用表测集成电路IC2102（UN224）各脚电压均与正常值不符，7脚电压为0V，正常应为3.5V；再测IC2101（AN3890FBS）的12脚电压也为0V，正常也为3.5V；测IC2101其他各脚及5V供电均正常。这说明3.5V稳压电路供电有故障。检查其供电通路发现保护电阻R2127（3.6Ω/1/4W）开路。更换R2127，开机后不久R2127再次被烧坏，故判断驱动功率放大电路IC2102（UN224）内部损坏。更换IC2102和R2127后，故障排除
松下 NV－M9000型摄录像机	摄录时聚焦不良	该机有自动和手动聚焦两种聚焦功能。如果手动聚焦良好而自动聚焦不良，说明自动聚焦控制电路有故障。但该机在手动和自动聚焦控制下均不能达到良好聚焦，说明故障在镜头组件上。 拆开头组件发现补偿组的镜片由于固定的胶水粘合不好造成脱位，使光通路发生了变化而导致聚焦不良。将补偿组的匀片重新安装在原固定支架上，并用快固胶粘剂将镜片与支架粘牢，等胶水干后，再把镜头组件重新组合即可。经上述处理后，故障排除
松下 NV－M9000型摄录像机	插入磁带后，自动进入快速倒带状态，待带倒到头时又自动转入记录状态，并在录像器中有记录指示	经开机后仔细观察发现，机器加载结束时，入口导柱和出口导柱没有进入定位靴内，因此加载不到位。进一步观察发现，担负加载工作的大的功能齿轮内的滑道和功能方式摆臂内的销钉位置有些偏差。由于大的功能齿轮和功能方式摆臂与开关位置拉杆的相对位置不准确，才使位置开关滑动的位置不准确，导致机器错误地动作。

续表

机型	故障现象	故障分析与维修方法
松下 NV－M9000型摄录像机	插入磁带后，自动进入快速倒带状态，待带倒到头时又自动转入记录状态，并在录像器中有记录指示	因此应重新调整各部件的相对位置。在调整时，先使机器处于初始状态，然后分别拆下各部件重新安装。在安装时，一定要注意各齿轮和其他部件上的定位孔的位置一定要对准（每个齿轮上都有用于安装的定位孔），否则会安装不正确，就会导致其他故障的发生。经过重新调整之后，手动加载，入口导柱和出口导柱均能到位进入定位靴内，机器恢复正常

二、索尼 DCR 系列摄录像机故障维修实例速查

机型	故障现象	故障分析与维修方法
索尼 DCR-HC21E型摄像机	无磁带或磁带记录禁止显示	此显示出现在显示器的上方中间位置。出现此提示时表示摄像机里面没有放置磁带，应检查确认机内是否有磁带。另外，在摄像状态下，放入磁带后仍出现此提示，那就是磁带的记录禁止开关放在了记录禁止的位置，请将其关闭
索尼 DCR-HC21E型摄像机	结露报警	此显示出现在显示屏的上方中间位置。出现此提示表示机器内部有潮气凝结，如果此时强行操作机器，可能会损坏磁带及机器。造成结露报警的原因有：①机器在过于潮湿的环境中使用；②机器从寒冷的环境里进入温暖潮湿的环境中，比如冬天从室外进入室内。 一旦机器出现结露报警，应立即将磁带从机器里取出，然后将机器的带仓打开，放在干燥的地方，直到机器内的潮气散尽，报警消失
索尼 DCR-HC21E型摄像机	带仓不能弹出卡死，回放图像有百叶窗现象，装磁带后不能进仓，装带进仓后报出“c：32：XX c：31：XX”错误标志，本身摄放正常、但不能回放，其他机器摄的磁带回放图像有条纹，回放声音断断续续	机芯机械故障，仔细检查其原因，并排除故障
索尼 DCR-HC43E型数码摄像机	液晶触摸屏不亮，但触摸其屏内按钮可以听到按键音，按下键后，合上触摸屏，可从取景器内看到按键有效果，屏幕菜单有变化	重点检查液晶屏的排线是否不良，也有可能是液晶屏的背光源不良

续表

机型	故障现象	故障分析与维修方法
索尼 DCR-H43E 型数码摄像机	黑屏但显示屏功能正常	如果能放像而液晶屏和取景器不能显示画面，很可能是机器内的光耦合元器件 CCD 损坏。更换 CCD 后，故障排除
索尼 DCR-PC7E 型数码摄像机	用 USB 数据线连接到电脑上播放时有马赛克	因为 USB 的传输速度不够，所以图像会有马赛克。摄像机的传输要用 1394 卡与线
索尼 DCR-PC7E 型数码摄像机	拍摄时变焦杆对压力过于灵敏，推拉变焦时容易发生“飞焦”，再后来按下摄像键没有任何反应，有时摄像机还会乱操作	开机后检查发现，开仓键下面连接控制面板的排线与摄像机主板的连接座脱焊。重新补焊后，故障排除
索尼 DCR-TRV75E 型数码摄像机	磁带到头报警	此显示出现在显示屏上方中间的位置。此提示并非故障显示，而是通知使用者磁带已经到头，重新换一盘磁带或进行倒带即可
索尼 DCR-TRV75E 型数码摄像机	聚焦模糊，显示 E6100 故障代码	仔细检查镜头组件，没有发现有部件断裂或错位的情况。用万用表检测聚焦线圈，线圈不通。经观察未发现有线圈因为发热而变色损坏的迹象，两焊角的焊接也无问题。然后用放大镜观察，发现一个接头拐弯的地方有间隙，用极细的镊子轻轻一拨，断点出现。用细导线连线后，故障排除
索尼 DCR-PC105E 型数码摄像机	重放时没有声音	故障原因及解决的方法是：①话筒及其电路故障。可以通过 AV 连接方式的监视器试听一下现场声音是否正常，如果有现场声音，则说明话筒及电路正常；否则话筒及其电路有故障。②音频记录电路故障。当判断出话筒及其电路无故障后，即可认定故障发生在音频记录电路。确定范围后，进行局部修复或更换
索尼（DV）DCR-PC105E 型数码摄像机	磁带吞吐失灵，取景器和监视器均能正常显示拍摄时的图像，但磁带装不进去或取不出来	机芯及其驱动电路不良，查明原因，排除故障
索尼（DV）DCR-PC105E 型数码摄像机	把 DV 机录像带上的内容转录到电脑上，正确地安装完所有的驱动程序以及编辑控制程序，连接好 USB 连线，开始转录工作。利用 SONY 专用的 ImageMixer 软件顺利地把所有内容都拷贝到硬盘上。准备编辑前，先打开 Windows Media 看一看所生成的 MPEG 文件。所转录的影像只见图像，没有声音	应是软件设置的问题。重新打开 ImageMixer 软件，切换到 USB 模式后，发现窗口的右上角有一个小扳手模样的图标，点击后出现一个设置对话框。在“USB 捕捉设备设置”的栏目里面有一项“声音设备”的下拉选项菜单，当前的选项是“Sony Digital Imaging Audio”，把它改成“USB Audio Device”，确定后重新录制

第三节　打印机故障维修实例速查

一、激光打印机故障维修实例速查

1. 惠普激光打印机

机型	故障现象	故障分析与维修方法
惠普 HP8100 型激光打印机	从计算机发送打印作业时，打印无反应	故障原因主要有：电源线未与打印机连接或电源不能；打印机可能暂停工作，处于休眠状态；打印机与计算机之间的连接电缆未连接好；连接电缆有缺陷；软件中选择了错误的打印机；未配置正确的打印机端口；打印机连接在设置不正确的转换器上；打印机发生故障。经检查发现转换器设置不当。重新设置后，故障排除
惠普 HP5000LE 型激光打印机	使用网络打印时，不打印	检查连接打印机的计算机上的打印机设置正确且该打印机已共享，再检查远程使用网络打印机的计算机上的打印机设置，发现此设置错误。重新设置后，故障排除
惠普 HP5000 型激光打印机	打印件出现横向黑条白条	故障原因主要有：充电电极丝两端接触不良，可听到放电声，横向出现一片空白；充电转印及消电电极过松；感光鼓转速不均匀，造成充电或转印不均匀；显影辊驱动离合器摩擦或打滑。经检查发现感光鼓轴偏离中心，使感光鼓转速不均匀，引起故障的发生。将感光鼓轴重新调整后，故障排除
惠普 HP5000 型激光打印机	打印件上有竖白条	故障原因主要有：感光鼓产生严重划痕造成不能转印碳粉；充电电极丝上有污物造成感光鼓相应部分不能充电而出现白条；电源电压低造成充电电压不均匀而产生宽窄不一或边缘不清的白条，转印电极丝局部脏污而无法正常转印；碳粉少且不均匀或分离爪变形。经检查发现充电电极丝上有污物引发该故障。清洁充电电极丝后，故障排除

续表

机型	故障现象	故障分析与维修方法
惠普 HP4500 型激光打印机	打印时，收到错误的信息（无法读出打印机配置文件，打印机未初始化）	检查位于 Pconsole 中的打印服务器的安装信息，发现打印机的配置文件已损坏。按按钮进入 Pconsole 中依次选择 Print Server Information→Print Server Name→Print Server Configuration→Pinter Configuration，从打印服务器中删除该型打印机，再重新建立，故障排除
惠普 HP4050 型激光打印机	打印样张全白	故障原因主要有：激光器或激光器控制电路损坏；光学系统被异物遮挡、反光镜角度不对、反光镜损坏或脏污、反光表面老化；扫描驱动电路故障，即无扫描；充电电极损坏、充电电极连线断开、转印电极接触不良或电极丝断；传动齿轮轴轮而轮子不转，致使感光鼓不转。对上述相关原因进行检查，发现光路系统污染严重。将光路系统清洁干净后，故障排除
惠普 HP4050 型激光打印机	打印件出现整页色淡	故障原因主要有：打印纸不符合要求，如过于潮湿等；打印机处于省碳粉模式；硒鼓碳粉不足；碳粉浓度调节过淡；感光鼓的感光强度不够；高压电极漏电，充电电压低；转印电晕器安装不正确。对以上原因逐个检查，发现打印机处于碳粉模式。将打印机取消省粉模式后，故障排除
惠普 HP2100 型激光打印机	打印件上出现黑色图像上有规律的白斑	故障原因主要有：感光鼓因感光层剥落、划伤等而造成黑色部分出现有规律的白色斑点；显影偏压过高或碳粉中含有杂质；充电电压过高，放电时打火，被击穿或半被击穿，感光鼓产生细密白点。经检查发现，碳粉中含有杂质。重新更换质量较好的碳粉后，故障排除
惠普 HP2100 型激光打印机	字型异常	故障原因有：未安装驱动程序；字库未装放内存；未先选择正确的符合集。运行 SETUP 安装驱动程序，重新进行安装，运行打印驱动程序。通过打印机的软件设定程序，选择正确的符号集，故障排除
惠普 HP2100 型激光打印机	打印纸上重复出现一些印记且间距较近	轧辊上沾有污点，每当转动时就留下一个印记。如印记相距较近，可能是小轧辊形成的；若相距较远，就应检查大一些的轧辊，可测印迹之间的距离。再用下式算出引起印记的轧辊直径，轧辊直径=印记距离/3.14，即可找到具体的轧辊。检查发现小轧辊上存在污点。清除污迹后，故障排除

续表

机型	故障现象	故障分析与维修方法
惠普 HP1100 型激光打印机	开机面板指示灯亮但不能走纸	取纸辊弹簧松动或磨损严重、纸盘安装不正常，纸张质量不好（过薄、过厚、受潮）都可能造成取纸辊卡纸或不能取纸的故障。检查发现取纸辊磨损，不能将纸送入机内。更换取纸辊后，故障排除。如无取纸辊，也可用在取纸辊上缠绕橡皮筋的办法，增大搓纸摩擦力
惠普 HP-Laserjet6L 型激光打印机	打印页面上现浅的字符阴影重复性印记	纸张的纹理粗糙、打印机脏污、硒鼓有故障、打印的透明胶片不符合要求均可能导致此故障。先将打印机内、外部清洁，使内部灰尘，溅撒的碳粉及纸屑等清除干净并换上光滑的纸张进行打印，故障依旧。再检查硒鼓，发现其已损坏。更换硒鼓后，故障排除
惠普 HP-Laserjet6L 型激光打印机	打印页面底部空白，则有些部分无图像	对于标准的打印机内存来说，是由打印页过于复杂所致。采用以下方法进行解决：安装附加内存；通过软件或打印机驱动程序，把图形分辨率设为 300dpi；查阅打印机驱动程序联机帮助，以获得对驱动程序设置的有关提示信息
惠普 HP-Laserjet6L 型激光打印机	打印效果差或有一块竖向对齐的白色条纹	故障原因主要有：纸张规格不符合要求，纸张过潮或过于粗糙；硒鼓碳粉有故障；安装在感光鼓上方的长反射镜脏污；电晕部件变脏或被堵塞；碳粉浓度设置不当；处于省碳粉状态。 先检查纸张正常，再打开机盖，取出硒鼓前后轻轻地转动，使硒鼓中的碳粉重新均匀地分布。再重新插入硒鼓，关闭打印机盖，试机，故障依旧。再检查碳粉浓度，发现碳粉浓度设置不当，通过软件或打印机驱动程序调整设置，使碳粉浓度适宜即可
惠普 HP-Laserjet6L 型激光打印机	在软件中选择“打印”后打印机不响应	故障原因主要有：打印无电源；并行电缆有故障；打印机处于暂停状态；打印处于手动送纸方式；打印机软件未配置正确的打印机端口；在软件中选择了错误的打印机；打印机误动作。先检查电源线连接正常，再将并行电缆连到另一台正常机器上能正常打印，说明并行电缆无故障。再继续检查，发现打印机未配置正确的打印机端口。检查软件中的打印机选择菜单，使它能访问正确的打印机端口，当计算机上有多个并行端口时，应使并行电缆连在正确的端口上

续表

机型	故障现象	故障分析与维修方法
惠普 HP-laserjet6L型激光打印机	不能自检打印，准备就绪后，搓纸轮不搓纸	拆开机外盖，先检查搓纸轮，发现其磨损严重。试更换搓纸轮后，装上碳粉盒试机，发现进纸继电器仍不吸合。再对进纸继电器进行检查，测其线圈两端电阻为38Ω，正常，但测得其两端无电压，正常应有24V电压，说明中央处理器未工作。检查5V电源正常，复位电路也无故障。试更换主板，故障依旧，故判定定影组件有故障。用万用表测定影器的云母两端电阻为118Ω，云母片上温度传感器的电阻为0.38Ω，均正常，由此判断云母片性能变劣。更换云母片后，故障排除
惠普 HP-laserjet6L型激光打印机	Windows下打印速度过慢	故障一般是由打印驱动程序设置不正确所致。检修时，单击打印机“属性”选项卡，选择“手动设置”；单击“设置”，在“图形方式”下选中“HPGL/2”选项卡；在打印机“属性”选项卡中选中“300dpi”。经上述处理后，故障排除
惠普 HP-laserjet6L型激光打印机	打印质量差	此故障一般由碳粉盒和光电部分有故障所致。先取出碳粉盒，摇晃几次，无效，试更换一个新的碳粉盒，故障仍旧，由此说明碳粉盒无故障，故对光电部分进行重点检查。HP6L型激光打印机的光电部分主要由激光器、聚集透镜、多面透镜、F-Q透镜、电子照相等部分组成。经逐个仔细检查，发现F-Q透镜里面有一镜面已变脏，造成打印字迹模糊。将该镜面擦拭干净后，故障排除
惠普 HP-laserjet6L型激光打印机	误接380V高电压，通电后，打印机无反应	初步判断电源部分存在故障。先取出碳粉盒下后盖，将整个主体从外壳中取出，并拆下主板。分离主板（注意仔细拔下各接插头，并做好标记）后，检查发现电源部分熔丝烧断，压敏电阻爆裂。试更换损坏元件后，装机试验发现机器走纸正常，但样张全黑，判断为电晕放电极无高压，分别用IR5G高频二极管代替，共用7只二极管，其中4只采用串联方式
惠普 HP-laserjet6L型激光打印机	工作过程中突然停机，错误显示卡纸	HP6L型激光打印机按连续打印方式，采用打印印刷胶片。打开出纸盒，取出硒鼓观察，未发现卡进胶片，估计胶片可能已全部卡进加热装置中。

续表

机型	故障现象	故障分析与维修方法
惠普 HP-laserjet6L 型激光打印机	工作过程中突然停机，错误显示卡纸	检修时，拔掉打印机电源插头和打印电缆，打开出纸盒，按下出纸盒与打印机连接处左端的弹性卡片，将打印机出纸盒与打印机主体分离。此时将打印机硒鼓从机体内取出放在黑色塑料袋内。将打印机外壳从进纸盒处分成前后两个部分，并从打印机主体上取下外壳，找到机器前部右侧固定在金属骨架上的一黑色塑料卡片，从外侧用螺丝刀顶住其上的一个圆形小按钮，再将黑色塑料卡片向外取出。用十字型螺丝刀拧下打印机左右两端靠近底部的两只螺钉，取下盖板，发现一张胶片正卷于一个胶辊上。将打印机左侧的绿色齿轮离合开关往前推一下，即可取下卷胶辊上的胶片，打开加热装置的机部盖板，将卡进去的胶片取出，故障排除
惠普 HP-laserjet5L 型激光打印机	出纸区卡纸	打开机盖，取出硒鼓，并将硒鼓避光保存，向前推动纸张释放杆，检查发现打印纸卡在高温定影辊下方，分析其原因可能由于纸张质量太差或定影温度过高引起。取出被卡的纸，其方法是：打开机印机中的暗扣，取出内存充盖器组件，用螺丝刀插入后盖的螺孔内，使后盖脱离挂钩，取出后盖，将压力纸杆的定位杆向中间拨动，使其脱离定位孔，再旋转 90°，取出纸杆，拧下机座上的两个固定螺钉，取出定影辊，再取出卡纸即可
惠普 HP-laserjet5L 型激光打印机	打印时电源指示灯不亮	电源板损坏或负载有严重短路均可能导致电源指示灯不亮。打开机壳，先目测电源部分各元件无明显异常现象，检查熔丝完好，试更换压敏电阻 VZ101，故障依旧。继而断开负载，用万用表红表笔接地，黑表笔测有 27kΩ 电阻，黑表笔接地，红表笔测有 1.2 kΩ 电阻，均正常，说明负载无短路。 该机采用他励式开关电源，用导线将 M51995P 各脚引出机外，300V 不稳定的直流电压经 R208（50kΩ）和 R29（150kΩ）分压，降低为 12V。该电压加到 M51995P 的 1 脚，正常，用示波器测量 7 脚无信号波形，检查相关元件，发现电容 C228 已严重漏电。更换 C228 后，故障排除

续表

机型	故障现象	故障分析与维修方法
惠普 HP-laserjet5L 型激光打印机	3 个指示灯随机性常亮，无法打印	该机用激光束反馈装置检测激光束，采用一种瞬时加热技术，即 PTC 陶瓷加热片且其上附有一个负温度系数热敏电阻，主机检测其阻值的变化，来控制 PTC 加热装置加热时间的长短，并达到恒温的目的。 检修时，先拆开激光扫描部分，观察扫描镜良好，再逆时针方向调整激光管控制电位器（调整前一定做好标志），试打印出两张图像较浅的样张，发现激光头正常。继而检查热敏电阻，将其从 PTC 加热片上拆下，检查发现其不随温度的变化而变化，说明热敏电阻已损坏。用同型号电阻更换后，故障排除。若无原型号电阻，可用东芝 4511 复印机的热敏电阻替换，并在此电阻的两端连上一支 30kΩ 的普通电阻
惠普 HP-Laserjet4Phus 型激光打印机	启动后自检，但不执行打印，显示屏显示“50 SERVICE”字符	初步判断故障在定影系统。该机定影部分的工作原理是：通电的主控制板给定影灯发送一个控制信号，使定影灯电源接通（灯管为 750W）定影辊表面温度逐步上升，当达到 175～198℃ 时，被定影辊表面上的热敏电阻检测到，并发送信号到主控制面板。断掉定影灯电源，低于此温度时定影灯接通。如此反复，先用手接近定影器，无热感，再用万用表测加热灯管两端电阻阻值为 8. 2Ω 正常，继而测温度熔丝，发现其不导通。更换该熔断器后，故障排除
惠普HP-Laserjet4LC 型激光打印机	打印面上出现空心字符	故障原因主要有：①透明胶片介质组成成分异常，造成字符空心；②在纸张的反面进行了打印；③纸张规格不符合要求。本例为使用透明胶片所造成的，Hewlett-Packard 透明胶片只能使空心字符减到最少程度，而难以完全消除。因此，使用透明胶片时，一些空心字符是在所难免的。更换另一种新透明胶片后，故障排除
惠普 HP-Laserjet4LC 型激光打印机	打印页面上前半部分无图像，后半部分打印出的是原稿的前半部分	此现象一般为对位供纸不良所致。正常情况下，当纸被搓到上下对位辊之间时，对位辊不是处于转动状态，而是处于短暂的停止状态。当控制器接到位于扫描器轨道上的对位传感器输出的对位信号后，对位辊旋转，纸被送至旋转的感光鼓下，且送出纸的速度与感光鼓旋转的线速度相等，纸的前端与感光鼓上图像前端对准，再经转印、定影，得到一张与原稿相同的打印页。根据以上分析，故障应出在对位传感器或控制器上。经仔细检查，发现一传感器损坏，致使对位辊提前送纸，导致本例故障发生。更换同型号传感器后，故障排除

续表

机型	故障现象	故障分析与维修方法
惠普 HP－Laserjet4LC 型激光打印机	打印件上出现整页全黑	故障一般由硒鼓安装不当或硒鼓有缺陷所致。打开机盖，检查硒鼓，发现硒鼓安装不当，重新安装硒鼓。正确安装方法如下：①用双手向着自己的方向拉开打印机盖。②从包装袋内取出 HP LaserJet 硒鼓，轻轻地前后晃动硒鼓，使其内碳粉均匀分布。③抓住硒鼓边上明亮密封条的末端，用力撕掉整个封条，撕下的密封条应是硒鼓长度的两倍。④握住硒鼓的手柄，使箭头面向打印机，将硒鼓向下滑动，放入打印机，硒鼓两端应滑进打印机的塑料槽内，并推到位，然后关闭打印机盖即可
惠普 HP－Laserjet4LC 型激光打印机	打印页面出现半页空白或图像脱印	打印页面较复杂、分辨率设定不适宜或内存不足均有可能导致此故障的发生。检修时，先将分辨率设定为 300dpi，故障依旧。再检查内存，发现其内存不足。安装额外的内存条后，故障排除
惠普 HP－Laserjet4LC 型激光打印机	打印出的原稿色彩过淡，部分区域出现竖向白块	纸张不符合规格要求、打印机处于省碳粉模式、硒鼓碳粉不足或硒鼓有故障均可能导致此故障的发生。检修时，先检查打印纸符合惠普 HP-Laserjet4LC 型激光打印机的要求，再退出省碳粉模式，故障依旧。拔掉打印机的电源电缆及打印电缆，打开打印机顶盖，取出硒鼓，轻轻摇动硒鼓使碳粉重新分布均匀后，无效，故判定为硒鼓有故障，更换新的硒鼓后，试机，故障排除
惠普 HP－Laserjet4LC 型激光打印机	打印过程中出现频繁的多页进纸或卡纸	故障原因主要有：纸张不符合打印介质的规格要求（纸张有凹凸不平、破损、过于光滑或过于粗糙以及太潮湿或厚薄不适宜）；纸匣中的纸装得过满；纸张黏在一起；未将纸叠好放在纸匣的金属夹下面；打印过程中取走了纸匣。对上述可能原因进行逐项检查，发现纸匣中的纸张黏在一起。将纸张从纸匣中取出，用风扇把黏在一起的纸张吹开即可
惠普 HP－Laserjet4LC 型激光打印机	连续打印时，扫描器进到打印机的供纸侧页不能返回原位，且机内发出"咔咔"的异响	返回传感器和控制器性能不良、传感控制电路不良、扫描器驱动系统机械方面有故障均可能导致扫描器不能返回原位。由于该故障是在连续打印时发生的，并且还有异响，故对扫描器驱动系统机械方面进行重点检查。打开打印机，用手来回移动扫描器，感到移动很吃力且所有的链条均跟着转动（正常时用手移动是很轻便的，且移动扫描器架时链条不会转动，只有绕在扫描器驱动

续表

机型	故障现象	故障分析与维修方法
惠普 HP-Laserjet4LC 型激光打印机	连续打印时，扫描器进到打印机的供纸侧页不能返回原位，且机内发出“咔咔”的异响	钢丝绳上的鼓轮转动)，故说明鼓轮与驱动链轮存在故障。它们均属扫描驱动部件，链轮位于鼓轮内侧，在离合器的作用下使驱动轴驱动鼓轮旋转。拆卸扫描驱动部件，发现鼓轮轴心的滚珠轴承已磨损严重，驱动轴被磨出一个槽来，将链轮与驱动轴咬死，当链轮开始转动时，驱动轴被带动，随鼓轮同时转动，带动鼓轮轴一个方向转动。更换离合器后，将其他部件按原来位置装好并试机，故障排除
惠普 HP－Laserjet4LC 型激光打印机	联机时，计算机软件给打印机送指令，打印机无响应	打印机电源未工作，并行电缆连接不当，清除卡纸后打印机未复位，打印机的顶盖及后盖开着，计算机软件或打印机没有设定正确的打印端口，未通过计算机软件选择正确的打印机，打印机连接在转换器上而转换器未设置好接收打印机的数据，以及打印机硬件有故障，均可能导致此故障的发生。 检修时，先检查电源线，开关及熔丝正常；再检查并行电缆连接正确、牢靠，电缆与计算机应用螺钉连接牢固、与打印机应用线卡紧；然后将电缆与另一个正常的打印机正确连接起来。这要处理后一切正常，说明并行电缆正常。继续检查发现转换器设置不正确。重新对转换器进行正确设置后，故障排除
惠普 HP-4VC 型激光打印机	采用 WPS 编辑系统进行打印时字号偏大	该打印机采用 Post Script 技术（主要包括 Post Script SIM 条和 Post Script 硬盘附件），而 Post Script 字号与其他编辑系统的字号不一致，故导致本例故障发生。检修时，调节字号即可。其方法是将 WPS 软件的小字号与正常字号对应，也可在 Windows 系统下正确安装 Post Script 驱动程序，即可使各个编辑系统的字号统一
惠普 HP-4VC 型激光打印机	用 A4 纸打印正常，但打印信封时不能进纸，面板显示“PC LOAD”字符	该机进纸是由中间的一个电机来控制的，旁边有一个多功能送纸盘验纸开关，开始打印的位置是通过纸张规格控制器来控制的。由于用 A4 纸打印正常，故判断纸张规格控制器位置不正确。将纸张规格控制器调到“信封”位置，故障排除

续表

机型	故障现象	故障分析与维修方法
惠普 HP－4VC 型激光打印机	打印字迹偏淡，不清晰，且有时面板上出现“16 LOW TONER”字符	故障一般是由碳粉及其控制部件有故障，充电器电路和转印电极电路及相关电路存在故障所致。检修时，调节打印浓度拨盘，取出硒鼓摇几次，无效。更换一个新的硒鼓，故障依旧。由该机印字原理可知，打印浓度调节拨盘动的电位器 VR3 和 VR5 引脚连接，且 VR3 影响充电器电路，VR5 影响转印电极电路。试调节 VR3 正常，但调节 VR5 过程中有时异常，故判断 VR5 引脚接触不良。重新补焊后，故障排除
惠普 HP－ⅢP 型激光打印机	打印件右边 5mm 宽的部分字符不牢固	初步判断定影部分存在故障。检修时，打开上机盖，卸下打印机后面注明高温注意的清洁毛刷，便可看到灰色的定影热辊（其内部有一根 240V、570W 的加热管）和红色的加压辊（用于对打印纸的加压）。另外，在定影热辊表面还有一个温度检测传感器，用于控制热辊表面的温度，使其在工作过程中温度保持为 180℃左右。经仔细检查，发现定影热辊表面严重磨损，使定影热辊与加压辊在对原稿进行定影时有一部分因压力不够而不完全定影，从而造成本故障。更换加热辊后，故障排除
惠普 HP－ⅢP 型激光打印机	打印出的原稿有黑点	故障一般发生在成像部分。该机成像部分主要由曝光与静电潜像、显影，转印与分离、定影等部分组成。半导体感光鼓是成像的核心部件，用铝合金制成一个圆筒，鼓面上再涂敷一层感光材料。这些感光材料在黑暗中为绝缘体，在光照的条件下，其电阻值下降，将感光鼓在黑暗中充电，使其均匀地带上电荷。将要求产生的图像通过激光束扫描到旋转的感光鼓上，光照部分电阻率迅速下降，电荷通过光导体流失，未照部分仍然保留着充电电荷。这样，在感光鼓表面上就留下了与原图像相同的所谓“静电潜像”。再将带有“静电潜像”的感光鼓接触带有正电荷的油墨或碳粉，原来被光照的部分吸附碳粉，形成墨图像。然后，通过激光打印纸与已显影后的感光鼓接触，通过转印电晕电压将吸附在感光鼓上的影像碳粉转印到纸上。最后，通过定影辊的加热、加压，使碳粉中的树脂熔化，牢牢地黏在纸上，完成整个打印过程。根据以上分析，仔细检测相关部件，发现半导体感光鼓上面有许多黑色斑点。更换半导体感光鼓后，故障排除

续表

机型	故障现象	故障分析与维修方法
惠普 HP－Ⅲ型激光打印机	打印的字迹被弄脏	故障原因可能是：定影辊不工作或定影灯泡失效，不能加热；静电释放尖齿中某一齿已变弯；使用的打印纸不合适。检修时，先检查打印纸符合要求。再检查发现，静电释放齿中有一齿变弯，致使相对于这部分的打印纸紧贴在感光鼓上而被弄脏。将静电释放齿中变弯的一齿矫正后，故障排除
惠普 HP－Ⅲ型激光打印机	打印纸左边变黑	激光束未扫描到正常范围，感光鼓上的反射镜位置改变，碳粉盒失效或盒内碳粉集中在盒内某一边均可能导致本故障。检修时，本着先易后难的原则，取下碳粉盒轻轻摇动，使盒内碳粉均匀分布后，故障排除
惠普 HP－Ⅱ型激光打印机	自检不打印，显示器上显示“50 SERVICE”字符	打开底部盖板，卸下底板，能开机，也可执行自检打印，但打印出的字符未固化，故怀疑故障在激光部分，重点检查供电加热系统、激光体本身和反馈控制部分。先用手接近标有“注意高温”的激光体，发现激光体不热但两头微热，说明激光体基本正常。再检测激光体的供电系统，发现在开机和关机瞬间均有电压输出，开机后电压即消失，说明双向晶闸管有故障。用万用表静态测试双向晶闸管 BCR8DM，发现其两脚已短路。更换 BCR8DM 后，故障排除
惠普 HP－Ⅱ型激光打印机	突然停止工作且显示屏显示“16 TONER LOW”字符	故障由碳粉盒无碳粉所致，应添加碳粉。添加碳粉的方法是：用螺线刀从里侧稍用力将定位销向外拔，拔下定位销，卸下碳粉盒的外壳；卸下碳粉盒左右两侧的拉紧弹簧，使碳粉盒和收粉盒分开；将收粉盒上的显影电阻丝架抬起抽下来，卸下收粉盒密封铁板上的两颗螺钉，打开收粉盒；转动齿轮，将收粉盒里的碳粉全部倒出；拔下碳粉盒侧面的白色塑料盖，再按相反的顺序把粉盒安装好
惠普 HP－Ⅱ型激光打印机	打印机能打印但打印字符浅淡	故障原因主要有：碳粉用完；感光鼓操作不正常；高压放电部分的高压放电金属丝烧断。检查发现，高压放电部分中的放电金属丝已烧断，致使感光鼓上带电的字符无法放电附在打印纸上，造成打印字符浅淡。更换放电金属丝后，故障排除

续表

机型	故障现象	故障分析与维修方法
惠普 HP－Ⅱ型激光打印机	打印时，打印件纵向前后图像浓度严重不均匀，若调节打印浓度，打印效果更差，而调节到最淡时打印件发黑，上半部有好转	故障原因主要有：电压不稳定或曝光灯有故障；充电高压不稳定或电极丝高低不平；显影偏压输出不稳定或显影器工作不良。检修时，先检查曝光灯、充电高压及电极丝均未发现异常现象。再检查显影部分，发现显影辊靠里面半截的碳粉严重堆积，估计是磁刷层的厚度增大引起此故障。根据其工作原理，磁刷层的厚度是由磁刷挡板与磁辊外套筒的间隙决定的。取下显影器盖，松开固定磁刷挡板螺钉，将磁刷挡板向外推，之后将磁刷挡板固定，试打印几张。经上述重复调整磁刷挡板位置，直至磁刷导厚度符合要求为止
惠普 HP－ⅡP 型激光打印机	打印出的原稿左边 1cm 宽的部分无字符	估计成像电路存在故障。该机成像电路主要由曝光与静电潜像部分、显影部分、转印部分、分离部分及定影部分组成。检修时，打开上机壳，观察内部光路积尘较多，且发现激光镜的左边有一条灰尘边带。此灰尘边带使激光束不能扫描到感光硒鼓上，无法形成原稿的静电潜像，致使本故障的发生。用专用镜头将灰尘清理干净后，故障排除
惠普 HP laser-jet5225Q 型喷墨打印机	打印过程中走纸不畅，打印重叠	打印重叠一般是由于打印机的电机、电机驱动电路和驱动机构的驱动轮损坏所致。检修时，打开机盖，通电，自检观察，电机运转正常。说明走纸电机及其驱动电路正常。再检查驱动机构，发现驱动齿轮系的一个中间齿轮轴断裂，从而造成本故障。由于该轴与机壳是一体的，无法更换，可用一段内径与轴外径几乎相同的铜管套入断裂处，套管前在断裂缝中滴一点三氯甲烷溶剂，等候 24h 胶固后，故障排除

2. 佳能激光打印机

机型	故障现象	故障分析与维修方法
佳能 LBP660 型激光打印机	打印图像色浅，且字迹模糊	试对对比度旋转进行调节后无效，将反射镜及聚焦镜用蘸酒精的棉球擦拭干净，故障依旧。检查转印电极丝、粉盒充电电极丝、高压接点均良好。进一步仔细检查，发现激光驱动的灵敏传感开关的一个弹簧片已破裂。更换弹簧片后，故障排除

续表

机型	故障现象	故障分析与维修方法
佳能 LBP660 型激光打印机	打印机无论打印大张或小张纸时均卡在输出纸部位，且下纸盒搓纸失常	打开机盖检查发现，单张纸顺利通过输纸部件的两个夹纸辊，但纸不再前进，而下纸盒在输纸部件的前夹辊处有多张纸被卡住，并停在该处。由此判断输纸部件的夹纸辊与输纸之间有空隙，纸得不到夹纸辊与输纸辊之间的摩擦，而导致停止不前。经检查发现夹纸辊架已松动，且其上的弹簧因变形而失去弹性，从而导致夹纸辊的夹纸力不够，纸与输纸辊之间不能产生摩擦，造成本故障。将夹纸辊架卸下，更换弹簧后，故障排除
佳能 LBP660 型激光打印机	开机电源指示灯亮，准备/等待指示灯一闪即灭，定影加热器只闪一次便一再加热	初步判断定影加热器接触不良或损坏。拆下定影加热器，先用万用表测量两端电阻值正常。再检测热敏电阻、温度传感器、保护电路及主控板控制接口电路均未发现异常。继而检查加热驱动电路，发现晶闸管损坏。更换晶闸管后，故障排除
佳能 BX 型激光打印机	打印时纸张起皱及卡纸	故障一般出在进纸机构及出纸机构。检修时，先要判断故障原因，进纸时的故障原因通常是搓纸轮脏或磨损，出纸时的故障原因通常是与加热组件有关。经检查与观察，印张能顺利通过定影加热组件，但纸张顶部到达机器内部时，由于出纸发皱而导致卡纸故障发生。将塑料片的破损部分剪去后，机器工作恢复正常。有时转向轮磨损也会造成类似的故障，请注意检查
佳能 BX 型激光打印机	打印时输出图像太黑	先检查打印密度调节轮，如设置过高，打印出的字体就会太黑。正常情况下，打印的图像该黑的地方应该全黑，该白的地方应该全白。如果该白的地方呈现灰色，则说明密度未设置好。另外，如果上粉盒下的支撑弹簧失去弹性或脱落，也会使输出图像过黑，这时应该更换弹簧。经检查发现，上粉盒下的支撑弹簧失去弹性。更换支撑弹簧后，故障排除
佳能 BX 型激光打印机	打印时输出图像全黑	打印时输出的打印纸全黑，一般是打底电晕丝断了，由于打底电晕丝是上粉盒的一部分，因此最快捷的方法就是更换粉盒。经检查发现电晕丝烧断。更换上粉盒后，故障排除

续表

机型	故障现象	故障分析与维修方法
佳能 BX 型激光打印机	打印时输出的打印纸全白	判断故障出在转印部件。打印机的转印部件主要由转移电晕丝和高压部件构成，如果转移电晕丝断了或者无高压，就不能使感光鼓上的碳粉吸附在打印纸上，结果便输出了空白打印纸。这时就需要更换转移电晕丝或检查高压发生器部分。 如果转移电晕丝和高压没故障，继续检查接插件是否良好。如接插件也是良好的，就应检查转移电晕丝的电极座是否出故障。一般来说，转移电晕丝的塑料电极座较易老化，一旦老化，就变成导电材料，于是转印高压就与机壳短路，转移电晕丝上就失去高压，碳粉也就无法从感光鼓吸附到打印纸上。经检查发现，转移电晕丝塑料电极座老化。更换该电极座后，故障排除
佳能 BX 型激光打印机	对打印出来的图像，用手一摸即脱落	故障一般出在定影系统。定影系统的作用是使附着在打印纸上的碳粉熔化，并使其永久地固定在打印纸上。由原理可知，接通电源后，控制板发给定影灯一个控制信号，使其接通电源，这时定影辊表面的温度也逐渐上升。当达到使碳粉熔化的 175~190℃ 时，定影辊表面上的热敏电阻就会产生一个信号送到控制板，控制板接收到此信号后便关掉定影灯电源。而低于此温度时，定影电源又重新接通。如此反复就会使定影辊表面温度始终维持在 175~190℃。 而导致机器无法定影的主要原因有：定影灯不良；定影灯灯管两端的接头氧化，使定影灯加不上电源；定影辊上的热敏电阻损坏，使控制板发出错误信号，使定影灯加不上电源。经检查发现，定影灯内部损坏。更换定影灯后，故障排除
佳能 BX 型激光打印机	打印时输出文字、图像不清晰，字形变长	故障主要是由打印机硒鼓表面膜光敏特性变差，残余电压升高，表面电位下降所致。检修时，用脱脂棉直接蘸 4g 左右的三氧化二铬，顺硒鼓轴一个方向均匀地、轻轻地擦拭一遍，但要防止指甲划伤硒鼓膜。通过这种方法可以明显地提高硒鼓的光敏特性。只要硒鼓表面上的硒膜没有脱落，此方法可以重复多次使用。经上述处理后，故障排除

续表

机型	故障现象	故障分析与维修方法
佳能 BX 型激光打印机	开机后机器始终不加热	故障一般发生在加热指示灯管或加热控制电路。打开机盖，先拆下加热组件，用万用表测量加热定影灯管阻值为 8Ω，正常。若阻值为无穷大，则灯管组件被烧断，需要换加热指示灯管。在灯丝回路中还串联了一只温度开关，其作用是在加热组件温度超过其正常温度范围（160～180℃）时，起断路保护作用，将停止灯丝加热。因此，还要检测加热辊中部的这只温度开关是否断路，经检查正常，由此说明故障原因为加热控制电路异常。拆开右后侧的交流电源组件，其下板上有一只晶闸管 Q201（BCR12PM），经检测果然已损坏。更换 Q201（可用 BTA12600C 替换）后，故障排除
佳能 KT 型激光打印机	开机后机器加热一直不停	开机后检查热敏电阻正常，判断故障出在加热控制电路。检修时，打开机盖，从断电器和晶闸管的控制端引出测试线，检查正常时继电器始终闭合，到达规定温度时晶闸管断开。而晶闸管控制端（3 脚）上始终无控制信号，该脚接光电耦合器 SSR101 的 4 脚，光电耦合器的输入端（2 脚）连到插座 J104 的 3 脚。检测光电耦合器正常。找到主控板上对应的插座 J807，其 1 脚为光电耦合器的输入控制端，连到 Q807 的 c 极，而其 b 极又连到 IC807 的 18 脚；其 2 脚为继电器输入控制端，连到 Q805 的 c 极。经进一步检测发现，Q807 内部损坏。更换 Q807 后，故障排除
佳能 KT 型激光打印机	打印时文字很淡，字迹隐约可见	调整图像浓度，粉盒硒鼓及印字头均无异常，判断故障可能出在扫描转印或定影部分。检修时，先让机器自检或发排，当纸走到一半时拉开前盖，查看硒鼓表面上尚未转印的图像正常（如图像偏淡，则故障在于激光扫描镜头过脏，或高压接点与硒鼓的显影偏压用的接点接触不好，或是高压电源电路板故障）。观察经过转印辊后吸附在纸上而未定影的图像很淡，说明故障是由在转印时高压不足而产生的。进一步检查发现，转印辊的高压供电靠左面一个铜片与一个弹簧片接触导通，而弹簧片变形，未能接触铜片。将变形的弹簧片向外变曲一点，使之能与铜片接触良好后，故障排除

续表

机型	故障现象	故障分析与维修方法
佳能 KT 型激光打印机	打印时 A4 纸打印的幅面变为 B5 大小	故障可能出在纸盒规格识别电路。检修时，打开机盖，经观察送纸盒侧面有三个可以拆卸的纸张大小设置块，机器上对应位置有三个微动开关进行检测，A4 纸盒的正常设置装置有两个设置块，而该机丢失了一块，从而造成纸盒规格识别错误。把小塑料块或木块削成设置块形状，用环氧树脂胶黏在对应位置后，故障排除
佳能 KT 型激光打印机	热辊被烫坏，上下热辊黏在一起	故障可能出在驱动电机及相关部位。检修时，打开机盖，发现被烫坏的热辊，只有黏在一起的部位有高温烫化的痕迹，其余部位正常，说明发生故障时热辊没有转动。检查传动齿轮均正常，DC 控制板也无异常，因此判断驱动电机的连接线或电机有故障。经进一步检测，果然驱动电机损坏。更换驱动电机后，故障排除

二、针式打印机故障维修实例速查

1. 实达针式打印机

机型	故障现象	故障分析与维修方法
STAR CR3200 型彩色针式打印机	打印时常显示缺纸信息	断电，取下面盖，在打印机的滚筒下方金属支架中间找到红黄紫三根导线，即打印纸检测传感器导线，顺着该导线找到检测传感器（该传感器实际上是一个红外线发射/接收头，取下打印头后盖就能看到，即位于打印滚筒左后边的小方块），发现上面已积满了灰尘，将灰尘擦干净后，故障排除
STAR CR3200 型彩色针式打印机	开机后打印正常，但距离不能太近，太靠近就挂色带	先检查打印针正常，试更换打印头，故障依旧，怀疑打印机主板针驱动有故障。检查 24 根针驱动，即 6 块 MP4106 芯片均正常。检查公共驱动三极管 TR15～TR18，发现三极管 TR18（B199）的 c、e 极短路。更换 TR18 后，故障排除

续表

机型	故障现象	故障分析与维修方法
STAR CR3200 型彩色针式打印机	开机自检正常，但联机时打印机打不开	先检查打印电缆，打印机接口均正常。打开打印机，只留主板，联机开机正常。再接上打印机架，联机开机也正常。最后，接上打印头，联机故障依旧。取下打印头测试，发现有几组线圈与打印头外壳短路。拆开打印头，取下打印针，仔细检查并取出定位销，测试线圈与外壳没有短路。重新安装好打印针后，故障排除
STAR CR3200 型彩色针式打印机	打印字迹淡薄模糊	先检查色带及色带盒均无异常。再检查 4 个传动轴，发现传动轴齿轮中心的弹簧均已断裂。用和原弹簧直径相同的钢丝仿制后装上试机，故障排除
STAR CR3200 型彩色针式打印机	开机后操作面板上的电源指示灯不亮，整机无反应	打开机壳，先检查交流熔断器 F1 及直流熔断器 F2 均正常。再检测各电源电压，发现开关电源的 35V 和 5V 电压端均为 0V。检查开关三极管 VT1 及 T1 均正常。通电测量开关电源控制电路 IC1 的各引脚的工作电压，发现 14 脚（VCC 端）电压为 3.9V（正常值应为 25V）。检查该脚外围元件发现 C11 失效。更换 C11 后，故障排除
STAR CR3200 型彩色针式打印机	开机后操作面板上的电源指示灯不亮，整机无反应	应重点检查电源电路。先检查电源电路的交流熔断器 F1 正常，但直流熔断器 F2 已经熔断，判断 5V 稳压电路中存在过流现象。仔细检查 5V 电压分离元件 C25、C27、C29 和 L4，发现电容 C25 严重漏电。更换 F2 和 C25 后，故障排除
STAR CR3240 型彩色针式打印机	联机正常，无论微机输出还是自检都打印乱码	自检打印乱码，说明从字库芯片中无法取出正确信息，估计故障出在取字库的传输路径上。该机的字库芯片是 IC5，用万用表测量与其相连的元件，发现 C10（100pF）、C25（20μF）、R15（270Ω）、R16（270Ω）已损坏。更换损坏元件后，故障排除
STAR CR3240 型彩色针式打印机	打印时经常自行停止且缺纸灯亮而联机灯灭，按联机按钮后可继续打印，但打印不久后故障又出现	该机是通过走纸辊下侧的一个光电传感器来检测是否有纸的，在正常情况下光信号经发射后被传感器接收并发出“有纸”的信号。检查光电传感器，发现光电传感器表面被纸屑灰尘污染，造成打印机逻辑误判。用无水酒精或磁头清洗液清洁其表面后，故障排除

续表

机型	故障现象	故障分析与维修方法
STAR CR3240 型彩色针式打印机	打印字迹轻，个别字符缺笔画	故障原因主要有：色带已接近使用寿命；打印头过脏；打印头与打印字辊的距离太大。试更换色带并对打印头进行清洁后，故障依旧。再检查打印头，发现打印头与打印字辊的距离太大。调节打印深度调节杆使其间隙减小后，故障排除
STAR CR3240 型彩色针式打印机	打印西文或是中文，字符点阵都无法辨认	对打印原稿进行仔细观察，发现有大量打印针未出，检查公共三极管及针驱动三极管无异常。再用示波器检查针数据形成矩阵 μPD65006-015，发现其 27 脚始终为高电平，该脚的输入信号是 ODD-EN，即奇数针使能信号，只有在低电平时奇数针才能出针打印。这时公共三极管 TR21～TR24、TR13～TR16 才能导通。而该脚始终为高电平，故造成 TR13～TR16、TR21～TR24 不导通，12 根奇数针均出针打印。奇、偶数针的出针定时是受定时器 82C53 控制的，其中 82C53 的 0 通道给出奇数针的定时，82C53 的 1 通道给出偶数针的定时。 经测量 IC4（82C53）R（10）脚（0 通道）有低电平出现过，跟踪信号测量发现 IC16（MPC339）的 14 脚没有波形且始终呈高电平状态。经检查发现 IC16 已损坏。更换 IC16 后，故障排除
STAR CR3240 型彩色针式打印机	打印字符严重缺笔画	经检查发现三极管 TR31 的 b-c 结短路，TR32 的 c-e 结短路，使+5V 电压无法加上，引起该故障的发生。在正常情况下，在打印期间 IC11 的 11 脚应有低电平出现，IC11 的 10 脚应输出高电平，然后 TR31 导通，TR32 也导通，+5V 电压通过 TR31 加到电阻排 RA14 和电阻 R92 上，以给TA4～TA6 内的驱动三极管基极偏置电压。当 TR31、TR32 损坏后，+5V 电压就无法加上，故 TA4～TA6 内的驱动三极管因得不到基极偏置电压而不工作，致使该故障的发生。更换 TR31、TR32 后，故障排除

续表

机型	故障现象	故障分析与维修方法
STAR CR3240 型彩色针式打印机	自检正常，但联机打印时少打内容，打印重行且打印内容杂乱	自检打印正常，说明打印机内部电路基本正常，估计故障在接口电路。该机接口电路的 IC3（LC9301B-ZB1）是专用接口芯片，当主机需要打印时，先检查打印机信号端 BUSY，如果是高电平则处于等待状态，如是低电平则发出数据选通信号 STB 并发送数据 DATA1～DATA8，打印机接到 STB 信号后，又置 BUSY 端为高电平，通知主机暂缓发出数据。当打印机读入当前主机送来的数据后，产生一个 ACK 应答的信号，并置 BUSY 端为高电平，通知主机暂缓出发数据，从而结束一个数据输入过程。另外，在数据输入和打印输出过程中，“纸尽”（PENE）、“选中”（SLCT）及“出错”（ERR）等信号都会使 BUSY 端处于高电平，因此判断 DATA1～DATA8 数据线正常。关机后，用万用表测 IC2（74LS05）的 2、4、6、10、12 脚对地电阻，发现 4 脚对地电阻只有 400Ω（其他脚对地电阻为 4kΩ 以上），故判定 IC2 电路性能不良。更换 IC2 后，故障排除
STAR CR3240 型彩色针式打印机	开机后，打印头在原地剧烈抖动，不能复位	关机后用手拨动打印头字车，感觉阻力较大，但拔下字车电机驱动电路的插座，则阻力明显减小，故怀疑故障出在驱动电路。检修时发现 R118 阻流电阻已烧断，专用步进电机驱动芯片 IC12 的 11 脚与 12 脚间断路，故断定 IC12 驱动芯片的一路（B 相）已烧坏。更换 IC12 与 R118 后，故障排除
STAR CR3240 型彩色针式打印机	打印浓度无规律变化，同时伴有缺笔画甚至刮破打印纸的现象	故障原因主要有：色带盒转动齿轮或盒内色带驱动齿轮严重磨损；打印头驱动电缆线断线或接触不良；色带电机驱动电路出问题；色带驱动电机损坏。经对上述原因进行逐项检查，发现驱动电机各绕组的电阻值与正常值（约 170Ω）相比，差别较大，判定电机已损坏。更换电机后，故障排除
STAR CR3240 型彩色针式打印机	开机后电源灯和字车灯亮，但字车迅速向右移而不返回	先用逻辑笔测 CPU（TMP90C041）的 20 脚和 19 脚初始动作不对，正常信号应是开机后 20 脚跳变为高电平、19 脚跳变为低电平，字车从左向右移动，到达右端后 20 脚跳变为低电平、19 脚跳变为电源电压，不走车时均为低电平。根据以上检测，判断 CPU 存在故障。更换 CPU 后，故障排除

续表

机型	故障现象	故障分析与维修方法
STAR CR3240 型彩色针式打印机	开机后操作面板上除联机灯外其余灯全亮，打印机无任何动作	怀疑故障可能是由复位电路、CPU、数据总线、地址总线、控制三总线及 ROM 本身有故障导致。检修时，先检查复位电路。该机复位电路信号是由 IC7（M5195BL）的 5 脚输出的，复位信号低电平要维持约 34ms。复位信号 RESET 的产生条件是：电源刚接通；主机发来 INPUT-PRIME 信号。满足上述两个条件时，IC7（M5195BL）的 4 脚为低电平，5 脚输出低电平，打印机复位信号为低电平。复位信号低电平的有效时间取决于接在 IC7 的 4 脚上的电容 C32 的充电时间。当 C32 充电完毕时，RESET 信号由低电平恢复至高电平。也就是说，当 IC7 的 4 脚有高电平时，IC7 的 5 脚也有高电平输出；否则，当 IC7 的 4 脚有低电平时，IC7 的 5 脚也有低电平产生。 根据以上分析，测 IC7 的 4 脚始终为低电平，测 IC11（LS05）的 2 脚始终为高电平，IC11（LS05）的 1 脚始终为低电平。IC11 的 1 脚接的是接口的 INPUT-PRIMF 信号，这是主机发送的初始化信号。经检查发现 IC11 的 1 脚对地被击穿。更换 IC11 后，故障排除
STAR CR3240 型彩色针式打印机	纸尽检测信号灯亮，不能打印	故障一般是由光电传感器（反射型）的发射与接收孔内积聚灰尘，或纸尽检测传感器损坏所致。打开机壳，卸下打印胶辊，用棉球蘸酒精清洁传感器，故障依旧。检查光电传感器，发现发光二极管损坏，导致光敏管截止。更换发光二极管后，故障排除
STAR CR3240 型彩色针式打印机	开机瞬间操作面板上电源指示灯一闪即灭，随后打印机无任何反应	打开机壳，检查电源管正常，说明故障由过压保护所致。该机电源的过压检测电路由光电耦合器 PHC1、高精度稳压器 L5431（IC4）和电阻 R30、R31、R32、R34、R35 以及可调电位器 VR2 组成。监测 +35V 输出电压。L5431 的稳压值在 2.5~36V 范围内连续可调，其电压值受控制极控制，控制极的电压取自 +35V 输出电压，由电位器 VR2 上取样。过压保护现象往往可以通过调整 VR2 的值来解除过压保护，试调整 VR2 无效。经逐项检查发现，过压检测电路中电阻 R34 两端已脱焊。重新补焊 R34 后，故障排除

续表

机型	故障现象	故障分析与维修方法
STAR CR3240 型彩色针式打印机	开机后，面板上指示灯不亮，打印机无任何反应	打开机壳，先检查熔断器正常，再检查电源电路发现+5V、+35V 电压均无输出。在桥堆整流之后，测 C7 两端无+300V 电压，而 VDB1 的输入端有交流 220V 电压，说明前级交流滤波电路正常。再用万用表测 VDB1 无异常。进一步检查发现，印制电路板上有裂痕，使 C7 到 VDB1 输入端的印刷线处于开路状态。取一段软导线连接并焊好后，故障排除
STAR CR3240 型彩色针式打印机	色带不走	故障原因主要有：色带盒有故障；带盒驱动齿损坏；驱动电机损坏；门阵列芯片 IC8 的 6、7、8 脚均有脉冲。先检查电机无故障。再测电机在打印和不打印时的电压均为+5V 不正常，测+35V 电压正常，说明打印时三极管 TR14（B1387）没导通。测门阵列芯片 IC8 的 10 脚在打印时为高电平，正常。经检查发现三极管 TR14 的 b-e 结断路。更换 A1013 后，故障排除
STAR CR3240 型彩色针式打印机	联机打印几行就停机，并长鸣报警	故障可能出在打印头温度检测电路。该机打印头内有一个热敏电阻反映打印头线圈温度。当打印头温度超过正常值时，热敏电阻的阻值将发生变化，从而改变了热敏电阻与外电阻的分值，CPU 的 ANO 端采样到外电阻的变化，将其与内部参考电压 VLFF 比较，从而检测出打印头线圈的瞬时温度，进而决定打印机的双向正常打印、单向打印和停止打印等状态。用一只 100kΩ 的电阻跨接在 R61 到+5V 之间，使 ANO 端电位保持在 1V 左右，联机打印正常
STAR CR3240 型彩色针式打印机	有纸的情况下，缺纸灯亮且蜂鸣器报警	应重点检查缺纸检测电路。试拔下 CN5 插头，测其 5、6 脚之间（电路光敏管 c-e 结）的阻值正常，说明光敏管良好。再测 5、7 脚（发光管正、负极）之间的阻值也正常，CPU 的 5 脚信号波形幅值较小，而 CN5 的 6 脚（接光敏管）送来的信号波形正常，估计插头 CN5 的 5、6 脚之间的 R65（1.5kΩ）、R67 不良。经检查发现 R65 已损坏。更换 R65 后，故障排除
STAR CR3240Ⅱ型针式打印机	开机自检打印一段时间后突然卡死，并发出长鸣报警	开机后观察，发现每次出现故障时打印头都停在同一位置，再次开机后打印头也不能复位，做怀疑打印头有故障。经仔细检查，发现打印头电缆第二层靠外边的第二根线磨损断裂。用烙铁将其焊好后，故障排除

续表

机型	故障现象	故障分析与维修方法
STAR AR2463 型针式打印机	开机后，操作面板上的指示灯不亮，字车不返回到初始位置	指示灯不亮，说明故障出在电源电路。变压器输出的交流 30V 电压经过桥堆整流和电容滤波后，通过串联稳压电路稳压后输出 VH（31～40V）和 VM（31～38V）直流电压，分别送到打印头驱动电路和打印驱动电路。电路中的 8V 电压通过另一个桥堆整流和电容滤波后分成两路输出。一路由串联型三极管稳压电路稳压输出，产生 VL（2.9～3.5V）电压，用来进行电源的静态锁定。另一路由三端稳压器稳压后，输出+5V 电压供给逻辑电路和操作面板上的指示灯，+39V 直流电压用来供给打印头线圈，38V 直流电压用来供给字车电机、走纸电机和风扇电机。VL 的直流电压用来供给字车电机和走纸电机。 根据以上分析，先检查熔断器完好，再检测各组输出电压，发现+5V 电压仅为 0.3V，故判定故障在+5V 电源电路。该电路只有一个三端稳压集成块 IC1（3052）和 3 只电容，逐一检查各元件未见异常，再检查三端稳压集成块 IC1 的 3 只引脚也焊接良好。焊下该三端稳压集成块 IC1，用万用表检查发现其输出端对地短路。更换 IC1 后，故障排除
STAR AR3200 型针式打印机	开机正常，但打印机报缺纸，联机灯灭，并且不停地鸣叫报警	检查缺纸检测器，发现其上部有少量灰尘，将该检测器表面擦干净。打开机壳后装上一张新打印纸。用万用表直流 2.5V 挡测量打印机主板 CN3 的 5、7 脚的电压为 0.8V（正常应低于 0.6V），说明检测器灵敏度偏低，更换新的检测器后，故障排除。若无该元件，也可采用以下方法进行应急处理：将主板上的 R116（4.7Ω）用一个 5.1kΩ 的电阻替换
STAR AR3200 型针式打印机	开机后不能正常打印，无论是否装放纸张，缺纸指示灯都会不停闪烁	故障可能出在纸尽检测器。由原理可知：当装好打印纸后，光电耦合器导通，输出一个高电平的检测信号；反之，当纸尽未装打印时，光电耦合器截止，输出一个低电平的检测信号，表示纸尽，同时操作面板上的缺纸指示灯将闪烁。检查纸尽检测器，发现纸尽检测器上面布满了灰尘。清洁纸尽检测器后，故障排除

续表

机型	故障现象	故障分析与维修方法
STAR AR3200 型针式打印机	进纸时，每次只能进纸几厘米，连续按“装纸/退纸/出纸”按钮虽然可以进纸，但压纸杆不能抬起，联机灯不亮，并报缺纸	该机进纸过程如下：短进纸，把纸送到缺纸检测器上方，检测器确认有纸后，执行下一过程，如检测器认为无纸，进纸动作结束；长进纸，抬起压纸杆，根据纸间距设置，将打印纸送到打印位置，联机准备打印。从该故障可以看出，机器反复执行了短进纸过程，且因打印机判断无纸而不能联机打印。因为检测信号是从光电三极管对地电阻上取走的，当信号较弱时，则会出现此故障。将光电三极管的对地电阻 R66 更换成阻值较大的电阻，以提高信号值，试机，故障排除
STAR AR3200 型针式打印机	打印机缺纸后不发出报警声	重点检查缺纸检测电路。该机缺纸检测采用光电耦合器式缺纸检测器，装在进纸槽中检测打印机当前是否有纸，当有纸时，发光二极管的光线可由纸反射至光电管，使其导通。如果未上纸或纸已用尽，发光管的光线由于被黑色胶辊吸收而不能达光电管，使其截止，CPU 发出缺纸显示并报警，如果检测器的发光面与受光面被蒙上灰尘，阻挡光线传播，则会导致本故障。清洁检测器上的灰尘后，故障排除
STAR AR3200 型针式打印机	在炎热的夏季连续打印较长时间后突然断电	打开机盖，检查电源熔丝已熔断。再逐步检查，发现开关电源的开关也损坏，说明打印机在高温下长时间连续工作致使开关管过热而损坏，造成该故障的发生。更换电源熔丝和开关管，并采用加大(加厚）开关管散热面积后，试机，故障排除
STAR AR3200 型针式打印机	进纸时压纸杆动作有噪声，随后死机	压纸杆位置检测器是一个机械开关。当压纸杆落下时开关打开，发出高电平信号；压纸杆在进纸时抬起，进纸终了时落下。如压纸杆不能到位，打印机将报错死机。该机压纸杆的动作与其他打印机有所不同，它不专用继电器，而是通过一系列复杂的齿轮操作完成的，在进纸时用字车撞击机架左侧的弹簧，推动压纸杆驱动齿轮左移，与走纸电机齿轮组接触，于是走纸电机带动了压纸杆，使其到位。然后，字车右移，弹簧伸展，驱动轮与走纸电机齿轮组脱离接触，压纸杆停止运动。 经检查发现，打印机齿轮已经损坏，驱动齿轮无法带动压纸杆运动，摩擦时发出噪声，由于检测器发现压纸杆不能到位造成死机。更换齿轮后，故障排除

续表

机型	故障现象	故障分析与维修方法
STAR AR3200 型针式打印机	自检打印正常，联机在 WPS 下打印汉字正常，但在进入 DOS 环境后，用 Ctrl+P 组合键打印时，连续出现每一个字母重复打两次的现象，而且不能进入“C:>”提示符	故障一般是由数据线传输或控制信号有问题所致。由于该打印机打印汉字正常，打印英文字母重复打两次，但没有出现乱字符，联机也正常，故暂时排除数据线传输故障的可能，应重点检查控制信号的输入输出。 测 IC1（74LS05）的 3 脚为低电平，但 4 脚却没有反相输出高电平。4 脚是 ERROR 信号输出。由于该信号出错，显示器打印口出错信息，所以一般在打印机出现接口故障或缺纸符时（打印字符不乱），应重点检测打印机的控制信号。焊下 IC1，测得 4 脚对地电阻较小。更换 IC1 后，故障排除
STAR AR3200 型针式打印机	打印机加电后能回车，但自检时打印出黑色块	估计可能是 ROM 芯片存储内容损坏或驱动门阵列芯片损坏。试用正常的监控程序 ROM 替换下该机的 ROM 芯片，开机，故障依旧，说明 ROM 芯片无故障。再用示波器测 IC22（D65006-015）芯片的 27、38 脚输出电压为 2.3V（正常应为 4.5V），经检查发现 IC22 损坏。更换 IC22 后，故障排除
STAR AR3200 型针式打印机	打印机自检正常，但联机时出现错误信息，不打印	联机，用复制命令进行打印，打印机打印出 1~2 行“@”的混乱字符。按“PRINT”按钮打印，打印机能继续打印，但字混乱。更换另一台计算机再试，故障依旧。拆开打印机外壳，检查打印机的主板接口电路，其外围接口电路由集成块 74LS05 组成。74LS05 为六反相器，其输入端和输出端电平变为反相。用逻辑笔对各反相器逐一测量，发现 3、4 脚和 8、9 脚两组反相器的输入、输出端均为低电平，故判定该集成块损坏。更换 74LS05 后，故障排除
STAR AR3200 型针式打印机	自检正常，联机时不打印	先检查接口电缆正常，怀疑接口电路中存在故障。接口电路中 BUSY、STB、ACK 和 D2 信号异常，都会造成联机不打印。在联机打印状态下，用示波器检测上述 4 个信号，发现接插件 CN1 的 BUSY 信号始终为高电平，锁死了主机。此信号是由 IC4（08240073）的 5 脚经反相器 IC1 的 11 脚输入，由 IC1 的 10 脚输出的。检查 IC1 工作正常，说明门阵列集成块 IC4 发出的 BUSY 信号不对，故判断该门阵列芯片损坏。更换 IC4 后，故障排除

续表

机型	故障现象	故障分析与维修方法
STAR AR3200 型针式打印机	搬动打印机后，面板上所有灯不亮，打印机无任何反应	故障一般发生在电源电路。先断开主板与电源板插头，测+5V 电压和+35V 电压输出正常，说明主板无短路。该机是在搬动后出现故障的，故怀疑可能是带电插拔电缆烧坏接口。打印机复位电路与接口电路是相连的，若复位电路工作不正常，就会引起打印机无任何反应的现象。经测量 RESET 复位信号始终为低电平，静态测 IC2（74LS05）的 6 脚对地已短路。进一步检查发现，复位驱动管 TR1（C3198）已被击穿。更换 IC2 和 TR1 后，故障排除
STAR AR3240 型针式打印机	自检打印正常，但打印蜡纸时，打印数行后中途突然停机，且有“嘀嘀”声。打印白纸时好时坏	估计可能是打印机检纸传感器有故障。该机采用反射型光电传感器作为缺纸检测器，装于黑色字辊下的铁皮板上，当有纸通过时，感应器导通；缺纸时，字辊光反射性差，感应器截止，若打印机使用时间较长，感应器光孔上集有一定数量的灰尘、纸屑后，光反射性下降，致使工作环境较差而不能打印。 打开机盖，发现感光管有大量灰尘、纸屑。分析其原因为：白纸的光反射性能比蜡纸要好，感应器能检测到，故而能打印；而蜡纸不能打印才发出“嘀嘀”缺纸信号声。用蘸酒精的棉球将感光管擦洗干净后，故障排除
STAR AR3240 型针式打印机	启动计算机，打印机初始化正常，但运行 WPS 打字时，发现打印机无任何动作，一会儿 WPS 却报告打印完成	在 DOS 提示下，用“DIR>PRN”命令测试，计算机出现死机现象。进行打印机自检，正常；将打印机连到别的计算机上，打印正常。故判断是计算机软件故障。用 KV300 软件杀毒，未发现病毒。最后，检查 CMOS 参数设置，才发现“CHPHT FEATURES SETUP”（芯片设置组）中的“ombord parallel port” （并行端口）项被设为“disabled”（禁止），将其改为“378H/IR07”，存盘重新启动，打印一切正常，故障排除
STAR AR3240 型针式打印机	打印时，每行字上出现几条淡淡的黑线，且每个字符上有明显的缺针现象	使用打印机免修程序检查，发现 12 号针不正常。关闭 12 号针，缺针现象消失，但黑线依旧，故怀疑可能是 12 号断针。打印时断针不能回收，划印色带产生黑线，把打印头拆下，发现打印针并没有断，而是较脏。分析其原因为：由于在打印时，打印针较热，黏住了色带上的油墨，时间一长油污积累过多，堵塞了针孔，引起该故障的发生。将打印头清洁干净后，故障排除

续表

机型	故障现象	故障分析与维修方法
STAR AR3240 型针式打印机	打印出的字体压缩，滚动手柄转动很不灵活，难以手动进退纸	怀疑可能是机械故障引起的。打开机盖，检查齿轮及其传动机构都完好，并且拆下走纸电机后，手动进退很灵活，说明机械部位基本正常。再检查电机，当转动走纸电机转轴轮时发现时紧时松，很不灵活，因平时操作时很少用自动进退纸功能，而经常在电源打开状态下使用手动进退纸功能，这样引起电机功耗增大，以致机内线圈发热变形，转子摩擦力增大。更换电机后，故障排除
STAR AR3240 型针式打印机	通电后，面板指示灯亮，打印头有“咕咕”叫声，字车不动作，不能打印	怀疑打印机脏污。试对打印机内部进行清洁时，发现 F206 烧断、R203 烧焦。测 VT202（D1593）的正反向电阻异常。焊下 VT202，发现 b-e 结已被击穿短路。再检查其他元件未发现异常。更换 VT202、R203 后，字车复位，面板上指示灯能点亮，但 F206 仍发红，手摸 VT202 的散热片很烫手，怀疑 C207、R204、VT2（B825）短路，使 VT202 电流太大，散热板发烫。对上述元件进行逐个检查，发现 VT202 已短路，而电容和电阻正常。焊下 VT202，测其 c-e 结也已被击穿。更换 VT202 后，故障排除
STAR AR3240 型针式打印机	开机后，操作面板上的指示灯不亮，字车不返回至初始位置（一）	应重点检查电源。该机的电源有三部分，即熔断器板、电源变压器和主板上直流电源。先检查电源熔断器 F1 完好。再检测主板上各直流电压，发现各组直流电压均无输出。进一步检测电源变压器的二次侧没有交流输出。用万用表电阻挡测量一次绕组，发现已开路，估计电源变压器的一次绕组中热保护器已熔断。 断电，卸下电源变压器，将其倒置，用手锤轻轻敲击外部的封装物，可见到一个 1cm 长的热保护器。用烙铁将其焊下，将原来的两端用导线连接起来，重新用绝缘胶带封装好后，故障排除
STAR AR3240 型针式打印机	开机后，操作面板上的指示灯不亮，字车不返回至初始位置（二）	故障一般发生在电源电路。拆开机壳，目测检查，发现熔断器 F1 已经碎裂，说明机内存在短路故障。拔下熔断器与电源变压器之间的插头 CN1，用万用表测量 C1 两端的阻值，发现已短路，由于在线 L1 的存在，难以区分是 C1 还是 C2、C3 短路，焊下 L1，检查 C1、C2、C3 后发现 C1 两端短路且其表面有裂纹。更换 C1 和 F1 后，故障排除

续表

机型	故障现象	故障分析与维修方法
STAR AR3240 型针式打印机	开机无反应，能联机打印，但启闭相邻电气设备时均受干扰，须复位一次，最后出现开机无反应，联机也不正常	故障可能出在电源部分。打开机盖，测开关稳压器的输出电压正常，测主板上各集成块工作电压也正常，而该机能联机打印，说明联机状态下CPU基本上是正常的。但开机时无反应无指示，说明CPU没有复位或一直处于复位状态，导致打印机不能进入初始化工作程序且易受干扰，估计故障在复位电路。复位电路是由IC2、三极管TR1和并行接口芯片IC1（74LS05）组成。 开机时IC的6脚输出为0V，TR1截止，由C3充电产生一定的脉宽的复位信号，由IC2的5脚输出。联机打印时，微机送来初始化脉冲INT，由IC1反相后，使TR1饱和，也能产生复位脉冲，使打印头字车归位开机。测量IC1的6脚始终为高电平，经检查发现IC1损坏。更换IC1后，故障排除
STAR AR3240 型针式打印机	打印纸时走时停，行与行字符时有重叠	测VM（+35V）电压正常，按走纸按钮，用示波器测CN6的1、2脚有高低压交替波形，说明电机驱动电路正常。再检测相位控制电路，用示波器测试三极管阵列芯片STA404A的3、5、7、9脚，发现7、9脚没有控制信号；测试STA404A的2、4、6、8脚，相位信号正常。故判定三极管阵列STA404A局部损坏。更换STA404A后，故障排除

2. 爱普生针式打印机

机型	故障现象	故障分析与维修方法
爱普生 ZH-1600K 型针式打印机	开机后面板显示异常，字车往右动一下即停，联机指示灯闪动，液晶屏上显示几个黑色方块	电源指示灯亮说明+5V供电电压正常，字车能动作说明CPU已完成初始化。先检查字车控制与驱动电路无异常。再检测+35V电压，发现该电压已达到+50V。该电源开关稳压电路的输入电压为50V，现在输出电压等于输入电压，估计三极管TR201已被击穿。经检测发现，TR201的c极与b极电阻接近于0V，说明TR201已损坏。更换TR201后，故障排除

续表

机型	故障现象	故障分析与维修方法
爱普生 ZH-1600K 型针式打印机	通电后电源指示灯不亮，液晶上无显示，字车不动	拆开机壳，目测检查保险管完好，+5V 和+35V 的直流负载电阻也无明显短路，通电测开关电源的输出+35V 电压正常，但+5V 端输出电压却为 0V，说明故障存在于+5V 电压供电电路上，应重点检查开关变压器的 5V 电压形成电路。测 C214 两端电压为 12V，正常。在路检测 IC202 的输入、输出端（3、2 脚）对 1 脚的电阻，正向电阻值分别为 3kΩ 和 200Ω，反向电阻分别为 1kΩ 和 100Ω，正常时正向电阻值应分别是 5kΩ 和 2kΩ，反向电阻值应分别为 1kΩ 和 1.5kΩ，故判断 IC202 损坏。更换 IC202 后，故障排除
爱普生 FX-85 型针式打印机	走纸不畅，打印字符重叠	经检查发现走纸电机及机械传动机构完好，试清洁、润滑后，故障依旧，重点检查电机驱动电路。该机的走纸电机是一个四相步进电机，由 HA13007 四功率放大电路驱动，+5V 和+24V 为步进电机的高低压驱动电源。测量 HA13007 的四路输入信号均正常，但测得其四路输出中 6 脚无输出，由此判断此功率放大电路损坏，致使步进电机缺相，引起走纸不畅。更换 HA13007 后，故障排除。若购不到此配件，可用三极管 Q（AJE3055）和二极管 D（1N4003）组成驱动门电路，替代 HA13007 中损坏的那条驱动电路
爱普生 FX-85 型针式打印机	接通电源，指示灯亮，但各功能按钮均失效	重点检查整机电源。220V 交流电经整流滤波供给厚膜电路 STK7563，由它稳压输出+5V 和+24V 电源供整机工作。测量+5V 输出电压正常工作，但无+24V 电压输出，试用一个直流稳压电源替代+24V 供电电源，发现故障消失，说明厚膜电路（STK7563）的+24V 电源已损坏。采取局部修理法，先用二只三端稳压集成电路 7824 并联，以保证可靠工作；再用三只 1N4001 二极管串入 7824 的输入端，使输入端电压降为+24V
爱普生 FX-100 型针式打印机	开机后，机内发出“嘟嘟”的报警声，整机不工作	打印机发出“嘟嘟”的报警声，说明电源电路已工作，只是输出电压异常，故应重点检测电源输出端的各组电压。经测量 UP 端电压为 29V（正常应为 24V），再检查其他相关元件无异常，由此判断集成块 IC1 内部存在故障。在集成块 IC1 的 13 脚与电感 L3 之间串联一只 47Ω/2W 的电阻与一只 10kΩ 可变电阻，开机后一边用万用表测 UP 端电压，一边调节串联的可变电阻，使输出电压为 24V 后，加电试机，故障排除

续表

机型	故障现象	故障分析与维修方法
爱普生 FX-100 型针式打印机	打印机与微机联机打印过程中，突然出现报警，并自动停机	先将打印机与一台汉字终端连接，检查打印机工作正常，但拔掉汉字终端与微机的信号线后，打印机故障重现，由此判断故障出在打印机的接口电路上。经检测 Centronics 并行接口上选通信号、忙信号、回答信号和数据线信号电平均正常。但在打开机壳检查时，发现机壳逻辑地上存在 24V 的电压，该打印机的机壳和并行接口的 17 脚相连，导致打印头的电磁线圈与机壳短路。清除短路点后，故障排除
爱普生 FX-100 型针式打印机	开机后，面板上的指示灯亮，但字车不动作，不能打印	开机后打印机面板上的指示灯亮，说明稳压电源输出的+5V 电压正常。拆机后用万用表测量+5V 输出端电压为+4. 6V，+24V 输出电压只有+6. 9V，由此判断+24V 电路存在损坏元件。经仔细检查，发现电容 C6 已损坏。用一只 100μF/35V 的电容替换 C6 后，故障排除
爱普生 FX-100 型针式打印机	联机能打印，但打印出来的字符残缺	开机一段时间后，发现打印头发出一股焦煳味。卸下打印头检查，发现打印头有一组针驱动线圈已烧焦，故重点检查打印头驱动控制电路。该机打印头的控制信号由主机 CPU（7810/7811）的 PAO～PA7 和 PB7 输入到晶体管阵列的 μPA79C 预驱动器，控制驱动三极管 VT6～VT14 工作。当 μPA79C 的输入端为高电平时，其内部晶体管导通，当输入端为低电平时，μPA79C 的内部晶体管截止，+5V 电压加到 VT6～VT14 的输出端，加上 47Ω 的假负载，测量 VT7（D1218）的输出波形异常。焊下该管后测量，发现该管已软，被击穿。更换 VT7 和针驱动线圈后，故障排除
爱普生 FX-100 型针式打印机	自检打印时，出现有规律的字符错乱现象	字符错乱是有规律的，说明 DIP 开关不良，重点检查 DIP 开关。经检查发现 DIP 开关接触不良。用酒精擦洗 DIP 开关后，故障排除
爱普生 FX-100 型针式打印机	打印时，在一行中出现一条细白线	将打印头电缆从底板上拆出，朝左方拨开在字车支架上用于固定打印头的定位卡，拔出打印头电缆，再从字车交架上取出。用外接 12V 稳压直流电源，正极连接电缆插头处 9 条铜箔中最窄的 1 条，负极连接电缆插头处 10 条铜箔中最宽的 1 条公共地线上。正常连接电缆后，依次检查 9 根打印针的出针情况，发现有一根针没有出针。用大头针在离打印头约 4cm 处对准无动作的那条铜箔插下去，且穿透铜箔。用万用表测量大头针经线

续表

机型	故障现象	故障分析与维修方法
爱普生 FX-100 型针式打印机	打印时，在一行中出现一条细白线	圈到公共地线端的电阻值为 20Ω，测得大头针到窄铜箔端之间的电阻值为无穷大，说明线圈之间存在断裂。将打印头和连接电缆放在光线较亮处，并未发现断裂处；再将打印头和连接电缆放到光线较暗处，并在电缆反面用手电筒照射，检查发现铜箔上存在细微裂纹。更换同规格打印头电缆后，故障排除
爱普生 LX-800 型针式打印机	开机后电源指示灯亮，但字车不返回初始位置	检查 ROM 无异常，判断故障出在复位电路。通电时，+5V 电压通过电阻 R43 给电容 C15 充电，由于电容两端电压不能突变，门阵列电路 E05A03（3B）的 RES1 端保持为低电平，直到 C15 充电达到高电平为止，保持低电平的时间大约为 47ms，该信号通过 E05A03 内部的与门由 RES0 端输出。 主机通过接插件 CN1 的 31 脚或 CN2 的 8 脚送来 IVIT 初始化信号，经电阻 R63 和电容 C27 滤波后加到 E05A03 的 INIT 端，经与门后从 RESO 初始化信号，经电阻 R63 和电容 C27 滤波后加到 E05A03 的 INIT 端，再经与门后从 RESO 端输出。这个信号就是 RESET 复位信号。该信号一路送给 CPU（MPD7810），使其复位；另一路通过门电路 IC 送到串行接口板，使串行接口复位。通电瞬间，用示波器测量 E05A03 的 25 脚始终为低电平，检查其他元器件均无异常，故判断 E05A03 损坏。更换 E05A03 后，故障排除
爱普生 LX-800 型针式打印机	打印时，行与行字符重叠	该机走纸电机为四相步进电机，采用相激励方式和“高压驱动、低压锁定”的驱动系统。该机高/低压切换控制信号由 CPU（MPD78102B）的 PA2 端控制。当 PA2 为高电平时，经过 IC 反相后使三极管 VT18 导通，+24V 高压通过 Q18 及接插件 CN5 的 9、10 脚加到电机绕组公共端，供电机运转。当 PA2 为低电平时，通过 IC 反相后使 VT18 截止，+5V 低压通过二极管 VD3 及 CN5 的 9、10 脚加到电机绕组公共端，供电机锁定。 用示波器检测相关部位，发现 CN5 的 8、11 脚上无相位驱动信号。经检查发现，三极管 VT13 和 VT16 的 c、e 极被击穿短路。更换 VT13、VT16 后，故障排除

续表

机型	故障现象	故障分析与维修方法
爱普生 LQ-1000K 型针式打印机	开机后，电源指示灯亮但马上熄灭，打印机无任何反应	应重点检查电源电路。该机电源电路采用无电源变压器型开关电源，主要由交流滤波电路、全波整流电路、浪涌抑制电路、直流滤波电路、主开关电路、脉冲变压器以及脉冲变压器次级之后的整流滤波电路等组成。其中，+5V 电压取自+35V 输出端，经 STR2105 稳压后，输出稳定的+5V 电压。主开关电路主要由开关型稳压器 STK7408 组成，该芯片内部具有过流保护电路。 断开打印机电源，检查电源熔断器 F1 烧断、桥堆 VS1 的一个桥臂被击穿、电容 C1 被击穿。进一步检查浪涌抑制电路，发现双向晶闸管 TY1 已被击穿失效。用 3A/250V 熔断器、3A/1kV 桥堆和 200μF/400V 电容分别更换 F1、VS1 和 C1，并更换双向晶闸管 TY1 后，故障排除
爱普生 LQ-1000K 型针式打印机	使用过程中突然出现电源指示灯不亮，整机无反应	拆机检查发现电源电压为 0V，说明电源电路存在故障。检查电源整流桥 DB1 表面颜色正常，用手触摸，感觉其温度也正常。再检查电源滤波电容 C1 无鼓泡和发烫现象。继而检查电源厚膜块 STK7408，发现其顶部存在细微开裂现象且表面严重发热，说明该厚膜块已损坏。更换 STK7408 后，故障排除
爱普生 LQ-1500 型针式打印机	指示灯不亮，字车不工作，整机不工作	重点检查电源电路。拆机检查，发现保险管 F101（2A/250V）熔丝已烧断且管内发黑。试换上新保险管，断开负载，空载开机，保险管熔丝再次烧断，说明电源存在短路故障。检查发现桥堆 VD10（1A/600V）有一个桥臂被击穿短路，VT101、VT102 的 c-e 结被击穿，造成电阻 R109 烧断。更换保险管 F101、桥堆 UDB101、三极管 VT101 和 VT102、电阻 R109 后，故障排除
爱普生 LQ-1500 型针式打印机	反复开关机几次后才可启动	开机后测量+24V、+5V 电路均无短路现象，但在用一支表笔碰触保护电路 LM339 的 6、7 脚时，发现电源电路马上保护，说明该机的抗干扰性能较差，引起保护电路动作。该机电源的保护电路采用集成电路 LM339（四比较器），保护电路动作时，均可输出高电平使晶闸管 3CT2K 导通，将脉宽调制电路 SG3524 关闭，电源无输出。

续表

机型	故障现象	故障分析与维修方法
爱普生 LQ－1500 型针式打印机	反复开关机几次后才可启动	检查相关元件在开机瞬间输出电压均正常，试用一只 100μF 的电解电容并联在晶闸管的 3CT2K 的控制端，使保护关闭信号延时，过滤掉非正常脉冲，开机后机器工作正常。经检查发现，LM339 的 6、7 脚之间的一个 330μF 的抗干扰电容失常。更换该电容后，故障排除
爱普生 LQ－1500 型针式打印机	打印字符正常，但有时在一行字符的同一水平线上出现虚线	故障原因主要有：①打印头断针；②打印头中针线圈损坏；③打印头电缆线有开路；④打印头控制与驱动电路存在故障。先拆下打印头检查未发现断针，且打印头针线圈完好。再取下色带盒，发现打印头电缆有较深的一条折痕，检查发现打印头电缆有一条信号线开路，更换同规格打印头电缆后，故障排除。 若无同规格打印头电缆，可用细水磨砂纸将打印头电缆中磨损断裂部分周围的绝缘层打掉，再从 ϕ0.2mm 的 7 股胶质导线中抽出一根铜线，用透明胶带把该铜线紧贴在打印头电缆中断裂的一根信号线上即可
爱普生 LQ－1500 型针式打印机	自检打印时，奇数行字符上半部分错乱	重点检查打印头的针数据信号。打印头的针数据信号来源于主控电路中的打印缓冲数据存储器。此存储器由 4 片 41416 组成总容量为 32KB 的双列打印缓冲器，这 4 只 RAM 分为 2D、2E 和 3D、3E 两部分各为 16KB 的容量。工作时由地址线 A0～A15 发送的地址信号输入到多路转换执行自检打印时，数据按照顺序存放，奇数行先存入第 1 列 RAM（2D、2E）后再送出打印，偶数行先存入第 2 列 RAM（3D、3E）后再送出打印。 根据以上分析，该机存储器 2D 的数据线接在数据总线的 D7～D4 上，对应字符的上半部分；2E 的数据线接在数据总线的 D3～D0 上，对应字符的下半部分。由于上半部分点阵错乱，说明存储器 2D（41416）已损坏。更换 2D 后，故障排除
爱普生 LQ－1500 型针式打印机	联机不打印，操作面板上“READY”指示灯不亮，但不锁死主机	初步判断接口电缆中 STROBE 通路或接口电路中 STROBE 输入电路存在故障。先用万用表电阻挡检查接口电缆正常。再检测接口电路，测得 IC8B 的 8 脚电压恒为 1.1V。用分割法检查发现 IC8A 的输入端（9 脚）损坏，从而使 IC8B 的 8 脚电位拉到 1.1V。更换 IC8A 后，故障排除

续表

机型	故障现象	故障分析与维修方法
爱普生 LQ-1500K 型针式打印机	使用中除电源灯亮外其余各灯均熄灭，其他无任何反应	打开机盖，用万用表测量电源板无+5V 电压，但有+12V 电压输出，且电源熔丝完好。关机检查相关元件均正常。电源滤波电容也未失常。当检查到电源三端稳压器 7805 时，发现该稳压器的接地端焊点周围氧化而造成接触不良。清除氧化物，重新补焊后，测量+5V 和+12V 电压恢复正常，试机，故障排除
爱普生 LQ-1500K 型针式打印机	开机后，电源指示灯亮，但字车不复位	重点检查字车电机控制电路。经检查发现，字车电机控制电路 8402 的 4 脚无复位信号输入。进一步用逻辑笔仔细检查相关逻辑芯片，发现逻辑芯片 74LS04 性能不良。更换 74LS04 或用 CT4004 替换后，故障排除
爱普生 LQ-1600 型针式打印机	自检正常，但联机打印数行后自动停机	自检正常，说明打印机能进入到工作状态，故障在与主机连接的通路上。试更换打印电缆无效，更换该针式打印机，接主机后，打印正常，说明主机无故障。切断电源关机数分钟后，重新联机打印，故障重现，由此判断打印机的接口门阵列集成电路 5A（M54610）存在热稳性不良故障。更换集成电路 5A 后，故障排除
爱普生 LQ-1600 型针式打印机	联机后受令指示灯亮，但打印头不动作，不能打印	联机进行屏幕复制，可看到光标由屏首快速扫描到屏尾，但打印机不动作，说明主机的数据已发送至打印机上，但打印机未接收到数据。试更换一根新的打印电缆，故障依旧，由此判断故障出在打印机本身，重点应检查 STROBE 信号是否正常。 在打印时，用示波器测量 5A 的 19 脚有一个明显的低电平信号，说明集成块 5A 内部电路已损坏，致使在 STROBE 信号有效时，接口电路不能接收到主机送来的数据，从而造成本故障。更换集成块 5A 后，故障排除
爱普生 LQ-1600 型针式打印机	开机瞬间，电源指示灯一闪即灭，字车不返回初始位置	重点检查打印机过压保护电路。由原理可知：稳压二极管 V20 和 V21 用于检测+35V 电压是否过压。当+35V 这一组输出电压高于+40V，或+5V 这一组输出电压高于+6V 时，V20 和 V21 反向被击穿导通或 V22 反向被击穿导通，光电耦合器 PC2 中的发光二极管内有电流流过，发光二极管导通，所发出的光照在 PC2 内光电晶闸管的触发极，使其触发导通。光电晶闸管导通后，就为二极管 VD7 提供了电流通路，使 VD7 导通，将开关 VT1 的 b 极拉到接近低电位，导 VT1 截止，电源断电保护。

续表

机型	故障现象	故障分析与维修方法
爱普生 LQ－1600 型针式打印机	开机瞬间，电源指示灯一闪即灭，字车不返回初始位置	经过以上分析，先拔下电源板上的接插件 CN1，进行电源空载试验，字车仍然不复位，同时测得+35V 和+5V 输出电压均正常，说明过压保护电路存在故障。用万用表测量 V20 两端有+14.7V 电压，说明该管已被击穿损坏。更换 V20 后，故障排除
爱普生 LQ－1600 型针式打印机	打印蜡纸时出现大面积划伤现象	故障原因主要有：①打印头与打印辊之间的间隔距离太小，打印头挤压蜡纸，从而造成表面划痕；②打印头太脏，使打印针回收受阻，打印针刮伤蜡纸产生划痕；③经常打字处积有灰尘，造成打印辊表面不平整，致使蜡纸表面出现划伤。 依次检查上述各项。先卸下打印头，让其浸泡于酒精中，清洗、晾干后，装上蜡纸试机，故障依旧。再检查发现，打印辊表面积有石蜡和尘屑，造成打印辊表面不平整。用一字型螺丝刀刮去打印辊表面的石蜡和尘屑，再用酒精棉擦洗干净，装上试机，故障排除
爱普生 LQ－1600 型针式打印机	打印机不能与计算机联机，或者打印乱码	先检查+5V 电源电压，如果该点对地短路，则说明接口电路中的反相器 IC9（74LS06）已经损坏。拆除 IC9 后再检测+5V 电源电压，如果仍有短路，说明接口芯片 IC2（E05B24YA）亦已损坏。拆除 IC2 后再检测+5V 电源电压，如无短路，再检查并行接口插座到上述电路中的阻容元件，如损坏，则与 IC9 和 IC2 一起更换即可；如阻容元件完好，则只更换 IC9 和 IC2 即可。如果首次测量+5V 电源电压无对地短路，则用万用表电阻挡检测 IC2，如果 IC2 的 1 脚与 37~54 脚中的任意一脚短路，则说明 IC2 已损坏。IC2 损坏通常会伴随 IC9 损坏，因此必须同时更换 IC2、IC9。 更换后再检测上述芯片周边的阻容元件，如有损坏，则更换同参数元件即可；反之，只更换 IC2、IC9 即可
爱普生 LQ－1600 型针式打印机	开机后字车复位，指示灯全亮并闪烁 5 次	此故障通常由 CPU（TMP96C041F）及基准电压 IC（TL431）损坏引起。更换 CPU 及 TL431 后，测量 R6 的阻值，如 R6 阻值为 47Ω，则检修完成。如 R6 明显偏离 47Ω，则一并更换即可

续表

机型	故障现象	故障分析与维修方法
爱普生 LQ-1600 型针式打印机	打印字符缺笔画	先按常规方法检测打印头及电缆。如在排除打印头及电缆故障后仍缺笔画，则打印头驱动 IC（STA475A）损坏。STA475A 内部有四组 NPN 型复合晶体管，每组晶体管驱动一根打印针，用万用表测量，找出损坏的 STA475A 后更换。同时，测量与复合晶体管对应的打印针驱动线圈。如打印针驱动线圈烧毁，则更换或重绕即可
爱普生 LQ-1600Q 型针式打印机	使用过程中自动停机，再次开机即烧毁保险管	重点检查电源电路中的整流滤波电路和振荡电路。检查发现开关管 VT1 已被击穿损坏，分析其原因主要有：①主振荡回路有元件不良；②开关变压器二次侧输出回路严重短路；③浪涌抑制电路失效；④稳压电路工作失常。经检查发现，浪涌抑制电路中的瓷介质电容 C8 损坏，引起开关管 VT1 被击穿。更换 VT1 和 C8 后，故障排除
爱普生 LQ-1600Q 型针式打印机	开始使用时出现中途自动停机现象，随后开机烧保险管	判断电源电路存在故障。拆机后检查发现，熔断器 F1 烧断，电阻 R12 烧焦，并且熔断器严重发黑，说明电路中存在严重的短路现象。用万用表静态检测消反峰电路相关元件，发现二极管 VD1 被击穿，电阻 R11 和 R12 开路，三极管 VT3 的 b-e 结被击穿，VT1 的 b-e 结正向电阻偏低。更换 VD1、R11、R12、VT3 和 VT1 后，故障排除
爱普生 LQ-1600K 型针式打印机	打印时，行与行之间的字符出现重叠现象	加电后试机，发现机内出现“喀喀”声。测量电源电路+35V 电压正常，试更换 MONMA 主控板，故障依旧。再检查走纸机构未发现异常。进一步检查走纸电机，将其拆下，用万用表检测四相绕组的直流电阻值均正常，但用手转动电机转子时很费力且伴有“喀喀”声，说明走纸电机转子和定子之间存在摩擦。拆开电机外壳，发现电机转子主轴已弯曲变形。更换走纸电机后，故障排除
爱普生 LQ-1600K 型针式打印机	联机能打印，但打印字符出现有规律的错乱现象	更换一条新的接口电缆后，故障依旧，说明故障出在打印机接口电路中。该机主机发送的数据经电阻排 RM6 和 RM7 直接传送给 8225AC-5 的 PA7～PA0 端口（37～40 脚、1～4 脚），DATA5 信号进入 8255AC-5 的 40 脚。经检测上述各脚信号，发现 40 脚对地短路，造成 40 脚数据信号丢失。清除 82255AC-5 的 40 脚短路点后，故障排除

续表

机型	故障现象	故障分析与维修方法
爱普生 LQ-1600K 型针式打印机	自检打印无异常，但将汉字放大打印时，中间有一条白线	经检查发现打印缺点，判断故障出在打印头或其驱动电路。取下打印头检查打印针，完好无缺。仔细测量打印头线圈，发现靠近打印头最近的一根针线圈开路，由于它是驱动打印头最下端的一根针，因此自检打印时不易被发现，联机打印放大汉字时打印两行才出一排汉字，因而会出现一行明显的白线。更换打印针驱动线圈后，故障排除
爱普生 LQ-1600K 型针式打印机	按进纸按钮，不能进纸	判断进纸机构存在故障。该机压纸杆张开与闭合是指压纸杆离开或靠近打印辊，是通过压纸杆电磁铁的正、反向吸合来控制的。当电磁铁正向吸合时，压纸杆张开，打印纸自动卷入，接着电磁铁反向吸合，压纸杆闭合，使打印纸沿着正常轨道走纸。电磁铁的吸合与释放由 CPU（7B）的 PA2 和 PA4 端的高、低电平控制。当 PA2 端为高电平、PA4 端为低电平时，三极管 Q28（C1815）、Q35（D765）和 Q36（D1579）导通，+35V 电压经接插件 CN12 的 2、1 端子流过电磁铁线圈，电磁铁吸合，压纸杆张开。当 PA2 和 PA4 端都为低电平时，Q28 和 Q35 截止，而 Q36 导通，+5V 电压通过二极管 V19，流过电磁铁线圈，使电磁铁线圈中无电流流进，电磁铁释放。 根据以上分析，仔细检查相关电路发现，三极管 Q36 的 c-e 结开路，致使电磁铁线圈中无电流流过，造成压纸杆不能张开。更换 Q36 后，故障排除
爱普生 LQ-1600K 型针式打印机	走纸不通畅，有时行距不正确，有时不走纸	估计是走纸机机构有故障或走纸电机转动力矩不足所致。先检查走纸机构未发现异常现象。再检查走纸电机，发现走纸电机磁钢脱胶，致使转动力矩不够，引起上述故障。用 502 胶黏合磁钢后，故障排除
爱普生 LQ-1600K 型针式打印机	打印时不走纸	走纸电机驱动电路有故障可能导致不走纸。该机走纸电机驱动控制集成电路的 P073 接口，是走纸电机保持方式与转动方式的转换控制端。当 P073 端为高电平时，高压+35V 经驱动管加到电机绕组的公共端上，驱动走纸。当 P073 端为低电平时，驱动管截止，+5V 电压经二极管加到电机绕组的公共端上，电机就处于锁定状态。经仔细检查发现，输纸电机 A 相的驱动管已损坏。更换驱动管（应用原型号的，如用其他型号的，应将三个管子一起更换）后，故障排除

续表

机型	故障现象	故障分析与维修方法
爱普生 LQ-1600K型针式打印机	缺纸指示灯不亮，无蜂鸣声，装纸后释放杆不动作	重点检查缺纸检测机构。断电打开机盖，在过纸控制杆侧下方找到过纸传感器，用镊子轻轻拨动方帽，发现有三个弹簧片，两长一短，功能相当于一个双向开关，其中一个弹片已弯曲变形，致使整个传感器歪向一方，超出了过纸控制杆的控制范围，从而出现本故障。将弯曲变形的弹簧校正，装上方帽，调整到过纸控制杆能控制的范围之内，反复试机，直到故障排除
爱普生 LQ-1600K型针式打印机	联机打印时，缺纸指示灯常亮	先检查缺纸检测正常。再检查接口电路。该机的8位并行接口电路采用了一块大规模集成块M54610P。该集成块负责打印机与主机之间的数据交换。用万用表检查M54610P的38脚电平，当按动打印机纸尽检测开关使其电阻和电压分别呈现0~∞、0~5V变化时，M54610P的7脚电压仅在3~5V之间变化，说明M54610P已损坏，致使其12脚始终保持高电平，主机误认为缺纸，从而造成本故障。 先将该机与主机之间进行通信的数据扁平电缆PE线割断，再将E线的主机一侧与扁平线的16线（地线）相连，使主机误认为打印机已有纸而失去了检测功能，故障排除
爱普生 LQ-1600K型针式打印机	打印时走纸正常，但走纸机很烫	打印时走纸正常，说明走纸机构基本正常，故怀疑走纸控制与驱动电路存在故障。门阵列电路MCU（2A）的AO2~DO2端口输出走纸电机相位控制信号，POT3端口为走纸电机的运行/锁定状态控制端。走纸电机运行时，POT3端为高电平，三极管Q29和Q43导通，+35V高压加到输纸电机线圈绕组的公共端，同时MCU的AO2~DO2输出相位控制信号驱动三极管Q39~Q42。走纸电机停止时，POT3端为低电平，Q29和Q43截止。+5V低压经电阻R79和二极管V44加到走纸电机线圈绕组的公共端，使电机处于锁定状态。此时，驱动电机相位控制信号端AO2~DO2输出信号不变化。 根据以上分析，在开机打印状态下，用万用表测量电机插座CN13的5脚及三极管Q43，发现CN13的5脚电压始终为+35V，关机后静态测试Q43的c-e结已短路。更换Q43后，故障排除

续表

机型	故障现象	故障分析与维修方法
爱普生 LQ-1600K 型针式打印机	字车可以运行，但字车电机很烫	可能是供给的电压太高，使电机线圈上电流太大，使字车电机发烫。给打印机加上电源，用示波器在字车不移动时测 STK6722H 相关引脚电压信号，发现 2 脚信号脉宽为 14μs（正常值为 8μs），其平均电压也偏高于+5V；8 脚电压为 0.6V（正常值为 0.4V），说明 Vref 值太高。进一步检查参考电压电路发现，专用门阵列电路 E05A09BA（2A）的 P0T0 端（4 脚）和 P0T1（5 脚）端为高电平（正常时均为低电平），判断 E05A09BA（2A）损坏。更换 E05A09BA（2A）后，故障排除
爱普生 LQ-1600K 型针式打印机	开机时面板指示灯一闪即出现几声报警，打印头抖动一下，不返回初始位置，此时仅电源指示灯亮	初步判断故障出在字车驱动电路或 CPU。先静态测字车电机各相线圈的直流电阻为 10Ω，通电测量+5V 和+35V 电源电压均正常。再用示波器观察字车驱动集成电路 STK6722H 的输入端（5、6、12、15 脚）均无信号波形，E05A09BA 各相关引脚也无正常信号波形。检测 E05A09BA 各脚对地正、反向电阻，发现 21 脚与 CPU（MPD7810HG）的 24 脚相连，剪断 CPU 的 24 脚与电路板的联系并测其对地电阻，发现已短路，由此判断 CPU 不良。更换 CPU 后，故障排除
爱普生 LQ-1600K 型针式打印机	电源指示灯一闪即灭，字车不返回到初始位置	故障一般是由电源的保护电路动作所致。该机设有完善的过流和过压保护电路。拔下电源板上的插件 CN1，使打印机电源空载工作，故障依旧，说明故障由过压保护所致，重点应检查过压保护电路。在开机瞬间用万用表测量稳压二极管 VDZ20 两端电压为 14.7V。断电后，测其反向电阻只有 2kΩ，判断 VDZ20 已损坏。更换 VDZ20 后，故障排除
爱普生 LQ-1600K 型针式打印机	字车到达复位处撞击不停	打开机壳后观察发现，支撑字车导向的一根细辊的螺母松动，经调整辊轴位置后，故障依旧。检测字车电机正常，估计字车电机驱动电路存在故障。该机字车电机驱动器 STK6722H 输入来自门阵列电路 E05A09BA 的四组相序信号，输出控制字车电机转动的驱动高压和停止的锁定低压，将字车拨至最右侧开机。 用示波器测量 E05A09BA 芯片的输出端（2、3、6、7 脚），有四组相序脉冲。进一步测量驱动器 STK6722H 的输出端（4、7、12、15 脚），发现 7、12 脚电压始终为固定电平，正常时应有脉冲电压输出，由此判断 STK6722H 损坏。更换 STK6722H 后，故障排除

续表

机型	故障现象	故障分析与维修方法
爱普生 LQ-1600K型针式打印机	开机后面板上的指示灯不亮，字车不复位	打开机壳后检查发现保险管已烧裂，怀疑供电电路上的某元器件损坏。该机采用脉冲调制开关式电源，它是一种自激式电源。由它的电路可知，Q1是主振荡开关管，Q2、Q3是输入过压保护三级管，而Q1过流保护三极管，PC2光电耦合器用于反馈次级的+35V和+5V直流电压的过压情况给初级，PC1光电耦合器则用于调整+35V直流电压。若整流管DB1短路，输入低通网络中的电容C1~C4被击穿、滤波电容C6被击穿、主振荡开关管Q1的c-e结被击穿短路等均可能导致熔断器烧坏。 先检查电容C1~C4及C6均正常。再检测Q1，发现其c-e结被击穿，试更换Q1后，故障依旧。进一步检查Q1的外围元件，发现R3被烧坏开路、二极管D1被击穿短路。更换损坏元件后，将CN17、CN18复位，加电开机自检，然后联机打印正常，故障排除
爱普生 LQ-1600K型针式打印机	当DOS操作系统改为WindowsNT4.0时，打印机控制面板上“单/双向打印设置”失效	因该机DOS状态下打印一切正常，说明打印机硬件设置正常，故说明在Windows NT4.0中该打印机的驱动程序有故障。在控制面板的打印机选项中，删除默认的EPSON LQ-1600K型针式打印机。添加“打印机”选项，打印机列表中左边选择“STAR”，右边选择AR3×××（或CR3×××），若两者均无，可选AR×××或CR×××系列之后数值相近的驱动程序。按照安装向导提示，将AR×××打印机设为默认值后，故障排除
爱普生 LQ-1600K型针式打印机	双向打印一段时间后，出现表格竖线不齐、字迹不正现象	先将打印机左侧的纸厚调节杆调至“0”挡，再将DIP开关1-1、1-2、1-3、1-6设置为“ON”，随后装入一张宽度至少为360mm的打印纸，按“换行/换页”按钮，走纸10行以上，完成以上操作后，关断打印机电源。按住“控制”“换行/换页”“进纸/退纸”三个按钮，同时打开打印机电源，打印机自动进入Draft（草稿）模式并打印竖线。按“控制”和“进纸/退纸”按钮或“控制”和“换行/换页”按钮进行调整。每按上述两按钮一次，打印机便会打印出当前效果，反复几次直至对齐为止。关闭打印机电源，将DIP开关重新调整至原来状态。经以上调整后，故障排除

续表

机型	故障现象	故障分析与维修方法
爱普生 LQ-1600K 型针式打印机	因缺针更换过打印头、两根短针及一个上层线圈后，便会出现工作失常	估计打印头存在故障。将打印头卸下，拿在手上将其与打印电缆连接，开机一切正常。再将打印头装回字车中开机，故障依旧，且打印头外壳和字车导轴接触异常，判断打印头内部存在短路故障。拆开打印头，仔细检查发现上层线圈中有一个线圈的一个焊点很高，致使装好打印头后此焊点和扫印头外相通，造成上述故障。用电烙铁将多余焊锡剔除（为了防止金属脚的塑料座被熔化，剔除焊锡时动作要用“点”的手工艺法，不可与金属引脚直接接触）后，故障排除
爱普生 LQ-1600K 型针式打印机	工作中自行停机，再开机时面板指示灯不亮，也无任何反应	先检测 220V 交流电压输入及熔断器 F1 均正常，空载测各电源电压，发现+35V、+5V 电源电压均为 0V，估计变压器 T1 之前的电路有故障，故对主开关电路中的开关管 Q1，启动电阻 R14 及输入滤波电路进行逐个检查，发现开关管 Q1 损坏。进一步检查发现 R3 已开路。作为主开关电路开关管 Q1 的浪涌吸收保护电路 R3、C8，当 R3 突然损坏后，电容 C8 所积累的电荷无释放到回路，C8 就不能再按设计要求对后续流浪涌电压进行吸收，也就达不到保护 Q1 管的目的。更换了 Q1 和 R3 后，故障排除
爱普生 LQ-1600K 型针式打印机	打印时间歇性停机	估计故障是由过流保护动作所致。在电源电路中，无论任何原因造成过流，均会体现在 Q1 的 c 极电流上。因此，在 Q1 的 e 极加入取样电阻 R9 以控制 Q1 的 c 极电流，即 Q1 的 c 极电流↑→R 电压↑→TL31G 电流↑→TL431（K-A）导通→Q3 导通→Q2 导通→Q1 的 b 极电流↓→Q1 截止。对相关元件逐个检查，发现 TL431 性能变差。更换 TL431 后，故障排除
爱普生 LQ-1600K 型针式打印机	打印过程中常发生间歇性停机	先检查电源输出电压，发现+35V 电源电压在停止打印期间降为 30V。将插件 CN1 拔下，空载时测+35V 电源电压为+33V，一加负载便降到+30V，但+5V 和+12V 电压正常，故判断故障出在+35V 电源电压检测电路。检查发现+35V 电源电压输出端的 3 只滤波电容 C20、C21 和 C22 中的 C21 已失容。更换 C21 后，故障排除

续表

机型	故障现象	故障分析与维修方法
爱普生 LQ-1600K 型针式打印机	电源指示灯闪烁后熄灭	在开机瞬间，测量桥堆 DB1 输出端有+300V 直流电压，关闭电源开关后，功率转换器伴有“吱吱”声，此时 Q1 的 b 极电压为 1V，约经过 5min 后其 b 极电压降至 0.3V，功率转换器的“吱吱”声逐渐消失，说明故障出在保护回路。断开电源负载接上假负载，故障依旧。 试断开 PC1 二极管侧的引线，无效，但断开 PC2 二极管侧的引线时故障消失。对 ZD20、ZD21、ZD22 等相关元件进行逐个检查，发现稳压二极管 ZD20 短路。更换 ZD20 后，故障排除
爱普生 LQ-1600K 型针式打印机	开机后电源指示灯一闪即灭，且电源内发出“吱吱”声	试断开电源板与主机板的连接导线，给开关电源加上适当的假负载（灯泡）后，通电测量±12V、+35V、+5V 电压均正常，故排除电源有故障的可能，应对主电路板进行重点检查。经仔细检测，发现主板上的一个打印驱动管 Q12 的 c、e 极间阻值为 0V。更换 Q12 后，故障排除
爱普生 LQ-1600K 型针式打印机	整机不工作，机内有“吱吱”声	打开机壳后发现，“吱吱”声是由电源电路中的开关变压器发出的，说明开关振荡电路基本正常，估计开关变压器次级脉冲整流和滤波电路存在故障。先检查 C25 和 IC20 的在路电阻均正常。再进一步检查，发现+35V 的 VD20 的正反向在路电阻均为 0Ω，已短路。更换 VD20 后，故障排除
爱普生 LQ-1600K 型针式打印机	机器不工作，但高频变压器有“吱吱”声，次级无输出	高频变压器有“吱吱”声发出，说明开关振荡电路基本正常，故障在变压器次级整流滤波电路。先检查 C25 和 IC20 的在路电阻均正常。再测+35V 整流管 D20 的正反向在路电阻均为 0Ω，说明 D20 已被击穿短路。更换 D20 后，故障排除。D20 为共阴极肖特基二极管，具有快速恢复和正向压降小的特点，若未购到原配件，可用 SIOSC4M 管替换
爱普生 LQ-1600K 型针式打印机	开机后机器无任何反应	打开机壳后检查熔断器完好。测量输入滤波电路正常，220V 交流电能加到全桥 DB1 上，且 DB1 上有直流输出，但滤波电容 C6 上无电压，R1、R2 被烧断。更换后重开机，R1、R2 再次被烧断，但熔断器完好，说明后级电路存在严重短路故障。进一步仔细检查发现，C6 两端电阻为 30Ω 左右。焊下 C6 测量正常，但测得开关管 Q1 已短路。更换 R1、R2 及 Q1 后，故障排除

续表

机型	故障现象	故障分析与维修方法
爱普生 LQ-1600K 型针式打印机	打印机不工作	打开机壳后，检查发现电源板熔丝已烧断。更换熔丝后，通电测各输出端电压均正常，故怀疑主板电路存在短路故障。用万用表测量主板上+35V 电源的对地电阻，发现有短路现象。试逐一拔下接插件，当拔下打印头电缆时，短路故障消失，估计打印头驱动管已被击穿。 关断打印机电源，用万用表测量各驱动管的 b-e 结、c-e 结之间的电阻，发现 VT12 功率管的 c-e 结被击穿，致使+35V 电压经线圈、被击穿的 V12 的 c-e 结对地短路。更换 VT12 后，故障排除。若购不到原配件，可用 C3688 开关管代替，焊好 R1、R2，再换上熔断器即可
爱普生 LQ-1600K 型针式打印机	机器不工作	打开机壳后检查交流熔器熔丝已断，故怀疑整流器 DB1、直流滤波电容 C6 和开关管 Q1 存在故障。先用万用表测整流器 DB1 和开关管 Q1 的在路电阻均正常。测 C6 两端的直流电阻，有充放电现象。试更换 F1，开机后熔断器熔线又被烧断，说明交流输入滤波电路有故障。分别测量 C1～C4，发现 C1 被击穿短路。更换 C1 后，故障排除
爱普生 LQ-1600K 型针式打印机	通电后，面板无指示，整机无任何反应	拆开机壳后，检查发现 VT1 的 c-e 结短路，R2 被击穿开路。试更换 VT1 和 R2 后，开关振荡电路启动困难，需连续开关几次才能启动成功，估计启动电路存在故障。焊下启动电阻 R14，测其阻值为 510Ω 正常。进一步检查发现，电阻 R3（100kΩ）的阻值变为 479kΩ。更换 R3 后，故障排除
爱普生 LQ-1600K 型针式打印机	刚开始表现为启动困难，随后发展为开机无反应，面板上各指示灯均不亮	打开机壳后，检查发现熔断器 F1 的熔丝已被烧断并呈黑糊状。对相关元件进行检测，发现 Q1 的 c、e 极之间短路，R2 被击穿呈开路状态。更换 Q1、Q2 后，电源启动困难，需多次开机才能启动成功，故判断启动电路仍存在有故障。测 R14（510Ω）阻值正常，查 D1、R3 和 C8 缓冲电路，发现 C8 容量减小。更换 C8 后，故障排除

续表

机型	故障现象	故障分析与维修方法
爱普生 LQ-1600K 型针式打印机	开机后无任何反应	打开机壳后检测电源板，发现交流熔断器（2A）熔断，管壁发黑有熔珠；启动电阻 R1（47Ω/5W）开路；脉冲变换开关管 VT1（D1403）的 c、e 极被击穿；开关调整集成块 IC3（STR20005）的 3、4 脚之间短路，更换损坏元件，并检测电源板上无异常后，通电，风扇转动，各路电压输出正常，但打印时不能走纸。将插件 CN13 拔下，测四组线圈对公共端阻值，发现有一组为 5Ω 左右，正常值为 70~120Ω 且四组均相同，说明电机已烧坏。更换走纸电机后，故障排除
爱普生 LQ-1600K 型针式打印机	多次烧熔断器	当低通滤波网络的滤波电容被击穿、整流桥或桥后滤波电容不短路、主回路振荡管 Q1 被击穿等均是引起屡烧熔断器的原因。先断开整流部分与低通滤波电路的连线测输入阻抗为无穷大，正常；再断开整流部分振荡电路连接点 R5、R8 等，测 C6 正常，焊下检查 Q1 已被击穿，更换 Q1 后开机又烧毁保险及 Q1。进一步仔细检查 Q1 外围元件，发现 D1 被击穿，R3 被烧成黑色。更换 Q1、D1、R3 后，故障排除
爱普生 LQ-1600K 型针式打印机	开机后电源指示灯、受令指示灯及联机指示灯均点亮，字车动一下即停，随即受令指示灯熄灭，报警器发出叫声	开机后字车能动，说明机器能执行初始化命令，CPU 良好，估计故障可能是出在字节车驱动电路，重点检查 2A（E05A09BA）和 1A（STK66722H）芯片。先用万用表测量 1A 芯片字车相位输入端 5、6 脚为高电平，13、14 脚为低电平，正常时 5、13 脚为高电平，6、14 脚为低电平。再测量步进电机驱动输出端 4、7 脚为高电平，12、15 脚为低电平，正常时 4、12 脚为高电平，7、15 脚为低电平。然后，测字车运行控制端 17 脚为高电平，2A 芯片的 8~11 脚为高电平，均正常。进一步用示波器观察芯片 1A 上述各脚在开机瞬间均无输入输出波形产生，由此判断 1A 芯片性能不良。更换芯片 1A 后，故障排除
爱普生 LQ-1600K 型针式打印机	风扇可转动，但面板无任何指示，也不能进行打印	风扇可转动，说明+35V 电压正常，开关电源的主要电路能工作。面板无指示，说明+5V 电压输出，估计故障在其形成输出电路上。该机的+5V 电源是由+35V 电压通过厚膜块 STR2005 调整输出的。故对 STR2005 的外围电路进行检查，发现 C25 严重漏电。更换 C25 后，故障排除

续表

机型	故障现象	故障分析与维修方法
爱普生 LQ-1600K型针式打印机	机器不能进入正常的打印工作状态	观察发现，故障出现时“联机”指示灯闪烁不止，估计是由打印头过热保护电路动作所致。关掉电源开关，拔下插头并从卡槽内卸下打印头，再小心地将打印头散热板与内部铁芯顶分开，用数字式万用表测铁芯外侧凸出的热敏电阻阻值仅为2.5Ω，正常应为75Ω左右。更换该热敏电阻后，故障排除
爱普生 LQ-1600K型针式打印机	打印机不能自检打印	当+35V电源为正常值时，CPU的AN1端电压为3.9V；当+35V电源下降到31.7V时，AN1端电压为3.6V，打印机报警停机。开机测量+35V电压仅为+32V，按下自检按钮时开机，再测+35V电压有下降趋势，由此判断故障出在+35V电源中。经逐步检查，发现滤波电容C20漏电。用220μ/50V电容替换后，故障排除
爱普生 LQ-1600K型针式打印机	联机不打印	测M54610P的19脚（STB端）始终为低电平，估计接口电路存在故障。试更换M54610P后，无效。再检查19脚所接电容C14良好。关机后将打印电缆的主机一端拔下插入其他主机上，故障依旧，但更换打印电缆后故障消失。继而用万用表检查电缆线19脚对地电阻为0Ω，拆开接插件检查发现电缆内断线，致使12、19脚相碰。重新焊接后，故障排除
爱普生 LQ-1600K型针式打印机	联机不打印，受令指示灯不亮	先检查接口电缆无异常。再检查接口电路，接口电路由专用接口片M54610P构成。联机打印时，主机先检查打印机的BUSY信号是否为低电平，若为低电平，主机发送8位数据DATA0～DATA7到并行接口数据总线上，并发送STROBE信号。打印机在STROBE信号的下降沿读取数据，打印机从主机接收数据后，置BUSY信号为高电平，不再接收数据。打印机将数据处理完毕后，置ACKNLG信号为低电平一段时间，且置BUSY信号为低电平，以允许主机再发送数据。 在联机工作状态下，用示波器检测STROBE、BUSY和ACKNLG信号正常，但ERROR信号（M54610P的4脚）始终为低电平，B15信号（M54610P的41脚）却为高电平，由此说明ERROR信号输出通路有故障。经仔细检查相关元件，发现M54610P芯片不良。更换M54610P后，故障排除

续表

机型	故障现象	故障分析与维修方法
爱普生 LQ-1600K 型针式打印机	联机正常但不打印	故障出在主机与打印机之间的传输电缆。关掉主机电源，拆下主机一端的信号传输电缆插头，用万用表电阻挡测量信号传输电缆的两端，发现有两条电缆线不通，致使不能打印。用连线焊牢后，故障排除
爱普生 LQ-1600K 型针式打印机	联机受令指示灯亮，打印机无动作、不打印	该机主机的传输信号已送去，说明 BUSY 信号正常，应检测 STROBE 信号。打印时，用示波器测量 IC5A 的 19 脚有明显的低电平信号输出，说明 STROBE 信号已加到接口电路上，判断 IC5A 内部电路损坏，致使接口电路不能正常接收主机送来的信号。更换 IC5A 后，故障排除
爱普生 LQ-1600K 型针式打印机	不能自检和联机打印	将电源开关打开后观察，字车能归位也能走纸，说明机器能执行初始化动作，字车驱动电路、走纸驱动电路基本正常，CPU 良好。试更换芯片 EPROM（位号 9A）M5L27512 后，故障依旧。由于字车运行和打印都由+35V 电源控制，故怀疑+35V 负载能力差。经仔细检查发现电源板不良。更换电源板后，故障排除
爱普生 LQ-1600K 型针式打印机	不能正常打印，但打印预览正常	机器有病毒，打印机本身有故障，打印机信号电缆线有故障或信号电缆线两头插头松动，以及计算机信号打印接口电路有故障都可能引起上述故障。先用 KV300V 杀毒软件查杀后，故障依旧。 对打印机进行自检检查，结果自检正常，说明打印机本身良好。试重新拔插电源插头及更换打印机信号电缆线后均无效。再打开主机箱，检查发现多功能卡上打印接口电路被烧坏，造成上述故障。更换一块多功能卡后，故障排除
爱普生 LQ-1600K 型针式打印机	自检正常，打印失控	开机后观察发现：打印机在安装调试时打印失常；在 DOS 系统下汉字打印正常，但行距偏大；在金山和 UCDOS 下打印的汉字上下分裂成两部分或三部分甚至四部分，打印的图形中也有均匀的空白行。由此初步判断打印系统接口部分存在自动换行故障。 试拔下手动旋钮，拆开上机壳，取下支架后面的导纸板，拧下主板螺钉，翻开主机，测量 SW2-8 开关“OFF”状态对逻辑地阻值正常，说明 SW2-8 开关良好。取下电缆线，参照计算机并行接口（25 针 D 型）与打印机 centronics 口（36 脚 D 型）连接标准测试电缆，发现计算机侧并行接口 14 针对应的 centronics 口的 14 脚一直为低电平，致使不论是字符方式，还是图形方式，打印机每打印完一行，便控制打印头向前走纸一行，造成上述现象。按照电缆配线的标准，重新焊接各对应线后，故障排除

续表

机型	故障现象	故障分析与维修方法
爱普生 LQ-1600K 型针式打印机	每次开机都有临近的主机随之重新自检	故障原因一般在于打印机开启后引起电网电压波动，使一些带有缺少保护的微机电源中保护电路动作，从而关闭电源。在开机瞬间因晶闸管未受到触发导通，滤波电容 C6 的充电电流受到 R1、R2 的限制，只有在电路工作正常后，C10、C12 充上直流电压，晶闸管 TY1 受到触发导通，R1、R2 被短路时，C6 上的电流已稳定。经仔细检查发现 TY1 被击穿损坏，致使开机时电流不能得到限制而引起电网电压波动，造成本故障。更换 TY1 后，故障排除
爱普生 LQ-1600K 型针式打印机	自检过程中突然出现打火，将机器关掉，重新开机时整机无任何反应	拆开机壳后，检查发现熔断器 F1 熔丝熔断且管壳内一片糊黑，管壳上有为数不多的熔丝颗粒，估计电源的 T1 初级绕组存在严重的短路现象。用万用表静态测量 VT1 的 c-e 结已短路，处于同一回路中的 R5、R2 被烧断。更换 F1、VT1、R5 和 R2 后，故障排除
爱普生 LQ-1600K 型针式打印机	打印机不能自检	故障一般是由 CPU 未进入正常状态所致。先检查芯片 10C（E05A10AA）的 ROUT 端，从加电后就一直为低电平，致使 CPU、MCU 始终处于复位状态而无法启动。再断开 10C 的 ROUT 端，CPU 的 28 脚（RESET 端）恢复高电平，故判断 10C 及其外围元件有故障。 经逐项检测发现，D47 负端电压为 0V。正常情况下，当 35V 电压达到 27.7V 时 Q31、Q32 导通，+5V 电压加到 D47 负端上；当 35V 电压降到 27.7V 时 Q31、Q32 截止，D47 负端电压为 0V，电路中各 IC 被复位。进一步检查 Q31、Q32 正常，但发现 ZD4 稳压管内部开路。更换 ZD4 后，故障排除
爱普生 LQ-1600K 型针式打印机	打印速度减少 1/2	故障可能出在打印头温度监控电路。该电路的工作原理是：打印头驱动线圈圆铝框外贴有一个热敏电阻，用它来探测打印头的温度。打印头温度变化随 ANO 端电压而变化：当温度为 90℃时，ANO 端口电压为 1.0V；当温度为 100℃时，ANO 端口电压为 0.82V。该温度变化引起电压的变化传到 CPU（UPD780HG），通过 CPU 来控制调整打印速度。如果打印头上的热敏电阻超过 100℃（上限值），则打印机自动停下来，但字车仍继续运动以帮助冷却打印头，同时“联机”指示灯闪烁，打印暂停。当温度降到 100℃以下时又以半速开始打印，直到打印头温度降至 90℃（下限值）以下时，打印速度恢复正常。

续表

机型	故障现象	故障分析与维修方法
安普生 LQ-1600K型针式打印机	打印速度减少 1/2	根据以上分析，若打印时间过长，致使打印头上温度偏高；打印针被色带卡住或打印针孔被色带油垢堵塞，致使打印针驱动线圈负载太重；打印头上的热敏电阻与打印控制板相连的电缆断路，致使信号电平悬空等均可能导致打印速度变慢。经逐项检查发现，打印头上的热敏电阻与打印控制面板相连的电缆中有两根已断路。更换已断的电缆后，故障排除
爱普生 LQ-1600K型针式打印机	打印字迹、数字模糊不清	检查在打印时宽行打印纸上的右边的每一行上抽点打印且有规律性，初步判断故障出在打印针驱动电路，应重点检查门阵列电路 E05A02LA（3A）。在发出打印命令后，用示波器测量 E05A02LA 的所有输出脚的信号均正常。断电检查 E05A02LA 至 CN15、CN16 插座之间的一组电阻、二极管、三极管均未发现异常，说明信号传送有故障。 经检查接头无松动，但发现距打印头 15cm 处有烧焦的痕迹，用万用表测量已开路。分析其原因是，打印机在运动时带动信号线左右运动与色带架来回摩擦，使信号线裸露，裸露处在信号线运动时时常要和底座的金属板接触，造成放电，使数据信号丢失，因而在打印右半部分时常出现断点。更换信号线后，故障排除
爱普生 LQ-1600K型针式打印机	打印字迹平淡，但能听到出针声	先检查该机机械部分正常。再检查打印头驱动脉冲产生电路未发现异常。进一步检查发现，VR1 电阻值偏小。将 VR1 的阻值适当调大后，故障排除
爱普生 LQ-1600K型针式打印机	打印时缺字符	检查发现打印头已断针。更换打印针的方法是：①断开电源线，拔下接口电缆以及拆掉装在打印机上的纸张，打开机盖，把打印头移到中间，并拆除色带盒。两手从左右两边按住打印头，用两个拇指同时将两个塑料头复位，将锁固夹扳向外边时，扳动过程中动作要轻缓，小心将打印头连同打印电缆（EPC）一起略向里斜向拔出，将打印头倒置，左手拇指和食指捏紧（防弯折）打印头集成电路板凸出部分，右手先后将 2 条电缆（先宽后窄）小心地拔出，拆下打印头。②拆卸打印头外壳，向打印头背面圆缝中滴入无水酒精，用小号锈花针小心地向缝隙中垂直刺拨数次，两手抓住打印外壳，用两拇指从

续表

机型	故障现象	故障分析与维修方法
		外部用力向前平稳推出。③拆下来的打印头放在三面封闭的玻璃柜中换针。该打印头上排针第1根为短针，第2针为长针……下排的第1根为长针，第2根为短针……检查发现上排长针折断。打开Y形钢管（注意其他中间部分要按稳不能松开），小心掀去有“EPSON”字样的铜盖（第一层塑料垫圈上部分。塑料垫圈及以下部分托在手心中，不能散开），将断针向上用塑料夹夹出，更换即可
爱普生LQ-1600K型针式打印机	打印字迹有缺点	打印头断针，线圈损坏及打印针驱动电路有故障，均可能导致此故障的发生。取下打印头，检查未发现断针现象。找一根连接打印头的扁平电缆线，插入打印头线圈引出插座处，通常打印头引线有两排，内排有15根引线，外排有17根引线，内排第6、7、8三根连在一起为电源线，外排7、8、9三连在一起为电源输入线。用万用表R×1挡测量电源线与各线阻值均正常，判断打印头本身损坏。更换打印头后，故障排除
爱普生LQ-1600K型针式打印机	自检打印缺点且缺点有规律	拆开打印头检查24根针均正常。测量打印头电缆插座CN15的9~11脚均有+35V驱动电压。用万用表R×1挡测量各针的线圈电阻时，发现9脚和10、11脚相通，5、9脚对6脚断路，判断这两组线圈烧断。用小镊子将烧坏的线圈周围的黏胶轻轻地挑去（在挑时不能把线圈骨架挑坏），取下线圈（取下时应记住每个线圈的原来位置和线圈匝数）更换后，故障排除
爱普生LQ-1600K型针式打印机	打印时出现漏点	打印头断针、打印头内驱动打印针的电磁线圈有故障、打印头电缆有故障，或者打印机主板上打印头控制与驱动电路有故障，均可能引起此故障。检查打印头及打印针无异常现象，说明故障出在打印头控制与驱动电路。 该机打印头控制与驱动电路主要采用了一片门阵列电路E05A02LA，作为CPU和打印头驱动器的数据锁存及控制器。该芯片24位输出端为24针数据输出信号端，分别与24根针对应。这24个输出端分别接有24只三极管Q1~Q24，用于打印针数据驱动放大。

续表

机型	故障现象	故障分析与维修方法
爱普生 LQ-1600K 型针式打印机	打印时出现漏点	检修时，拆下主板，先用万用表测量与断针相应的三极管及续流二极管均正常。再用示波器检查门阵列电路 E05A02LA 的 1~8 脚、13~20 脚、34~41 脚输出信号为高电平，正常应为低电平，判断 E05A02LA 损坏。更换 E05A02LA 后，故障排除
爱普生 LQ-1600K 型针式打印机	联机打印时有漏码	初步判断主机与打印机数据传输过程有故障。先检查主机打印端口无故障。再检查打印机接口芯片。在打印机联机过程中，对主机和打印机之间的数据传输过程中的三个联络信号进行测试，发现 BUSY 信号对应的 9 脚始终为低电平，正常时应为脉冲电平，致使主机检测到 BUSY 信号始终为低电平，机器会不停地向打印机发送数据，而打印机输出速度有限，故造成大量漏码。进一步检查外围电路均正常，判断接口芯片 M54610P 损坏。更换接口芯片 M54610P 后，故障排除
爱普生 LQ-1600K 型针式打印机	打印时断线	经检查发现驱动线圈烧坏，引起驱动线圈损坏的原因主要是大量连续打印表格，使打印头长时间单针打印，线圈发热。更换线圈后，故障排除。若购不到原配件，可对线圈进行重新绕制，具体做法是：取下损坏的线圈并拆除旧线圈，用刀片修整下线圈骨架，然后用 ϕ0.06mm 的漆包线绕 400 匝，浸泡绝缘漆烘干即可
爱普生 LQ-1600K 型针式打印机	打印时，常打出许多不应该出现的笔画线条	更换串行电缆无效，将软件重新安装，故障依旧。检查针驱动相关元件、接线、印制线路均正常，且清洗打印头不起任何作用，故怀疑主控微处理器有故障。先检测主控微处理器，发现其电源输出端电压有波动，使整机产生干扰而导致本故障。进一步检查电源电路，发现电源滤波电容（1200μF/400V）的容量减小。更换该电容后，故障排除
爱普生 LQ-1600K 型针式打印机	打印时有干扰线	先用脱脂棉把打印头的出针部位擦干净，检查 24 个出针孔无黑孔。再用万用表欧姆挡在数据电缆的接口测 24 个线圈的电阻值在 29Ω±2Ω 范围内，正常，说明打印头无断针且线圈无故障，故判断故障出在主板上。此时关机检测 24 个针驱动管（Q1~Q24）的各引脚电阻和加电后各个引脚的静态电压，发现 Q3 引脚的偏离值太大。焊下 Q3 检查发现其已损坏。更换 Q3 后，故障排除

续表

机型	故障现象	故障分析与维修方法
爱普生 LQ-1600K 型针式打印机	打印时挂色带	造成打印时挂色带的主要原因有：①打印机色带传送机构有故障；②打印机太脏；③打印机头前面第一层导向板孔与孔之间磨穿；④打印头控制与驱动电路有故障。经对上述原因进行逐个检查发现，色带传动齿轮磨损严重，使齿与齿之间无法咬合，色带不转动。更换传动齿轮后，故障排除
爱普生 LQ-1600K 型针式打印机	打印时，打印针在击打后退不回原位并刮色带	判断主控板上针驱动电路有故障，或打印头本身驱动的线圈存在局部短路故障。先用万用表测量驱动针的线圈电阻仅为十几欧，正常值应为 29Ω，说明有局部短路故障。由于局部短路，致使驱动电流过大，针打击力过重，退不回原位，导致烧坏此电路的驱动晶体三极管。更换打印头和相关驱动回路的晶体三极管后，故障排除
爱普生 LQ-1600K 型针式打印机	打印时色带不走	打开机壳，卸出其机械部分，把整个机械部分翻过来，来回拉动打印头，仔细观察机械部分的运动情况，发现打印头拉动时，传动皮带上的“齿”又带动左边的圆柱形双层轮，并通过下面的那层齿轮带动了整组齿轮的核心部分——导轮，并看见打印头向右移动时，这个导轮就向前（正对打印机正面），从而带动一个双层齿轮，最后带动辊轴，实现了左转。当打印头左移时，导轨就向下靠，同样也带动了两个齿轮，实现同步运动（左移）。 经以上分析，整组机械的核心部件就是该齿轮，当高速打印文件时特别是表格时，打印头快速左、右移动，这个导轮在经过一段时间的运转后，其限位部分磨损，导致该轮上浮，因此原本相扣的精密机械，就配合不默契了，故导致此故障。剪一小段细铁丝，然后将导轮用力下压，在半月形限位片与机械架之间紧紧缠上两层铁丝（注意一定要缠结实），强制该齿轮下移，最后剪去多余铁丝。把机械部分摆平，来回拉动打印头，机械传动正常，故障排除
爱普生 LQ-1600K 型针式打印机	打印英文字符正常，而中文字符却打成了英文字符	该机中文字符占用第八位数据线 D7 来表示，故对并行口数据线 D7 相关部分进行重点检查。由该机电路得知，该机并行接口由一片 M54610P（5A）完成 8 位数据和接口信号的输入输出，从主机往打印机发送汉字打印信息。先用示波器测量 M54610P 的 11 脚

续表

机型	故障现象	故障分析与维修方法
爱普生 LQ-1600K 型针式打印机	打印英文字符正常，而中文字符却打成了英文字符	和 D7 的输入、输出脚无信号显示，估计该芯片损坏。试更换该芯片后，故障依旧。再用万用表测量 D7 的阻值均为 0Ω，试断开 74LSO7R 的 8 脚，再测 D7 的阻值仍为 0Ω，由此判断 CPU（μF7810HG）的 18 脚内部对地断路。更换 CPU 后，故障排除
爱普生 LQ-1600K 型针式打印机	电源指示灯正常，但字车无任何反应、不复位	电源有故障、CPU 未给出复位命令或字车驱动部分损坏，都会导致字车不复位。用万用表检查电源部分均正常，用逻辑笔测 CPU（μF7810HG）高位地址线 55~62 脚无脉冲输出，说明 CPU 未工作。检查 CPU 复位端（28 脚）为常低电平，正常情况下复位后应立即变为高电平。再检查复位电路相关部分，开机测量 22 脚有跳变，23 脚常低，不正常。进一步检查接口芯片 M54610，试将其拆掉后开机，故障消失，故判断此芯片已损坏。更换 M54610 后，故障排除
爱普生 LQ-1600K 型针式打印机	开机后字车无复位动作	开机，待数分钟后，用手摸集成电路芯片，发现 CPU（MPC7810）烫手，故怀疑 CPU 损坏。试更换 CPU 后，开机，CPU 仍烫手且无字车复位动作，不能工作。分析其中原因，供电电压失常、振荡电路与复位电路有故障或不能进行读写操作，均可能导致 CPU 工作失常。 先用万用表检查供电电压正常，再用逻辑笔检查复位电路也无异常。继而检查 44 脚（RD 端）有正常脉冲，而 45 脚（WR 端）脉冲信号为常高电平，说明 CPU 有读操作但无写操作。进一步检查地址线，发现低位地址线 PD6 的 65 脚为常高电平，不通电时对地电阻很大。进一步检查发现 65 脚与外围电路未连通，故判断连线断裂。重新连线后，故障排除
爱普生 LQ-1600K 型针式打印机	自检时有断针现象	线圈中的一组或几组损坏、驱动打印针的三极管损坏、控制打印机的驱动储存集成电路损坏，均可能导致自检时出现断针现象。但测下层 12 组小线圈时发现有几组损坏。用电烙铁焊下损坏的线圈，换上新线圈后，故障排除
爱普生 LQ-1600K 型针式打印机	打印汉字歪斜	按照常规办法杀毒、检查并行电缆、清洗打印头后，故障依旧。将该打印机接至其他微机，打印汉字仍旧歪斜，说明故障出在打印机上。将设置方向的 DIP 开关 1-6 由双向打印改为单向打印后，打印质量有所提高，但歪斜现象依旧。查阅随机操作手册，对打印机的打印精度进行调整后，故障消失。

续表

机型	故障现象	故障分析与维修方法
爱普生 LQ-1600K 型针式打印机	打印汉字歪斜	调整打印精度的具体方法是：将纸厚调节杆调至“0”处，把 DIP 开关 1-1、1-2、1-3、1-6 设为“NO”，装上打印纸，再关闭打印机电源。调整过程为：①同时按住打印机面板上的“控制”“换行/换页”“进纸/退纸”三按钮，打开打印机电源。②打印机进入草稿（draft）模式并打印一组竖线，查看竖线是否上下对齐。若是，则进入第④步，否则进入第③步。③按“控制”“进纸/退纸”两按钮进行调整。每按一次上述两按钮，便会打印出当前效果，反复几次，直到对齐为止。④按“换行/换页”“进纸/退纸”两按钮的同时按“控制”按钮，查看竖线是否对齐。若是，则进入第⑥步，否则进入第⑤步。⑤调整方法与③相同。⑥关闭打印机电源。⑦将 DIP 开关 1-3、1-6 恢复到原来的状态
爱普生 LQ-1600K 型针式打印机	面板指示灯全亮，打印机不工作	开机后检查发现主板 CPU 及周围元件电路油污严重，用酒精药棉反复清洗后，故障消失，但面板下的“宋体”和“黑体”字体不能被选用，在 DOS 或 WINDOWS 环境下汉字和英文字母均打印不全，并且字体越大，被分开打印的次数越多。 此现象一般是由打印机丢失了用户设置而引起的。这和计算机主板丢失 CMOS 用户设置的结果是一样的，只要重新进入设置就可使打印机正常工作。先准备几张 A4 纸，然后按着“高速草稿”控制按钮，再按开机按钮。最后，将“软件”项设置为“ESC/P-K”，而“自行换行”“自动回车”“A. G. M”等项均设为“关闭”，故障排除
爱普生 LQ-1900K 型针式打印机	右向打印一段时间后，表格竖线不齐、文字歪斜	将打印机左侧的纸厚调节至“0”挡处，再将 DIP 开关 SW1 的 1、2、3、6 设置为“ON”，然后装一张宽度至少为 360mm 的打印纸，按“换行/换页”按钮，走纸 10 行以上。 完成上述操作后，关闭打印机电源，再按以下步骤进行调整：①同时按住“控制”“换行/换页”“进纸/退纸”三按钮，打开打印机电源。②打印机自动进入“Draft”（草稿）模式并打印竖线，按“控制”和“进纸/退纸”（或“控制”和“换行/换页”）进行调整。每按一次上述两按钮，打印机便会打印出当前效果，反复几次直到对齐为止。③关闭打印机电源，将 DIP 开关 SW1 调到原来的状态。经上述处理后，故障排除

续表

机型	故障现象	故障分析与维修方法
爱普生 LQ-1900K 型针式打印机	开机后电源指示灯不亮，字车不返回初始位置	拆开机壳，检查保险管正常，用万用表测量 VT1 的漏极 D 与源极 S 之间的电阻值为 1kΩ，浪涌吸收电路的保护电阻 R20 和 R23 的阻值均为 10Ω，正常。再通电测 VT1 的栅极 G 偏压 0V（静态时为 2V，起振后降为 1.1V）、D 极电压为 310V，说明开关电路未起振。 检查开关振荡电路的启动电路部分：在路测量 C9、R6、D5 及 C13 均正常，将 VT1 拆下后，测量电路板上 VT1 各极对地电阻，发现 VT1 控制极对地电阻为 1kΩ（正常时应为 2.3kΩ）偏小，再检查 VT5 正常。进一步检查发现 VT3 漏电，使 VT1 控制极电位一直拉低在 0V，使 VT1 因无偏置电压而截止。更换 VT3 后，故障排除
爱普生 LQ-1900K 型针式打印机	打印时字车不动，蜂鸣声不停	该机字车电机采用 35V 脉冲步进电机，脉冲经由 IC2（TMP90C041F）的 3 脚送至 6 脚，控制 IC7（SLA7024M）来驱动字车电机。用万用表测 5 脚（电机插头 CN10 的顺序）与 4、3、2、1 脚之间的阻值，发现其中一脚已断路。拆下电机的 4 根螺钉，卸下后盖、前盖（连转子和传动轮）、定子（线圈部分）。定子由 8 个线圈组成，4 个线圈组成 1 个绕组，2 个绕组的线圈相间排列。 断路的绕组用直径为 0.21mm 的高强度漆包线绕制，每个线圈 67 匝（双线绕）。第 1 个线圈顺时针方向绕，隔一个线圈（另一组的线圈）逆时针方向绕第 2 个线圈；再隔一个线圈顺时针方向绕第 3 个线圈；又隔一个线圈绕第 4 个线圈。按前面的方法再测量每个线圈的电阻值，完成后将线圈出线焊回电机线路板，故障排除
爱普生 LQ-1900K 型针式打印机	电源指示灯亮，字车不动。关机后立即开机，字车不复位，但打印一行后字车便停下来报警	拆开机壳后将主板上的各插头拔去，测+5V 电压正常，但+35V 输出端仅为 22V 左右。关机后再开机，检测+35V 端的输出电压升到+35V，插好电源板与主板的供电插头，复测打印状态下的+35V 电压又下降，说明+35V 已过压保护。测主板上的+35V 的供电负载正常，再将 L20 从电路板中断开，开机测量+35V 端输出电压仍下降，说明 IC21 基本正常。检查 C9、C10、C14 均正常。

续表

机型	故障现象	故障分析与维修方法
爱普生 LQ－1900型针式打印机	电源指示灯亮，字车不动。关机后立即开机，字车不复位，但打印一行后字车便停下报警	用调压器接在交流电源输入端给打印机供电，同时检测+35V 输出端的电压：交流输入电压为 100V 时，主开关电路开始起振；输入电压为 120V 时，输出电压便达到+35V；输入电压超过 180V，便下降至 20V。故判断 VT1 及其外围电路存在故障。经检查发现 VT1 的源极 S 的负反馈电阻 R8（0.43Ω）已损坏。更换 R8 后，故障排除
爱普生 LQ－2500型针式打印机	字车不返回初始位置，打印风扇也不运转	复位电路产生故障及 VX 输出电路无输出均可能导致此故障。来自 EIPS 电源板上的+5V 电压加上时，通过稳压二极管 V1 供给三极管 VT25 的 b 极，使其导通。VT25 导通后，三极管 VT26 亦导通，+5V 电压就供给 VX 输出端。先用万用表检测 EIPS 电源板上+25V 和+35V 电压均正常。再检查 V1、VT25、VT26，发现 VT25 的 c、e 极已开路。更换 VT25 后，故障排除
爱普生 LQ－2500型针式打印机	打印汉字或较为复杂的图形时，速度明显下降	先检查打印机设置，发现所设内存为零，重新设置 8KB 内存后试机，故障依旧，怀疑打印头的驱动电路和保护电路存在故障。根据电路分析，VT2 导通时，开关变压器 T2 的初级储存能量；VT2 截止时，通过 T2 的二次绕组释放能量，即在开关变压器 T2 的二次绕组输出高频脉冲电压。该脉冲电压经过高频二极管和滤波电容等构成的脉冲整流电路后，分别向主机板输出+5V、+12V 及−12V 电压。与此同时，主开关振荡电路接受+5V 和+12V 电压之后，亦开始振荡工作。于是由主开关振荡电路二次侧输出高频脉冲电压，再经整流和滤波后输出+35V 电压。+35V 电压通过二次稳压后再输出+24V 电压。 检查打印头的驱动电路和保护电路均正常，在各项检查均无效的情况下，判断打印头驱动电路供电不足。对+35V 电压进行检测时，发现工作过程中该电压有下降现象。试采用替换法检查，发现+35V 的滤波电容容量不足。选用一只 6800μF/50V 电容更换 C36 后，故障排除
爱普生 LQ－2500K型针式打印机	打印汉字或较为复杂的图形时，速度明显下降	打开机壳后检查 F1 正常，电源输出端的限流保护电阻 R13、R16 均无故障，说明主开关电源电路及其负载电路无过流和短路故障。通电检查，电源输出端均无电压输出，逐一检查交流滤波电路、整流电路、浪涌抑制电路和平滑电路正常，怀疑开关振荡电路未起振。进一步检查发现电阻 R4 启动电阻已开路。更换 R4 后，故障排除

三、喷墨打印机故障维修实例速查

1. 佳能喷墨打印机

机型	故障现象	故障分析与维修方法
佳能 BJ-330 型喷墨打印机	打印时，文字有时清晰，有时较模糊，有时无字迹，打印头运动正常	故障可能出在机器打印墨盒控制电路。检修时，先让机器工作，用万用表测直流电源电压，即+5V、+14V、+14V 及+22V，几分钟后+22V 电压逐渐下降到了+18V，而打印也变得无字迹。为了验证是否因为电压下降导致打印无字迹，将+22V 输出端另外用 0~30V 调压器代替，再将打印机与主机相连，执行打印命令，打印文字清晰，每次开机均能正常工作。此+22V 电源的工作电流为 50mA 的脉动直流。在将+22V 逐渐调低时，字迹也逐渐模糊，到+18V 左右时打印不出字迹。 该机电源为开关电源，其脉宽调制组件为贴片集成电路，只好自行设计一个能输出+22V、200mA 的电源。该机用此电源替换后，故障排除
佳能 BJ-330 型喷墨打印机	开机后面板指示灯不亮，机器不工作	故障一般出在电源电路。检修时，打开机盖，用万用表测电源无+28V、+5V 输出，取出电源板块发现熔丝 F1（2A/250V）烧断。检测滤波电容及热敏电阻 R2、桥堆 RC1 无损坏。拆下开关管 Q1（C3506），测量其 c、e 极已被击穿短路，R6（0.68Ω/1W）过电流烧毁，ZD2 也已短路损坏。更换 Q1、ZD2、R6 后，故障排除
佳能 BJ-330 型喷墨打印机	联机打印时，打印机不能正常打印出测试页，而是打印出几个混乱的字符后空走一页	怀疑打印机设置不正常，删除原设置后再启动计算机重新设置，故障依旧，说明原设置无故障。参看用户手册，逐项检查安装设置，发现计算机操作系统中附有的打印驱动程序与打印机不配套。打开打印机 SW1 设置盖板，将 SW1-1 设为 ON，SW1-2 设为 OFF。再进入打印机设置菜单，删除掉 BJ-330 设置，把打印机设置成“EPSON LQ-850”。设置完毕后，计算机提示是否打印测试页，选择“是”按钮，故障排除
佳能 BJ-330 型喷墨打印机	能联机但不能正确打印	打开一份 Word 文稿，进入打印机设置菜单，选择打印机型号。设置完毕后，计算机提示是否打印一张测试页，选择“是”按钮，观察发现打印机未正确打印出测试页，只是混乱打印机几个字符后空走一页，试删除原设置后重新设置，故障依旧。采用 Windows 菜单逐项检查，未发现明显异常，最后计算机提示“请查看打印机手册”。

续表

机型	故障现象	故障分析与维修方法
佳能 BJ-330 型喷墨打印机	能联机但不能正确打印	查看 BJ-330 型喷墨打印机用户手册，对安装设置逐条仔细检查，发现计算机操作系统中附有的打印驱动程序与打印机不配套。把打印机设置成“EPSON LQ-850”方式，利用 LQ-850 型打印机的驱动程序打印。打开该机 SW1 设置盖板，选用仿真 EPSON LQ-系列打印机设置，即将 SW1-1 设为 ON、SW1-2 设为 OFF。重新进入打印机设置菜单，删除掉 BJ-330 设置，把打印机设置成“EPSON LQ-850”。设置完毕后，故障排除
佳能 BJ-330 型喷墨打印机	仅电源指示灯亮，打印机无任何反应	由于电源指示灯亮，怀疑主控电路有故障。主控电路包括 CPU、RAM 和 ROM。CPU（IC1）采用超大规模集成电路 M37700SAFP，RAM 采用了 4 片 MN41464AZ-08（IC8~IC11），ROM 采用 HN62334BP（IC2）。开机后，先用示波器测量 CPU 的数据总线 D3 波形电压仅为 0.5V。经逐步检查，发现 IC9 的 15 脚对地短路。更换 IC9 后，故障排除
佳能 BJ-330 型喷墨打印机	打印件出现一条条白线	喷头控制与驱动电路或喷头存在故障，均可能导致本故障的发生。该机采用气泡型喷墨技术。经仔细检查发现喷头的喷嘴被喷墨堵死，分析其原因是由于每次打印完毕后未及时清洗。取下喷头，将喷头放在酒精中浸泡 10~15min，取出后用不带纤维丝的物品蘸些酒精对喷头表面进行清洗。将喷头清洗干净后，待酒精完全挥发，将喷头安装上，插好接插板，试机，故障排除
佳能 BJ-330 型喷墨打印机	自检时打印头有动作，但打印不出墨迹	拆开机壳，检查墨盒与打印头连接的塑料输送管道内有一些断断续续的墨汁，正常时管内应全部充满墨汁。开机后自检，发现管道内墨汁有轻微运动，但过一会儿后便不动了，说明打印头可以产生负压。试用镊子将软管往上提一提，开机后检查发现管道内墨汁运动明显加快，当墨汁到达打印机头后，字符被印出，故判断管道未连接好。用立时得牌胶水在连接处点一下，故障排除
佳能 BJ-330 型喷墨打印机	打印时不走纸，并有三短声报警。开机后字车复位正常，但不走纸，且有三短声报警	开机后边打印边观察，字车复位正常，说明电源电路、主控电路及字车驱动电路基本正常，故障出在走纸驱动电路。该机的走纸电机采用步进电机，其驱动电路用了两片 TEA3718S（IC6 和 IC7）。用万用表测 IC6 的输出端（15 脚）对地电阻值异常。更换 IC5 后，故障排除

2. 爱普生喷墨打印机

机型	故障现象	故障分析与维修方法
爱普生 MJ-1500K 型喷墨打印机	打印彩色正常，但黑色无法打印	观察打印机面板状态正常，使用打印机的面板清洗打印程序，在“暂停”指示灯亮时按下“切换”按钮和“换行/换页”按钮执行清洗黑色打印头程序，清洗过后开机打印，黑色仍不能打印。此时仔细观察打印头底部的海绵无黑色墨迹，即墨水未从打印头表面喷出，由此判断碳粉输送通道有故障。 该机采用较大容量的黑色墨盒（S020062），装在打印机右侧控制面板下方的墨盒腔中。墨盒装上后，墨腔中的针管插入墨盒内部使墨水进入针管内部。针管另一侧通过一个六角紧固螺帽与墨水输送管连接。墨水输送管经打印机后侧，随打印头电缆一起绕到字车组件上，在字车组件上通过另一个六角紧固螺帽与一个打印头阻尼器相连。打印头阻尼器另一端套住黑色打印头的进墨孔。在初次安装墨盒的充墨过程中，打印头表面和底部的橡胶罩接触，通过吸墨泵的动作，墨盒中的墨水通过上述输送通道到达打印头表面。当打印信号到来时，墨水喷射到纸张表面，形成打印字迹。 检查上述墨水输送通道，发现在针管另一侧紧固墨水输送管的六角螺帽松开，从而使墨水输送通道“漏气”，因此，即使在吸墨泵的动作下，由于松开处的压力与外界压力一样，墨色墨水也无法被引到打印头，从而造成本故障。将针管与墨水输送管连接处的六角螺帽拧紧，并执行充墨操作后，故障排除
爱普生 MJ-1500K 型喷墨打印机	彩色不能打印，但黑色打印正常	该机每个喷嘴的墨水喷射是由打印机内部的打印驱动芯片控制的。打印数据由 IC29（E05B16）转换成串行数据，并由 SI 端口输出送到彩色打印头驱动电路。当 IC2 输出 LAT 信号时，打印头内部的驱动芯片 SED5619D 锁存该数据，并将其转换成 60 位的彩色打印并行数据作为喷墨选择信号。在打印驱动脉冲到来时，在打印头中选择相应的喷嘴喷出墨水，从而实现彩色打印。实现喷嘴喷射墨水的驱动信号是由控制面板产生的。当数据传送到喷嘴选择完成后，IC2 输出 CH2C（彩色充电脉冲）及 CH2D（放电脉冲）信号到打印头驱动脉冲信号产生电路。该电路产生的梯形驱动脉冲信号及打印头驱动脉冲信号输出到打印头。

续表

机型	故障现象	故障分析与维修方法
爱普生 MJ-1500K 型喷墨打印机	彩色不能打印，但黑色打印正常	经以上分析，先检查彩色墨盒内墨水充足、彩色打印头正常，测控制板的梯形脉冲输出 CN8 的 COM 端口没有驱动脉冲信号。再检查控制面板，发现 Q9 的 b 极与 R139 开路。将其重新连接后，故障排除
爱普生 MJ-1500K 型喷墨打印机	开机时，面板彩色墨尽指示灯亮，而实际上彩色墨盒是新换的	据了解该故障是在关机的情况下更换新墨盒后出现的。由于该打印机使用计数器对墨水容量进行检测，所以在关机状态下更换的墨盒未被打印机认可，从而造成本故障。打开电源，在“Pause”指示灯亮的前提下，按住 Alt 按钮直至打印头移动到墨盒更换位置。将彩色墨盒重新安装后，再按 Alt 按钮，可看到“Pause”指示灯闪烁。打印机执行充墨操作后，故障排除
爱普生 MJ-1500K 型喷墨打印机	进行正常安装后，面板提示彩色墨尽	在正常使用过程中，该机墨水的消耗量是通过电路内部的计数器来测量的。该计数器达到设定值时，就提示墨尽。当彩色墨盒未安装时，控制面板的墨尽指示灯亮。装上彩色墨盒时，墨尽指示灯灭。传感器安装在彩色打印头内部，它其实是一个机械开关，当装上墨盒时，机械开关的两触点相碰，此时 CO 端与 GND 相连，打印机由此检测已安装了墨盒。因该机无论是否装上墨盒，彩色墨尽指示灯都亮，而装上墨盒后，CO 端与 GND 端不通，由此判断故障出在该机械开关。拆开彩色打印头的电路板，检查机械开关，发现其已变形，致使装上墨盒后两触点未能接触到一起，导致本故障发生。对该机械开关整形并重新安装后，故障排除

第三章

电冰箱、空调器故障维修实例速查

第一节　新型电冰箱故障维修实例速查

一、容声电冰箱故障维修实例速查

机型	故障现象	故障分析与维修方法
容声 BCD－161B/HC 型电冰箱	压缩机不停机	故障发生在压缩机、门开关及传感器等部位。检修时，检查门灯开关，如能正常开停，排除门灯故障。将强光手电筒打开，置入冷藏室，关闭箱门，无光线从门缝四周射出，证明密封良好。拆开顶盖用指针式万用表 R×1k 挡测冬季补偿温度开关，如短路，应更换。检测温度传感器是否不良，经检查发现冬季补偿温度开关内部短路。更换补偿温度开关后，故障排除
容声 BCD－161B/HC 型电冰箱	接入 220V 交流电源，压缩机工作但不制冷	检修时，关掉电源，用封口钳轻微夹住制冷剂注入口的铜管，用割刀慢慢割开。刚割开一个小口就有制冷剂喷出，立即用封口钳封住。据此排除制冷系统泄漏的可能。接入 220V 交流电源 5s，用剪钳将离过滤器 3cm 处的毛细管剪断，观察从过滤器出来的气流很弱，而从蒸发器出来的气流很大。确认毛细管没有堵。用氧焊枪给过滤器与毛细管接口加热，当接口发红熔化时，突然从过滤器与毛细管接口处有制冷剂喷出，确认过滤器脏堵。卸下过滤器，从中倒出很多黑色细粒和粉末。更换过滤器，常规抽空加氟，冰箱工作正常
容声 BYD－165 型电冰箱	工作时不制冷	断开过滤器与毛细管连接点，将压缩机高压管焊接点断开，封闭过滤器口，封闭毛细管口，封闭压缩机高压管口，在压缩工艺管和连接箱体的高压管上焊装三通带力表修理阀。这样将制冷系统分为高低压两部分：低压部分充氮气，使压力达 0.8MPa。高压部分充氮气，使压力达 1.6MPa，保压 12 小时，发现高压部分压力不变，低压部分压力下降为 0.3MPa，说明低压部分泄漏。

续表

机型	故障现象	故障分析与维修方法
容声 BYD-165 型电冰箱	工作时不制冷	容声牌电冰箱的箱体后背板是用自动螺丝固定于骨架上，拆下后背板检查，发现毛细管焊接处有一漏点，判断制冷剂从此处漏掉，造成不制冷。用纯酒精清洗漏点，并用什锦锉去掉氧化层，涂上 JC-311 粘胶剂。待其固化后再充氮试压，确定无漏点，再做真空处理，充入氟利昂。最后上好背板，故障排除
容声 BCD-165 型电冰箱	冬天长时间停机不启动，冷冻室存放食物融水	故障一般发生在低温补偿电路等相关部位。开机后观察，初步判断低温补偿发热丝损坏，由于该发热丝不发热，故造成在环境温度接近冷藏室温度时，冰箱无法启动，停机时间长使冷冻室温度达不到设定值。 采用普通电阻代换低温补偿电热丝，其方法是：将损坏的电热丝的两个接头剪掉，接上一只 6.5kΩ/10W 碳膜电阻，并将电阻及电阻接头用胶密封，以防漏电，然后将电阻安装在下蒸发器上，这样就使电阻代替了低温补偿电热丝的作用。开机后试验，冰箱启动、停止均正常，制冷良好
容声 BYD-165W 型电冰箱	第一次启动正常，但进行第二次启动时整机无反应	故障可能发生在过载保护电路等相关部位。开机后观察，因该机第一次启动正常，说明电源部分基本正常，判断过载保护器有故障。通电，在启动瞬间，观察到压缩机有微微启动动作，过载保护器的双金属片触点也有微小动作并有微弱火花，判断双金属片性能劣化。更换过载保护器后，故障排除
容声 BCD-190W 型电冰箱	突然停止制冷且机组运转不停机	经检查氟利昂已完全漏掉。进一步检查发现，新毛细管与外壳紧贴，使用中由于震动而相互摩擦，使铜管管壁穿孔。 采取导连毛细管的方法进行修复。其方法是：切开工艺管，接上修理专用阀门，将毛细管由磨破处折断，上端（到蒸发器一端）入口修整成斜面，下端锉平整，另选一段长 30mm，直径为 3～4mm 的铜管将两端导入连接，两头连接点用锡焊焊牢；再将毛细管位置调整好，不与外壳摩擦。这样已损坏的毛细管已连通，此时充入氟利昂并检查是否泄漏，结果未发现泄漏现象。通电，待机组运行 0.5 小时后将氟利昂放掉，再充入氟利昂后开机运行，观察无漏点无堵塞现象，故障排除

续表

机型	故障现象	故障分析与维修方法
容声 BCD－190W 型电冰箱	压缩机能正常启动运转，但冷冻室、冷藏室均不制冷	故障一般发生在制冷系统等相关部位。经检查发现冷凝器无热感，由于压缩机能正常运转，故判断制冷系统泄漏，造成缺氟。检查压缩机各管路接头，未发现油迹。仔细观察，发现冷藏室副蒸发器铝板铝管焊接处有漏油痕迹，将油迹擦干，涂上肥皂水，发现有鼓泡，说明此处泄漏。 将漏点清洗干净，并用布条擦干采用 JC－311 型粘胶剂进行修补，再抽空、加氟，试机正常，故障排除
容声 BCD－190W 型电冰箱	压缩机运转正常，冷冻室制冷正常，冷藏室不制冷	故障可能发生在送风风扇控制电路等相关部位。由于冷冻室制冷正常，说明制冷系统基本正常。故障原因可能是冷气送风风扇不良或通往冷藏室的冷气通路堵塞。该冰箱是无霜冰箱，如果冷气通路冰堵，则可能是除霜电路有故障。该冰箱除霜电路由定时器、除霜恒温器、温度熔断器和除霜加热器组成，检查恒温器、温度熔断器、除霜加热器均良好。拆下定时器检查，发现其触点不动作，故不能除霜，造成冷气通道冰堵，使冷气不能进入冷藏室。更换定时器后，故障排除
容声 BCD－196HC 型电冰箱	工作时不制冷	故障一般发生在制冷系统，主要原因有压缩机损坏、管道堵塞、制冷剂过量、抽空不彻底、制冷剂不正常。 由于新型制冷剂压缩机近几年损坏的可能性小，加上冰箱又有制冷特征，故基本上排除是前 4 种故障的可能性，决定先检查制冷剂是否正常。 割断工艺口，将外置冷凝器增加 2.5m 铜管，按压缩机上标明的 R600a 型加注。工作电流为 0.8A（空载电流为 0.6A），平衡压力为 0.01MPa。经上述处理后，故障排除
容声 BCD－202AY 型电冰箱	显示屏时而显示，时而不显示	故障一般发生在电脑板到显示屏之间的线路，可能存有接触不良现象。检修时，将显示屏拆下，再拆开冰箱顶部的盖板，把顶部的插接件拔出，逐根检测连接线，发现其中有两根不通。换线时，先将把门拆下，试拉出连接线，但拔不出，再仔细观察门与显示屏之间的位置，发现可以从原来出线的位置斜着钻一个孔到显示屏。于是用一根直径 6mm 的钻头从门的转轴孔的 1cm 以下开始斜着向显示屏位置钻出一个小孔，穿过两根稍细的线，换掉原来折断的两根。试机，显示屏正常显示，故障排除

二、海尔电冰箱故障维修实例速查

机型	故障现象	故障分析与维修方法
海尔 BCD-110 型电冰箱	压缩机损坏	故障一般发生在制冷系统等相关部位。开机后观察，该机为返修机，原机内置高压泄漏改为处置冷凝器。该冰箱压缩机为 R134a 型，由于没有此型压缩机，故改用 R12 型，并用 R12 作为制冷剂。当割断工艺管口后，判断前修理者所加的制冷剂为 R12（R12 具有腐蚀性与毒性，而新型制冷剂，如 R134a、R600a，则没有），结果损坏了压缩机。因 R12 有腐蚀性，故修复时，其压缩机内的电机采用耐氟线。 换上压缩机并在外置冷凝器上增加两圈铜管（长 2.5m）以利散热。修理后，冰箱的整机效果与原机相当且工作正常
海尔 BCD-110 型电冰箱	压缩机咬死，不能启动	故障发生在压缩机内。故障原因及检测方法是：①振动法。用木棒顶住压缩机的外壳，在瞬间用锤子打击木棒，使压缩机受到震动，帮助启动（一次打击不行，马上停机，3~4min 后再打，反复敲打几次）。②电容帮助启动法。用一只大电容（75~100μF），把压缩机的三根接线头拆下，另用一根双股线接在公用柱上，一根头连接在运行柱上，把运行柱接上电容的一头，用电容的另一头在压缩机刚启动时碰一下启动柱，如果压缩机不能启动，应迅速将电源插头拔掉，将电容短路放电，重复以上操作。启动时，最好把电压调到交流 220V。③无负荷启动法（泄压启动法）。把制冷剂全部放掉，抽真空，使压缩机无负荷运行。经上述处理后，故障排除
海尔 BCD-110 型电冰箱	工作时箱内发出较大的噪声	开机后观察，仔细听到噪声来自箱内背后，经检查发现箱查后管路交汇处似贴非贴在箱体上，当冰箱启动运转时，发出颤抖声。将管路稍微拔开，使管路箱体形成间隙后，通电试机，噪声消失，故障排除
海尔 BCD-212 型电冰箱	制冷正常但压缩机不停机	先检查冷藏室温度传感器紧贴于蒸发器壁属正常。再检查冷藏室和冷冻室温度传感器，将其与电路主板的连线断开，用万用表 R×100 挡测量两只传感器的电阻值，发现冷藏室温度传感器在常温下阻值正常，加热后阻值有所下降，但接入电路后，两端电压不能上升，将其焊下后压缩机便停机，由此判断该传感器性能不良。 如无同型号温度传感器可购，可采用下列代换法进行修复：用 5 只玻封管 3AX81（或 3AX31）将 b、c 极分别串联后接出引线，装入金属盒内，用环氧树脂封好，装入原传感器位置，再将该传感器与电源之间的电阻做适当调整后，通电试机，故障排除

续表

机型	故障现象	故障分析与维修方法
海尔 BCD－220 型电冰箱	压缩机运转不停机，冷藏室不制冷	由于冷藏室不制冷，故判断温度控制器有故障。打开温度控制器盒，发现温度控制器型号不对，该机的温度控制器应为 K61 型，其触点为单刀双掷开关形式，一端接压缩机，另一端接电磁阀。而误接的温度控制器为 K59 型，其触点为两个串联形式的开关，故导致电磁阀始终通电，冷冻室单独制冷，冷藏室不制冷。又因为冷藏室温度控制器始终是控制压缩机开停的，所以造成压缩机不停机故障。更换温度控制器后，故障排除
海尔 BCD－220 型电冰箱	通电后，指示灯亮，压缩机无法启动运转	故障一般发生在温度控制电路、压缩机电路等相关部位。开机后观察，由于指示灯亮，说明电源电压基本正常，判断压缩机本身不良。试拆下启动装置，用万用表测压缩机电机阻值，运行绕组 CM 为 17Ω，启动绕组 CS 为 33Ω，均正常；再测热保护器，触点连通，阻值为 0Ω；接着测启动器，接触不良，打开发现其触点已烧坏。更换启动器后，同时将蝶形热保护器更换后，故障排除
海尔 BCD－268 型电冰箱	运行时有较大噪声	开机后观察，该机是新安装使用的，经检查发现噪声较大，可能是箱内产生共振或放置不平衡所致。调整冰箱地脚螺栓，噪声减小，故障排除
海尔 BCD－220 型电冰箱	压缩机长时间运转不停机，也不制冷	故障一般发生在制冷系统等相关部位。开机后观察，通电待压缩机运转一段时间后，手摸冷凝器不热，细听不到蒸发器内有任何气流声，也不制冷，由此判断制冷剂泄漏。逐步检查出冷冻室蒸发器泄漏，补漏并对制冷系统进行加压检漏、抽真空、加制冷剂后通电试机，故障依旧。随着压缩机的运转，压力表的压力值也逐渐下降，并变为负压。经仔细检查是压缩机回气管（低压管）焊堵。清除焊堵并焊接好回气管，再重新加压检漏、抽真空、加制冷剂后，故障排除
海尔 Y555 型王中王牌电冰箱	门止挡响	故障一般发生在门体及相关部位，故障原因及检测方法是：①开关门检查响声来源，一般是下铰链止档部位；②检查门体是否偏，如门偏则调整铰链；③如仍不好，则将门体及下铰链卸下，检查下止档与下铰链的配合是否松动。如松动则用事先剪好的易拉罐皮塞进缝隙中，将止档重新安装到铰键上，然后检查门体轴套是否有毛刺，如有则进行清理，最后加润滑油即可。经上述处理后，故障排除

续表

机型	故障现象	故障分析与维修方法
海尔 Y555 型王中王牌电冰箱	冷却风机噪声大	检修时，先观察是压缩机底板变形还是底钢板变形，或是风机轴松动。如果是轴松动，则更换风机和叶片；如果是压缩机底板变形或底钢板变形，根据具体变形的严重程度进行处理，风机叶片变形，轻的可以取下风机叶片将叶片边部适当剪掉一部分。在实践中出现噪声大，还有固定冷凝风机的支架强度不够，风机在高速旋转中支架晃动，风叶与支架摩擦造成，只要对支架加以固定就能排除。该机经检查发现，固定冷凝风机的支架强度不够。重新对支架加以固定后，故障排除
海尔 Y555 型王中王牌电冰箱	冷冻风机噪声大	故障一般发生在冷冻风机及除霜系统，检修时，首先应判断噪声是否属于正常的吹风声音，一般属风机支架松动和风片变形，还可能是除霜系统有故障不除霜所致。经检查发现对风机支架松动所致。重新固定风机支架螺栓后，故障排除
海尔 Y555 型王中王牌电冰箱	蜂鸣器响	故障一般发生在蜂鸣器及控制电路。检修时，拆下主控板盖，测 CH7、CH8、CH5 两红色线（右侧线），在关门时应断开（开路状态），如是，则信号线、灯开关正常，应更换主控板。若有一组线处于导通状态，则说明对应灯开关未关闭，灯开关坏或线有短路现象，拆下对应灯开关，测开关在半闭时两插接件是否处于断开状态，若是测开关对应插件所连接两根红色信号线，测时将主控板上对应插接线拔下，若处于导通状态则箱体信号线短路，如果不是则开关坏，应更换灯开关。经检查发现对应灯开关不良。更换对应灯开关后，故障排除
海尔 Y555 型王中王牌电冰箱	不除霜	故障一般发生在除霜控制电路，应重点除霜加热传感器、除霜加热丝、除霜保险丝和 CH5 接插件。经检查发现除霜保险丝不良。更换除霜保险丝后，故障排除
海尔 Y555 型王中王牌电冰箱	不制冷	故障一般发生在制冷系统。检修时，打开冷冻室上部风机盖板，按住灯开关看风机是否运转正常、叶片有无卡住现象、风机是否松动。拆下两风机固定螺钉，看风机插接件是否接触良好。若风机不转，说明风机坏应更换风机，同时注意检测除霜加热传感器、除霜加热丝、除霜保险丝是否不良。经检查发现风机损坏。更换风机后，故障排除

续表

机型	故障现象	故障分析与维修方法
海尔 Y555 型王中王牌电冰箱	通电开机后机器无反应	故障可能发生在控制系统。故障原因及检测方法是：①通电后显示屏无显示，冰箱无反应；②用万用表测试电源滤波板是否有电源输入及输出端是否有交流220V电压输出，如有输入无输出，则可能是滤波板不良；应检查滤波板保险丝是否烧断；③通电后显示屏和电源输入、输出均正常，再测主控板是否有电压输入，有则主控板不良。经检查发现滤波板保险丝烧断。更换该保险丝后，故障排除
海尔 Y555 型王中王牌电冰箱	开机后风机不转	故障可能发生在控制系统，故障原因及检测方法是：①通电后检查风机是否运转，叶片是否卡住；②检测冷凝风机是否达到运转条件。进入强制启动或保证风机达到运转条件的前提下，测主控板风机输出端是否有16V直流电压输出（对于交流风机应有交流220V电压输出），如有16V直流电压输出则风机损坏，如无16V直流电压输出则主控板不良。经检查发现风机损坏。更换风机后，故障排除
海尔 Y555 型王中王牌电冰箱	开机后机器不启动	故障可能发生在控制系统，故障原因及检测方法是：①通电后检查显示板是否显示正常，如不显示，按不显示故障进行检查；②如显示正常，对于非变频机，用万用表测试主控板压缩机输出端是否有交流220V电压输出。如有交流220V电压输出，则检测压缩机及线路是否不良，如无交流220V电压输出，则为主控板损坏；③对于变频机，测试变频板是否有交流220V电压输入，是否有信号电压（2.5V）输入，无输入则为主控板不良，有输入应检测变频板、压缩机及线路是否不良。经检查发现压缩机线路不良。检修更换压缩机线路后，故障排除
海尔 Y555 型王中王牌电冰箱	工作时显示屏无显示	故障可能发生在控制系统，故障原因及检测方法是：①通电后显示屏无显示，用万用表测试主控板与显示板输入端是否有5V直流电压；②如主控板有5V直流电压输出，说明主控板正常，显示板有故障；③如主控板无5V直流电压输出，说明主控板不良。经检查发现显示板不良。更换显示板后，故障排除
海尔 Y555 型王中王牌电冰箱	工作时不除霜	故障可能发生在控制系统，故障原因及检测方法是：①通电后进入强制除霜状态；②用万用表测试主控板除霜输出端是否有交流220V电压输出，如有交流220V电压输出则主控板正常，应检查除霜加热系统；③如主控板无交流220V电压输出，则主控板损坏。经检查发现除霜加热丝不良。更换除霜加热丝后，故障排除

续表

机型	故障现象	故障分析与维修方法
海尔 Y555 型王中王牌电冰箱	冷藏不制冷，冷冻制冷差	故障可能发生在制冷系统，故障原因及检测方法是：①在风机运行处是否有冷风吹出；②如无冷风吹出，应拆开冷冻蒸发器盖板，检查冷冻蒸发器下部是否结冰过多，导致冷气不能上下循环。经检查发现冷冻风机不良。更换冷冻风机后，故障排除
海尔 Y555 型王中王牌电冰箱	冷藏室有时出现制冷差，压缩机开机时间晚	故障可能发生在制冷系统，故障原因及检测方法是：①冰箱制冷，测试冷藏传感器、冷藏电动风否工作，是否冷藏风门与-7℃风门控制错误；冷藏传感器与-7℃传感器放反。②如上述检查正常，应检查冷冻传感器参数（在种温度下）是否正常，否则应更换冷冻传感器。经检查发现冷冻传感器损坏。更换冷冻传感器后，故障排除
海尔 Y555 型王中王牌电冰箱	主控板继电器响，压缩机不启动，显示板无显示	故障可能发生在制冷系统。故障原因及检测方法是：①断开显示板检查主控板输出端各线之间是否有短路现象，线序是否有错。②检查冷藏、冷冻风机输出端、冷藏、冷冻风门电机输出端是否短路。③采用逐个断开接插件的方法检测各部分电路是否不良。④检测冰箱线路有无故障，主控板是否有电压输出，无输出则说明主控板不良。经检查发现主控板损坏。更换主控板后，故障排除
海尔 Y555 型王中王牌电冰箱	显示屏显示故障代码“E0”，机器不工作	故障可能发生在制冷系统，故障原因及检测方法是：①检查冷冻门上铰链连接端子、主控板各连接端子是否接触良好；②检查主控板与显示板是否配套（专用号都带 A 或都不带 A）。经检查发现主控板不配套。更换配套主控板后，故障排除
海尔 Y555 型王中王牌电冰箱	出冰口往外流水，出冰困难	故障可能发生在制冷系统。故障原因及检测方法是：①检查冰块是否过大，冻结在一起，检查主控板进水时间是否调过长，主控板是否为 V2.0 或专用号带 A 的；②制冰盒是否扭曲变形严重；③制冰机是否固定不平，导致往外流水。经检查发现主控板进水时间过长。调整主控板进水时间后，故障排除
海尔 Y555 型王中王牌电冰箱	出碎冰不出整冰	故障可能发生在制冷系统，故障原因及检测方法是：①检测整冰选择阀是否工作正常；②检查储冰选择杆是否工作正常；③检查储冰盒内的冰块是否冻结到一起。经检查发现整冰选择阀不良。调整、检修或更换整冰选择阀后，故障排除

续表

机型	故障现象	故障分析与维修方法
海尔 Y555 型王中王牌电冰箱	机器不制冰	故障可能发生在制冷系统。先确定该机冷冻制冷正常，故障原因及检测方法是：①检查制冰机是否处于关闭状态；②测水泵是否正常，按外取冷饮开关是否有水流出；③检查分水阀是否工作正常，可将冷饮水阀接线端子接到制冰水阀上，按外取冷饮开关，看制冰进水管是否有水流出；④用万用表检测主控板制冰机箱体控制线与冷冻室内制冰机连接处是否开路或短路。 经检查发现主控板制冰机箱体控制线与冷冻室内制冰机连接处开路。重新正确连接后，故障排除
海尔 Y555 型王中王牌电冰箱	冷藏温度过低	故障可能发生在制冷系统，故障原因及检测方法是：①拆开冷藏电动风门，温度达到关机点但风门仍不关闭，使冷藏关闭功能、风门无动作。②测风门与箱体间连线，与风门对应的加热丝端子正常应有 12V 直流电压，测试后发现在加热丝另一侧有电压，说明加热丝与风门电机控制线反接。③如上述检查均正常，应检查风门关闭后密封情况、冷藏传感器 1 参数是否正常，如传感器正常，达到关机点但风门关闭仍不及时，说明主控板有故障，应更换主控板。经检查发现冷藏传感器 1 不良。更换冷藏传感器 1 后，故障排除
海尔 Y555 型王中王牌电冰箱	机器不启动，通电后蜂鸣器响	故障可能发生在制冷系统。故障原因及检测方法是：①通电显示屏不显示，测各连接件接触是否良好；②测主控板有交流 220V 电压输入，但不显示，无输出，一般可判定主控板不良；③D202 被击穿短路。经检查发现 D202 内部被击穿。更换 D202 后，故障排除

三、上菱电冰箱故障维修实例速查

机型	故障现象	故障分析与维修方法
上菱 BCD－180W 型电冰箱	压缩机运转，但制冷量不足，箱内温度比设定值高	初步判断感温风门有故障。故障原因主要有传动杆失灵、感温包漏气、风门被异物卡住。本着先易后难的原则，先检查风门，发现其门轴被油污杂质卡住致使风门开度过小，冷气循环量小从而造成制冷量不足的故障。清除传动杆及风门轴上的油污杂质后，故障排除

续表

机型	故障现象	故障分析与维修方法
上菱 BCD-180 型电冰箱	开机后冷冻室、冷藏室均不制冷	应重点检查风扇电机。打开冷冻室门后，用手按压门控风扇开磁，风扇不转，说明风扇不良。经检查发现风扇电机绕组烧坏开路。查其原因发现该保险未烧断，取下检查该保险丝为 0.5A，而原机保险丝为 0.1A，由于第一次烧断保险丝后，用户自行换上 0.5A 保险丝，根本不起保险作用，所以将风扇电机烧坏，使蒸发器产生的冷气无法送入冷冻室，造成不制冷故障。更换风扇电机和 0.1A 保险丝后，故障排除
上菱 BCD-180WD 型电冰箱	通电后照明灯亮但压缩机不运转	故障一般发生在除霜电路等相关部位。经开机后检查温度控制器触点常通，但发现除霜定时器转换触点不导通，致使压缩机无电而不能启动工作。拆下除霜定时器，调整茶、红两色线路触点，使其接触良好，故障排除
上菱 BCD - 202L 无霜型电冰箱	轴流小风机不转	故障一般发生在风扇电机等相关部位。由原理可知，无霜冰箱的冷却方式是冷气强制对流，小风扇的作用是将冷气通过蒸发器挡板上的风道口强制吹入冷冻室和冷藏室内，以达到制冷的目的，风机一旦不转就会造成箱内不冷。检查时用万用表查小风机的保险，若保险丝没熔断，再打开冷冻室后背蒸发器挡板，将小风机的连接导线插头拔掉，用万用表测量电阻值，若出现无穷大，则说明电机绕组已烧坏，更换风机可排除故障
上菱 BCD - 202L 无霜型电冰箱	除霜电加热管熔断	故障一般发生在除霜系统等相关部位。开机后观察，上菱冰箱电加热管是根据其容积的大小常配用的功率有 130W、150W 两种。检修时，应先进行人工除霜，然后取出挡板，将蒸发器上的冰霜彻底清除干净，拔掉电加热管两端接线插头，用万用表检测电阻值为无穷大时，说明电热丝已熔断。更换电热丝后，故障排除
上菱 BCD - 202L 无霜型电冰箱	双金属除霜温度控制器触点粘连和失灵	温度保险熔断后，电加热管就无法进行除霜，致使冰霜增厚堵塞风道，使冷冻室无冷量。双金属除霜温度控制器在常温下为常开状态，低温下为闭合状态。在常温下用万用表测得电阻值为零，说明其触点已粘连，不能再使用。温度保险为一次性元件，在更换双金属温度控制器时应一并更换。更换双金属温度控制器和温度保险后，故障排除

续表

机型	故障现象	故障分析与维修方法
上菱 BCD－202L 无霜型电冰箱	除霜定时器传动部位失灵	故障原因是：除霜定时器的传动部位长期磨损，塑料齿轮打滑不能正常啮合，无法带动凸轮转动，不能切断压缩机和风机的电源并接通电加热管进行除霜工作，从而导致蒸发器积霜太厚堵塞风道。更换除霜定时器后，故障排除
上菱 BCD－202W 无霜型电冰箱	通电后风扇电机工作正常，但压缩机长时间运转不停机，制冷效果差	开机后观察，初步判断制冷系统泄漏。工艺管与副冷凝器相撞而产生裂缝，造成制冷剂泄漏。采取低压工艺处理，其作法是：首先切开高压工艺管，将系统内的制冷剂全部放出，更换工艺管，更换后立即进行封闭。再在储液器工艺管上装上修理阀，进行充氮保压试验。确认无漏后，从储液器工艺管处加入氟利昂，当充氟量达到最佳效果时，再封闭工艺管。经上述处理后，故障排除
上菱 BCD－202W 无霜型电冰箱	压缩机能正常运转，但蒸发器结霜厚达 2cm	故障一般发生在除霜系统等相关部位。检修时，打开机盖，首先用万用表测除霜电热丝电阻值为 380Ω（正常）。取下双金属片温度控制开关，测其两端电阻值为无穷大，将其开关放入另一台冰箱的冷冻室内，待冷冻室温度达到−10℃时，取出迅速测量，开关仍未导通，证明此开关已损坏。更换温度控制开关后，通电试机，故障排除
上菱 BCD－216 型电冰箱	通电，待运行 5min 后，检查发现高压管发热，蒸发器、压缩机均能正常工作，但冷冻室不制冷	故障一般发生在风机控制电路等相关部位。由原理可知，该冰箱系无霜、风冷式，主要靠风扇电机的风力把蒸发器的冷气带到冷冻室使其制冷的，估计是风机停转。试用耳朵贴近箱体听到有制冷剂的气流声，但无风机转动声，打开箱门，按下门控风机开关，风机还是不转，说明风机有故障。拆下测量，发现电机绕组已短路。更换风机后，故障排除
上菱 BCD－216 型电冰箱	刚开机一切正常，停用 2～3 天后再通电，不停机，故障反复出现	开机后检查，发现蒸发器被冰霜包围，风门也被冰块堵死，使蒸发器的冷气不能发挥出来，且不能送至冷冻室，故造成冷冻室不冷、不停机故障。原因是除霜加热器损坏。更换加热器后，通电试机，故障排除
上菱 BCD－234W 型电冰箱	刚开机正常，待工作几小时后冰箱出现自动停机保护故障，以后再也无法启动	该冰箱曾因制冷效果差在维修时更换了双金属开关，便出现上述故障。由于是运转 8h 后出现故障，怀疑故障出在除霜电路上，经开机后检查发现双金属开关的接线错误，将双金属开关焊下，重新正确接线后焊牢后，故障排除

四、华凌电冰箱故障维修实例速查

机型	故障现象	故障分析与维修方法
华凌 BCD－178W 型电冰箱	压缩机长时间运转不停机，不制冷	故障一般发生在制冷系统等相关部位。经开机后检查，发现蒸发器接头处有明显油污，判断此处泄漏。试对其补漏、抽真空，充注制冷剂后，通电，试用手摸高压管及冷凝器有温热感，且可以听到蒸发器内制冷剂的流动声，但其蒸发器表面只结露、不结霜。估计是电冰箱使用许久了，制冷系统内积存了一定量的冷冻油，以致蒸发器不能充分地吸收周围的热量，造成不制冷。 用四氯化碳清洗制冷系统，向系统管路内加入 1～1.5MPa 的高压氮气，将其管路冲洗干净后焊封好，再抽真空、加制冷剂后，故障排除
华凌 BCD－182W 型电冰箱	一次停机后再次通电开机，压缩机不能启动运转	故障一般发生在除霜电路等相关部位。开机后观察，初步怀疑故障原因是停电时除霜定时器正处于除霜位置所致，再次通电后除霜定时器无法复位，其常闭触点（3、4 脚）不能接通，压缩机失去工作电压而无法工作。 将除霜定时器常闭触点（3、4 脚）连线短接后，通电，压缩机还是不能启动运转，说明除霜定时器未复位。拆开电器后盖，用手拧一下除霜定时器主轴，使其复位后，故障排除
华凌 BCD－205W 型电冰箱	通电运转时有较大噪声	故障原因有：①压缩机减振缓冲弹簧弹力不匀或橡胶垫老化变形；②冷冻室风扇叶与内板相碰撞；③机械室内的铜管与蒸发盘或后盖相碰；④压缩机内部机件磨损严重，间隙过大；⑤冰箱放置不平稳。调整冰箱两前脚螺丝无作用，检查压缩机，发现其减振弹簧折断。更换新弹簧后，试机，噪声消失，故障排除
华凌 BCD-260 型电冰箱	压缩机运转不停机也不制冷	故障可能发生在压缩机控制电路、制冷系统等相关部位。故障原因主要有：①压缩机本身故障；②风扇故障；③制冷系统泄漏或堵塞。压缩机运转，说明压缩机基本正常。判断风扇有故障，首先检查风叶无卡堵现象，再拆下风扇，测电机绕组已烧坏开路。更换电机后，故障排除

续表

机型	故障现象	故障分析与维修方法
华凌 BCD－268W 无霜型电冰箱	不能自动除霜	检修时，断开电源，检查发现除霜发热器外表局部焦褐色，用万用表测其两端电阻无穷大。拆下除霜发热管，取出玻璃管两端密封硅橡胶塞帽，取出烧坏发热丝，换上好的发热丝（150W），将两个塞帽嵌回原位，将发热管装入电路后，通电开机，故障排除
华凌 BCD－268W 无霜型电冰箱	能制冷但制冷效果不好	故障原因为风扇电机烧坏引起的可能性最大。检修时，开机后观察，能听到压缩机运转声。打开冷冻室箱门，按住双按钮门开关，风扇不转。测门开关正常，测风扇电机直流电阻无穷大，正常电阻应在350~400Ω之间。风扇不转不能将蒸发器的冷空气送到冷冻室和冷藏室进行制冷，引起此故障。更换风扇电机后，故障即排除
华凌 BCD－268W 无霜型电冰箱	压缩机运转但不制冷	应重点检查制冷系统是否泄漏或毛细管是否堵塞。经检查蒸发器不结霜，但毛细管出口有结霜现象，判断毛细管堵塞。焊开干燥过滤器，用氮气吹净毛细管内污物，更换干燥过滤器后，故障排除

五、新飞电冰箱故障维修实例速查

机型	故障现象	故障分析与维修方法
新飞 BCD－170 型电冰箱	停机几个月后再次通电启动时压缩机内发出“嗡嗡”声，但压缩机不运转，过载保护器动作	故障是在停机后出现的，故判断压缩机卡缸、抱轴或冷冻油干涸。用橡胶锤敲击压缩机，并用热水对其进行反复冲洗后，故障排除
新飞 BCD－175L 型电冰箱	压缩机长时运转不停机，局部结霜且制冷不良	仔细检查蒸发器，发现盘管不合规格，盘得太稀，使整个蒸发器的热交换面积减少，影响制冷效果。将铜盘管懒惰蒸发器板结合严密，同时将毛细管加长30cm，增加毛细管的节流、减压作用。修复后，冰箱制冷效果良好，故障排除
新飞 BCD－185 型电冰箱	压缩机运转时间长，停机时间短，耗电量增加	经检查发现压住磁性门封条的塑料带开裂，因压不住磁性门封而引起冰箱冷气外溢，造成制冷效果差。在压紧磁性封条的塑料带螺丝固定处，加上一个橡胶垫圈，增加塑料带承受磁性拉力的能力，试机，故障排除

续表

机型	故障现象	故障分析与维修方法
新飞 BCD－185 型电冰箱	开机，压缩机随即自动保护	压缩机“卡缸”（活塞卡死）。将压缩机的高低压管道焊开，放出制冷剂及冷冻油。开壳后焊开汽缸与高压管连接管道，取出汽缸与活塞部件后，放入金属容器中。用冷冻油浸泡一段时间后，用 120℃ 电烤箱对汽缸与活塞进行高温烘烤，使冷冻油渗入活塞与汽缸间隙中，然后取出活塞并用汽油将汽缸与活塞洗净（若活塞严重磨损，应换新）。 将压缩机各组件按顺序安装好，加注冷冻油（要比开壳前倒出的冷冻油略多 50mL），装好启动部件，进行启动、漏电、空载运行等试验，合格后将壳体内的三个吊簧用冲子卡死。将冷冻油倒出，封壳后再进行试压，检漏，抽真空，加制冷剂，故障排除
新飞 BCD－210 型电冰箱	工作时制冷效果差	可能是压缩机的回气管有故障。试用 2.5mm^2 铜芯线往里轻捅几下，感觉有障碍物，再用银焊条往里轻搅几下，再焊好回气管，常规加氟，通电一会手摸高压管烫感强，摸回气管冷感到位，两小时后冰箱自动停机，半小时后又自动启动。经上述处理后，故障排除
新飞 BCD－263HL 型电冰箱	冷藏室食物冻结，而冷冻室结冰不实	开机后观察，初步判断温度控制器不良。开箱，检查发现冷藏室的温度控制器旋钮置于 5～6 挡，冷冻室的温度控制器旋钮置于 1～2 挡。由于温度调节不当，感温风门的开启过大，冷风流量相应增大，故造成该故障。将冷冻室和冷藏室两个温度控制旋钮均调置中常位置后，故障排除
新飞 BCD－263HL 型电冰箱	箱内温度已达规定值，但压缩机仍不停机	故障可能发生在温度控制电路等相关部位。故障原因主要有：①温度控制器的旋钮置于“速冻”位置；②温度控制器的感温包脱落；③温度控制器的触点粘连。开机后检查，温度控制器的旋钮置于位置正确，感温包完好，但其触点粘连在一起。用小刀将触点分开，用砂纸磨净触点氧化层后，故障排除
新飞 BCD－263HL 型电冰箱	通电后压缩机不启动	故障可能发生在温度控制电路等相关部位。检修时，打开机盖，用万用表首先检查电源电压基本正常，用万用表测压缩机绕组阻值，启动继电器均无异常，进一步检查温度控制器，用万用表测得其接点接触不良。更换温度控制器后，故障排除

第二节　新型空调器故障维修实例速查

一、长虹空调器故障维修实例速查

机型	故障现象	故障分析与维修方法
长虹 KFR-25G 型空调器	电源正常且指示灯亮，运转指示灯亮一下即灭	故障可能出在压缩机启动电容、过载热保护器电路。检修时，首先打开室外机机壳，检测压缩机电机线圈直流电阻基本正常，说明过载热保护器正常，故障是因启动电容损坏所致。经检查发现启动电容已被击穿。更换该电容后，故障排除
长虹 KFR-25G 型空调器	开机制冷制热均正常，室外风机一直不停运转	开机后检查，该机电源和主控制电路基本正常，而室外风机能启动运转，说明该控制电路中继电器接点熔焊卡死可能性较大。停电检查室外风机控制继电器，发现接风机电源的常开接点熔焊卡死在一块，致使电源与风机线圈直接接通。更换室外风机控制继电器后，故障排除
长虹 KFR-25GW 型空调器	室内外机组能运转，不制冷	拆开室外机外壳，检查制冷管路发现低压阀门处上侧有一处被折弯，沿管路检查室内机的拐弯处也有折弯处，判断是管路被二次截流造成不制冷。割掉管上的折弯处，用胀管器重做喇叭口，排出管路内的空气并加注适量制冷剂后，故障排除
长虹 KFR-25GW/H 型空调器	接通电源，室内机组运转正常，室外机不工作	先检查室内机正常，各电路也无异常。再查连接线4、5号两端无直流电压 24V，电于无 24V 直流电压，故造成室外机不能启动工作，顺此线路检查，发现整流滤波电容进被击穿。更换滤波电容后，电压恢复正常，室外机也能正常启动工作，故障排除
长虹 KFR-25GW/WCS 型空调器	遥控接收电路正常，室内、外机均不工作	该故障可能发生在 CPU 控制电路及相关部位。检修时，开机后观察，遥控器操作正确。卸下室内机面板，用万用表测量三端稳压器 D106（7805）有+5V 电压输出，说明电源正常。测量遥控器接收电路中间端子有+5V 电压，测量控制板上 VD103 和 VD102 良好，经查微处理器的 8 脚虚焊。重新补焊后，故障排除
长虹 KFR-28GW/BP 型变频空调器	用遥控器发射红外信号听不到接收声	故障出在遥控器或接收器上。检修时，卸下遥控器外盖，测量电池有电，检查电池“+”“-”极簧片触点良好，测量红外发射管正反向电阻良好。按顺序从易到难继续检查故障点，发现晶体振荡器损坏。更换晶体振荡器后，故障排除

续表

机型	故障现象	故障分析与维修方法
长虹 KFR-28GW/BP 型变频空调器	空调器运行但不制冷也不制热	初步怀疑制冷系统制冷剂不足。检修时，将室外机低压截止阀上的维修口螺帽拧下，用单联压力表测制冷系统压力，静态为 1.1MPa，说明制冷剂充足。重新启动空调器，低压动态压力为 0.8 MPa，低压压力太高。用手触摸压缩机吸、排气管路，高压排气管不太烫，回气管不凉，用耳仔细辨听四通阀，发现阀体气流声较大，由此判定四通阀窜气。更换四通阀后，故障排除
长虹 KFR-28GW/BP 型变频空调器	移机后不制冷，运行指示灯闪烁	检修时，卸下室外机外壳，用万用表检测测量接线端子及相关插件无电信号输出，判定故障点在控制线路中。卸下室外机控制线，把控制线拉出，发现有两根控制线折断。造成此故障的原因是移机人员钻的过墙孔直径太小，过墙时生拉硬拽，把控制线拉断。重新铁焊好控制线并用塑料绝缘胶布包扎好后，故障排除
长虹 KFR-28GW/BQ 型空调器	电子膨胀阀工作，风扇电机和压缩机不工作	检修时，通电开机，电子膨胀阀工作，风扇电机和压缩机不工作，查询故障显示 02（16），属压缩机位置检测电路异常。查压缩机阻值正常，取下压缩机连线故障依旧，查 IC206（TA75339P）各脚对地电阻无短路现象，查 IC206 的 5、7、9 脚外围元件，发现 7 脚所接 R233 阻值变小，正常时为 20kΩ，现只有 2kΩ 左右，引起电压偏移，造成不能检测 V 相位置。更换 R223 后，故障排除
长虹 KFR-28GW/BQ 型空调器	室外风扇不转	检修时，开机后观察，将空调器设定为制热运行状态，压缩机、室内风机工作正常，但室外风机不工作，20min 后压缩机停，说明室内、外机通信控制正常，故障应该出在室外风机驱动控制电路。 卸下室外机顶盖，拔下室外风机 CZ501 插座，用万用表电阻挡测各绕组阻值正常；重新开机，用万用表测量电路板 CZ501 插座 2~4 脚在不同转速时对地电压正常；关掉空调器，用万用表测量启动电容 C501（2μF/450V），发现充放电缓慢，说明风机启动电容不良。更换 C501 后，故障排除
长虹 KFR-28GW/BQ 型空调器	室外机不工作	开机后观察，室外机完全不工作，故障显示 04。根据代码表查连接线正确，保险丝完好，室内端子排插 2、3 脚之间有串行返回信号，确认外板正常，故障出在内机主板上。根据现象判定，应该是通信电路故障。经检查该机通信电路相关元器件，查光电耦合器正常，怀疑电容 C50 失效。更换 C50 后，故障排除

续表

机型	故障现象	故障分析与维修方法
长虹 KFR－32GW/A1 型空调器	关机后压缩机运转不停	故障可能发生在压缩机控制电路及相关部位。检修时，打开机盖，用万用表测试微处理器 CHN08111 的 10 脚为低电平，测 13 脚为高电平，说明微处理器处于工作状态。用万用表测试微处理器的 27 脚（复位端）一直为高电平。关机后，检测发现复位集成块 D106 内部损坏。更换 D106 后，故障排除
长虹 KRF32G（W）型空调器	新安装后不制冷	故障可一般发生在制冷系统。经检查发现，由于室内机低压管与室外机低压管接头处的螺丝帽没有对正，而且用力过度，使螺丝帽裂纹。重新换帽、扩口、排空、加氟后，故障排除
长虹 KFR－34GW/WCS 型空调器	能遥控但不开机，且手动也不能开机	检修时，打开机器面板，取下运转开关，将微处理器的 30 脚接+5V 电源，遥控开机正常，说明故障在运转开关上。更换运转开关后，故障排除
长虹 KFR－35GW/DC2 型空调器	遥控器发出信号后导风板不受控制	检查驱动模块 ULN2003。若驱动模块的 4～7 脚有脉冲电压输入时，10～13 脚无脉冲电压输出，说明驱动模块 ULN2003 损坏。更换 ULN2003 后，故障排除
长虹 KFR－35GW/DC2 型空调器	通电后蜂鸣器不响，待机指示灯不亮	故障可能发生在电源及系统控制电路，测 D104 的 1 脚有+12V 电压输入，而 3 脚无+5V 输出，判定 D104 损坏。更换 D104 后，故障排除
长虹 KFR－40GW/BM 型变频空调器	运行指示灯闪烁，手动关机后故障指示灯 1 一直亮	故障可一般发生在通信电路（室内机）。开机后观察，把开关拨到关的位置，故障指示灯 1 亮，表示通信有故障。用万用表检测试通信电压 24V 直流电压及 1 脚电压不变化，测试光电耦合器 PC11 发现次级断路。更换 PC11（PC817A）后，故障排除。另外，IC14、T11 失效或 R42 开路也会导致此故障
长虹 KFR－40GW/BM 型变频空调器	通电后无任何动作且遥控失灵	打开机壳，取下电源板。用万用表检测得 CN301 两端 220V 交流电压正常，而 C304 两端无 300V 交流电压，说明 C304 前端到 CN301 之间有开路现象。测 DB301 正常，测保险电阻 R301 开路，对开关电源各级进行检查无短路。更换 R301 后，故障排除
长虹 KFR－40GW/BM 型空调器	运行指示灯闪烁	故障可能发生室外机电源电路。开机后观察，把开关拨到关的位置，故障指示灯 1、3 亮，故障指示灯 2 闪烁，表示交流电压检测电路异常。该空调器室内、外机均有电压检测电路。先拆开室内机电控板，测主芯片的 46 脚电压为 2. 5V，说明室内机交流电压检测电路正常。拆开室外机电控板，先检查发现保险管 F12 熔丝烧毁，再检查 D31～D34 等元件发现 D31、D33 短路。更换 D31、D33 后，故障排除

续表

机型	故障现象	故障分析与维修方法
长虹 KFR-40GW/BM 型空调器	制热时风机不转，而制冷时风机正常	开机后观察，设定为制热状态，压缩机工作一会儿停机，室内机面板上高效指示灯、运行指示灯灭、定时指示灯闪烁，查长虹维修手册为室内盘管温度传感器故障。卸下室内机面板，拔下室内机盘管热敏电阻，测其阻值为 2kΩ（20℃时），正常情况下约为 7kΩ，由此导致微处理器误判为室内盘管温度过高控制停机。更换室内机盘管温度传感器，故障排除
长虹 KFR-40GW/BM 型空调器	空调器指示灯不亮，遥控和手动均不能开机	检修时，开机后观察，因外电源、控制板供电电路或 CPU 复位，晶体振荡器电路异常都会导致此故障发生。若外电源正常，CPU 无+5V 供电电压，则是供电电路异常。若 5V 电压不稳或偏低，则是集成稳压块不良、步进电机短路等；若复位脚与地瞬间短路，能开机，则是复位不良；若复位脚无+4.95V 电压或偏低，则是复位电容或复位块不良；若以上电路正常，则是 CPU 芯片故障。经检查发现 CPU 芯片内部损坏。更换 CPU 芯片后，故障排除
长虹 KFR-40GW/BM 型空调器	运转一段时间后自动停机	若将空调器设置于强制调试或试运转状态，压缩机能运转，则是温度传感器不良；若压缩机上无工作电压，则是控制执行元件不良，通常是继电器或驱动块不良。经检查发现驱动块性能不良。 更换驱动块后，故障排除
长虹 KFR-50L/WDCS 型空调器	主控板电源灯亮，控制面板显示正常，遥控操作时无反应	检修时，打开机盖，首先用万用表检查主控板微处理器 D101 的 18 脚电压为+4.5V，按动控制面板按键，18 脚电压无变化（正常时 18 脚电压在 2.5~3.5V 之间变化），说明控制面板复位电路存在故障。断开控制面板电源，悬空 VD301 与微处理器的 18 脚相连，重新开机，D301 的 18 脚电压恢复正常且控制面板工作正常，说明复位电路存在故障。经仔细检查发现电阻 R309 内部开路。更换 R309 后，故障排除
长虹 KFR-60LW 型柜式空调器	启动时室外机、压缩机、风机均不工作	故障可能发生在系统控制及压缩机启动电路。先对室外机组进行检查，检查发现影响压缩机正常工作的元件均无异常，强行启动压缩机能够正常工作。再检查压缩机交流接触器线圈，发现由室内机信号线控制的线圈两端没有电压，这表明室外机的故障是室内机的控制电路引起的。 切断空调器的电源后，对室内机的控制电路进行仔细检查未发现异常。于是重新接通电源，启动空调器工作恢复正常。分体认为，此故障为电脑芯片死机，是软故障，一般重新开机即可恢复正常

二、春兰空调器故障维修实例速查

机型	故障现象	故障分析与维修方法
春兰 RF-14W 型空调器	开机后室内风机启动运转，室外机组风机、压缩机无法工作，也不制冷	先测控制压缩机的继电器 K6 无 12V 激励电压，用 12V 电源单独给室外机组的接线端子 4、5 两点供电，室外机能正常运转，故判断故障点在室内机组。经检查发现装在室内机组底部 13V 变压器次级开路，导致无+5V 电压送至控制板，因该变压器装在机组底部，长期受潮所致。该变压器是一只独立的小型变压器，将其更换后，故障排除
春兰 RF-14W 型空调器	室内机液晶屏有显示，但室外机无反应且蜂鸣器长鸣	打开室外机控制板，用万用表测通信电路 ULN2003A 的 2、4 脚对地电阻为 11kΩ，明显小于正常值。经仔细检查发现该集成块表面有细微焦痕，说明已损坏。更换 ULN2003A 后，故障排除
春兰 KC-20 型空调器	工作一段时间后不制冷	故障可一般发生在制冷系统。检修时，开机后观察，用万用表检测压缩机运行电流渐大（正常值 3.8A），排除其他可能导致电流增大的原因后发现启动电容为 15μF（系更换非原件），故怀疑电容容量偏小，查原配电容为 20μF。换上 20μF 启动电容后，故障排除
春兰 KC-20A 型空调器	蒸发器下半部挂满水，制冷效果差（一）	开机后观察，蒸发器下半部挂满冰就等于下半部包了一层保温层，经初步分析，可能是由于温度控制器不良，而造成不能按设定温度控制压缩机停机、开机，致使开机时间长，停机时间短，启停频繁。该机刚启动化霜又启动制冷，致使化霜水结冰，制冷产生的水蒸气也结冰，造成蒸发器挂满冰。更换温度控制器后试机，故障排除
春兰 KC-20A 型空调器	蒸发器下半部挂满水，制冷效果差（二）	仔细观察发现该机温度控制器的感温包是卡在蒸发器中部 U 形支架上，与蒸发器翅片的距离约 2mm，由于感温包与蒸发器的距离太远，使温度控制器达不到温度控制点。 取下感温包，将其移至蒸发器下端紧贴翅片以提高感温包的灵敏度，开机后试验，空调器制冷良好，故障排除
春兰 KFR-20W 型空调器	夏天制冷正常，冬天制热时不但不制热反而制冷	判断控制电路或四通换向阀不良。检查室外机接线处，换向阀两端无 220V 交流电压，测换向阀控制继电器输出端和电源接线的 L 端之间有 220V 交流电压。进一步检查发现室内机穿墙处信号线折断，导致电磁换向阀无电压，不工作。连接好导线后，故障排除
春兰 KFR-20W 型空调器	开机后室外机风机运转，但压缩机不工作，不制冷	该故障可能发生在压缩机控制电路等相关部位。首先测量微电脑芯片的 36 脚有高电平输出，IC2 的 10 脚有低电平输出，但室外线处蓝、红两线间无交流 220V 电压，顺着红线向室内机查找，发现压缩机控制继电器不吸合，测其线圈已开路。更换继电器后，故障排除

续表

机型	故障现象	故障分析与维修方法
春兰 KFR-20W 型空调器	通电后不能启动，整机不工作	初步怀疑电源部分有故障，首先检查 220V 交流电压正常，测 μPD75028 无+5V 供电电压，测三端稳压器 7805 无+5V 电压输出，电源变压器次级线圈无交流 220V 电压，检查发现 3A 保险管已熔断。压敏电阻 RY-VAR 被击穿，分析原因为供电电压过高被击穿压敏电阻造成烧断保险管熔丝。更换保险管和压敏电阻后，故障排除
春兰 KFR-20GW/A 型空调器	室内机漏水	故障可能发生在室内机出水口等相关部位。引起室内机漏水的具体原因一般是出水管安装位置不对或出水管破裂所致。观察压缩机制冷正常。做排水实验时，发现室内机左侧（出水管）漏水。剥开漏水处包扎带后检查出水管，发现机壳口出水管有裂口，估计是在安装出水管时被机壳口毛刺碰伤而漏水。用锉刀将机壳口的毛刺锉平，再更换出水管后，故障排除
春兰 KFR-32W 型空调器	遥控打不开电源，但手动控制正常且能正常工作	由于手控能正常开机，说明遥控器存在故障，测遥控器单片微处理器 D75304GF 的 68 脚（复位端）所接 Q5、Q6 正常。根据维修经验，一般电子线路中的电容器较易损坏，拆下 C8 检查发现已严重漏电。更换 C8 后，故障排除
春兰 KTR-32GW 型空调器	室内机工作正常，室外机不能启动	经检查电源电压正常，检查压力开关和室外温度传感器也正常。检查电脑板 6V 和 12V 供电正常，检查室内机温度传感器 RT1，在环境温度 30℃时，测其电阻值为 270Ω，也正常。该微处理器 D75028CW 的 26 脚为温度传感器输入端，测 26 脚电压为 2V，不稳定。断开微处理器的 26 脚，测该点电压还是不稳定。检查相关元件，发现该点对地所接的一只 0.022μF/16V 小电容已失效。 更换该电容后，26 脚电压上升至 2.8V 且稳定，故障排除
春兰 KFR-32GW 型空调器	通电不到 2s 压缩机就很快启动运转，而室外风机则不启动运转	试用遥控开机后，测 CPU 的 36 脚上的电压马上跳变为稳定的 5V 高电平，而一关机又恢复为 2~3V 电压（正常应为低电平），说明 CPU 局部损坏。对照电路分析，CPU 出口没有接下拉电阻，导致这一路输出电路饱和或截止不彻底，使反相驱动集成电路 μPA2003 保护 2~3V 电压，继电器处于闭合状态，故一通电，压缩机即启动运转。在 CPU 输出口装一只 50kΩ 的电阻，再测 36 脚已能输出正常高低电平，故障排除

续表

机型	故障现象	故障分析与维修方法
春兰 KFR-40GW型空调器	室内机底部漏水，但室外漏水管出水正常	打开机壳后观察发现，室内机热交换器上结冰，故判断为制冷系统漏氟，致使蒸发压力过低而结冰。开机检测回气管压力只有 0.05MPa，说明空调器漏氟。关机后用肥皂水检漏，查看室内机、室外机接头处未泄漏，当检测到气管大阀门帽时，发现有气泡冒出。查出气管大阀门帽已开裂损坏。 更换新阀门帽后，加氟，试机，工作正常
春兰 KFR-50LW/D、KFR-50LW 型空调器	通电后液晶显示屏上显示故障代码“E1”，整机不工作	故障代码“E1”的含义为空调器室内外机通信失败保护。检查室外主控板 AP3、室内外机三芯信号线正常。替换室内主控板 AP1，故障依旧。重点检查室内中间接口控制板 AP2，各信号插件均接触可靠，但发现中间板 AP2 上的集成块 U201 有几个引脚的电压不正常。仔细检查外围元件，1、15 脚间的电阻 R202（5.1kΩ）开路。更换同规格电阻后，故障排除
春兰 KFR-50LW型分体热泵型空调器	冬季不制热	经检查系统管路发现压缩机排气管到四通阀 4 号管路中 U 形管路上焊口有油污，用浓肥皂水检漏，查出该处有轻微泄露。放冷媒、补焊、充氮气检漏、抽真空、开机充冷媒至正常压力后，故障排除
春兰 KFD-70 型空调器	通电，试按动制冷开关键，空调器无反应，不工作	故障可能发生在电压保护电路等相关部位。检修时，先用万用表测 N4 输出端电压约为 0V，正常。再检查 V10、V11、R9、R18 等相关元件，发现 V10 的 c、e 极被击穿，导致 V11 的 b 极失去偏置电压而始终处于截止状态，造成压缩机和室内外风机均不工作。更换 V10 后，故障排除
春兰 KFD-70LW型空调器	制冷正常，不能制热	检修时，开机后观察，机器制冷正常表明电源电路过流、欠压保护电路、制冷系统均正常。检查制热回路。制热时，按下制热键 S2，三极管 VT3 导通制热控制器 K3 吸合，常开接点 K3-1、K3-2 分别接通辅助继电器 KA3 和室内风机辅助继电器 KA1（低速）或 KA2（高速）线圈，KA3 得电吸合，常开接点接通交流接触器 KM1 线圈得电吸合，常开主接点接通电热管，电源发热并由室内风机转动吹出热风。检查控制继电 K3 线圈两端电压为零，而电源正常，怀疑 VT3 未导通导致 K3 未吸合。试将 VT3 的 c、e 极短接，继电器 K3 吸合，制热正常，说明 VT3 损坏。更换 VT3 后，制热恢复正常，故障排除

续表

机型	故障现象	故障分析与维修方法
春兰 KFD－70DS型空调器	室外机不运转，不制冷	故障可能发生在电源电路等相关部位。开机后观察拆开室内机检查，未发现明显异常。拆开室外机检测，用电压表测 KA4 无线圈电压。进一步检查，查得 KA4 的连接线 A、B 接线端头松动，从而致使接触不良。重新连接 A、B 两线后，故障排除
春兰 KFD－70DS型空调器	电源电压正常，开机后机器不启动运转	故障可能发生在电源连接、制冷系统、温度控制电路等相关部位。开机后观察，分析主要原因可能在控制电路以后的电路。经逐步检查室内外机连线、继电器热保护器均正常。采取强行启动法，室外机即可运转，用万用表测变压器电阻值正常，进一步检查发现变压器与输出端接点虚焊。重新补焊变压器接点后，故障排除
春兰 KFD－70DS型空调器	在室内温度高于设定温度时，按下制冷按钮后压缩机不工作，室内外风机均不启动	开机后观察，将过、欠电压保护板上输出三极管 V11 的 c 极和 e 极短路，则压缩机和风机均能正常启动运转，说明故障在过、欠电压保护电路。通电测量过、欠电压保护电路中 N4 输出端电压接近 0V，正常。进一步检查 V10 和 V11，发现 V11 开路损坏。更换 V11 后，故障排除
春兰 KFD－70DS型空调器	通电开机后，室内机组运转正常，但室外机不工作	该故障可能发生在电路连接系统等相关部位。开机后观察，由于室内机组工作正常，说明电源电压正常，应重点检查连线及室外机组电路。经查发现室外机接线端 A、B 连接导线接头松脱，致使 KA4 无线圈电压。将导线连接好后，故障排除
春兰 KFS－70LW型空调器	有时能正常开机，有时过、欠压指示灯亮，机组不能启动运转	故障可能发生在制冷系统、温度控制电路等相关部位。开机后观察，怀疑电源电压有故障。用万用表检测电源电压正常。由于电源电压正常，故判断延时电路有故障。延时电路由 R7 和 C4 组成，经分别检查后得知电容 C4 严重漏电，拆下检测已失效，造成过、欠压保护误动作。更换 C4 后，故障排除
春兰 KFD－70LW型空调器	电源正常，室内、外机组不启动	故障可能发生在面板及系统控制电路。检修时，开机后观察，电源正常，检查压缩机完好无损。由此判定故障在控制回路。经仔细检查发现继电器 K1 内部断开。更换 K1 后，故障排除
春兰 KFD-70L 型空调器	通电后压缩机和室内外风机均能启动运转，也能制冷，试调温度设定按钮无反应	重点应检查温度设定电路。电路 40194 的时钟信号（CP）和功能控制信号（S1、S2）均由 IC7 提供。用万用表测 IC7 的 7 脚在开启时为低电平，在闭合时为高电平；而IC7的1脚无论开启、闭合都为高电平，故造成

续表

机型	故障现象	故障分析与维修方法
春兰 KFD-70L 型空调器	通电后压缩机和室内外风机均能启动运转，也能制冷，调试温度设定按钮无反应	40914 的 CP 端始终处于高电平，而无时钟信号。再测 IC7 的 2 脚电压在开启或闭合状态下都为 0.3V。进一步检查 IC7 的外围元件时发现 C2 损坏漏电。更换 C2 后，故障排除
春兰 KFD-70L 型空调器	通电后，室内机工作正常，但室外机不工作	开机后观察室内机工作正常，说明制冷状态继电器 K4 能吸合，判断电路板与室外机的连接电路有故障。用万用表测与室外机控制继电器 KA4 串联的 K1 触点没有闭合，其绕组端没有+9V 电压。该+9V 电压由温度控制器提供，在常温（25℃）下测温度控制器感温探头阻值为 6.15kΩ，正常。再测 IC7 的 12 脚电压为 1.2V，IC7 的 9 脚电压为 1.9V，均偏离正常值，故判断 IC7 内部损坏。更换 IC7 后，故障排除
春兰 KFD-70LW/BD 空调器	安装一个月后不制冷	检修时，开机后观察，用万用表检测电流只有 4.2A 左右，加氟到电流为 7.2A 左右时制冷正常。检查各连接头正常。一个月后，故障依旧。再次检修时，发现缺氟。于是在检漏的同时询问用户，得知安装工人在安装时不小心把低压管压弯了，经简易处理后再安装上去。于是取下保温管，发现处理处有裂痕。经割裂及重新焊接，并排空加氟后，故障排除
春兰 KFD-70LW 型空调器	启动正常，数分钟后过流、欠压保护指示灯亮，室外机保护动作停机	故障原因可能是：室外压缩机过载导致过热保护器 FR 或压力控制器 FV 动作，切断压缩机 380V 主供电电源，使室外机自动停机。怀疑电流回路有虚接，顺供电线路查找，总电源保险有一相接触不良，RC 熔断器插头氧化严重无弹力。更换熔断器后，故障排除
春兰 KFR-70GW 型空调器	开机运转约 10min 后，压缩机停止工作	检修时，打开机盖，拆开室外机壳检查，散热器上沾满尘土，用手触摸散热器十分烫手，由于散热器上沾满尘土，故致使其散热不良，系统内压力过高，高压压力开关动作，切断压缩机的运转电源。经检查，高压压力开关果然动作。将散热器上的脏尘去除后，通电其散热良好，且长时间运转都能正常工作，故障排除
春兰 KFR-120LW/BP 型 3 匹空调器	经常停机保护，用水冲冷凝器后恢复正常，但几天后再次出现间歇性保护报警	判断是冷凝器散热不良且冷凝翅片内部很脏。用水仔细冲洗冷凝翅片，再测量翅片温度为 40℃。测量制冷压力为 0.25MPa，测量平衡压力为 0..55MPa。加氟至制冷压力升到 0.5MPa 后，故障排除

续表

机型	故障现象	故障分析与维修方法
春兰 KFR-140LW 型空调器	通电后，刚开机空调器运转正常，但运行十几分钟后显示故障代码“E6”且自动停机保护	开机后观察，显示故障代码“E6”表示为室内蒸发器冻结，但经检查蒸发器，其表面并没有冻结，只结霜且很均匀。进一步测 RT2 阻值也正常（RT2 型号为 502AT）。检查发现 RT2 与主控板 RP1 的接插件导电片断裂，使主控板刚接到蒸发器冻结信息便保护停机，分析原因是该接插件紧挨蒸发器，长期受潮而蚀断。更换主控板接插件后，故障排除
春兰 BP50 型空调器	开机将空调器设置在制热状态时，室内外机工作正常，但室内机出风不热，制热效果差	在开机制热时，用肥皂涂在各接头处，发现室内机接头冒气泡，经检查发现此接头没拧紧，故造成漏氟。变频空调器在补氟时最好采用定流（定额）加氟法，因为其工作压力不是在严重缺氟时几乎不变。用扳手拧紧室内机接头后检漏、按定流加氟法，加至额定电流后，开机制热正常
春兰 BP50 型空调器	开机后在使用过程中显示“E6”代码	故障可能发生在制冷系统等相关部位。“E6”代码表明压缩机排气温度过高（高于 115℃）或排气传感器有故障。检修时，打开机盖，用万用表检测排气传感器正常，悬空排气传感器试机，空调器工作正常，检测电流偏小，判断是系统缺氟所致。用定量加氟法加入定量的制冷剂，同时观测电流到额定值后，故障排除
春兰 FDF285H 型空调器	通电后压缩机和室内外风机均不能启运运转，试按遥控器开关键，无任何反应	故障可能发生在电源电路等相关部位。经询问用户，该机安装使用一个月后，突然灯泡一闪便停机，随后不能启动。初步判断为电源插座不通或电源变压器烧坏。打开室内机外壳，用万用表检查控制电路电源变压器，测其初级线圈阻值为无穷大，正常应为 600Ω，证明已开路。更换该变压器后，故障排除
春兰 FDF285H 型空调器	夏天能制冷，冬天不但不制热反而制冷	故障可能发生在制冷系统等相关部位。造成此故障原因主要是电磁四通阀不良。检修时，先用万用表测电磁四通阀，查出其连线错接，致使 RSV-10 无 220V 交流电压，无法进行制热转换。 重新接线后，故障排除
春兰 FDF304HEN 型空调器	开机后不能正常制冷，在反复开关机数次后制冷才恢复正常	故障可能发生在制冷系统等相关部位。据用户反映，该空调器安装使用不久，便出现该故障，判断四通阀不良。四通阀的阀芯密封性差，压力窜气会造成无足够的压力封闭毛细管控制阀端，致使换向阀的滑块不能一次导向成功，需反复开起电源，借助开关机时的电流冲击后才能正常工作。更换四通阀后，故障排除

三、美的空调器故障维修实例速查

机型	故障现象	故障分析与维修方法
美的 KFC-20X2GW/X 型空调器	通电后正常启动运转，但工作几分钟后低压侧压力下降，不制冷，关机十几分钟后重新开机，故障重现	该机在安装时，将室外机倒置抬上楼，由此判断为“油堵”。在压缩机倒置时，机内的冷冻油溢出主管路中，当开机制冷运行时，由于油液太稠难以回流而造成管路堵塞。常规排除“油堵”的办法是用高压氮气吹除，再抽空灌氟。但这种办法很费时，如将空调器制热运行，使制冷反向流动，且管路温度增高，连接管路内压力增大，可使管路中的积油回流
美的 KFC-20X2GW/X 型空调器	打开室内 A 机，压缩机不能正常运转，也不制冷，而 B 机制冷正常	检查相关元件，发现继电器 RL301 开路，由于 RL301 动触点未吸合，使电磁阀 Y00 线圈阻值正常，处于关阀状态，开机时制冷剂不能流向 A 机蒸发器，使压缩机吸气压力降低，高压侧压力增大，压缩机负荷增大，电流上升而保护停机。更换 RL301 后，故障排除
美的 KC-25B 型空调器	通电，压缩机能正常运转，但风机不运转且有“哒哒”声	故障可能发生在风机及控制电路等相关部位。检修时，打开机盖，断开电源检查，用手转动风叶，发现风扇叶片中有一异物卡住。 取出异物后，故障排除
美的 KC-25B 型空调器	开机后风机能正常启动运转，能制冷，但制冷量不足	故障原因是温度控制器失灵。先检查温度控制器的通断，在很多情况下由于温度控制器的温差发生变化。出现此种故障时，应先调节温差螺丝，如调节后仍无效，则可考虑更换温度控制器。在环境温度 30℃的条件下，重新调节温度控制器的最低温度调节螺丝，使温度控制器旋钮标记对准盘上“6”的位置。再逆时针方向调节温度控制器调节螺丝数圈，通电使压缩机启动运转。室温开始下降，待其下降到 25℃时，再顺时针方向缓慢调节温度控制器最低温度调节螺丝，直至压缩机停止为止
美的 KFR-25G 型空调器	开机后风机运转，试按高、中、低挡键，风机转速不变	故障可能发生在风机控制电路等部位。经检查发现 Q17（COS302）开路，致使电路的输入与输出部分完全隔离。更换 Q17 后，故障排除
美的 KF-26GW/AT. D. 1. 1 单冷型空调器	室内机风扇不转，但指示灯正常，不制冷	故障可能发生在室内机风扇启动控制电路。检修时，开机后观察，发现风扇启动电容内部损坏。用数字万用表测换下的电容仅 0. 2μF。用 1. 5μF/450V 电容后，故障排除

续表

机型	故障现象	故障分析与维修方法
美的 RF－28W/SD－B1 型空调器	制热时，室外机工作正常，室内机的风机时转时停，风量很小，整机外壳带电，工作几分钟后室内、外机均停机，室内机显示屏显示“P2”故障代码	仔细观察，发现其室内风机引线是从风机上面绕到风机里面去的且很短，绷得很紧，没留余地。使用一段时间后，固定引线的卡子会脱落，引线就会掉下来，靠在风机轴上与轴摩擦，时间长了，就会磨破绝缘套管。把引线接好后，将其从风机下面绕到风机里面，在保证不会卷入风机叶轮里面的前提下适当留长了一些。这样即使引线固定卡脱落，引线也不会缠到风机轴上
美的 KF－32GW/AT. D. 1. 1 单冷型空调器	工作 10min 后停机，电源指示灯与运行指示灯闪烁	故障可能发生在面板及控制电路。检修时，开机后观察，测+5V、+12V 电源正常，温度传感器正常。但 CPU 的 40 脚电压 0. 5V 与标称值 1～5V 不同，该脚为蒸发器温度检测脚，外接贴片电容 C15、贴片电阻 R7。判断故障在主控板电路。经仔细检查发现电容 C15 漏电，经实际试验也可拆掉此电容不用。用同规格瓷片电容替换后，故障排除
美的 KF－35GW/Y－GA（E5）型空调器	开机十几分钟后室内外壳整个面板结露珠	故障可一般发生在制冷系统。检修时，开机后观察，此机是新机，装好不到一周漏制冷剂，加制冷剂后制冷效果差。经检查压力、电流正常，回流管结霜也正常。回收雪种，取下室内机检查，发现包铜管的护套没有将铜管全部包完，有 17～18cm 长的铜管露在外面。重新包严铜管后，故障排除
美的 KFR－36GW/Y 型空调器	主机不工作，故障指示灯亮	检修时，打开机盖，首先用万用表检测供室外机控制电路使用的+12V 和+5V 电源电压，正常，但室外机的故障信号指示灯 LED3 点亮，说明微处理器存在故障。检查微处理器 UP075066 的（12）脚复位信号正常，测其 4、5 脚时钟信号波形，实测无信号波形，判定时钟振荡电路不良，焊下 X4 晶体振荡器测量已损坏。更换 4. 19MHz 石英晶体振荡器后，故障排除
美的 KFR－36GW/Y 型空调器	室内外机组运转正常且制冷、制热效果良好，但不能除霜	先检查室内热交换器上的温度传感器 TC 正常。再查 5V 电压也正常。拆下 R2 检测发现其阻值为无穷大（正常应为 8. 06Ω），说明电阻 R2 开路，使 ICI 无控制电压，不能发出除霜信号。更换 R2 后，故障排除
美的 KFR－50LW/BPY 型变频空调器	室内机工作 2min 后，LED 屏显示“P01”故障代码	经检查室外机电源板上的 470μF/400V 滤波电容有 1 只炸开，变压器 T3 初级开路，变频模块无 12V 电压输出，判断由电网电压过高损坏所致。分析室外机程序板控制 IC 所需的 5V 工作电源都由变频模块输出的 12V 电压经 7805 三端集成稳压 IC 提供。现在无 12V 电压，也就无 5V 电源，控制板 CPU 不能工作，故室内机显示通信故障。更换损坏元器件后，故障排除

续表

机型	故障现象	故障分析与维修方法
美的 KFR-61LW/EDY 型空调器	接通电源，将空调器设置在制热状态，机器不能制热，也听不到风扇转动声	判断制热电路有故障。本机采用 220V/50Hz 的交流供电，送风风扇由主板 KFR-75LW/ED 控制。若测各风扇电机两端有电源电，但风扇不转，则说明风扇电机已损坏；若检查风扇电机本身正常，则应重点检查风扇电机控制电路。 接上电源插头，用万用表的电压挡从 CN108 开始顺着主板电路依次检查，检查到继电器 J 时，突然听到“咔嗒”一声，风扇开始旋转并且电阻 R1、R2 发热。待运行一段时间后断电，拆下继电器 J 检查，发现其触点上有氧化物且接触不良。更换继电器 J 后，故障排除
美的 KFR-73LW 型空调器	压缩机只要一启动，室内风机便马上吹出冷风，不到 1min 却又吹出热风，并显示过压故障代码，机器自动停机保护	拆开室外机检查，发现风机电容被击穿短路。由于电容器短路，风机不转，使室外机热交换器不散热，造成系统压力过高，空调器保护停机。更换风机电容后，故障排除
美的 KFR-75LW/B（D）型空调器	开机后主机不工作，故障指示灯亮	重点检查微处理器 U104 基本工作条件是否具备。测 U104 的 19~21 脚的+5V 电源电压正常，再检查 12 脚复位信号正常，但 3 脚无复位信号输出，说明 U104 本身未工作。测 4、5 脚无时钟信号波形，说明时钟振荡电路未起振。检查相关元件 C64、C63 及 X4（4.18MHz 石英晶体振荡器），发现 X4 已开路，致使振荡电路不工作。更换 X4 后，故障排除
美的 KFR-75LW/B（D）型空调器	开机后不能制冷，室外风机不工作	开机后，测微处理器 UP075066DE 的 18、26 脚有风机信号波形，测集成块 2003 的 10 脚输出的驱动电压正常，但可控硅不导通。焊下可控硅测量发现已损坏。更换该可控硅后，故障排除
美的 KFR-75LW/B（D）型空调器	接上电源插头，主机不工作，显示屏无故障指示	检修时，打开机盖，先用万用表测 JP12 电源电压正常，测变压器输出的 13.2V 和 11.2V 交流电压也正常，但微处理器的 19 脚无+5V 电压。再测三端稳压块 7805 的输出端电压为 0V，但其输入端+12V 电压正常，由此判断 7805 已损坏。更换 7805 后，故障排除
美的 KFR-75LW/B（D）型空调器	开机后停机频繁，机器能正常制热，但温度降不下来	开机后观察，发现压缩机长期处于停机保护状态，试调节温度按钮，压缩机也只工作一会儿便自动停机。检查压缩机电源接插件 JP28 正常，继电器也无打火现象，说明电源控制电路正常。再检查感温电路，手握感温管压缩机启动缓慢，检查感温电路 R95、C66（0.2μF）、C65、R96 及 RT3 可变电阻，发现 C66 被击穿，致使感温上限温度升高。更换 C66 后，故障排除

续表

机型	故障现象	故障分析与维修方法
美的 KFR-75LW/B（D）型柜式空调器	开机后制冷正常，工作一段时间后，室内机温度偏高，显示故障代码“05”	故障可能发生在温度控制电路。检修时，先查故障代码表，得知“05”代码表示室内机出风口温度过高。引起此故障的原因一般是温度传感元件不良。检测温度传感元件 TEMP1、TEMP2，发现 TEMP2 损坏。更换 TEMP2 后，故障排除
美的 KFR-75LW/B（D）型柜式空调器	开机欠压指示灯亮，机器一直不工作	故障可能发生在过、欠压保护电路。用万用表检测 Q13 的 c 极电位为低电平，U14 的 29 脚也为低电平，试断开 Q13 的 b 极，其 c 极电位仍不变。判断 Q13 已损坏。将其拆下检测，c、e 极已被击穿。更换 Q13 后，故障排除
美的 KFR-75LW/B（D）型柜式空调器	开机后，室外机不工作，也无故障指示	开机后，用万用表测 JP12 电源电压正常，测变压器输出的 13.2V 和 11.2V 交流电压也正常，但微处理器的 19 脚无+5V 电压。再测三端稳压块 7805 的输出脚电压时，室外机忽然工作，撤去表笔后又停止工作，观察 7805 的输出脚发现已脱焊。补焊 7805 输出引脚后，故障排除

四、海信空调器故障维修实例速查

机型	故障现象	故障分析与维修方法
海信 KFR-28GW 型空调器	开机后无法制热	故障可能发生在压缩机及相关控制电路中。检修时，开机后观察，首先检查压缩机是否运转正常，开关电源、功率模块是否损坏。该机经查压缩机未启动，不运转。停电检查压缩机电机线圈直流电阻为零，已损坏。 更换压缩机后，制热功能恢复。
海信 KFR-28GW 型空调器	220V 交流电正常，用遥控器无法开机	该故障可能发生在遥控器电路。检修时，打开遥控器外壳检查，电路板已断裂，估计系摔落所致。 更换遥控器后，故障排除
海信 KFRP-35GW 型空调器	开机后室内风机运转正常，自诊断显示运转指示灯闪亮，但压缩机不转，室外机不工作	自诊断显示运转指示灯闪亮，说明 HIC 变频数据处理集成电路模块有故障。取下 HIC 模块，测量各端子间的直流电阻，发现其“+”端与其余各端的电阻值为无穷大，判断 HIC 模块内部已开路损坏。更换 HIC 模块后，故障排除
海信 KFRP-35GW 型空调器	通电后，指示灯 1 闪亮，指示灯 2、3 均不亮，室外机不工作	先检查压缩机正常，再检测 HIC 模块的直流电阻值也正常，判断室内机温度传感器 DTN-7KS106E 不良。拆下该传感器，在常温（25℃）下测其正反向电阻值均为无穷大，正常时应为 58kΩ 左右，说明传感器已开路损坏。 更换 DTN-7KS106E 后，故障排除

续表

机型	故障现象	故障分析与维修方法
海信 KFRP－35GW 型空调器	通电后，面板电源指示灯亮，但室内风机不转，送风口无冷风吹出	故障出在室内风扇电机上。检查风扇电机各漆包线间的直流电阻值，发现红、蓝线间的电阻为无穷大（正常应为 6.18Ω），说明风扇电机线圈已烧坏。更换风扇电机后，故障排除
海信 KFR－35GW/BP 型空调器	开机后不制冷	开机后检查发现运转电流过大（已达 10A），小管结霜，压缩机异响，用手触摸压缩机，发现压缩机发烫并停机。初步判断制冷系统受堵。仔细检查发现联机管中间被压扁。更换联机管后，故障排除
海信 KFR－40GW/BP 型	刚开机时能启动运转，正常工作约 1h 后，整机自动停机保护	拆开室外机发现机内结满了霜，风扇扇叶被折断，测管温传感器只有几十欧的变化范围，说明此传感器损坏。更换管温传感器后，故障排除
海信 KFR－50LW/39BP 型变频空调器	遥控开机不能启动，空调器室外机不启动	故障原因是继电器 RY1 得电吸合，但继电器触点没有接触上，导致没有给室外机供电。更换 RY1 后，故障排除
海信 KFR-60LW/BP 型空调器	运行一段时间后，制热时风机不转，室外机正常	检修时，用万用表电阻挡测量室内盘管传感器是否开路或短路。在确认传感器无故障后，用万用表测量该电路各元器件的特性。检查发现电感 L02 开路。更换 L02 后，故障排除
海信 KFR－72LW/28VD 型柜式空调器	开机后制冷效果比较差	用万用表测试压缩机是否通电，发现接触器控制的压缩机没有得电，故判断故障应出在接触器。用万用表电阻挡测接触器绕组，发现已开路。更换该接触器后，故障排除
海信 KFR-3601GW/BP 型空调器	室外机风机正常，室外机不工作	判断故障应该出在过压检测电路。由原理可知，220V 交流电经过 R07、R08 两个 51kΩ/1W 电阻降压，经互感器 T01 耦合，通过 D08～D11 整流、C10 滤波输出一路直流电压，经 R33 输入芯片与设定值做比较，从而判断是否过压。D14 起钳位作用，保证输入到芯片中的电压不超过 5V，从而保护芯片。CA01 为滤波排容。正常工作时芯片 VT 脚应有 2V 左右的直流电压，但此机该脚电压为 0V。用万用表检测发现 R07 开路损坏。更换 R07 后，故障排除
海信 KFR-3601GW/BP 型空调器	室外机不工作（一）	用万用表测量控制板上+5V 电源正常，逐个检测保护电路，过压检测信号正常，因机器没工作过流检测为 0V。测通信电压也正常，当测到瞬时掉电保护电路时电压为 0V，而正常工作时应为 2.1V 左右。经检查发现 R10 开路。更换 R10 后，故障排除

续表

机型	故障现象	故障分析与维修方法
海信 KFR-3601GW/BP 型空调器	室外机不工作（二）	重点检查电源电路。经检查发现，四路+15V 输出均为 0V，在检查至开关管 Q01（25C3150）时发现开关管内部开路。该电路中易损件为开关变压器 T02、开关管 Q01、稳压管 ZD02（5.1V）和 7805、C28、C33 等。进一步检查发现开关管 Q01 内部不良。更换 Q01 后，故障排除
海信 KFR-3602GW/BP 型空调器	用遥控器开机，机器无反应，但手动应急开关能正常开启空调器	手控能正常开机，说明故障出在遥控电路上。试用遥控器对一台调幅收音机进行干扰试验，收音机无“嘟嘟”声，说明遥控器已不能发射遥控信号。拆开遥控器外壳检查，发现遥控器的发射头损坏。更换该发射头后，故障排除
海信 KFR-3602GW/BP 型空调器	室外机在开机后自动保护，PTC 电阻发热	拆开室外机壳，重新开机后观察发现，在开机瞬间压缩机启动，室外机 RY01 主继电器没有吸合，PTC 电阻发热，室外机未得电工作。更换 RY01 后，故障排除
海信 KFR-3602GW/BP 型空调器	开机后无任何反应	故障由室内空调器 EEPROM 电路数据丢失所致。用万用表的直流电压挡检测 EEPROM 的 3 脚，看是否与主芯片有数据传输信号。结果无任何反应，说明 EEPROM 已经损坏。更换 EEPROM 后，故障排除
海信 KFR-3602GW/BP 型空调器	开机后，室内风机转速失控，时转时停，但室外机工作正常	判断室内风机或其控制电路有故障。该空调器风机转速电路采用霍耳器件进行控制，检修时应重点检查该元件是否正常。用万用表测试 CN07 的 1、3 脚电压正常，再用万用表的直流电压挡测试 CN11 的 1、2 脚电压，用手拨动风机转动，测试有电压脉冲产生，即万用表指针摆动，说明霍耳器件是好的，判定风机有故障。 更换风机后，故障排除
海信 KFR-3066GW/BP 型变频空调器	室外机不启动，室内风机不转	故障可能发生在室内机控制电路或过零检测电路。开机后，用万用表检测插座 CN02 上的电压正常，表明变压器次级有电压输出。该电压经整流二极管 D7~D10 整流后输出+12V 电压，再经稳压后输出+5V 稳定电压。同时，三极管 Q01 的 b 极得到直流信号。当 b 极电压低于 0.7V 时，Q01 截止，c 极输出高电平。Q01 的 c 极电平变化通过 IC01 控制，由 IC01 的 6 脚输出触发脉冲信号去控制可控硅 IC05 关断，实现对风机控制与调速。测 Q01 的 c 极电压变化正常，而 IC01 损坏的可能性不大，故怀疑 IC05 损坏。将 IC05 更换后，故障排除

续表

机型	故障现象	故障分析与维修方法
海信 KFR-3066GW/BP 变频空调器	制冷正常，无法制热	故障可能由四通阀控制切换电路损坏或四通阀卡滞损坏所致。打开机壳，仔细检查四通阀相关的切换电路。集成块 IC01 的 51 脚输出为高电平，反相驱动器 IC07 输出低电平，四通阀控制继电器动作正常。怀疑四通阀损坏，切换失败。更换四通阀后，故障排除
海信 KFR-4501GW/BP 型空调器	通电后不能用遥控器启动	检修时，先检查室内机电源电路的控制部分是否有故障。检查保险丝 3A 没有熔断；用万用表的电压挡测电源变压器的输出级电压为 10.5V，正常；测 LM7805 稳压管无输出电压且发烫。故判定 LM7805 稳压管损坏。更换 LM7805 后，故障排除
海信 KFR-4501GW/BP 型空调器	室内机能正常运转，室外压缩机不能启动	故障可能发生在变频转换电路及相关部位。开机后，用万用表的交流电压挡测试功率模块 U、V、W 两端有无电压，一般交流电压为 60～150V。如有电压，而压缩机不转，则表明压缩机不良。如无电压或三端电压不平衡，则需测试功率模块的输入信号电压是否正常。经检测发现功率模块 PM20CTM060 内部损坏。更换该模块后，故障排除
海信 KFR-5001LW/BP 型空调器	能启动，室内风机不能调整	故障可能发生在室内风机及控制电路。怀疑可控硅 IC05 损坏，风机就不进行调速或者只能单速运行。用万用表的电阻挡粗略测试可控硅 IC05 的初级，发现已开路。更换 IC05 后，故障排除
海信 KFR-5001LW/D 型变频空调器	开机后室外机不工作，但室内机运转正常	打开室外机外壳检查，电源控制板 LED01 发光二极管亮，说明整流、滤波电路工作正常。测量开关电源输出的四路 15V 直流电源和一路稳压的 5V 电源正常。怀疑开关三极管 2SC3150 不良。断电后对该管进行检测，发现 c、e 极被击穿，造成开关电路不能正常工作，导致输出电压异常，从而导致驱动压缩机的功率模块不工作，压缩机不启动。用 3SC3150 管替换 2SC3150 管后，故障排除
海信 KFR-5001LW/D 型变频空调器	室外机经常烧坏电脑板，机器不能正常工作	故障可能发生在电源电路或相关部位。开机后检查，发现室外机滤波板的保险丝烧断，用万用表检测压敏电阻短路。更换压敏电阻后，故障排除
海信 KFR-6001LW/BP 型空调器	开机后熔断器烧坏	先检查易发生短路损坏的室外风机电机，压缩机电机线圈直流电阻正常，对外壳绝缘电阻均大于 5MΩ。再检测电源变压器、室内风机电机线圈，发现室内风机电机线圈，已烧毁短路。更换室内风机电机后，故障排除

续表

机型	故障现象	故障分析与维修方法
海信 KFR－7208LW/D 型变频空调器	开机制冷后制冷效果较差	初步判断漏氟。打开室外机，发现四通阀下面三根铜管夹角处有油渍，用洗涤灵液检漏后，确认此处是制冷剂泄漏点。将漏点用钢针做上标志，用湿毛巾将四通阀包扎冷却，焊接时仔细调节焊枪火焰，对准漏点加热，当夹角处达到焊接温度时，迅速用银焊条点焊，操作手法要快，争取一次焊接成功。四通阀的尼龙滑块距夹角处漏点较近，而且仰焊有一定难度，操作不当会使滑块烘烤变形。一旦四通阀滑块窜气，就必须更换四通阀。对泄漏点进行胶粘或补焊后，故障排除

五、海尔空调器故障维修实例速查

机型	故障现象	故障分析与维修方法
海尔 KF－20 型空调器	室内外机组均工作，但不制冷	切开工艺管，无气体溢出，判断制冷系统内制冷剂已漏尽。检查室内外机组均正常，再检查气液连接管与室内外机的 4 个扩口螺母连接处及供液阀、回气阀、蒸发器的外露焊接点均无异常。将气液阀关死，从低压阀工艺管口充入压力为 0.8~1MPa 制冷剂 R22，单独检漏室内机和气液配管，20min 后发现压力表的压力降至 0.6MPa，说明气液配管或蒸发器有泄漏。经检查发现供液配管有一处轻微泄漏。更换供液配管、重新抽空、加注制冷剂后，故障排除
海尔 KC－20 型空调器	能制冷但效果较差，室内温度降不下来	检修时，打开机盖，先检查冷凝器上并未积尘，测制冷系统的压力偏低，说明是脏污堵塞，使压缩机的工作效率低。拆开压缩机机壳检查，其内部的运行部件有许多被磨损，从而致使配合间隙变大，造成工作效率也越来越低。更换所有磨损的部件后，故障排除
海尔 KC－25 型空调器	压缩机运转不良，空调器长时间工作但制冷效果差	判断故障原因为制冷剂不足。当制冷剂减少时，制冷剂的吸热过程会集中在蒸发器的下部。由于温度控制器感温包安装在蒸发器的中部，其检测的温度与蒸发器下部的温度相差较大，致使压缩机运转不停，空调器长时间工作，使蒸发器下部的温度越来越低，最后出现结霜再结冰、制冷效果差的现象。给系统充注制冷剂后，故障排除
海尔 KFR－25GW 空调器	通电后电源指示灯亮，遥控及应急启动均无反应	通电后风机发出“嗡嗡”声，保险管熔丝立即熔断。用万用表测量风机绕组阻值均近似为 0Ω。在拆卸过程中发现室内机骨架已因电机烧毁时产生的高温而部分熔化变形，同时发现该风扇转动不灵活。更换电机、骨架后发现电机转速无法控制，更换电脑板后机器运行恢复正常

续表

机型	故障现象	故障分析与维修方法
海尔 KFR-25GW 型空调器	通电后按遥控器上开关键，机器无反应且屏幕字符显示混乱，但手动操作机器能正常运行	故障可能发生在系统控制电路等相关部位。先检测复位端电压正常，判断故障出在时钟振荡部分。经检查发现时钟振荡部分不良。试用代换法代换后，遥控功能恢复正常，说明晶体振荡器损坏。更换该振荡器后，故障排除
海尔 KFR-25GW/BPX2 型空调器	刚开机空调器工作正常，但工作十几分钟后运行指示灯灯灭，自动停机	判断功率模块连线有故障。重点检查功率模块的连线后，发现压缩机的白线、红线接错。正常应为压缩机的 C、S、R，分别接功率模块的 W、V、U（黑、白、红）相。连线接错，造成压缩机工作电流过大，引起保护性停机。将白线、红线重新接好后，故障排除
海尔 KFR-25GW/RPX2（F）型空调器	新安装使用便出现制冷效果差	开机后检查，将制冷管路各接头处布上肥皂水，发现室内机 A 低温管和 B 高压管接口渗漏。 先关闭室外机 A 组和 B 组高压阀，收回制冷剂。然后，关闭 A 组和 B 组低压阀，此时管内压力小于大气压，紧固防漏连接螺母。打开室外机 A 组和 B 组高压阀，观察接口无渗漏。打开 A 组和 B 组低压阀，加入制冷剂，试机，故障排除
海尔 KFR-28G/BPA 型空调器	通电后电源指示灯不亮，遥控和手动开机均无反应	电压过高，压敏电阻被击穿短路。更换压敏电阻后，故障排除
海尔 KFR-28G/BPA 型空调器	开机 2~6min 后自动关机且出风导板不能自动闭合，直至几分钟，出风导板才能自动闭合，这时才能关机	判断故障在室内机变压器上。故障出现时，断电，用万用表电阻挡测变压器次级绕组阻值正常，但测其初级绕组无阻值。过几分钟后，再测初级绕组又恢复正常，说明变压器初级绕组有虚焊现象。当机器正常工作时，虚焊部分发热而断开，停机后几分钟又恢复正常。更换变压器后，故障排除
海尔 KFR-28GW/BPA 型空调器	开机后电源指示灯亮，运转指示灯亮一下即熄灭，整机不工作	根据自诊断功能判断热敏电阻有故障。拆下测量，发现该电阻已变值。更换该电阻后，故障排除
海尔 KFR-28GE/BPA 型空调器	电源、定时指示灯均闪烁 3 次后灭	检修时，打开机盖，先用万用表检查电源电压正常，再检查室内机电脑板也正常，测整流桥输出端电压为 310V 正常。当拔下功率模块的 U-V、U-W 的导线，测量 U-V、U-W、W-U 的电压，发现 U-V 间电压仅为 20V 左右的交流电压，不正常。关机后，用万用表的二极管挡测量“-”极（对应红表笔）与“U、V、W”极间正向阻值为 380Ω，但测反向阻值时 U-V 有 1.5kΩ 阻值，故判断功率模块损坏。更换该模块后，故障排除

续表

机型	故障现象	故障分析与维修方法
海尔 KFR－32GW 型空调器	开机后室外机风扇不运转，无法制冷	试用螺丝刀拨动室外机风扇叶片，风扇能转动且制冷正常，判断风扇电容不良。用万用表可检测电容是否断路、短路，但检测电容变值则比较困难。采用同型号电容替换后，故障排除
海尔 KFR－35GW 型空调器	室内、外机组运转基本正常，但制冷效果差	故障可能发生在制冷系统等相关部位。开机后观察，怀疑故障原因在于制冷能力下降。检修时，拆开室外机壳检查，发现散热器的缝隙中积满了絮状物和灰尘，从而影响了散热器的散热效果。观察发现该空调器的室外机安装于一楼阳台上，其环境条件差，灰尘极多，故造成此故障。对室外机进行一次全面清洁处理后，故障排除
海尔 KFR－50LW/BP 型空调器	新安装使用时室内外机组工作正常，能制冷或制热但效果差	估计安装管路各接头密封不严而造成漏氟。对管路各接口处进行检查并未发现油迹。试加氟后，测工作电流超过 18A，保险丝熔断，说明系统内不缺氟。检查发现室外机背后盘放着一圈一圈的铜管，询问用户后得知这些管子是在安装时剩余的。由于此管子未割断，盘放在一起而造成节流，使机器的功率降低。将多余的管子割除，并用四氯化碳和氮气冲洗管路，加氟后，故障排除
海尔 KFR－50LW/C 型空调器	空调器运转但制冷效果差，室内降温很慢	判断故障原因在于制冷剂不足。经仔细检查未发现泄漏点。接通电源，待压缩机启动后，打开加液阀，向系统充入制冷剂。在充制冷剂的同时，监测钳形表电流值和压力表读数，当电流接近额定值、压力表读数为 0.5MPa 时，停止充制冷剂，关上加液阀，试机，空调器运转恢复正常，故障排除
海尔 LF－13W 型柜式空调器	遥控器显示“E35”或“E37”故障代码，室内机红色指示灯熄灭，绿色指示灯连续闪烁；室外机红色指示灯闪烁 1 次，绿色指示灯连续闪烁	故障可能发生在系统控制电路或供电电路。故障原因主要有：①室外热交换器温度传感器电阻值改变或连接线路异常；②室外风机电机短路损坏；③制冷剂充注过量。经检查室外风机电动机短路。更换室外风机电机后，故障排除
海尔 RF－13W 型柜式空调器	遥控器显示“E3”或“E5”故障代码，室内机红色指示灯闪烁 2 次，绿色指示灯连续闪亮；室外机红色指示灯和绿色指示灯均熄灭	故障可能发生在面板及系统控制电路。故障原因主要有：①室外机电源变压器烧毁，使 2A 熔断器熔丝熔断；②室外机电脑控制板损坏；③室内外机连线路有开路故障。经检查发现室外机电源变压器烧毁，2A 熔断器熔丝熔断。更换室外机电源变压器和熔断器熔丝后，故障排除

续表

机型	故障现象	故障分析与维修方法
海尔 RFD－13W 型柜式空调器	遥控器显示“E1”故障代码	故障可能发生在面板及系统控制电路。故障原因主要有：①遥控器软线开路或与电脑控制板之间接触不良；②室内机电脑控制板有故障。经检查发现遥控器软线开路。更换遥控器软线后，故障排除
海尔 RFD－71W 型柜式空调器	遥控器显示“E3”或“E5”故障代码	故障可能发生在面板及系统控制电路。故障原因主要有：①室外机控制板损坏；②复位异常。经检查发现室外机控制板损坏。更换该控制板后，故障排除
海尔 KFRd－71LW/F 型空调器	开机，空调器运转 1min 后，显示屏显示故障代码“E9”且整机不工作	故障可能发生在室外机供电电路等相关部位。检修时，打开机盖，先用万用表检测电源电压为交流电压 220V，正常。再检查室外机，发现其电路板由一只 12V 的变压器供电，测 12V 电压输出正常。再测 IC6（7805）稳压电路无 5V 电压输出，发现 IC6 脱焊。重新补焊后，故障排除
海尔 RF－71W 型柜式空调器	遥控器显示“E7”故障代码，室内机红色指示灯闪亮 1 次，绿色指示灯连续闪亮；室外机红色指示灯熄灭，绿色指示灯闪亮	故障可能发生在面板及系统控制电路。故障原因主要有：①吸气温度传感器电阻值改变或其连接线路不良；②吸气温度传感器位置改变；③室内机电脑控制板有故障。经检查发现吸气温度传感器位置改变。重新调整该传感器位置后，故障排除
海尔 RF－71W 型柜式空调器	遥控器显示“E31”故障代码	故障可能发生在面板及系统控制电路。故障原因主要有：①室外机控制信号或反馈信号不正确；②室外机控制电路有故障。经检查发现室外机控制电路不良。修复室外机控制电路后，故障排除
海尔 LF－71W 型柜式空调器	遥控器显示“E38”故障代码，室内机红色指示灯熄灭，绿色指示灯闪烁；室外机红色指示灯闪烁 1 次，绿色指示灯连续闪烁	故障可能发生在系统控制电路或温度控制器系统。故障原因主要有：①室外机温度传感器电阻值改变；②室外机温度传感器连接线路异常或安装位置改变；③室外机控制电路有故障。经检查发现室外机温度传感器电阻不良。更换该传感器后，故障排除
海尔 KFR－120QW/AS 型空调器	开机后室外机刚启动即停，室内机运行指示灯闪烁 8 次	故障可一般发生在控制电路及相关系统。室内机运行指示灯闪烁 8 次，查资料故障原因在于室内外机通信异常。检修时，测室外机接线端“S”和“N”有 150V左右变化的电压，说明有通信，室外控制电路板

续表

机型	故障现象	故障分析与维修方法
海尔 KFR-120QW/AS 型空调器	开机后室外机刚启动即停，室内机运行指示灯闪烁 8 次	工作电压都正常，怀疑信号线不良。经检查发现在出墙孔拐弯处有接线头，接头没有错开连接，而且绝缘胶布已经老化并粘在一起。将接头错开连接并包好绝缘胶布后，故障排除
海尔 KFRd-120LW/A 型空调器	开机即显示故障代码“E5”	故障一般发生在制冷系统。检修时，开机后观察，用万用表检测电压及相序正常。测室内机温度传感器阻值（8~18kΩ）正常；查室外机信号线及连接线正常。在断电状态，测过电流保护器动作触点不通，说明过电流保护器损坏。更换该保护器后，故障排除
海尔 KFR-120LW/D 型空调器	制冷正常；制热时室内风机不运转，20min 后室外机停机	故障一般发生在温度控制器系统。这是典型的室内盘管传感器电路故障导致的机器保护性停机。在制热运转时，因为人性化的防冷风设计，只有室内盘管温度达到 23℃以上空调器才吹风。该机室内盘管传感器损坏后，室内风机不运转，室内机温度过高，导致压缩机排气温度过高保护。更换该传感器后，故障排除
海尔 KR-160W/A（BP）S 型一拖四空调器	线控器显示“E1”代码，室外机出故障	故障可能发生在面板及系统控制电路。开机后观察，检查室外机电脑板故障灯闪 9 次，连接好工装板显示“EP”代码，表明 IPM 功率模块有过流、过热、被击穿短路等故障。更换模块并涂上硅脂，以便于散热。又测得压缩机绕组 U-V/2.3Ω、V-W/2.4Ω、W-U/2.3Ω 阻值正常，对地阻值无穷大。再复查一遍，确认无异常后，通电开启室内机制冷模式，室外机运行，之后压缩机升频，继续观察 2h，查看工装板电流参数始终在 7.8~9.8A 之间，空调器运行平稳。经上述处理后，故障排除
海尔 KR-160W/（BP）S 型	全开室内机制热，室外机运行 30min 后，电脑板故障指示灯闪 6 次，查看工装显示“OC”代码	检修时，先查看压缩机接线牢靠，再用万用表测压缩机绕组阻值不对。经检查发现压缩机烧毁。更换压缩机后，故障排除
海尔大 3P 空调器	室外机抖动声大，运转噪声也大	故障一般由安装不当造成。经现场查看，发现室外机左边明显低于右边，用铁丝杆将左边升高 2cm 且安装平稳后，故障排除。经上述处理后，故障排除

六、格力空调器故障维修实例速查

机型	故障现象	故障分析与维修方法
格力 KFD-25G 型空调器	通电后，室内机能正常工作，室外压缩机和风机也能正常工作，但不制冷也不制热	先检查各管路并未发现泄漏痕迹。再检查压缩机四通阀，发现四通阀不良。询问用户后得知该空调器已停机不使用很长时间了。分析上次停机时四通阀内部的换向块停止在中间位置，故造成换向阀卡滞，致使再次开机时既不能制冷，也不能制热。修理四通阀时可采用对其直接通电启动的办法。其操作为：拔下四通阀的电磁线圈插头，用 220V 交流电压直接为四通阀供电，经多次启动，四通阀功能恢复正常；修复四通阀插头
格力 KFD-25G 型空调器	通电后将选择开关拨至制冷位置，压缩机不能启动运转，风机运转正常	故障可能发生在面板控制系统等相关部位。检修时，先拨动选择开关，手感松动，拆下选择开关检查，发现选择开关钮与开关柄严重老化，造成打滑，操作时，不能使空调器进入制冷状态。 更换同规格选择开关后，通电试机，故障排除
格力 KFR-32GW 型空调器	通电开机后风机能正常启动运转，但压缩机不工作，空调器不制冷也不制热	怀疑压缩机卡缸。在采用敲击法和加大电容强行启动法均无效的前提下，将制冷剂从室外机低压端放掉，开机的同时用木棒敲击压缩机下半部，再把 20mL 冷冻机油从低压接口加氟处加入，待压缩机启动运转正常后，装好低压气体端口和低压液体端口。最后，加压，检漏，抽空，加氟，试机，故障排除
格力 KFD-35GW 型空调器	开机后室内、外机工作均正常，但制冷效果不好	故障可能发生在制冷系统等相关部位。据用户反映，该机安装后使用不久便出现上述故障，判断连接管喇叭口不良，应重点检查连接管喇叭口。经检查发现系统管路接头上有明显油迹。试用扳手拧动接头，发现该接头未拧紧，造成制冷剂泄漏。将接头拧紧后，故障排除
格力 KFD-35GW 型空调器	室内风机运转正常，室外压缩机不能启动	故障可能发生在室外机供电线路等相关部位。由于室内风机运转，说明室内机的供电部分正常。用万用表电压挡测室外机电压为 0V，说明室内没有向室外机供电，室内、外机连接有故障。正确连接线路后，故障排除
格力 KFR-45GW 型空调器	通电后，室内外机均不能启动运转，面板指示灯不亮，蜂鸣器也不响	检修时，打开机盖，用万用表检测测主板变压器初、次级阻值均正常，测稳压电路 7812、7805 输出电压为 +12V、+5V，说明电源电路正常。再检查室外压缩机、启动电容以及室内步进电机也正常，故判断故障在微电脑 IC1（CPU75808BCU）部分及外围元件。测 IC1 的 21 脚电压为+5V、3 脚电压为 5V（高电平）均正常。最后检查发现 4.19MHz 晶体振荡器损坏。更换该振荡器后，故障排除

续表

机型	故障现象	故障分析与维修方法
格力 KFR-46LW/E 型分体型空调器	移机后机组室外地机不转不制冷	故障可能是外机内部或电源安装接线有故障，先把室外机顶盖打开检查电容和压缩机，未查出故障。最后再从电源查起，发现是接错线了。 更正电源接线后，故障排除
格力 KFR-50LW/E 型分体型空调器	室外机不转	故障可能出在室外机内部或电源部位。检修时，先检查压降，开机后压降很大，从而引起压缩机保护停机。后向用户了解得知，这台空调器配线还是用原来一台小匹量空调器的电源线，所以电源负载过大。故判断故障由电源线截面积太小所致。加大了供电电线截面积而且直接与外面的供电总线连接后，故障排除
格力 KFR-50LW/E 型空调器	开机后制热时，压缩机与室内风扇马上投入工作。而室外机要待数秒后才开始运转，但工作不到 30s 后便停止转动，室外机冷凝器上很快结霜，室内风机吹出的风无热感	开机，待数秒后室外机虽启动运转但不到 30s 便停机，判断室内机热敏电阻异常，用万用表测热敏电阻阻值变小。室内、外热敏电阻的阻值均随温度升高而降低，当热敏电阻减小过多时，电脑板得到的信息为蒸发器温度过高，致使室内风机提前工作而室外风机停转。用万用表 R×1k 挡测室内热敏电阻阻值几乎为零。将室温调至 10℃时，再用万用表 R×1k 挡测其阻值为 10Ω 左右，说明热敏电阻损坏。更换热敏电阻后，故障排除
格力 KFR-60LW/E 型分体型空调器	自动停机保护(一)	开机不到 10min 就自动停机保护，检查制冷系统，发现冷凝器较脏而且锈蚀较严重。仔细清理冷凝器，把原来的氟换新，在空调器上加一个凉棚后，故障排除
格力 KFR-60LW/E 型分体型空调器	自动停机保护(二)	检查发现空调器室外机入口处有 200mm 没保温有结霜现象，室外出口却没有结霜。把入口保温再往前扒一会也结霜，用压力表量入口压力只有 3MPa，考虑是否在装空调器时出墙处有严重拐弯，把管压变形而形成节流。于是检查管路无异常，分析可能是用户移机时泄漏了制冷剂。重新补充制冷剂后，故障排除
格力 KFR-70LW/7 型柜式空调器	按键失效，一直处于制热状态	故障可能发生在面板及系统控制电路。检修时，首先对机器进行断电后，再对其控制电路进行全面检查，但未发现异常现象，为了排除故障，只有对空调器进行重新通电，以期故障重现而进行排除。但通电后，空调器控制面板显示空调器恢复正常工作状态，空调器的按键全部恢复功能，运行恢复正常。分析原因可能为“软故障”，即电脑芯片“死机”，关掉电源，5min 后再开机一般可恢复正常。经上述处理后，故障排除

续表

机型	故障现象	故障分析与维修方法
格力 KC-22Ⅱ型空调器	能制冷（热）但工作不正常，制冷（热）效果差	故障可能由机械系统散热不良所致。检修时，先拆下该机过滤网，洗干净后通电试机，故障依旧。将该机从窗上抬下，拆开室外机机壳，发现冷凝器上集满尘土。拆下冷凝器固定架，用毛刷将尘土清除后复原，通电试机，制冷效果恢复正常，故障排除
格力 RFD-7.5LWPD 型空调器	通电后进行各项操作，面板液晶屏能正常显示相关字符，开机后制热时室外风机及压缩机均正常工作，但室内风机不运转，无热风	开机运行一段时间后发现室内温度显示由开始的9℃下降到7℃。用手摸连接管，发现粗管微温，毛细管出现结霜现象，判断制冷剂严重泄漏。若出现热敏电阻变值，也会出现类似现象，此时可将热敏电阻拆下，用万用表测量其电阻，边测边对热敏电阻加温。若正常，其阻值随温度升高而降低（0℃时约为14kΩ，10℃时约为9kΩ，20℃时约为6kΩ）。用电子检漏仪检查发现蒸发器有一个泄漏点，对其砂光、焊补、抽空、加剂，试机，故障排除

七、科龙空调器故障维修实例速查

机型	故障现象	故障分析与维修方法
科龙 KC-22Y 型空调器	开机后无显示，压缩机和风机均不能启动	开机后，听到蜂鸣器发出两声叫声，说明微处理 IC3 基本正常，重点应检查控制电路板。拆开机壳检查，发现控制电路板上保险丝已烧断，电路板上有很多水蒸气，变压器插座 X1 两脚被击穿。估计故障原因在于电路板控制盒表面结露水，露水流入电路板，致使电路板局部短路。用酒精清洗电路板，并用电吹风吹干，并更换变压器插座 X1 后，故障排除
科龙 KFR-25GW/2K 型	遥控不制热，但强制开机运行可制热	故障可能发生在遥控器等相关部位。试用同型号遥控器更换，制热、制冷等均能正常工作。打开故障遥控器后盖，发现内部污物灰尘较多。仔细清除盒内污垢并用无水酒精仔细擦拭并待其自然晾干后，组装复位，通电后用其开机，故障排除
科龙 KFR-25GW 型空调器	遥控开机时，机器不工作	故障可能发生在电源电路、控制电路、遥控器等相关部位。检修时，先用同型号遥控器来开机，故障依旧。打开室内机外壳，检查发现控制电路板上的熔断器完好，压敏电阻也未被击穿损坏。用万用表测控制电源降压变压器初级电压正常，次级无交流电压输出，判定该变压器损坏。更换该变压器后，故障排除

续表

机型	故障现象	故障分析与维修方法
科龙 KF－25GWC 型空调器	能开机，室内机能送风但不制冷	先从检查压缩机是否工作入手，观察压缩机工作情况。如开机、压缩机启动，启动后不到 1min 压缩机即停机，说明压缩机工作没有故障。而压缩机启动但风机没有启动，可能是因风机没有工作，造成压缩机压力高而引起过载保护动作。检查风机、线圈绕组正常，测风机启动电容，已经失效。更换室内风机启动电容后，故障排除
科龙 KFR－25GW 型空调器	室内风机不送风	怀疑室内风机不良。测风扇电机绕组阻值正常，拆下室内风机启动电容检查已开路。更换该电容后试机，故障排除
科龙 KFR－33GW 型空调器	开机设定为制冷，但工作后时而制冷时而制热	判断故障由四通阀控制不良所致。检修时，拆开内机盖罩，抽出电路板。由原理可知，四通阀由三极管 V114 驱动。检查电压驱动过程中，发现在 V114 的三个引脚间和焊点上面有白色脏污，怀疑污物引起三极管引脚短路，使四通阀得电。将污物清理干净后，通电试机，故障排除
科龙 KFR－35GA 型空调器	冬季制热时能正常开机，但室内、外机都不工作	故障可能发生在系统控制系统、压缩机启动电路等相关部位。检修时，打开机盖，经观察发现，在开机后几分钟，压缩机有启动过程而不能启动，接着是热继电器过载保护。打开室外机检测发现，压缩机的启动电容失效，从而引起压缩机不能启动运行。更换该电容后，故障排除
科龙 KFR－35GW 型空调器	开机将空调器设置在制冷状态时，压缩机能启动运转，但室外机风扇不转，不制冷反而制热	怀疑欠压电路有故障。测电源电压为 184V（偏低）。打开机壳检查，手摸低压管烫手。再检查控制板，发现插接式插头插错，而造成程序混乱。当空调器在制冷状态运转时，继电器 RY1、RY3 得电吸合，RY2 断开；在制热状态下 RY1、RY2、RY3 都得电吸合。可能由于风扇电机接线短路，而烧断保险丝，造成变压器不工作而出现无电源显示故障。但在更换保险丝后，因插接式插头 IB1 和 IB2 插错，虽风机仍然短路，但由于 RY2 断开而没烧保险丝且 RY1 和 RY3 得电吸合，使空调器在制热状态运行，又因为 RY2 断开，风扇始终不转。将插接头对调后试机，风扇运转正常，故障排除
科龙 KFR－35G/EQF 型空调器	制冷正常但不能制热	故障可能发生在电气控制回路等相关部位。检修时，打开机盖，用万用表检测电磁线圈电阻正常，但无 220V 交流电源电压输入，故判断四通阀驱动电路有故障。拆开室内机电路控制板，用万用表检测驱动电路中 K101 继电器线圈无 12V 电压输入，再测 R124 限流电阻发现其开路。更换该电阻后，故障排除

续表

机型	故障现象	故障分析与维修方法
科龙 KFR－50LY型空调器	自动风速、高速风不转	怀疑高速风控制继电器有故障。打开底部电路控制盒，在制冷时，依次调节三挡风，仔细听，果然发现在高速风时风速继电器没有吸合声。断电，用万再表测量对应的继电器线圈并与中速、低速风的继电器相比较，发现其线圈开路，另两个继电器线圈阻值为400Ω左右。更换该继电器后，故障排除
科龙 KFR－50LY型空调器	关机后室外机还在工作	故障可能由连线错误造成。试机过程中观察室外机，关机后压缩机还在转，怀疑室内、外机连线接错。检查室内机控制电路，发现电源线和室外压缩机控制电路连接错误。重新正确接线后，故障排除
科龙 KFR－60LW型空调器	在制热状态时刚开机工作正常，但工作一段时间后压缩机自动停机保护，显示故障代码“E”	故障可能发生在感温检测电路机相关部位。该机具有自诊功能，显示故障代码“E”表示铜管过热。开机后观察，用手触摸铜管有温热感，判断感温探头热敏电阻RT2热稳定性变差，导致检测不准确，微电脑误将铜管判为过热，发出指令使压缩机停机保护。更换RT2后，故障排除
科龙 KFR-250WA型空调器	在选择上下风向自由摇摆时，机器发出“吱吱”异响	检查发现压缩机工作时发出异响，停机后异响消失。分析其原因是室内机安装位置靠墙角太近，为了使室内温度均匀，将三级左右风向板均斜向右侧，当压缩机工作时，冷风自右窗吹出，使左右叶片热胀冷缩不均而变形，引起叶片与轴不同心，转动时产生上下摇摆而发出“吱吱”噪声。移动安装位置，将三级风向调节板一组斜向左侧，使左右风叶片冷缩均匀，噪声消失
科龙 KFR-100LW型空调器	遥控开机后，在制冷模式下室外压缩机及室外风机均不工作，但室内风机工作正常	故障可能发生在控制系统等相关部位。检修时，拆下室外机的外壳进行观察，发现冷凝器前面的温度传感器已掉到管道的一侧。这样，室外机温度传感器脱落，使传感器传送给微处理器的信号为一个错误信号，微处理器判断为温度低于设定的温度，经其内部电路比较处理后，发出压缩机和室外风机停机的错误指令。重新将该传感器固定在正确位置后，故障排除

八、志高空调器故障维修实例速查

机型	故障现象	故障分析与维修方法
志高 KF-35GW/A121+N2 型空调器	插上电源后，电源指示灯不亮，整机无反应	故障可能发生在电源电路及相关部位。检修时，先测量220V供电正常，打开室内机外壳，用万用表测220V已经输入到电路控制板。再进一步检测发现控制变压器次级无输出电压；拆下变压器，测量初级线圈阻值异常，次级阻值正常，显然变压器初级线圈已经损坏。更换控制变压器后，接上电源，电源指示灯亮起，故障排除
志高 KF-35GW/A121+N2 型空调器	开机后不制冷，室内、外风扇都转，但压缩机不工作	故障可能发生在压缩机启动电路及相关部位。检修时，打开室外机，用万用表测测量220V已经到接线柱。关掉电源后，测量压缩机绕组阻值正常。在测压缩机的启动电容时发现已经无充、放电现象，显然已经开路。更换启动电容后，故障排除
志高 KF-35GW/A121+N2 型空调器	空调器指示灯不亮，遥控和手动均不能开机	检修时，打开机盖，用万用表检测，若外电源正常，CPU无+5V供电电压，则是供电电路异常。若5V电压不稳定或偏低，则是集成稳压块不良、步进电动机短路等；若复位脚与地瞬间短路，能开机，则是复位不良；若复位脚无+4.95V电压或偏低，则是复位电容或复位块不良；若以上电路正常，则是CPU故障。该机经检查发现，CPU芯片内部损坏。更换CPU芯片电容后，故障排除
志高 KF-35GW/A121+N2 空调器	空调器电源指示灯亮，不能开机	故障一般发生电源电路及系统控制电路等相关部位。经检查发现，该故障由使用操作不当所致。关机后重新开机，正确操作后，故障排除
志高 KF-35GW/A121+N2 型空调器	运转一段时间后自动停机	故障一般发生电源电路、温度控制器电路、系统控制电路等相关部位。经检查发现室外机热交换器脏污。清除室外机热交换器脏污后，故障排除
志高 KF-35GW/A121+N2 型空调器	压缩机刚一启动就停机	故障一般发生电源电路、压缩机启动电路、系统控制电路等相关部位。检查方法及步骤如下：①如果机器刚一启动电源灯就灭，则是室外电源或控制板供电电路有故障；②若运转灯一亮即灭，则是压缩机及其回路不良；③若测得的电流快速升高后停机，则是压缩机运转电容不良；该机经检查发现，压缩机运转电容不良。更换压缩机运转电容后，故障排除
志高 ZG388 型空调器	开机，室内风机不工作，约30s后自动断电，绿灯闪亮6次/8s，黄灯常亮	故障可能发生在室内风机控制电路等相关部位。检修时，打开机盖，用万用表检测控制电路IC1的35、31脚和Q3、Q1的c极电压是否正常，检查IC1的35、31脚电压值均不在正常范围内（正常时，35脚电压为

续表

机型	故障现象	故障分析与维修方法
志高 ZG388 型空调器	开机，室内风机不工作，约 30s 后自动断电，绿灯闪亮 6 次/8s，黄灯常亮	+0.6V，31 脚电压为+0.3V)，Q3 的 c 极电压为+3.9V，Q1 的 c 极电压为+0.7V，说明 IC1 损坏。更换 IC1 后，故障排除
志高 ZG388 型空调器	室外压缩机不启动，不制冷	故障可能发生在压缩机启动控制电路等相关部位。检修时，打开机盖，用万用表检测 IC1 的 16 脚为高电平，IC5 的 16 脚为低电平，说明控制电路基本正常，检查压缩机继电器也正常，细听压缩机有“嗡嗡”声，检查发现压缩机启动电容失容。更换启动电容后，故障排除
志高 ZG388 型空调器	遥控开机后，室内风扇电机不运转，室内机无冷风吹出	检修时，打开机盖，用万用表测 IC1 的 1~4 脚有脉冲信号波形，IC6 的 13~16 脚也有脉冲信号输出，说明风扇电机控制电路正常。测风扇电机引线端子有工作电压，故判断风扇电机损坏。拆下风扇电机检查，发现其绕组已开路。更换风扇电机后，故障排除

第四章

新型洗衣机及小家电故障维修实例速查

第一节　新型洗衣机故障维修实例速查

一、松下洗衣机故障维修实例速查

机型	故障现象	故障分析与维修方法
松下 NV－710 型全自动洗衣机	开机后，面板指示灯显示正常，但不进水（一）	检查进水管路无异常，怀疑故障出在控制部分。检修时，打开机盖，经用万用表检查微电脑芯片 IC1（14021WFCS）3 脚电压正常，三极管 Q4 的 b 极电压也正常，但 Q4 的 c 极电压异常，致使控制信号无法加到双向晶闸管 TP4 的控制极上，TR4 不能导通，电磁阀线圈得不到工作电压而打不开，故出现该故障。更换 Q4 后，故障排除
松下 NV－710 型全自动洗衣机	通电开机后，面板指示灯显示正常，但不进水（二）	先检查进水阀正常，测微处理器 IC1（140211WFCS）的 3 脚电压正常。检查晶体管 V4 的各极电压，发现集电极电压异常。经检查发现 V4 的 c 极断路。更换 V4 后，故障排除
松下 NA－710 型全自动洗衣机	洗涤电机正、反转动失控	故障可能发生在微处理器器控制电路等相关部位。由原理可知，微处理器 IC1（14021WFCS）的控制端（3~6 脚）输出的信号，分别通过电阻 R1~R4、R13~R16、晶体管 V1~V4 和双向晶闸管 VS1~VS4 控制排水阀、电机和进水阀的工作。检修时，打开机盖，逐个检查上述相关元件，发现电阻 R14 的电阻值为 500kΩ 左右（正常应为 150Ω），说明 R14 变值失效。更换 R14 后，故障排除

续表

机型	故障现象	故障分析与维修方法
松下 NA－710 型全自动洗衣机	在使用过程中，突然出现单向旋转	故障出在电机控制电路。拆下洗衣机控制面板，取下电路板，检查发现该机的控制电路板是用乳胶封固的，用小刀剔除乳胶后，用万用表分别检测双向晶闸管 VS1 和 VS2 的阳极与阴极之间的电阻值，发现双向晶闸管 VS1 的电阻值为∞，而 VS2 的电阻为 0Ω，故说明双向晶闸管 VS2 短路。更换双向晶闸管 VS2 后，故障排除
松下 NA－710 型全自动洗衣机	通电，进入洗涤状态后，有时能正常工作，有时却不能正常工作	检修时，打开机盖，用万用表首先测量交流电压为 19V，基本正常，但测量变压器 T 的次级交流电压仅为 15. 5V。经检查发现变压器损坏。更换变压器 T 后，故障排除
松下 NA－710 型全自动洗衣机	开机后指示灯不亮，洗衣机不能进入工作状态	检修时，打开机盖，用万用表检测微处理器 14021WFCS 的 26 脚无+6V 电压，该电压是由 220V 电压经过电源变压器 T 降压后输出的 18V 交流电压经过整流二极管 D1～D4 全波整流后输出的 24V 电压并通过 C7、Q10、ZD2、ZD3、R28、C5 组成的整流、滤波及稳压输出的，断电后检查整流滤波电路各元件，发现整流二极管 D1～D4 全部损坏。 更换 D1～D4 后，故障排除
松下 NA－710 型全自动洗衣机	开机后，洗衣机不能进入工作状态，按各控制钮无反应，指示灯也不亮	检修时，打开机盖，用万用表首先检查交流电压正常，再检查洗涤电机、进水阀及排水阀均正常，用万用表直流电压挡分别对晶体管 V9、V10 的各极工作电压进行检查，发现 V10 的发射极电压为 0V（正常时应为 6V）；再测集电极也无 24V 电压。用万用表欧姆挡测量变压器 T1 初级线圈，发现初级线圈已断路。更换电源变压器后，故障排除
松下 NA－710 型全自动洗衣机	通电，洗衣机开始进水，但进水达到预定水位后仍进水不止	故障可能发生在进水阀及控制电路等相关部位。开机后观察，通电后开始注水，当水达到正常水位后时进水阀仍不动作，进水不止。由于进水阀能够吸合并执行进水动作，说明进水阀正常，故障多在晶闸管 VS4 或三极管 V4 的控制电路上。在注水时用万用表测 V4 基极为 1V，正常，拆下 V4 测量其正反向电阻也未见损坏；测晶闸管 VS4，发现已被击穿短路。更换晶闸管 VS4 后，故障排除

续表

机型	故障现象	故障分析与维修方法
松下 NA－710 型全自动洗衣机	面板上显示一切正常，但机器不能进水和洗涤	判断故障出在进水阀及其有关电路。检修时，打开机盖，用万用表对其进行测试，发现 14201WFCS 的 3 脚电压正常，三极管 V4 的 e 极电压也正常，但其 c 极电压不正常，使控制信号不能正常地加到双向晶闸管 VS4 的控制极上，故电磁阀不能得电工作。经检查发现 V4 内部损坏。更换 VS4 后，故障排除
松下 NA－710 型全自动洗衣机	开机后，REGV-LAR 和 NORMAL 指示灯同时亮，未按任何键，电机发出“嗡嗡”声	检修时，打开机盖，检查电路板，从电路原理分析，插头的黄、红（YELLOW 和 RED）和黄、蓝（YELLOW 和 BLUE）之间两组交流电压输出受晶闸管 BCR6AM 和 BCR8AM 控制，在开始操作前不应导通，而用万用表实测已经导通。由此说明这两个晶闸管 BCR6AM 和 BCR8AM 内部已损坏。更换 BCR6AM 和 BCR8AM 后，故障排除
松下 NA－710 型全自动洗衣机	洗衣时电机不转，发出“嗡嗡”声，并有严重焦糊气味	检修时，打开机盖，手摸电机特别烫手；用万用表测启动电容 C 未见损坏、容量减小现象；拆开电机，发现线圈线圈多处发黑烧断。更换电机后通电，电机还是不转且“嗡嗡”声很大。再用表测量电容 C 的两端均为 220V，故断定问题出在电机控制电路。拆开洗衣机面板，进一步检查发现控制电路三极管 V1 被击穿短路。更换 V1 后，故障排除
松下 NA－710 型全自动洗衣机	在使用过程中突然自动停机保护，并发出一股焦糊味	判断电机线圈烧坏。检修时，打开机盖，断电，拆开洗衣机背板，用手摸电机很灵活，拆下电机，发现线圈有几处已烧黑。拆除电机线圈并重新绕制修复后，故障排除
松下 NA－710 型全自动洗衣机	工作时电机单方向运转	检查控制电路。该机控制电路主要由双向晶闸管、微处理器 IC1（1402WFCS）等元件组成。电机的正、反转主要由双向晶闸管 VS1 或 VS2 来控制，如果其中某个内部出现被击穿短路现象，均会导致电机单方向运转。 打开洗衣机控制面板，分别用万用表测 VS1 和 VS2 输入、输出端之间的阻值，发现 VS1 的阻值接近无穷大，而 VS2 的阻值基本为零，说明 VS2 已被击穿短路。用相同型号的双向晶闸管对 VS2 进行代换后，故障排除

续表

机型	故障现象	故障分析与维修方法
松下 NA－710 型全自动洗衣机	工作时电机中突然停转	故障可能发生在电源控制及电机等相关部位。检修时，拔下电源插头，打开机盖，发现电机冒烟，外壳很烫手。取下电机发现线圈线圈严重烧黑，漆包线有一处已烧坏，并且有几股已接到一起。将电机修复后，故障排除
松下 NA－711C 型全自动洗衣机	开机后不能进入工作状态	故障可能发生在电源电路等相关部位。检修时，打开机盖，用万用表测交流电源为 220V 正常，检查电源接插件也无异常，故判断故障在电路部分。再检测印制电路板的有关输出电压异常，对电源开关、进水阀、电机保护器、安全开关、压力开关等相关部件进行检查，发现电源开关内部损坏。更换电源开关后，故障排除
松下 NA－711C 型全自动洗衣机	洗涤时只能单向旋转	检修时，打开机盖，通电，将机器置于洗涤状态，分别用万用表检测晶体管 VT1、VT2、VT13 的各极工作电压均正常，再分别检查双向晶闸管 VS1、VS2，发现 VS2 的阳极与阴极间短路，但检查 VS2 正常，怀疑故障在 VS2 的外接元件，经逐个检查，发现电容 C18 被击穿。更换 C18 后，故障排除
松下 NA－733C 型全自动洗衣机	边进水边排水	故障可能发生在程序控制器等相关部位。检修时，打开机盖，检查排水管路正常，通电，用万用表测印制电路板的各输出电压正常，故说明电源开关及印刷板电路基本正常。再检查进水阀和电磁阀正常，怀疑问题出在压力开关和安全开关。断电，分别检查安全开关和压力开关，发现压力开关触点接触不良。清洗压力开关的触点后，故障依旧，说明压力开关已失效。更换压力开关后，故障排除
松下 NA－733C 型全自动洗衣机	洗涤时波轮转动，脱水桶逆时针方向跟转	故障可能发生在离合器等相关部位。检修时，打开机盖，经检查发现系脱水桶轴相连的扭簧松动。拧紧螺钉，使拨叉头伸入棘轮中心并相吻合后，故障排除
松下 NA－733C 型全自动洗衣机	洗涤时电磁阀发出“吱吱”的异响	故障可能发生在电磁阀等相关部位。检修时，打开机盖，经检查发现，电磁阀的 E 形硅钢片锈蚀。分析其原因是由于电磁阀工作在潮湿环境下，因该元件防潮措施不严，长期使用硅钢片生锈，使得磁路不通畅，磁阻增大，导致电磁阀吸合不良而发出“吱吱”噪声。最好对电磁阀进行全面除锈加油，以消除故障隐患。打磨干净后再涂一层黄油，故障排除

续表

机型	故障现象	故障分析与维修方法
松下 NA-F20Y1C 型全自动洗衣机	通电，洗衣机能进入进水状态，但达到预定水位后，仍进水不止	故障可能发生在进水阀电磁阀等相关部位。检修时，打开机盖，检查机械系统无异常现象，故重点对电气系统进行检查。通电，检查电源开关接触良好，用万用表测量交流电源电压正常，检查印刷电路的各组输出电压基本正常，再分别检查注水阀、压力开关、安全开关、电机组件等相关部件，发现进水阀已失效。更换进水阀，故障排除
松下 NA-F42K2C 型全自动洗衣机	在进水过程中，水还未达到设定水位，洗涤电机即单向不规则间歇运转	故障一般出在水位控制及相关部位。检修时，打开机盖，经查水位传感器及相关 IC4069 等正常。因这种不规则运转为向左单向运转，故重点检查左向晶闸管及其控制信号通路。经检查发现不规则错误信号来自 CPU 芯片，但该芯片其他功能尚完好，于是采取应急措施，在三极管 Q 的 b 极到地并接一个 2200Ω 电阻，给干扰信号以一定钳位，使其不致干扰触发 TR1 即可。经上述处理后，故障排除
松下 NA-F311J 型全自动洗衣机	进入洗涤状态后，洗涤电机只能单向间断转动	检修时，打开机盖，将程序控制器置于洗涤工作状态时，通电，用万用表测程序控制器电源输入端、进水阀、电机线圈输出端的电压有时为 0V，有时为 220V（正常工作状态下应为 220V），经逐个检查程序控制器的相关元器件，发现双向晶闸管 VS1 触发电路中的晶体管 VT1 基极电阻 R1 一端断开，使双向晶闸管 VS1 失去控制作用，引起故障的发生。更换 R1 后，故障排除
松下 NA-F311J 型全自动洗衣机	洗涤时脱水桶跟转，其他功能正常	经检查该故障为减速离合器有问题，导致离合器有故障的主要原因有：制动带松脱、严重磨损或断裂；制动带与制动轮不是面接触或接触面上有油污，制动性能降低；扭簧折断。检修时，打开机盖，经查逐项检查上述原因，发现扭簧折断。更换扭簧后，故障排除
松下 NA-F311J 型全自动洗衣机	排水阀不能开启，洗衣机不排水	判断问题出在排水控制电路等相关部位。检修时，打开机盖，检查排水阀正常，逐个检查整流桥堆 BD2、二极管 VD10、双向晶闸管 VS3、晶体管 VT3、电阻 R15 和 R3 及微处理器 IC（MN14021WPC）等相关元器件，发现双向晶闸管 VS3 的 G 极断路。更换 VS3 后，故障排除

续表

机型	故障现象	故障分析与维修方法
松下 NA-F311J 型全自动洗衣机	进水阀开启进水，但达到预定水位后，仍进水不止	检修时，打开机盖，断电，通过导气管向水位压力开关断续吹气，用万用表测量水位开关两接线片间的电阻为 1kΩ（正常状态下该电阻为 0Ω），而在不吹气时，测其电阻为 5kΩ（正常状态下为 10kΩ 以上），故说明水位压力开关状态正常，应重点检查导气管路。经检查发现导气管漏气，引起水位压力开关工作失常，致使故障的发生。更换导气管，再进行胶合后，故障排除
松下 NA-F311J 型全自动洗衣机	进水不止，波轮也不转动	检查进水阀正常，判断故障出在程序控制器。用万用表交流电压挡，测程序控制器上进水阀输出端两个插座间有 220V 的交流电压，故判断正确。分别检查双向晶闸管 VS4、晶体管 VT4、电阻 R16 和 R4 及电容 C24 等相关元件，发现 VS4 被击穿短路。更换 VS4 后，故障排除
松下 NA-F311J 型全自动洗衣机	通电后，电机不启动运转	判断故障在电机本身。检修时，打开机盖，逐个检查电机相关部位，发现电机的主线圈已断路，引起电机不工作。更换同规格的电机后，故障排除
松下 NA-F311J 型全自动洗衣机	通电，洗衣机进入工作状态后，电磁铁发出较大的振动噪声	检修时，打开机盖，发现电磁铁基板歪斜且松动，衔铁被吸合时，基板与电磁铁端面相碰，发现较大的金属撞击声，引起故障的发生。重新紧固基板后，故障排除
松下 NA-F362 型全自动洗衣机	通电后，洗衣机不启动工作，蜂鸣器鸣叫	检查电源电路，用万用表测量电源变压器 T 的次级电压正常，但稳压调整管 VT16 的集电极电压为 0V，故判断故障在整流、滤波及稳压电路。断电，经逐个检查整流桥堆 BD1、二极管 VD89、稳压二极管 ZD3、高速调整管 VT16、电阻 R7、R8、R9、电容 C13、C15 等元器件，发现滤波电容 C13 被击穿。更换电容 C13 后，故障排除
松下 NA-F362 型全自动洗衣机	打开电源开关后，洗衣机不能工作	故障可能发生在微处理器 IC1 及其控制电路等相关部位。检修时，打开机盖，逐个检查微处理器相关元件，发现晶体管 VT7 已损坏。更换 VT7 后，故障排除

二、海尔洗衣机故障维修实例速查

机型	故障现象	故障分析与维修方法
海尔 QBC－40 型全自动洗衣机	进水不止，洗衣机无法正常工作	仔细检查，发现洗衣机上盖板下有小限位开关，当洗衣机工作时若突然打开上盖，则洗衣机自动停止转动。用手轻轻拨动限位开关，洗衣机开始按设定程序工作，正常运转。分析是限位开关塑料老化，未能及时复位，导致洗衣机在执行完第一程序后，误以为上盖打开，故而一直不能执行下一指令。检修时，可在洗衣机盖板连接处的两侧各贴了一片约 1mm 厚的小塑料片，用以缩小洗衣机盖板开合时与限位开关的复位距离。此时合上盖板，启动按钮，调试洗衣机各程序运转均正常
海尔 XQB20-A 型全自动洗衣机	机器洗涤时电机单向运转	故障可能出在程控器及相关部位。检修时，打开机盖，经检查发现电机与程控器接线松脱。重新连接后，故障排除
海尔 XQB20-A 型全自动洗衣机	程序混乱，开机后不进水就进行洗涤	检修时，打开机盖，检查选定程序和减速器的离合功能正常，说明故障在程序控制器。检查程序控制器的各组触点后，发现其中一组触点已损坏，导致程序控制器的控制失灵。更换程序控制器后，故障排除
海尔 XQB20-A 型全自动洗衣机	通电后不进水	故障可能发生在水位开关、程序控制器等相关部位。检修时，打开机盖，检查水压及进水管路均无异常现象，故怀疑故障在电气线路。通电，用万用表测进水阀电磁线圈电压为 0V，再检查水位开关、程序控制器的两组触点，发现水位开关的一组触点已断裂。更换水位开关后，故障排除
海尔 XQB45-A 型全自动洗衣机	通电后，进水不止，波轮旋转	开机后观察，由于波轮旋转，说明机器已进入洗涤程序，压力开关触点已由断开状态变为了闭合状态，并已通过连接导线向程序控制器的微处理器输入闭合信号，程序控制器已经接通洗涤程序电气电路，使电机开始运转，故说明压力开关和其他连接导线以及空气管路基本正常，怀疑程序控制器的进水阀电开关绝缘不良而导通或进水阀有故障。分别检查双向晶闸管 VS6、进水阀等相关元器件，发现进水阀内部损坏。更换进水阀后，故障排除
海尔 XQB45-A 型全自动洗衣机	洗涤正常，但进行脱水时，脱水桶不转动	故障在脱水控制电路。逐个检查排水电机、电容、电感线圈、开关等元器件，发现双向晶闸管 VS2 的控制极已断路，致使 VS2 始终处于阻断状态，引起脱水电机不转。更换 VS2 后，故障排除

续表

机型	故障现象	故障分析与维修方法
海尔 XQB45-A 型全自动洗衣机	通电，洗衣机洗涤时，波轮缓慢启动，转速明显下降	检修时，打开机盖，首先检查离合器、波轮、三角皮带均无异常；再用万用表测交流电源电压为 205V 正常，故判断故障在电气电路。检查水位开关、电机、电路开关、电感线圈和电容等元器件，发现电容的容量变小，引起洗涤电机启动转矩变小，电机转速下降。更换启动电容后，故障排除
海尔 XQB45-G 型全自动洗衣机	通电，进水不止，波轮不旋转	通电，将压力开关两个插座短接，用万用表电压挡测量程序控制器上进水阀输出端两个插座之间有 220V 交流电压，故说明程序控制器存在问题。怀疑是因程序控制器内的微处理器 IC 发出错误触发信号或是进水阀双向晶闸管（电子开关）损坏。经检查发现程序控制器内部损坏。更换程序控制器后，故障排除
海尔 XQB50-H 型全自动洗衣机	通电后，进水阀进水不止	故障可能发生在进水阀等相关部位。检修时，打开机盖，用万用表首先检查程序控制器的各组触点接触良好，水位开关、水流选择开关、进水阀等相关部件，发现进水阀不能关闭，造成进水不止。经拆下检查，发现进水阀内部损坏。更换进水阀后，故障排除
海尔 XQG50-1 型洗衣机	通电后，进水阀进水不止	故障原因主要有：连接外筒至泵软管的集气阀与连接压力开关的软管脱落；水位开关有故障；程序控制器的工作失常。逐项检查上述可能原因，发现水位压力开关中的触点有一组不良。更换单水位压力开关后，故障排除
海尔 XQG50-8 型洗衣机	经济洗涤功能失效	故障可能发生在控制电路、双水位开关等相关部位。由于经济洗涤程序由系统控制电路完成，按下“经济洗涤”键，经济洗涤回路为：电源相线→43→LC→18→17→37→P11→P12→5→25→EVF→23→PS→21→1→电源零线。此时，双水位开关 P1 置为低水位。检修时，打开机盖，检查上述信号流程各元器件，发现双向水位压力开关 P1 的触点 P11 与 P12 之间接触不良，造成洗涤回路不通，使经济洗涤功能失效。更换开关 P1 后，故障排除

续表

机型	故障现象	故障分析与维修方法
海尔 XQG50-2 型洗衣机	不能进行加热洗涤，其他功能均正常	检查水加热管保险丝 TF、水加热管 RR、加热洗开关 I6、水温调节温度控制器 THR、水加热恒温器 TH40、TH60 等相关部件，发现水加热管 RR 损坏，造成加热洗涤功能失效。更换水加热管 R 后，故障排除
海尔 XQB56-A 型全自动洗衣机	通电，进入排水状态后，洗衣机不排水	故障可能在电源电路。先用一根导线将程序控制器上连接安全开关的蓝色与白色双插座的右插座之间短接，再在排水时用万用表直流电压挡测程序控制器上电磁铁输出端即棕色双插座的两插座之间的电压为 180V，经检查发现电网电压过低所致。加装调压电源，或等电网电压正常后使用
海尔 XQB60-A 型全自动洗衣机	洗衣机程序结束后，不能自动鸣响和断电	检修时，打开机盖，当洗衣机程序结束后 10min 左右，用万用表电压挡测量程序控制器上白、黄两个单芯插座之间有 220V 交流电压，怀疑电源开关内部有故障，或是电源开关电磁线圈的连接导线有断线或接触不良，经检查发现电源开关电磁铁线圈连接导线接触不良。重新焊接电源开关电磁铁线圈连接导线后，故障排除
海尔 XQB60-A 型全自动洗衣机	洗涤时，波轮有时单向转动，有时转动正常	故障可能发生在程序控制器等相关部位。检修时，打开机盖，通电，检查电脑程序控制器的各组输出电压，发现洗涤电机的电压有时为 0V，有时又恢复为正常值，由此判断程序控制器内控制电机正、反转的双向晶闸管可其触发电路元件有问题。更换电脑程序控制器后，故障排除
海尔 XQB60-D 型全自动洗衣机	洗涤时，电机旋转，但波轮不转动	故障原因有：动机皮带轮紧固螺钉滑扣、断裂、皮带轮螺孔滑扣、紧固螺钉没有紧固有电机平面上；动轴弯曲变形、皮带轮孔与电机轴的配合间隙过大，使皮带轮紧固后发生倾斜，与轴不同心，皮带脱落；合器皮带松脱；合器减速机构损坏；波轮孔与紧固螺钉滑扣、紧固螺钉松脱、断裂或波轮方孔被磨圆等。检修时，打开机盖，逐个检查上述可能原因，发现离合器减速机构有零件损坏。更换离合器后，故障排除
海尔 XQB60-D 型全自动洗衣机	通电后进水阀开启进水，但进水缓慢	判断故障出在电气电路。将压力开关断开，测量进水阀线圈的两个导线（灰、黄）插间之间无 220V 交流电压，由此怀疑程序控制器连接导线有故障。进水时用万用表测量程序控制器上连接进水阀的两个插座（蓝、黄）之间的电压有 220V 交流电压，经检查发现进水阀与程序控制器间的连接导线接触不良。重新焊接程序控制器与进水阀间的导线后，故障排除

续表

机型	故障现象	故障分析与维修方法
海尔 XQB60-H 型全自动洗衣机	机器进水比显示水量多（或少），甚至进水不止	检修时，打开机盖，观察机器，若仅是进水量偏多（或偏少）调整水位传感器上的调整螺钉至适当位置即可。若进水不止，排除时水阀故障后，应检查水位传感器内的电感线圈的阻值（正常应为 40Ω 左右）是否正常；水位传感器内的内置弹簧是否脱位（打开传感器后端调整复位即可）；橡胶隔膜和导气管路是否漏气。经检查发现水位传感器内部不良。更换水位传感器后，故障排除
海尔 XQB60-H 型全自动洗衣机	机器处于模糊程序，而待洗衣物无论放多少，电脑板显示“2”水位	故障可能出在电机传动等相关部位。检修时，打开机盖，首先应检查传动皮带情况，经检查发现电机传动皮带松弛。调整电机位置使皮带张紧后，故障排除
海尔 XQB60-H 型全自动洗衣机	进水比显示水量偏多（或偏少），有时甚至进水不止	故障可能发生在进水阀、水位传感器等相关部位。检修时，打开机盖，首先检查进水阀良好，再用万用表测水位传感器内的电感线圈的阻值在 40Ω 左右正常，检查水位传感器内的内置弹簧，发现其已脱位。打开传感器后端调整内置弹簧后，故障排除
海尔 XQB60-H 型全自动洗衣机	开机检测布量时电机单向旋转不停	故障可能发生在进水阀、水位传感器、电脑板等相关部位。检修时，打开机盖，首先检查由电脑板至水位传感器之间的信号线良好；再用万用表测量水位传感器内部电感线圈无异常，进而检查发现电脑板 LC 振荡电路未工作。更换电脑板后，故障排除
海尔 XQB60-H 型全自动洗衣机	开机后未检测布量，水位显示“6”后即注水	故障可能发生在水位传感器、电脑板等相关部位。检修时，打开机盖，试用一次排水过程，观察其内水未排干。应重点检查整机平整度是否在安装要求之内，因为平整度不符要求，而且导压管一侧刚好偏低造成积水，水位传感器对积水敏感，造成电脑板误判为投入过温衣物，因此不再进行布量检测，经一一检查，上述部位均正常。由此说明，水位传感器和电脑板损坏。更换水位传感器和电脑板后，故障排除
海尔 XBB15－15A 型洗衣机	机器洗涤时启动缓慢，运转无力	在排除了皮带过松、电压过低等原因后，应检查电容容量是否不足，电机线圈是否短路。经检查发现电机线圈内部短路。更换电机后，故障排除

续表

机型	故障现象	故障分析与维修方法
海尔 XBB15-A 型洗衣机	开机后进水不止，波轮不转	故障由水位开关内的公共触点 COM 没有转接到 NO 位所致。检修时，打开机盖，应检查水位开关及水压传递软管是否有松脱、堵塞、漏气现象。再用万用表检测水位开关 COM-NO 是否接通，并检查水位开关内的橡皮膜是否漏气。在进水已超过额定水位的情况下，如将水位开关的 COM-NO 短接能开始洗涤，则说明水位开关有故障。经检查发现水位开关内部不良。更换水位开关后，故障排除
海尔 XBB15-A 型洗衣机	工作时不进水	故障可能出在进水阀等相关部位。检修时，在进水状态，用手触摸进水阀的阀口，如无振动感及轻微嗡嗡声，则是进水电路不通。可用万用表检测进水阀的阻值，正常阻值约 4. 5kΩ，如阻值很大，则是进水阀线圈已烧毁；如阻值很小，则是进水阀一圈短路。如进水阀阻值正常，再检查电源保险丝是否烧断、水位开关 COM-NC 是否导通，再检查程控器是否导通。如触摸进水阀有振动感，故障在进水阀内部，多为阀芯锈死。经检查发现进水阀内部损坏。更换进水阀后，故障排除
海尔 XQJ45-A 型洗衣机	进水和排水同时进行	故障可能发生在水位开关、控制系统等相关部位。由于进水和排水同时进行，故判断故障在进水系统、排水系统或控制系统。检修时，打开机盖，通电，将机器置于不同工作状态时，分别检测电脑程序控制器的各组输出电压均无异常，故说明故障不在电脑程序控制器，怀疑执行部件有问题。分别对牵引器、水位开关、微型开关、进水阀等相关部件进行检查，发现水位开关损坏。更换水位开关后，故障排除

三、小鸭洗衣机故障维修实例速查

机型	故障现象	故障分析与维修方法
小鸭 XQG50-4 型全自动洗衣机	停用一段时间后再使用，便出现不排水现象	检修时，打开机盖，用万用表测电机供电电压正常。断开电源，将电机和排水泵一起拆下，发现电机两轴套及轴承严重锈蚀。经分析，该洗衣机在停用前就有漏水现象，可能是水封不严，致使水漏至电机上，洗衣机停用期间电机轴套和转轴因此而锈蚀。用砂纸清除电机轴及轴套上的锈蚀，用汽油将锈迹清洗干净，并注入润滑油，重新装机，故障排除

续表

机型	故障现象	故障分析与维修方法
小鸭 XQG50-4 型全自动洗衣机	进水和洗涤均正常，也能自动转入排水程序，但不能排水	检修时，先用手摸排水电机，温度较高。通电观察，电机有“嗡嗡”声，说明电机已通电。经分析，如果排水泵叶片被卡住不能转动，将会导致电机温度升高。拆开排水泵检查，发现叶片上有一塑料线头，卡住叶片不能转动。清除异物后，故障排除
小鸭 XQG50-4 型全自动洗衣机	进入排水程序时出现程序停滞现象，排水水泵持续运行，但操作其他程序正常	检修时，打开机盖，取检查发现程序控制器的 1 号和 5 号接线片原来是由一根跨线连接的，此时接线片已被折弯，同时跨线断裂，导致程序控制器不能连续运行。查其原因是因程序控制器上的 1 号和 5 号二个接线片距滚筒最近，当滚筒在负载偏心的情况下甩干时，摆幅较大的滚筒将这二个接线片撞歪并将跨线撞断。将 1 号和 5 号两个接线片按倒后，再将其直接焊在一起，使两个接线片与滚筒之间的距离加大了 1cm，减少了滚筒碰撞的机会，故障排除
小鸭 XQG50－4B 型全自动洗衣机	工作时不排水	检修时，打开机盖，在排水状态下通电，用万用表测量排水泵的工作电压为 220V，正常，拆下排水泵，测量排水泵两接线端电阻值为无穷大，由此判断排水泵线圈断线。更换排水泵线圈后，故障排除
小鸭 XQG50－4B 型全自动洗衣机	通电后进水阀不开启进水	检修时，打开机盖，首先检查进水阀阀口过滤网，无封堵现象，再在进水状态下用万用表测进水阀两接线端电压为 220V，由此判断故障出在进水阀。拆下进水阀，测量其电阻值为 4. 8kΩ（正常值为 4. 5kΩ 左右），说明进水阀线圈正常。拆开进水阀检查发现阀芯锈死，造成接触不良。对阀芯进行打磨除锈，重新装好进水阀，故障排除
小鸭 XQG50-8 型全自动洗衣机	加电后，进水阀进不止，程序控制器不启动	检修时，打开机盖，故先检查程序控制器。检查程序控制器导线连接正确，但测量程序控制的微型电机没电。将程序控制器触点插片上的导线断开，以防并入其余电路，用万用表 R×1 挡检测程序控制器的所有触点都接通，导线连接正确。再对水位开关进行检查，发现水位开关的触点断裂。更换水位开关后，故障排除
小鸭 XQG50－156 型全自动洗衣机	热洗功能失效	分别检查温度控制器、温度继电器、电加热器、调温器、水位开关等相关部件，发现温度继电器损坏。更换温度继电器后，故障排除
小鸭 XQG50－256 型全自动洗衣机	开机后进水不止	检修时，打开机盖，经检查，软管完好。断电后用万用表测水位开关 L2 的常闭触点 21-22，发现仍接通，判断为水位开关内部漏气。更换 L2 后，故障排除

续表

机型	故障现象	故障分析与维修方法
小鸭 XQG50－256型全自动洗衣机	机器洗涤加热时，加热温度不准	检修时，打开调温器，用小螺丝刀将温控调整螺丝顺时针方向调 1/4~1/2 圈。在室温下旋转调温器旋钮，从低往高调时，应在 25℃刻度位置听到“嗒”的一声，表明内部触点动作。从高往低调时，在 15℃刻度可听到“嗒”声，证明触点又动作了。这时将调温器装回洗衣机即可。经上述处理后，故障排除
小鸭 XQG50－256型全自动洗衣机	盛水外筒搪瓷有脱落现象	发生该故障后，一般应送特约修理部更换外筒。也可在业余条件下用环氧树脂修补。经修补处理后，外筒恢复正常，故障排除
小鸭 XQG50－808型全自动洗衣机	无法执行程序，但电脑板显示正常	故障大多数由使用日久，门锁开关位置发生偏移所致，也有可能是电动门锁损坏所致。前者应调整门开关接点，后者则应更换门锁开关。经检查发现电动门锁损坏。更换电动门锁后，故障排除
小鸭 XQG50－808型全自动洗衣机	不执行洗涤程序，电机不转	故障可能发生在水位电路、电机电路等相关部位。检修步骤如下：先检查 Q6 端和 Q8 端有无交替的信号，若有，表明水位检测电路正常。若无，应检查水位电路。有信号而电机不转，要检查电机电路是否正常，接触是否良好。若电机有嗡嗡响声，则可能是启动电容不良，应更换。经检查发现电机电路接触不良。经上述处理后，故障排除
小鸭 XQG50－808型全自动洗衣机	不加热	故障可能发生在水位检测、温控电路和加热器等相关部位。检修时，打开机盖，重点检查低水位触点是否接通，温控器是否接通，加热器 RP 电阻是否为 45~55Ω，如果这些电路均正常，还要检查温度传感器的阻值是否正常。经检查发现加热器 RP 电阻开路。更换 RP 后，故障排除
小鸭 XQG50－808型全自动洗衣机	不排水	检修时，打开机盖，先检查排水管是否堵塞，再检查 Q7 是否有信号输出，若均正常，就要检查排水泵是否正常。永磁式排水泵的线圈阻值正常时约为 200Ω，若为罩极式水泵，其线圈阻值约为 35Ω 左右，如果阻值偏差过大，则应更换。另外，排水泵的叶片被异物卡住也会造成这种故障，故要检查其叶片是否转动灵活。经检查发现排水泵的叶片被异物卡住。清除排水泵叶片异物后，故障排除

续表

机型	故障现象	故障分析与维修方法
小鸭 XQG50－4B型全自动洗衣机	转动时振动动严重。有时甚至移原位，将插头拉脱，将进水管拉离水龙头，溢一池水	检修时，打开洗衣机上盖，检查配重块螺丝和四根减震弹簧均无异常，且电机的固定螺丝也很牢固。在用手转动皮带轮时，发现三角皮带边缘部分多处起毛，有一段已裂开分层。原因在于传动轮调整不当造成三角皮带破损，拉力不均产生强烈震动，原皮带型号为Z1352、Z1321，并将传动轮调整平衡后通电试机，工作正常。更换三角皮带后，故障排除
小鸭 XQG50－808型全自动洗衣机	按下启动键，指示灯不亮，机器不工作	故障可能出在门微动开关等相关部位。因为玻璃视孔门经常开闭，使门微动开关安装位置发生移动，造成开关接触不良，引起洗衣机无工作电源而不能工作。检修时，打开玻璃视孔，将外箱体右侧门微动开关的固定轮旋松，再左右移动开关，当听到内部发出触点接通声时，说明开关已接通，再将固定螺拧紧即可。经上述处理后，故障排除
小鸭 XQG50－808型全自动洗衣机	按下启动按钮，指示灯亮，不进水；人为进水后，当达到预选水位时，能正常洗涤，但不能排水	经开机后检查，发现因机器工作时振动，使排水泵接线端脱落，造成进水阀、排水泵控制电路断开。将排水泵控制电路导线接线端子的连接线插紧，使其接触良好，故障排除
小鸭 XQG50－808型全自动洗衣机	开机后，洗衣机进水不停	故障原因一般有：①洗衣机工作过程的振动及其他原因，使水位连通器与压力开关接口脱离或松动漏气，气压达不到水位开关动作压力；②压力开关本身触点调节螺丝松脱，造成动、静触点的距离发生改变。洗衣机进水后，虽然压力开关动作，但是动、静触点误动作，造成洗衣机进水失控；③压力开关漏气或损坏。经检查发现压力开关内部损坏。更换压力开关后，故障排除
小鸭 XQG50－808型全自动洗衣机	通电后，不论进行什么操作，洗衣机均不工作	故障可能发生在控制电路等相关部位。检修时，打开机盖，逐个检查控制电路相关元件均无异常，判定电脑控制器内部损坏。更换电脑板后，故障排除
小鸭 XQG50－808型全自动洗衣机	启动程序后，洗衣机报警5秒钟，同时整机停止工作，数码管以亮0.5秒、灭0.5秒的频率闪烁，显示代码“E1”	检修时，首先检查前门关闭良好，电动门锁的位置正常。进一步检查电动门锁的接线，打开洗衣机前门取下异型橡胶密封圈夹缝中的钢丝卡环，将密封圈脱下，再拆下电动门锁的固定螺钉，取出电动门锁开关，检查接线完好，由此说明电动门锁损坏。更换电动门锁后，故障排除

续表

机型	故障现象	故障分析与维修方法
小鸭 XQG50－808 型全自动洗衣机	不进水	检修时，打开机盖，用万用表测其阻值应在 3. 5~4. 5kΩ 之间，太大或太小，均应更换。如果三个进水阀均不进水，且不受低水位控制，则应检查水源压力是否正常，进水管是否堵塞，若正常，可能是电脑板有故障。经检查发现进水管堵塞。清除进水管堵塞物后，故障排除
小鸭 XQG50－808 型全自动洗衣机	开机后指示灯亮但不进水	检查时，打开机盖，将程序控制器旋到脱水程序上，启动电源。如果洗衣机不脱水，说明回路中有断路现象，应重点检查水位开关上的插片是否接通，有关导线是否脱落或断路。如果洗衣机能高速脱水，则应检查排水泵线圈是否断线，可用万用表测量排水泵线圈直流电阻。如果直流电阻为无穷大，则说明排水泵已损坏；如果排水泵电阻为 28Ω 左右（单相罩极式）或 200Ω 左右（永磁排水泵），则故障一定在进水阀和程控器插片 3 或 03 号导线上，应修复其连接导线。经检查发现进水阀导线接头接触不良。重新连接导线后，故障排除
小鸭 XQG50－808 型全自动洗衣机	选择加热洗方式时，洗衣机不加热，或水温达到设定温度时，加热仍不停止	判断加热器损坏。检修时，可用万用表测量加热器两个接线端子的直流电阻，若为无穷大或很小，则为加热器损坏。经检查发现加热器内部损坏。更换加热器后，故障排除
小鸭 XQG50－808 型全自动洗衣机	开机后一边进水一边洗涤	判断进水阀关闭不严。进水阀应在额定的电压和一定的水压时才能进水。进水阀不通电也进水，说明进水阀有故障。应重点检查进水阀内部针孔是否堵塞。打开时水电磁阀，用针打通针孔，即可排除故障。经检查发现水位开关内部损坏。更换水位开关后，故障排除
小鸭 XQG50－808 型全自动洗衣机	排水时有噪声	检修时，打开机盖，取下排水泵，用手转动泵的冷却风扇，从排水口观察到有一硬币随腔体中的叶轮转动而动，打开叶轮室盖取出硬币复原后，噪声排除。另外，戒指、手饰和纽扣等杂物进入腔体中，工作时也会产生排水噪声，严重的还会阻挡叶轮转动，以致无法排水。清除异物后，故障排除
小鸭 XQG50－808 型全自动洗衣机	开机后，机器连续蜂鸣报警 5s，同时停止动作，数码管以亮 0.5s、灭 0.5s 的频率闪烁	判断水位继电器损坏。用万用表测量水位继电器上标有“11”“12”的两个插头间的阻值，正常阻值应为 0Ω，而实测阻值为∞，说明水位继电器触点粘连。更换水位继电器后，故障排除

续表

机型	故障现象	故障分析与维修方法
小鸭 XQG50－808 型全自动洗衣机	启动状态或自检状态时，洗衣机报警 5s，数码管以亮 0.5s、灭 0.5s 的频率闪烁，并显示代码“E2”	检修时，打开洗衣机前面右下侧的小门，逆时针旋出排水过滤网，检查无堵塞现象，同时检查排水管路也良好。再检查排水泵上的导线接触良好，拆下排水泵上连接的管子，检查排水泵腔体内无任何异物卡滞排水泵叶轮。进一步用万用表测量排水泵两接线端的电阻为无穷大，故判断排水泵已损坏。更换排水泵后，故障排除
小鸭 XQG50－808 型全自动洗衣机	进水停止后不洗涤，或排水后不脱水	故障一般发生在电机或启动电路。检修时，在确认电源电压不低于 187V 的前提下，检查电机插线盒是否脱落、电容容量是否减小，是否有断路故障，最后检查电机。依据经验，如电机有嗡嗡声，则故障在电容上。经检查发现启动电容不良。更换启动电容后，故障排除
小鸭 XQG50－808 型全自动洗衣机	预洗洗涤、主洗洗涤、漂洗洗涤和防皱过程中，洗衣机连续蜂鸣报警 5s，同时洗衣机停止动作，数码管以亮 0.5s、灭 0.5s 的频率闪烁，并显示代码“E3”	因滚筒洗衣机采用上排水方式，不设置排水阀，排水通道是敞开式的，若排水管出口端过低，会出现过注水过外溢，始终达不到低水位。检查洗衣机底部无漏水现象，再检查排水管出口端是否过低，检测方法为：挂起排水管，使其出口端高出洗衣机底部 0.6～1m，接通自来水，按下“漂洗”按键，让洗衣机执行进水漂洗程序，观察发现在漂洗过程中不再出现故障报警
小鸭 XQG50S-892 型全自动洗衣机	通电后面板指示灯显示正常但不能进水	检修时，打开机盖，首先拆下进水阀，暴露出进水阀口，用手触摸进水阀口，无振动感及轻微的嗡嗡声。再用万用表测进水阀线圈阻值为正常的 3.8kΩ，测 CPU 的 A10 端和 C01 端接线断路。重新焊接断路处后，故障排除
小鸭 XQG50S-892 型全自动洗衣机	洗涤正常但脱水时整机不工作	检修时，打开机盖，由于洗涤正常，说明电容无异常，检查脱水电机正常，用万用表测量 CPU 的 A08 与 C01、A09 与 C01 端均正常。但检查 A03 与 A05 端时，发现该端呈开路状态。修复开路点后，故障排除
小鸭 XQG50S-892 型全自动洗衣机	通电，刚开机正常，但不能洗涤	检修时，打开机盖，检查机械程控器和洗涤电机均正常，沿路检查发现电容 CD 损坏。更换 CD 后，故障排除

续表

机型	故障现象	故障分析与维修方法
小鸭 XQG50S-892 型全自动洗衣机	通电正常，但选择加热温度时不能加热	检修时，打开机盖，检查加热器 RR、调温器 THV 的触点 RF 均正常。通电，转动 THV，测 CPU 的 C01 和 B07 端的电压值不变化，正常时应有所变化。断电，测 C01 和 B07 端的电阻值为 0Ω，经检查发现调温器 THV 损坏。更换 THV 后，故障排除
小鸭 XQG50S-892 型全自动洗衣机	通电 5s 后机盖没被锁住	故障可能发生在电动门锁等相关部位。检修时，卸下控制板和机盖，检查紧固螺钉无松动现象。用万用表测 PTC 片的两接线端电压正常。检查电动门锁、弹簧、塑料销，发现电动门锁的滑片不灵活。给滑片加注润滑油后，故障排除
小鸭 XQG50S-892 型全自动洗衣机	通电，指示灯亮，但不能进入洗涤程序，其他功能正常	经开机后检查发现洗涤电机接线不良。拆下洗衣机后背的下部后盖板，在洗涤电机下方找到接线端子和插板，将其重新插牢并用橡皮条扎紧后，故障排除
小鸭 XQG50S-892 型全自动洗衣机	通电后不能进水，也不能洗涤	故障原因可能有：①压力开关损坏；②程序控制器与进水阀之间的线路未接；③压力开关与程序控制器之间的线路未接通；④排水泵与电源回路未接通；⑤进水阀损坏。检修时，打开机盖，逐个检查以上部位，并未发现异常现象，由此说明电源线路有故障。取一根导线，一端插入电源插座的零线插孔，另一端接地，故障排除
小鸭 XQG50-1091 型全自动洗衣机	通电，指示灯不亮，洗衣机不工作	故障原因可能有：①门盖未关好；②门锁开关内挡块被异物卡住或位置未对准，使触点不能接通；③电源插头插座接触不良，电源线断路。检修时，打开机盖，逐个检查以上部位，发现电源插头插座接触不良。更换电源插头插座后，故障排除
小鸭 XQG50-1091 型全自动洗衣机	工作时振动剧烈	故障原因在于减振器与桶底部的连接螺母松动。重新紧固螺钉后，故障排除
小鸭 XQG50-1091 型全自动洗衣机	通电，洗衣机不进水，其他功能正常	故障原因可能有：①水压太低；②排水泵 PS 断线或接触不良；③进水阀 EV 线圈断路，塑料过滤网或泄流孔堵塞；④水位继电器 L2 未复位；⑤程控继电器 TOS 触点烧坏或接触不良；⑥烘干出水管与洗涤进水管接反。检修时，打开机盖，检查发现程控继电器 TOS 触点烧坏。更换 TOS 后，故障排除
小鸭 XQG50-1091 型全自动洗衣干衣机	通电后能进水但进水不止	故障原因可能有：①进水阀 EV 弹簧失去弹性，不能复位；②加压孔堵塞；③水位继电器 L2 触点粘连；④排水管放置不当。检修时，打开机盖，经检查发现，水位继电器 L2 触点粘连在一起。用小刀将继电器 L2 触点分开后，故障排除

续表

机型	故障现象	故障分析与维修方法
小鸭-圣吉奥 TEMA-831 型滚筒式洗衣机	有时能正常工作，有时不能启动，故障毫无规律性出现	检查 220V 交流电电压偏低且在 170~180V 间波动，可购买一台交流伺服稳压器，以提高和稳定 220V 交流电电压，应急时也可采用冰箱用稳压保护器
小鸭-圣洁奥 TEMA-831 型滚筒式洗衣机	开机后指示灯不亮，洗衣机不能工作	经检查发现门微动开关位移。将透明玻璃视孔门打开；旋松安装在外箱体孔右侧门微动开关上的紧固螺钉。使微动开关连同安装架向左移动重新固定，然后关闭玻璃视孔门试一试，直到能听到门微动开关触点接通的声音为止，再重新固紧。
小鸭-圣洁奥 TEMA-831 型滚筒式洗衣机	开机后不能进水，人为进水后洗衣机能正常工作，但又不能排水	故障原因一般出在进水阀和排水泵的接线端子处，即进水阀损坏和排水泵的接线端子脱落，造成进水阀与排水泵控制电路断路，因而进水、排水程序不能正常工作。经检查发现进水阀损坏。更换进水阀后，故障排除

四、小天鹅洗衣机故障维修实例速查

机型	故障现象	故障分析与维修方法
小天鹅 XPB－1S 型双桶洗衣机	工作时，排水开关被击穿	观察排水开关，周围有水渍，用验电笔检测有电。打开控制面板，蜂鸣器已锈蚀，从排水开关至蜂鸣器有水渍，拆下磁电簧片式蜂鸣器，220V 供电线圈外层绝缘纸和内部漆包线已霉烂。更换蜂鸣器后，故障排除
小天鹅 XQB20-3 型全自动洗衣机	进入洗涤程序后，洗涤电机不启动运转	故障可能发生在电机控制启动电路等相关部位。检修时，打开机盖，用万用表首先测量交流电源电压 220V 正常，检查程序控制器、门开关及电磁阀均正常。再检查电机及启动电容，发现启动电容被击穿短路。更换启动电容后，故障排除
小天鹅 XQB20-3 型全自动洗衣机	开机后进水、洗涤均正常，但进入脱水程序时突然停机，指示灯全部熄灭	检修时，打开机盖，判断机内存在严重短路现象。通电开机，检查发现保险管已熔断，试更换后通电，保险管又立即熔断，故怀疑排水电磁铁有短路现象。将排水电磁铁插头从电脑板上拔下，再将洗衣机置于脱水工作状态，测电脑板排水电磁铁线圈直流电压正常，故判断排水电磁铁线圈短路损坏。更换该电磁铁线圈并连接好线路后，故障排除

续表

机型	故障现象	故障分析与维修方法
小天鹅 XQB20-3 型全自动洗衣机	洗涤时正常，脱水后进行漂洗，波轮随同套缸一起转动	检修时，打开机盖，观察线路及按键开关均正常。检查漂洗、脱水机械传动部分，发现固定皮带轮的轴套与洗衣、脱水桶的轴套端面沿轴向磨损严重，产生 1.5~3mm 的轴向间隙，套在两轴套面的扭簧有一部分已卡入间隙内，从而使波轮带动脱水桶一起转动。 取出扭簧，在两轴套的轴向间隙处装入垫圈，垫圈的厚度比两轴套轴向间隙小 0.1~0.2mm，其外径与轴套外径相同。然后，按照拆卸的相反顺序，装上固定螺钉。装上扭簧、棘轮、皮带轮、皮带
小天鹅 XQB20-3 型全自动洗衣机	洗衣机进入洗涤状态后，刚开始工作正常但工作一段时间后突然不进水	检修时，打开机盖，检查供水部分均正常，再检查进水口过滤网也无阻塞现象。掀开上盖，拆下其背部的电器部件保护板。接通电源开关，按“开始/暂停”键，用万用表测量进水阀插头两端电压为 220V 正常。断电，拔下电磁阀接线（灰色、黄色），用万用表测量电磁阀线圈电阻值为∞，说明电磁线圈开路。更换电磁阀后，故障排除
小天鹅 XQB20-6 型全自动洗衣机	通电，人体接触箱体时有触电感	故障原因可能有：①感应被击穿；②接地线断路或插座内零线和地线并在一起；③电机或电容被击穿；④电气元件绝缘破损；⑤导线接头部分密封不严；⑥电源引线重新接线时，接地线接错；⑦程控器（包括定时器）进水；⑧电机受潮；⑨在过分潮湿的环境中使用洗衣机等。经检查发现定时器内进水。将定时器内的水擦净并烘干后，故障排除
小天鹅 XQB20-6 型全自动洗衣机	脱水完成时，打开安全开关后洗衣机不停机	检修时，取下洗衣机的后盖板和控制盒，检查发现安全开关两簧片间的预压变形量过大，减弱了它的断开效果，造成安全开关不能断开，出现不停机故障。若安全开关的簧片触点之间有间隙接触不良，即会造成在脱水时脱水桶振动稍大点，洗衣机就停机。用钳子调整簧片和盖板顶杆的距离后，故障排除
小天鹅 XQB20-6 型全自动洗衣机	加电，进水正常，但不能进入洗涤程序	检修时，打开机盖，先检查程序控制器正常，怀疑琴键开关不良。用万用表测量触片之间的阻值为 24kΩ 左右（正常时应为 0Ω），经检查发现琴键开关的弹簧性能不好。拔出键钮，卸下防水盖板，从金属支架上面的三个孔中可以看到弹簧触点与固定触点，然后用镊子顶住弹簧触点向下压，使簧片触点之间接触并具有一定接触压力。再测量触片之间的电阻为 0Ω 正常。经上述处理后，故障排除

续表

机型	故障现象	故障分析与维修方法
小天鹅 XQB20-6型全自动洗衣机	洗涤和甩水时电机时转时不转	拆开程序控制器后罩，开机后检查发现标准洗涤换向开关T6的动、静触点动作时火花很大，再检查发现T6接点的静触点始终闭合，当凸轮转到另一位置时闭合的动、静触点又与另一静触点接在一起，这时电机会发生堵转。经检查发现固定T6两静触点的塑料固定卡片损坏，致使正反转触点同时与动触点相接触，使启动电容被短路。用同样厚度的环氧树脂绝缘板，制作一块固定卡片装上，试机，故障排除
小天鹅 XQB20-6型全自动洗衣机	开机后，洗涤程序工作正常，但排水时整机不工作	检查排水电磁铁和门开关的功能完全正常。检查微电机发现不工作。造成微电机损坏的原因有：电网电压波动过大；减速机构传动不灵活，有卡阻现象；微电机本身质量低劣。再检查发现电网电压不稳定。更换微电机后，故障排除
小天鹅 XQB20-6型全自动洗衣机	排水功能失灵	用万用表测排水、牵引电磁铁的电阻值为41Ω，基本正常。再检查门开关合上时触片阻值为0Ω，正常。但测程序控制器的控制排水的弹簧触片的电阻为∞（正常工作状态下应为0Ω），怀疑弹簧触片有问题，经检查发现触片已断裂。排水、牵引电磁铁的电阻值正常时为40Ω，如果趋向于0Ω，则为排水电磁铁线圈短路；如果是正常值3倍以上，则为电磁铁线圈开路。更换程序控制器后，故障排除
小天鹅 XQB20-6型全自动洗衣机	工作时程序紊乱	检修时，打开机盖，拆下程序控制器，检查发现程序控制器内触片严重变形，由于触点间打火严重，导致触点烧蚀甚至黏结。将黏结触点分开，连同烧蚀的触点用金相砂纸磨光，安装后开机试验，不能保证触点之间有正常的压力。如故障依旧，说明该程序控制器无法修复，只能更换程序控制器。更换程序控制器后，故障排除
小天鹅 XQB20-6型全自动洗衣机	通电，当洗衣机进入洗涤程序时，不进水。转到排水程序时，不排水	故障可能发生在程序控制器、机械控制系统等相关部位。拆下程序控制器防护罩后，开机试验，故障消失，用万用表欧姆挡测两电磁阀的电阻值均正常。其原因是推动触点的杠杆外露塑料活动没有像拆下防护罩时活动幅度那么大，且动片不平直向上翘起，造成与罩壳内壁摩擦受阻，导致触点接触不到位。在底座的固定防护罩螺丝孔处加垫0.5~2mm厚的垫片，使内部间隙变大；也可将动片适当修整，再检查推动触点接触良好，故障排除

续表

机型	故障现象	故障分析与维修方法
小天鹅 XQB20－6 型全自动洗衣机	通电，开关指示灯亮，但进水阀不开启进水	故障可能发生在进水阀等相关部位。通电，用万用表测量进水阀线圈两端电压为交流 220V 正常，再用 R×1k 挡检测电磁线圈电阻，发现进水阀线圈电阻为∞（正常时应为 4.5kΩ 左右），说明进水阀线圈断路。更换该进水阀后，故障排除
小天鹅 XQB20－6 型全自动洗衣机	开机后，进水阀能启动进水，但达到最高水位后电磁阀不能自动停止，电机不启动	故障可能发生在水位开关等相关部位。检修时，打开机盖，卸下水位开关用万用表 R×1 挡测量 1、3 脚之间的电阻，测量时用嘴对着水位开关气管入口处用力吹一口气，仔细听无“嘀啪”响声，测得其电阻为无穷大（正常应为 0Ω），说明水位开关内部振动膜跳簧触点损坏。更换水位开关后，故障排除
小天鹅 XQB20－6 型全自动洗衣机	通电后进入排水程序时，机内发出异响	故障原因可能有：①由于牵引电磁铁是开启式的，裸露在箱体内，衔铁和磁轭表面锈蚀，加上频繁使用，衔铁与磁轭多次碰撞后造成表面镀锌层脱落，接触面锈蚀造成接触不良，在工作时会发生噪声；②排水电磁铁骨架与磁轭内壁之间松动；③电磁铁有效行程超差，正常时衔铁的行程应控制在 14～17mm 之间。若行程超差，电磁铁对衔铁的牵引力不足，使衔铁吸合不正常。 经检查发现电磁铁调整螺钉松动，影响了电磁铁行程的有效控制，使衔铁不能吸合自如而发生噪声。将电磁铁调整螺丝紧固后，故障排除
小天鹅 XQB20－6 型全自动洗衣机	洗涤时箱内出现漏水现象	经开机后检查发现进水管连接处漏水，取下水龙头，查得其密封圈已老化、变薄失去了密封作用。更换密封圈后，故障排除
小天鹅 XQB30－7 型全自动洗衣机	进水阀不进水	检修时，打开机盖，通电，打开程序控制器后，指示灯亮，表示程序控制器已接通电源，进水阀通电后开始进水。经逐个检查开关 T1、T2、T3 和进水阀 J，发现进水阀内弹簧损坏。更换弹簧后，故障排除
小天鹅 XQB30－7 型全自动洗衣机	开机后无进水动作，人工加水至正常水位后能进入洗涤、排水和脱水程序	检修时，打开机盖，用万用表测量进水阀线圈电阻约为 500Ω（正常工作状态下应为 4.5kΩ 左右），说明进水阀线圈有局部短路故障。再检查 VQ1、R29、V313 等有关电路元器件，发现双向晶闸管 VQ1（BCR1AM/400V）的阴极与阳极间被击穿。更换 VQ1 及进水阀线圈后，故障排除

续表

机型	故障现象	故障分析与维修方法
小天鹅 XQB30-7型全自动洗衣机	轻揉时运转正常，标准洗时仅能逆时针方向单向旋转，顺时针方向则停转	检修时，打开机盖，拆开程序控制器，发现其标准洗顺时针方向旋转触点已烧黑，将触点清洗干净并调整后，故障排除
小天鹅 XQB30-8型全自动洗衣机	不能洗涤	检修时，打开机盖，用万用表测量电源交流电压正常，检查压力开关及回气管无问题。接通洗衣机电源，将洗衣机设置在洗涤状态，检测电机供电端电压正常，说明电脑板良好，拨动电机皮带轮，电机启动，故判断电机启动电容已损坏。更换启动电容后，故障排除
小天鹅 XQB30-8型全自动洗衣机	只能单向洗涤	检修时，打开机盖，检查离合器、排水阀、电磁铁及拨叉调节镙钉等部位无异常，检查启动电容及其连线良好，说明程序控制器有问题。在电脑板上找到驱动洗涤电机电路开关的两只双向晶闸管以及驱动晶体管，在路对比检测，发现有一只驱动晶体管（9013）已开路损坏，导致不能触发晶闸管导通，造成单向洗涤故障。更换该驱动晶体管后，故障排除
小天鹅 XQB30-8型全自动洗衣机	洗涤无力	检修时，打开机盖，本着先易后难的维修原则，检查三角皮带良好，离合器带轮和波轮的紧固镙钉无松动现象。接着检测启动电容，发现其容量大幅减小，造成电机启动转矩变小，引起此故障。更换该启动电容后，故障排除
小天鹅 XQB30-8型全自动洗衣机	不能进水	检修时，打开机盖，检查自来水水压和时水阀过滤网均正常，通电用万用表测量进水阀两端电压为交流220V，说明电脑板进水控制电路正常。断电检测进水阀线圈电阻为无穷大，正常时应为4.5Ω左右，判断进水阀线圈开路。更换进水阀后，故障排除
小天鹅 XQB30-8型全自动洗衣机	通电后，当进入在到预定水位时仍进水不止（一）	检修时，打开机盖，在进水工作状态时，用万用表检查晶体管 V313 的各极电压，发现 V313 的 b 极电压为 0.6V（正常应大于 1V），c 极电压为 0.6V 正常。而在洗涤工作状态下，V313 的 b 极电压为 0.6V 左右，c 极电压为 5V 左右。故判定晶体管 V313 损坏。更换 V313 后，故障排除
小天鹅 XQB30-8型全自动洗衣机	通电后，当进入在到预定水位时仍进水不止（二）	检修时，打开机盖，进水到达预定水位后，用万用表测量进水阀两端电压为交流 220V，正常应无电压，故怀疑双向晶闸管被击穿短路造成本故障。顺着进水阀引线的一端找到电脑板上进水控制电路的双向晶闸管 BCR3AM-12，检测其阴极和阳极之间的电阻值为 0Ω，说明 BCR3AM-12 已被击穿短路。更换 BCR3AM-12 后，故障排除

续表

机型	故障现象	故障分析与维修方法
小天鹅 XQB30－8 型全自动洗衣机	进水速度慢	先检查自来水水压正常，进水管接头无漏水现象。根据维修经验，过滤网被杂物堵塞较常见。关闭进水开关，拧出进水管接头，发现进水阀过滤网积有杂物，小心地将过滤网取出，用牙刷将污物刷洗干净即可
小天鹅 XQB030－8 型全自动洗衣机	不能排水（一）	经开机后检查发现，机器排水时排水阀电磁铁发出“咔咔”声。拆下电磁铁检查，发现其中一个线圈（图中 B 线圈）开路。更换排水阀电磁铁后，故障排除
小天鹅 XQB030－8 型全自动洗衣机	不能排水（二）	检修时，打开洗衣机后盖，将洗衣机置于脱水程序，启动后观察排水阀（牵引器）动作正常，说明电磁铁及其他电气线路正常，故怀疑排水阀有问题。旋开排水阀盖，检查发现排水阀内拉簧已断裂，造成不能拉开橡胶阀门，从而导致不排水。更换排水阀内拉簧后，故障排除
小天鹅 XQB30－8 型全自动洗衣机	排水不畅	检修时，打开机盖，先检查排水管路无异常，排水阀橡胶阀门无变形，排水拉杆运动正常。检查电磁铁牵引器时，发现牵引器工作失常，造成排水不畅。更换牵引器后，故障排除
小天鹅 XQB30－8 型全自动洗衣机	洗衣机漏水，漏水从排水管处流出	检修时，先旋开排水阀盖，检查发现橡胶密封圈已老化破裂损坏，排水阀门的内拉簧和外弹簧均生锈。将上述三个元器件全部换新，安装复原后，故障排除
小天鹅 XQB30－8 型全自动洗衣机	开机后指示灯不亮，不能工作	检修时，打开机盖，用万用表测量无直流输出，但变压器次级有交流输出。断电后检查 TR 发现其熔断，更换后通电又熔断，故说明有短路之处。进一步检查发现电源滤波电容 C2（1000μF/25V）被击穿短路，该电容耐压余量太小从而造成被击穿短路熔断 TR，更换时最好选用 1000μF/50V 的电容。更换 C2 后，故障排除
小天鹅 XQ830－8 型全自动洗衣机	开机后发光二极管不亮，按键不起作用，蜂鸣器也不响	故障可能出在电源及保护电路。检修时，打开机盖，检查保护电路电阻 R3 内部不良。更换 R3 后，故障排除
小天鹅 XQ830－8 型全自动洗衣机	工作时，不排水或排水不止	经检查发现排水阀故障引起。排水阀电磁线圈由 A、B 两线圈串联构成。A 线圈的阻值为 120Ω，A+B 线圈的阻值为 3300Ω。若并联在 B 线圈的开关 MS 接通时，线圈阻值过大或过小，均说明排水阀或 MS 开关不良。经检查发现排水阀内部不良。更换排水阀后，故障排除

续表

机型	故障现象	故障分析与维修方法
小天鹅 XQB30-8 型全自动洗衣机	开机后未选择程序键时进水阀就进水；按“标准”及“START”键后，整个标准程序始终进水	仔细检查发现内腔塑料片的侧孔已被许多胶状细粒所堵死。用小号缝衣针将此孔戳通，用水洗净装上后，故障排除
小天鹅 XQB30-8 型全自动洗衣机	洗涤时波轮不换向	故障一般发生在电脑控制电路。检修时，打开机盖，用万用表测晶闸管 TR1（BCR8PM）已坏。这只晶闸管就是负责控制电机单向旋转的。更换 TR1 后，故障排除
小天鹅 XQB30-8 型全自动洗衣机	工作时脱水噪声大	检修时，打开机盖，检查发现脱水噪声果然来自离合器。拆下波轮和脱水桶紧固螺母，侧倒洗衣机，卸掉皮带和 U 形保护环，卸下离合器的四个紧固螺钉，拆下离合器并更换。安装时需两个人，一人装上离合器，另一人边转动脱水桶边往离合器方向套进。只有当脱水桶套上脱水轴时方可分步依次紧固离合器的四只安装螺钉，以防安装不正，离合器安装到位后按顺序安装其他部件
小天鹅 XQB30-8AL 型全自动洗衣机	插上电源后洗衣机被击穿	检修时，用万用表测洗衣机接地线与火、零线之间直流电阻均为无穷大，怀疑是引线或部件某部分有电被击穿现象。采用对接地线分割检查的方法检测，发现剪断接地输入线时反而水被击穿，推断是引线或电源插座损坏。拆开插座发现其左孔（零线孔）与中孔（接地孔）用铜丝短接，而电工接线时又将插座左孔与火线相连，导致火线通过接地线连通洗衣机外壳。重新接线后，故障排除
小天鹅 XQB30-91 型全自动洗衣机	插上电源插头后整机不通电	检修时，打开机盖，发现桶内有水，判断排水时排水阀线圈烧坏，引起保险丝烧断造成不通电故障。用手拨动排水阀，排完水后卧倒洗衣机，拆下排水电磁铁发现线圈有烧焦发黄痕迹，更换排水阀电磁铁和 5A 保险丝后机器恢复正常。询问用户得知此地电网电压偏低，故造成本故障
小天鹅 XQB30-91 型全自动洗衣机	进水完毕后波轮只能做单向不停转动	检修时，打开机盖，拆开程控器用万用表测微电机电阻为无穷大。微电机损坏后，主要表现为程控器内无“嘀嗒”声，水位到位后进水能停止但波动轮可能不转或单向转动。更换微电机后，故障排除

续表

机型	故障现象	故障分析与维修方法
小天鹅 XQB30－91AL 型全自动洗衣机	洗涤正常但不排水	检修时，打开机盖，插上电源，当桶内水位到达设定位置时，该机水位开关接通。再把程序选择开关转到排水位置，拉出旋钮，电源接通后，用万用表测桥式整流器输入端电压为正常的交流 220V；将万用表置直流 250V 挡，测桥式整流器输出端电压约 200V，说明程序开关和整流器均正常，判断电磁阀不良。从整流器输出端拔下电磁阀红、绿两根电源线，测电磁阀两接点间阻值达 3.3kΩ，而正常值应很小，说明电磁阀内吸合开关的触点异常。 拆下电磁阀，发现开关两触点均有一层较厚的氧化物，用细砂纸细心地将其打磨光亮，使触点接触良好，测其阻值恢复正常，将电磁阀及线路还原后试机，故障排除
小天鹅 XQB30－91AL 型全自动洗衣机	机器洗涤时跟转严重	检修时，打开机盖，用手转动脱水桶不能逆转但顺转时阻力明显不足。侧倒机器发现离合器调节螺钉松动，重新调节比螺要到顺转时有明显阻力感，再紧固其自攻螺母，故障排除
小天鹅 XQB30－801 型全自动洗衣机	开机后指示灯亮但不进水	检修时，先对洗衣机进行进水操作时洗涤指示灯闪亮，但进水阀无进水振动声。打开机盖，拆下内部挡板，在进水操作时用万用表测进水阀线圈两端交流电压为 220V 正常，拔下进水阀引线插头测线圈直流电阻为无穷大，说明线圈内部开路。更换进水阀线圈后，故障排除
小天鹅 XQB33－802 型全自动洗衣机	刚开机时进水正常，并能自动进入洗涤程序，但洗涤过程中突然停止进水	检修时，打开机盖，首先检查自来水供电正常，进水阀滤网无堵塞现象。再检查电路，拆下背部保护板，通电后按“开启/停止”键，用万用表测进水阀插座两端电压为 220V 交流电压，正常。断电，拔下电磁阀接线，测电磁阀线圈电阻呈开路状态。更换进水阀，故障排除
小天鹅 XQB33－802 型全自动洗衣机，不能进水	进水不止	水位达到设定高度后，波轮能转动，说明电脑板有问题。检查进水控制电路，在无水状态下，用万用表测电脑板上微处理器的 3 脚电平能随按动“开始/暂停”键而高低变化，属正常。焊开 R2 一端，接通总开关，测进水阀上的电压仍为 220V。故判断双向晶闸管（VT）极间已被击穿，呈直通状态。用一只大于 400V/1A 的晶闸管更换后，故障排除

第二节　新型小家电故障维修实例速查

一、美的电磁炉故障维修实例速查

1. 美的 MC-PSY18B 型电磁炉

机型	故障现象	故障分析与维修方法
美的 MC-PSY18B 型电磁炉	开机即烧保险管（一）	故障可能发生在电源供电电路及相关部位。先用万用表检测，整流桥堆和 IGBT 是否短路，ZRN300、C300、C14 等是否有问题通常在熔断保险丝时整流桥堆和 IGBT 两个器件也都被击穿。经检查发现 ZRN300 被击穿短路。更换上述损坏元件后，故障排除
美的 MC-PSY18B 型电磁炉	开机即烧保险管（二）	故障可能发生在电源供电电路及相关部位，检修时，打开机盖，首先的将加热线盘的接线脚断开换上保险管，用万用表测量电容 C14 两端有电压，可以判断为功率管 IGBT 坏。更换功率管 IGBT 后，故障排除
美的 MC-PSY18B 型电磁炉	开机即烧保险管（三）	故障可能发生在电源供电电路及相关部位，经检查整流桥及 IGBT 正常，但依然烧保险，说明集成块 TA8316S 不良。分析原因：由于 TA8316S 输出的脉冲角度过大，IGBT 出现过载现象。更换 TA8316S 后，故障排除
美的 MC-PSY18B 型电磁炉	不检锅	故障可能发生在功率捡锅控制电路。检修时，打开机盖，先检查锅具是直径是否与要求一致，请使用 MD 专用锅具。检查线圈盘的两个接线端子是否松动 用万用表测量锅具检测电路的 R35、R36、R37、R7、C16、C17、R13、VD19 是否有问题。检查 IC2 比较器的电源是否正常。检查电阻 R13 上是否有 5V 电压。经检查发现 C16 短路。更换 C16 后，故障排除
美的 MC-PSY18B 型电磁炉	蜂鸣器不响或者长响	故障可能发生在主板控制电路及相关部位。检修时，打开机盖，当蜂鸣器不响时，先检查 R34、BUZ1 是否有问题。如果正常，再用万用表测量是否有 5V 的电压。有 5V 电压，主控 IC 的 21 脚仍无脉冲输出，说明主控 IC 已经损坏；如果没有 5V 电压应查电源电路。经检测主控 IC 的 21 脚输出为低电平，判定主控 IC 内部损坏。更换主控 IC 后，故障排除

续表

机型	故障现象	故障分析与维修方法
美的 MC-PSY18B 型电磁炉	一开机就显示故障代码“E01”	故障可能发生在过零检测电路及相关部位。检修时，打开机盖，用万用表检测 VD300、VD301、R308、R70、R71、C40、C11、VT4 有无损坏 测量 CPU 的 17 脚有无 0.56V 电压，如果有电压则说明过零检测电路工作正常，问题可能出现在 CPU 的本身。如果电压接近 5V，说明故障还在过零检测部分。经检查发现 VD300 短路。更换 VD300 后，故障排除
美的 MC-PSY18B 型电磁炉	通电后不开机（一）	故障可能发生在复位电路和 CPU 控制电路。检修时，打开机盖，在断电的情况下先排除元器件的问题。用万用表对 VT3、R16、R61、R4、C7、VD1 进行检查。上述元器件有损坏时，会引起通电后复位电路不正常工作，造成不开机的故障 如果上述元器件均正常而故障仍旧，在通电的情况下用万用表测量 CPU 的 8 脚电压。如果测得电压为 0V 则说明复位电路没有工作。在元器件完好的基础上，检查 5V 电压是否正常，供电电路问题应按电源检修的方法进行检修。如果有 5V 电压，而 CPU 的 8 脚还是为 0V，此时可以确定 CPU 已坏。经检查发现 CPU 内部不良。更换 CPU 后，故障排除
美的 MC-PSY18B 型电磁炉	通电后不开机（二）	故障可能发生在复位电路和 CPU 控制电路。检修时，打开机盖，用万用表检查电容 C2、C3 是否有被击穿、被击穿现象。这两个元器件只要其中一个出现问题，就会导致不正常工作。如果上述电容是正常的，再将晶体振荡器（8MHz）拆下来，换上新的同规格晶体振荡器通电后试机。如果是晶体振荡器本身损坏，则换上好的晶体振荡器之后故障可排除。如果还是不能开机，则只能更换 CPU 经检查发现晶体振荡器（8MHz）不良。更换晶体振荡器后，故障排除
美的 MC-PSY18B 型电磁炉	通电后不开机（三）	故障可能发生在高压电源电路及相关部位。检修时，打开机盖，进行低压电源检测，如果发现在 AC/DC 整流模块的 3 脚无高压电输出，用万用表测量 1、2 脚是否有正常的 220V 交流电输入，如果有正常电压输入，但无 300V 高压电输出，可以判定整流模块损坏 如果无 220V 交流电输入，测量电流互感器初级线圈是否开路。一般如果没有熔断电源保险丝故障就会出现在上述当中。只要压敏电阻短路或者滤波电容被击穿、短路就会熔断保险丝。经检查发现 AC/DC 整流模块内部损坏。更换整流模块后，故障排除

续表

机型	故障现象	故障分析与维修方法
美的 MC-PSY18B 型电磁炉	功率调不上去（一）	故障可能发生在IGBT的高压保护电路及相关部位。检修时，打开机盖，用万用表测量R51、R56、R42、R20、C18、C31有无损坏。测量IC2比较器LM339的1脚是否为低电平。如果是低电平，则说明IGBT高压保护动作。此时在排除上述元器件之后，则故障很可能就是比较器LM339损坏。经检查发现比较器LM339内部损坏。更换LM339后，故障排除
美的 MC-PSY18B 型电磁炉	功率调不上去（二）	故障可能发生在电流保护电路及相关部位。检修时，打开机盖，用万用表检查VT5、R43、VD16、VD6、VD2、C6有无短路。测量稳压管VD2的负极是否为2.2V。如上述检查正常，再检查电流检测部分VD2～VD7、R5、R24、VR1、R50、R31、CT300有无问题。经检查发现VR1内部损坏。更换VR1后，故障排除
美的 MC-PSY18B 型电磁炉	烧开水时正常，炒菜几分钟后自动关机保护	故障可能发生在湿度感知检测电路及CPU控制电路等相关部位。检修时，打开机盖，检查发热线盘上的热敏电阻（NTC）和IGBT散热片上的热敏电阻，用万用表R×10k挡进行阻值测试，电阻在100kΩ左右，均属正常。拆下两个热敏电阻NTC元器件放在水中进行加热试验，当水烧开时电阻值为7kΩ，正常。检查湿度感知检测电路（电压较电路）中的电阻电容元器件R4（10Ω）、C1（0.1μF）、R51（1MΩ）、C2（0.1μF）、R5（5.1kΩ），均属正常。经过上述检查，判断故障出现在CPU芯片。更换CPU后，故障排除

2. 美的 MC-EP201 型电磁炉

机型	故障现象	故障分析与维修方法
美的 MC-EP201 型电磁炉	屡烧IGBT功率管（一）	故障可能发生在电源供电电路及相关部位，检修时，打开机盖，用万用表测电源插头的正反向电阻为∞，说明保险管已烧毁，拆解后，发现保险确已烧毁。在路测IGBT各脚对地电阻为0Ω，说明IGBT已烧毁。检查三极管VT3（8050）已被击穿、三极管VT4（8550）也开路。更换上述损坏元件后，故障排除
美的 MC-EP201 型电磁炉	屡烧IGBT功率管（二）	故障可能发生在电源供电电路及相关部位。检修时，打开机盖后发现IGBT、整流桥、保险管已烧坏。用更换元件后试机，开机后出现检锅时整机再次烧毁现象。重新更换保险管、IGBT、整流桥，再次烧毁机器，说明机内还有故障元器件，随后仔细检查各个单元电路。经检查发现谐振电容C5（0.3μF/800V）容量减小且有被击穿现象。更换C5后，故障排除

续表

机型	故障现象	故障分析与维修方法
美的 MC－EP201 型电磁炉	开机后整机无反应	故障可能发生在电源供电电路及相关部位，检修时，通电开机后+18V 供电正常，而 7805 输入端无电压。经检查发现 T90 开关变压器的次级 6、7 脚之间断路。更换 T90 后，故障排除
美的 MC－EP201 型电磁炉	通电开机后控制板无电源指示（一）	故障可能发生在电源供电电路及相关部位。经检查发现，保险管 8A、压敏电阻 CNR1、R90 限流电阻均开路。U92 电源芯片已被击穿。因供电瞬间升为 380V，造成以上故障（压敏电阻是过压保护装置，当电压上升至 380V 时马上迅速切断电源，以保护电磁炉其他部分）。更换以上损坏元器件后，故障排除
美的 MC－EP201 型电磁炉	通电开机后控制板无电源指示（二）	故障可能发生在电源供电电路及相关部位。经检查发现二极管 VD9、VD10 被击穿，造成交流电压供电部分短路，导致保险管开路。更换 VD9、VD10 和保险管 8A 后，故障排除
美的 MC－EP201 型电磁炉	通电开机后控制板无电源指示（三）	故障可能发生在电源供电电路及相关部位。经检查发现 C91 对地电压+18V 正常，测 U90、7805 输出电压为 3.2V（正常为 5V），进一步检查发现电容 C91 已被击穿。更换 C91 后，故障排除
美的 MC－EP201 型电磁炉	通电开机后指示灯一闪后全灭	故障可能发生在电源供电电路及相关部位。检修时，打开机盖，用万用表测试+18V、+5V 电压上机后均正常。但一启动控制板上的电源按钮开关，闪一下指示灯全灭。经检查发现电源部分 VT90（8050）的 b、c 极被击穿，导致以上故障。更换 VT90 后，故障排除
美的 MC－EP201 型电磁炉	通电开机后指示灯一闪，剩下三个灯亮	故障可能发生在电源供电电路及相关部位。检修时，打开机盖，经检查发现电阻 R6（240kΩ）变值，导致 CPU 的 VIN 电压偏低。更换 R6 后，故障排除
美的 MC－EP201 型电磁炉	通电开机后报警不加热（一）	故障可能发生在电源供电电路及相关部位。检修时，打开机盖，经检查发现共振电容 C3（0.3μF）损坏。更换 C3 后，故障排除
美的 MC－EP201 型电磁炉	通电开机后报警不加热（二）	故障可能发生在电源供电电路及相关部位。检修时，打开机盖，经检查发现贴片三极管 Q6（NPN 型）c、e 极间被击穿。更换 Q6 后，故障排除
美的 MC－EP201 型电磁炉	通电开机后报警不加热（三）	故障可能发生在电源供电电路及相关部位。检修时，打开机盖，经检查发现电阻 R15（240kΩ）变值，导致 LM339 的 7 脚电压偏低（正常电压为+3.6V）。更换 R15 后，故障排除

续表

机型	故障现象	故障分析与维修方法
美的 MC－EP201型电磁炉	通电开机后报警不加热（四）	故障可能发生在电源供电电路及相关部位。检修时，打开机盖，用万用表测 LM339 的 14 脚无电压（正常为+2.2V），以检查为小贴片电容器 C11 被击穿损坏。更换 C11 后，故障排除
美的 MC－EP201型电磁炉	通电开机后报警不加热（五）	故障可能发生在电源供电电路及相关部位。检修时，打开机盖，用万用表测试 LM339 的 6、7 脚电压偏低（正常电压为+3.7V、+3.6V），测试无极性电容器 C4 端电压+230V 偏低（正常为+300V），检查发现 C4 已失效。更换 C4 后，故障排除
美的 MC－EP201型电磁炉	通电开机后报警不加热（六）	故障可能发生在电源供电电路及相关部位。检修时，打开机盖，用万用表 R×100 挡检测 LM339 相关外围元器件、JGBT、驱动放大电路均正常，判定 LM339 不良。更换 LM339 后，故障排除整机正常
美的 MC－EP201型电磁炉	通电开机后报警不加热（七）	故障可能发生在电源供电电路及相关部位。检修时，打开机盖，用万用表测试 LM339 的 6、7 脚均无电压（正常电压为+3.7V、+3.6V），再测 IGBT 的 c 极无电压（正常为+300V），经检查发现 L 电感线圈引线脚接触不良。重新焊接后，故障排除
美的 MC－EP201型电磁炉	通电开机后不报警不加热（八）	故障可能发生在电源供电电路及相关部位。检修时，打开机盖，用万用表测 LM339 的 1 脚无电压（正常为4.9V），经检查发现电压取样电阻 R15（240kΩ）变值。更换 R15 后，故障排除
美的 MC－EP201型电磁炉	通电开机后不报警不加热（九）	故障可能发生在电源供电电路及相关部位。检修时，打开机盖，检查 LM339 各脚电压均正常，检查 Z1 稳压二极管已被击穿。由于 Z1 被击穿，驱动 IGBT 脉冲信号失地，造成电磁炉不报警、不加热。更换 Z1 后，故障排除
美的 MC－EP201型电磁炉	通电开机后不报警不加热（十）	故障可能发生在电源供电电路及相关部位。检修时，打开机盖，经检查发现电阻 R16（240kΩ）变值，导致 LM339 的 7 脚电压偏低（正常为+3.6V）。更换 R16 后，故障排除
美的 MC－EP201型电磁炉	通电开机后报警不加热（十一）	故障可能发生在电源供电电路及相关部位。检修时，打开机盖，用万用表测 LM339 的 5 脚同相输入端电压为 18V（正常为+13V），2 脚电压为 10V（正常为+0.2V），比较器 LM339 已由低电平变为高电平。经检查发现 LM339 的 5 脚的 R45 引脚开路，导致 5 脚电压上升。更换 R45 后，故障排除

续表

机型	故障现象	故障分析与维修方法
美的 MC－EP201型电磁炉	通电开机后控制板无电源指示（一）	故障可能发生在电源供电电路及相关部位。检修时，打开机盖，经检查发现，保险管压敏电阻 CNR1、R90 限流电阻均开路，U92 电源芯片已被击穿，因供电瞬间升为 380V 造成该故障。更换上述损坏元器件后，故障排除
美的 MC－EP201型电磁炉	通电开机后控制板无电源指示（二）	故障可能发生在电源供电电路及相关部位。检修时，打开机盖，经检查发现二极管 D9、D10 被击穿，造成交流电压供电短路，导致保险管开路。更换 D9、D10、保险管 8A 后，故障排除
美的 MC－EP201型电磁炉	通电开机后控制板无电源指示（三）	故障可能发生在电源供电电路及相关部位。检修时，打开机盖，经检查 EC91 对地电压+18V 正常，用万用表测 U90. 7805 输出电压为 3. 2V（正常为 5V），再进一步检查发现电容器 C91 内部被击穿。更换 C91 后，故障排除
美的 MC－EP201型电磁炉	通电开机后控制板无电源指示（四）	故障可能发生在电源供电电路及相关部位。检修时，打开机盖，经查保险管已损坏，IGBT 被击穿、Q3（8050）被击穿、Q4（8550）开路。该机为返修机，在未检查出 Q3、Q4 损坏的情况下，更换 IGBT，造成接连烧毁 IGBT 的故障 更换上述损坏元件后，故障排除
美的 MC－EP201型电磁炉	开机后控制板无电源指示，电源开关按钮失灵	故障可能发生在电源供电电路、控制电路及相关部位。检修时，用万用表测 E09 为＋300V，测＋18V、7805 均无电压，检查电源芯片、R09（2W/22Ω）电阻均正常，经检查发现开关电源变压器 T90 初级匝间短路，造成该故障。更换 T90 后，故障排除
美的 MC－EP201型电磁炉	通电开机后 7805 输入端无电压，＋18V 供电正常	故障可能发生在电源供电电路、控制电路及相关部位。检修时，经检查发现 T90 开关变压器的次级 6、7 脚之间断线，更换 T90 后整机正常。应急办法是：在无 T90 配件时，把 R92 电阻拆下，在 R98 空位上焊入 1W/10Ω 电阻即可
美的 MC－EP201型电磁炉	通电开机后整机无电源	故障可能发生在电源供电电路、控制电路及相关部位。检修时，用万用表测量 7805-18V 无电压，检查电阻 R90 为 22Ω，电源芯片均正常，再查电解电容 EC95（4. 7μF/25V）时发现被击穿。更换 EC95 后，故障排除
美的 MC－EP201型电磁炉	通电开机后提锅时不报警不加热（一）	故障可能发生在电源供电电路、控制电路及相关部位。检修时，打开机盖，经检查发现 R11（240kΩ）电阻变值，导致 LM339 的 6 脚电压偏低（正常为＋3. 7V）。更换 R11 后，故障排除

续表

机型	故障现象	故障分析与维修方法
美的 MC－EP201 型电磁炉	通电开机后提锅时不报警不加热（二）	故障可能发生在电源供电电路、控制电路及相关部位。检修时，打开机盖，用万用表测 LM339 的 7、8 脚电压偏低（正常为+3.6V、+0.8V），经检查发现贴片电容器 C8 被击穿损坏。更换 C8 后，故障排除
美的 MC－EP201 型电磁炉	通电开机后提锅时不报警不加热（三）	故障可能发生在电源供电电路、控制电路及相关部位。检修时，打开机盖，经检查发现电阻 R12（240kΩ）开路。更换 R12 后，故障排除
美的 MC－EP201 型电磁炉	通电开机后不检锅不报警	故障可能发生在电源供电电路、控制电路、检锅电路及相关部位。检修时，打开机盖，经查 LM339 外围电路元器件均正常，IGBT 的 G 极对地被击穿。更换 IGBT 后，故障排除
美的 MC－EP201 型电磁炉	上机开机后控制板上调整功率按钮只能加不能减，不能关机	故障可能发生在面板控制电路及相关部位。检修时，打开机盖，经检查发现控制板上油污太多，导致控制电路部分被击穿，引发以上故障。用无水酒精清洗后，故障排除
美的 MC－EP201 型电磁炉	通电开机后电磁炉使用正常，但几分钟后自动关机，休息一段时间后再启动加热，加热时间更短	故障可能发生在面板控制电路、CPU 温度感知检测电路及相关部位。检修时，打开机盖，经检查发现 Q1（D667）三极管参数改变，使排风扇停转，造成 CPU 温度感知检测电路过热保护。更换 Q1 后，故障排除
美的 MC－EP201 型电磁炉	通电开机后显示乱码	故障可能发生在面板控制电路、显示电路及相关部位。检修时，打开机盖，经检查发现 R7（240kΩ）电阻变值 更换 R7 后，故障排除
美的 MC－EP201 型电磁炉	通电开机后不停地检锅，不加热	故障可能发生在电源供电电路、控制电路及相关部位。检修时，打开机盖，用万用表测 LM339 的 8 脚输入电压偏低（正常为+0.8V），经检查发现，C10 被击穿。更换 C10 后，故障排除
美的 MC－EP201 型电磁炉	通电开机后断续检锅，不加热或不连续加热	故障可能发生在电源供电电路、控制电路及相关部位。检修时，打开机盖，经检查发现电流互感器损坏，更换电流互感器，故障排除
美的 MC－EP201 型电磁炉	通电开机后断续检锅，不加热或不连续加热	故障可能发生在电源供电电路、加热控制及相关部位。检修时，打开机盖，经检查相关电路元器件均正常，怀疑加热线盘不良。更换加热线盘后，故障排除

续表

机型	故障现象	故障分析与维修方法
美的 MC－EP201 型电磁炉	通电开机后检锅具时整机短路，6A 空气开关跳闸	故障可能发生在功率输出电路、控制电路及相关部位。检修时，打开机盖，经检查发现共振电容 0.3μF 容量值变小大。更换共振电容后，故障排除
美的 MC－EP201 型电磁炉	通电开机后检锅具时整机短路，6A 空气开关跳闸	故障可能发生在功率输出电路、控制电路及相关部位。检修时，打开机盖，经检查发现共振电容 0.3μF 内部被击穿。更换共振电容后，故障排除
美的 MC－EP201 型电磁炉	通电开机后控制板上指示灯一闪后，即变为保温挡，并在与 120℃ 挡之间来回闪烁	故障可能发生在功率输出电路、控制电路及相关部位。检修时，打开机盖，经检查发现 R11（330kΩ/2W）电阻变值。更换 R11 后，故障排除
美的 MC－EP201 型电磁炉	通电开机后，控制板指示灯一闪即为保温挡，并有闪烁	故障可能发生在 CPU 控制电路、功率输出电路及相关部位。检修时，打开机盖，经检查，发现控制板上的晶体振荡器 XL（4MHz）损坏。更换 XL 后，故障排除
美的 MC－EP201 型电磁炉	通电开机后开机指示灯一闪后，剩下三个灯亮	故障可能发生在 CPU 控制电路、功率输出电路及相关部位。检修时，打开机盖，经检查发现电阻 R6（240kΩ）变值，导致 CPU 的 VIN 电压偏低。更换 R6 后，故障排除
美的 MC－EP201 型电磁炉	通电开机后，指示灯一闪后全灭	故障可能发生在 CPU 控制电路、电源电路及相关部位。检修时，打开机盖，用万用表测试+18V、+15V 电压上机后均正常。但一启动控制板通电后源按钮开关，闪一下指示灯全灭，经检查发现电源部分 Q90（8050）的 b 极与 c 极被击穿，导致以上故障。更换 Q90 后，故障排除
美的 MC－EP201 型电磁炉	通电开机后显示故障代码“E8”	故障可能发生在 CPU 控制电路、电源电路及相关部位。检修时，打开机盖，用万用表测 R7 电压偏高为 5V（正常为 3V），经检查发现 R8 贴片电阻虚焊。重新补焊后，故障排除
美的 MC－EP201 型电磁炉	通电开机后显示故障代码“E7”	故障可能发生在 CPU 控制电路、电源电路及相关部位。检修时，打开机盖，用万用表测 CPU（VIN）电压偏低（正常为+2.8V），经检查发现电阻 R6（2W/240kΩ）变值，导致 CPU（VIN）电压变低。更换 R6 后，故障排除
美的 MC－EP201 型电磁炉	通电开机后显示故障代码“E7”	故障可能发生在 CPU 控制电路、电源电路及相关部位。检修时，打开机盖，用万用表测量 R7 对地无电压，经检查发现电阻 R7（240kΩ）电阻开路，导致 CPU 无电压（正常为 3V）。更换 R7 后，故障排除

续表

机型	故障现象	故障分析与维修方法
美的 MC－EP201型电磁炉	通电开机后显示故障代码“E6”	故障可能发生在CPU控制电路、IGBT温度控制电路及相关部位。检修时，打开机盖，经检查发现IGBT温度检测热敏电阻RT损坏。更换RT后，故障排除
美的 MC－EP201型电磁炉	通电开机后显示故障代码“E01”	故障可能发生在功率输出控制电路、温度控制电路及相关部位。检修时，打开机盖，经检查发现发热线盘上的热敏电阻开路，导致CPU、TMAIN无电压（正常为+0.25V）。更换热敏电阻后，故障排除
美的 MC－EP201型电磁炉	通电开机后电风扇时快时慢，加热功能正常	故障可能发生在电源供电电路、加热控制及相关部位。检修时，打开机盖，用万用表测LM339的5脚电压为+2V偏低（正常为+3V），5脚是浪涌比较电路同相输入端，检查相关供电电路R40（330 kΩ/1W）均正常，但发现R39电阻引脚脱焊，+5V电压未加到LM339的5脚上，造成电压偏低。重新补焊R39后，故障排除
美的 MC－EP201型电磁炉	通电开机后电风扇声音较大	故障可能发生在电源供电电路及相关部位。检修时，打开机盖，用万用表测+18V电压偏高，经检查发现Z90稳压二极管断裂开路，导致开关稳压电路电压升高引起上述故障。更换Z90后，故障排除
美的 MC－EP201型电磁炉	通电开机后出现“提锅时不报警不加热”	故障可能发生在电源供电电路及相关部位。检修时，打开机盖，用万用表测整机高压供电电路、低压供电电路均正常；测比较器LM339的6脚反相输入端对地为0V电压，测同步电压比较器取样电阻R12（240kΩ/1W）对地为0V电压（正常为+3.7V）。经检查发现取样电阻R12、R11开路。更换R12、R11（240kΩ/1W）后，故障排除
美的 MC－EP201型电磁炉	报警不加热	故障可能发生在电源供电电路及相关部位。检修时，打开机盖，用万用表测整机+305V、+18V、+5V对地电压均正常。测比较器LM339第（14）脚输出端对地电压为0V（正常为+2.2V），经检查发现贴片电容器C11被击穿损坏。更换C11后，故障排除
美的 MC－EP201型电磁炉	开机后“电磁炉正常”能使用，但几分钟后出现“自动关机”	故障可能发生在散热风机及驱动电路及相关部位。检修时，怀疑散热风机不良，换上一个好的同规格散热风机，通电后开机，故障依旧，说明故障出在前级驱动电路上 经检查发现驱动三极管VT1（D667）不良，使排风扇停转，造成IGBT温度检测电路过热后CPU芯片保护关机。更换VT1后，故障排除

续表

机型	故障现象	故障分析与维修方法
美的 MC－EP201 型电磁炉	开机后整机无反应	故障可能发生在电源供电电路及相关部位。检修时，打开机盖，用万用表测电源插头两端的正反向电阻相差较大，说明机内保险管未烧。打开机盖，通电测整流桥 DB1 的输出端为+310V 电压；测低压电源+18V、+5V 无电压。测低压开关变压器 T90 的初级线圈无电压，而测 VD90 的两端却有+310V 的电压，说明电阻 R90 开路。关机后，拆下 R90，确认已开路。用 2W/22Ω 电阻更换 R90，故障排除

3. 美的 MC-PF10E 型电磁炉

机型	故障现象	故障分析与维修方法
美的 MC－PF10E 型电磁炉	检不到锅，有报警声	故障可能发生在同步电路、电源电路及相关部位。检修时，打开机盖，用万用表在待机接加热线圈的情况下，测量 U1（LM339）的 8 脚（1.75V）与 9 脚（1.9V）的工作电压。如果电压不正常，检查 R18、R1、R4、R239、C214、C209、VD213，把有问题的元器件更换，故障可排除。如果以上两个引脚的电压正常，再测量 U1 的 14 脚电压是否为高电平（1.23V）。如果是低电平，就表示 U1 已经损坏（在这里排除 PWM 信号电路的故障）。如果是高电平，用一导线把 9 脚接地，再测量 14 脚的电压是否为低电平，如果还是高电平，就表示 U1 已经损坏，经检查发现 U1 内部损坏。更换 U1 后，故障排除
美的 MC－PF10E 型电磁炉	检不到锅，有报警声	故障可能发生在 IGBT 高压保护电路等相关部位。当 IGBT 的 c 极电压高于 1135V 时，保护电路会动作，此时 IGBT 输出功率会关闭。检修时，打开机盖，首先判断故障是不是由 IGBT 高压保护电路引起的，先用万用表测量 U2（LM339）的 14 脚电压是否为高电平（这个脚与浪涌保护电路的输出脚相接通，此处是排除浪涌保护电路的故障而作的分析）。如果为高电平，就表示保护电路没有动作。如果是低电平，就表示保护电路已经动作，就要测量 U2 的 8 脚（0.49V）与 9 脚（3.85V）的电压。如果这两个脚的电压正常，而 14 脚输出的是低电平，就可以确定是 U2 已经损坏；如果 U2 的 4、5 脚的电压不正常，就要检查 R220、R221、C225、R241、R240 是否不良；如果测量到 U2 的 14 脚的高电平只有 0.3V，9 脚电压又大于 8 脚的电压，再测量主控 IC 的 1 脚电压是否是低电平，如果是，就说明主控 IC 已经损坏。经检查发现 U2 内部已损坏。更换 U2 后，故障排除

续表

机型	故障现象	故障分析与维修方法
美的 MC-PF10E 型电磁炉	检不到锅，有报警声	故障可能发生在 PWM 信号电路等相关部位。在待机的情况下用万用表测量主控 IC 的 13 脚的电压，正常值为 2.25V（有效值），如果电压值不正常，检查 R211、R212、R213、C12、VT202、C208 是否不良。如果以上的元器件均正常，说明主控 IC 已损坏。经检查发现主控 IC 内部损坏。更换主控 IC 后，故障排除
美的 MC-PF10E 型电磁炉	加热工作正常，而通电后无显示	故障可能发生在显示控制电路、电源电路及相关部位。检修时，打开机盖，通电开机后，在主控板上找到插座 CN1，用万用表首先测量显示板的供电电压端子 7 脚（+5V）、6 脚（GND 端）电压为+5V 正常。再万用表黑表笔接 IC1（74HC164）的 7 脚，红表笔分别测 14 脚（VCC 端）、9 脚（MR 端）电压为 5V，正常，进而检查 1、2、8 脚无异常。进一步检测 R17 对地电压为 0V（正常为+5V），经检查发现 R17 断路。更换 R17 后，故障排除
美的 MC-PF10E 型电磁炉	指示灯 L1~L4 不显示，L5~L10 点亮正常，电磁炉工作正常	故障可能发生在按键板及相关部位。检修时，打开机盖，用万用表测驱动三极管 VT1（9012）的各极电压，VE 为+5V，正常；按动各键 VB 无变化电压，只有当 VBE 为 0.7 时 VT1 才能导通。经检查发现电阻 R15（201）和晶体管 VT1 断路。更换 R15 和 VT1 后，故障排除
美的 MC-PF10E 型电磁炉	通电开机后没任何反应	故障可能发生在电源供电电路及相关部位。检修时，打开机盖后检查保险管完好，通电后用电压法进行检修。用万用表测 C2 两端高压为 305V，正常；测低压+5V、+18V 输出端都为 0V，说明低压电源电路有问题。再测电容 C1 对地电压为 0V（正常为 305V），继而检查发现电阻 R10（62Ω/2W）断路、二极管 VD3（1N4007）被击穿。U5（VIPER12A）集成块损坏。更换损坏元器件后，故障排除
美的 MC-PF10E 型电磁炉	通电后没有反应	故障可能发生在高、低电源电路，晶体振荡器电路，复位电路及相关部位。检修时，先用万用表测量 7805 的输出脚，如果有 5V 是电压，就表示故障在复位电路或晶体振荡器电路。再测量主控 IC 的 4 脚的电压是否有 5V，如没有，就表示故障在复位电路；如有，就表示故障在晶体振荡器电路。经检查发现晶体振荡器开路。更换晶体振荡器后，故障排除

二、奔腾电磁炉故障维修实例速查

1. 奔腾 PC18E-B 型电磁炉

机型	故障现象	故障分析与维修方法
奔腾 PC18E-B 型电磁炉	通电后无反应（熔断器损坏）（一）	故障可能由功率管 IGBT 被击穿短路所致。检修时，打开机盖，用万用表测 ICBT 任意两脚之间的阻值如为零，则说明 ICBT 已损坏，IGBT 损坏时，应检查 C21、C22 的容量是否下降或失效，驱动电路中的 ZD201、D28、Q7 是否被击穿短路，18V 供电电路是否异常，高压保护电路中 R19、R20 的阻值是否变大。经检查发现驱动管 Q7 被击穿短路。更换 IGBT 和 Q7 后，故障排除
奔腾 PC18E-B 型电磁炉	通电后无反应（熔断器损坏）（二）	故障可能出在滤波电容电路中，应重点检查滤波电容 C21 是否严重被击穿短路。用万用表测量 C21，如其阻抗为零，则说明 C21 已损坏，需更换。经检查发现 C21 损坏。更换 C21 后，故障排除
奔腾 PC18E-B 型电磁炉	通电后无反应（熔断器损坏）	故障可能由整流桥堆 V201 被击穿损坏所致。检修时，打开机盖，拆下桥堆 V201，如测量它的任意两脚之间的阻值为零，则说明桥堆 V201 已被击穿损坏。经检查发现 V201 被击穿。更换 V201 后，故障排除
奔腾 PC18E-B 型电磁炉	通电后无反应（熔断器损坏）（三）	故障可能由 D9、D10 二极管被击穿短路所致。因为二极管 D9、D10 被击穿短路，相当于把 220V 电压短接，导致熔断器损坏。经检查发现 D10 短路。更换 D10 后，故障排除
奔腾 PC18E-B 型电磁炉	通电后无反应（熔断器损坏）（四）	故障可能由压敏电阻 ZNR1 被击穿短路所致。检修时，先观察 ZNR1 外表是否有烧焦、烧黑、烧炸等现象，或测量其阻值为 0Ω，则说明 ZNR1 在高电压来临时被被击穿短路，使熔断器损坏而保护电路。更换 ZNR1 后，故障排除
奔腾 PC18E-B 型电磁炉	通电后无反应（熔断器损坏）（五）	故障可能由主回路消干扰滤波电容 C202 被击穿所致。检修时，将 C202 拆下，用万用表测量阻值，如为 0Ω，说明此电容已被击穿，用同规格元器件更换即可。经检查发现 C202 被击穿。更换 C202 后，故障排除
奔腾 PC18E-B 型电磁炉	电磁炉通电后跳闸（一）	故障可能由 IGBT 被击穿损坏所致。经开机检测 IGBT 的 c 极和 e 极间的阻值为 0Ω，则说明 IGBT 已损坏。进一步检查发现高压保护电路中 R19 和 R20 的阻值变大。更换 IGBT 管和 D28 后，故障排除

续表

机型	故障现象	故障分析与维修方法
奔腾 PC18E-B 型电磁炉	电磁炉通电后跳闸（二）	故障可能由滤波电容 C21 严重被击穿短路所致。检修时，拆下 C21，用万用表测量阻抗，如为 0Ω 或无穷大，则说明 C21 已损坏，经测量其阻抗为 0Ω。更换 C21 后，故障排除
奔腾 PC18E-B 型电磁炉	电磁炉通电后跳闸（三）	故障可能由整流桥堆 V201 被击穿损坏所致。拆下桥堆 V201，测量任意两引脚的阻值，如为 0Ω，则说明整流桥堆 V201 已损坏，需更换。经检查发现 V201 损坏。更换 V201 后，故障排除
奔腾 PC18E-B 型电磁炉	电磁炉通电后跳闸（四）	故障可能由二极管 D9、D10 同时被击穿所致。应重点测量二极管 D9、D10 的阻值，如为 0Ω，说明已被击穿，更换即可。经检查发现 D9 被击穿。更换 D9 后，故障排除
奔腾 PC18E-B 型电磁炉	电磁炉通电后跳闸（五）	故障可能由压敏电阻 ZNR1 被击穿短路所致。检修时，先观察 ZNR1 的外表，如有烧焦、烧黑、烧鸡炸等现象，则说明 ZNR1 在高电压来临时被被击穿短路。经检查发现 ZNR1 短路．更换 ZNR1 后，故障排除
奔腾 PC18E-B 型电磁炉	电磁炉通电后跳闸（六）	故障可能由电源线内部短路所致。仔细检查电源线，如有短路现象，更换即可。经检查发现是电源线内部短路。更换电源线后，故障排除
奔腾 PC18E-B 型电磁炉	电磁炉通电后跳闸（七）	故障可能由主回路中的消干扰滤波电容 C202 严重被击穿所致。检测 C202 的阻抗如为 0Ω 或不为无穷大，说明该电容已被击穿短路。经检查发现电容 C202 被击穿。用同规格元器件更换后，故障排除
奔腾 PC18E-B 型电磁炉	通电后无反应（5V 电压正常）（一）	故障可能由 IC201 内部性能不良所致。用万用表检测，如 IC201 的 12 脚的 5V 供电电压正常，13、14 脚外接的晶体振荡器也未损坏，复位电路良好，则说明 IC201 内部损坏，用同型号的器件更换即可。经检查发现 IC201 内部损坏。更换 IC201 后，故障排除
奔腾 PC18E-B 型电磁炉	通电后无反应（5V 电压正常）（二）	故障可能出在复位电路。应重点检查复位电路中的 Q208、DW2、R268～R270 等是否损坏，如损坏，更换即可。经检查发现 Q208 内部损坏。更换 Q208 后，故障排除

续表

机型	故障现象	故障分析与维修方法
奔腾 PC18E－B 型电磁炉	通电后无反应（5V 电压正常）（三）	故障可能由 IC201 的 13、14 脚外接的晶体振荡器性能不良所致。检修时，如测得 IC201 的 12 脚 5V 供电电压正常，可检查 IC201 的 13、14 脚外接的晶体振荡器 G201 是否失效。经检查发现晶体振荡器 G201 性能不良。更换 G201 后，故障排除
奔腾 PC18E－B 型电磁炉	通电后无反应（5V 电压正常）（四）	故障可能由 IC201 的 12 脚外接的电容 C257、C258 被击穿所致。如检测 C257、C258 的阻抗不为无穷大，则说明 C257 或 C258 已损坏。如 C257 和 C258 被击穿，会将 5V 电压拉低，IC201 因工作电压异常而无法正常工作。经检查发现 C258 内部被击穿。更换 C258 后，故障排除
奔腾 PC18E－B 型电磁炉	通电风机立即转动（一）	故障可能出在风机驱动电路及相关部位。应重点检查电路中的 Q204、Q205 是否被击穿短路。检修时，拆下 Q204、Q205 用万用表测量。经检查发现 Q205 被击穿短路。更换 Q205 后，故障排除
奔腾 PC18E－B 型电磁炉	通电风机立即转动（二）	故障可能出在温度检测电路。应重点检测功率管温度检测热敏电阻 RT201 是否短路，C255 是否被击穿，R245 的阻值是否变大或开路。如上述元器件损坏，会使功率管检温电路输出的电压过低，IC201 的 5 脚根据此检测电压误认为功率管温度过高，驱动风机转动。经检查发现 RT201 短路。更换 RT201 后，故障排除
奔腾 PC18E－B 型电磁炉	风机不转动（一）	故障可能由 IC201 内部损坏，不能输出风机驱动电压所致。通电后，用万用表测量 IC201 的 2 脚电压，如为低电平，则说明 IC201 内部损坏，更换即可。经检查发现 IC201 损坏。更换 IC201 后，故障排除
奔腾 PC18E－B 型电磁炉	风机不转动（二）	故障可能发生在风机驱动电路及相关部位，应重点检查电路中的 Q204、Q205 内部是否断路，R246 的阻值变大或开路。如上述元器件损坏，则 IC201 的 2 脚输出的风机驱动电压不能加到风机的一端上，风机不能转动。经检查发现 R246 损坏。更换 R246 后，故障排除
奔腾 PC18E－B 型电磁炉	风机不转动（三）	故障可能出在 18V 风机供电电压产生电路。检修时，如测得风机无 18V 供电电压，应对低压电源电路中的 L202、C304 及 C311 等元器件进行检测，并要检查电路板上连接的铜箔是否有断路的现象。经检查发现 L202 损坏。更换 L202 后，故障排除

续表

机型	故障现象	故障分析与维修方法
奔腾 PC18E-B 型电磁炉	风机不转动（四）	故障可能由风机引脚插头与插座 X202 接触不良或有引脚开焊所致。检修时，先要要仔细观察插座 X202 的引脚有开焊或虚焊现象，风机插头接触是否不良。经检查发现 X202 接触不良。更换 X202 后，故障排除
奔腾 PC18E-B 型电磁炉	风机不转动（五）	故障可能由风机内部损坏，用万用表测量风机的两根引脚线的阻值，如为零或无穷大，说明风机内线圈已开路或短路损坏。用手拨动风叶，如有卡滞现象，说明风机内的轴承损坏或油污过多。经检查发现轴承损坏。更换轴承后，故障排除
奔腾 PC18E-B 型电磁炉	通电后无反应（5V 电压异常）（一）	故障可能出在电源稳压电路，应重点检查三端稳压块 IC301 内部是否损坏，断开 IC301 的 3 脚的负载，通电测量 IC301 的 3 脚输出的电压，如不为 5V，而 1 脚供电电压正常，则说明为 IC301 内部损坏。经检查发现 IC301 损坏。更换 IC301 后，故障排除
奔腾 PC18E-B 型电磁炉	通电后无反应（5V 电压异常）（二）	故障可能出在 5V 滤波电路，应重点检测 C306、C309 及 IC201 的 12 脚外接 C257、C258 是否有被击穿现象。如果上述元器件不良，会将 5V 电压拉低。经检查发现 C306 被击穿。更换 C306，故障排除
奔腾 PC18E-B 型电磁炉	通电后无反应（5V 电压异常）（三）	故障可能由 D303 损坏或 C305 滤波电容被击穿所致。C305 如被击穿，会将电压拉低，使 IC301 无法正常输出 5V 电压。如 D303 开路，则稳压块 U301 无输入电压而不能工作。经检查发现 D303 损坏。更换 D303 后，故障排除
奔腾 PC18E-B 型电磁炉	通电后无反应（5V 电压异常）（四）	故障可能出在 18V 电压产生电路。应重点检查电感 L202 是否有引脚虚焊和开路现象，电容 C303、C304、C311 是否严重被击穿。经检查发现 C311 严重被击穿。更换 C311 后，故障排除
奔腾 PC18E-B 型电磁炉	通电后无反应（5V 电压异常）（五）	故障可能由互感变压器 T301 的引脚虚焊或内部线圈断路所致。检修时，应检查互感变压器的引脚是否有虚焊和开焊现象，用万用表测量 T301 的初级及次级引脚间的阻值，如为无穷大，则说明互感变压器损坏。经检查发现变压器引脚虚焊。重新补焊后，故障排除

续表

机型	故障现象	故障分析与维修方法
奔腾 PC18E-B 型电磁炉	通电后无反应（5V 电压异常）（六）	故障可能由电源模块 IC301 内部损坏所致。通电后用万用表测量 IC301 的 5、8 脚间的电压，如不正常，应检查前级供电电路。如 300V 输入电压正常，则说明 IC301 内部损坏。如 IC301 损坏，应对 D302、ZD301、C302、C201、C301 等相关元器件进行检查。经检查发现 IC301 损坏。更换 IC301 后，故障排除
奔腾 PC18E-B 型电磁炉	通电后无反应（5V 电压异常）（七）	故障可能出在电源滤波电容电路。应重点检查滤波电容 C201 是否被击穿短路或严重被击穿，可用万用表测量 C201，如果 C201 被击穿，将会把 300V 电压拉低。经检查发现 C201 损坏。更换 C201 后，故障排除
奔腾 PC18E-B 型电磁炉	通电后无反应（5V 电压异常）（八）	故障可能由整流二极管 D9、D10 及 D19 开路所致。用万用表测量 D9、D10 及 D19，如有开路现象，则低压电源无 300V 工作电压而不能正常工作。经检查发现 D19 开路。更换 D19 后，故障排除
奔腾 PC18E-B 型电磁炉	通电后加热太慢，不能正常工作（一）	故障可能发生在振荡电路。如果振荡电路电容放电时间变长，应重点检查 RJ3 的阻值是否变大，D30 的正向电阻是否变大。经检查发现 RJ3 阻值变大。更换 RJ3 后，故障排除
奔腾 PC18E-B 型电磁炉	通电后加热太慢，不能正常工作（二）	故障可能出在高频谐振电路，电容 C22 的容量下降所致，经开机后检查 C22，发现其容量下降。更换 R22 后，故障排除
奔腾 PC18E-B 型电磁炉	通电后加热太慢，不能正常工作（三）	故障可能发生在 PWM 脉宽调制电路，使 CPU 输出的脉冲信号电压（加到集成电路 IC202A 的 5 脚）变低，导致 2 脚输出驱动脉冲变窄。应重点检查 R12、R15 的阻值是否变化，E6、E7、C9 是否有被击穿现象，Q8 是否性能不良。经检查发现 Q8 性能不良。更换 Q8 后，故障排除
奔腾 PC18E-B 型电磁炉	通电后加热太慢，不能正常工作（四）	故障可能发生在电流检测电路，使电流检测输出电压偏低，CPU 根据此电压信号将机器功率设置较小。应重点检查可调节器电位器 VR 是否调乱，R4、R5 的阻值是否变大，E5 是否有被击穿的现象，D11~D14 是否被击穿。经检查发现 E5 被击穿。更换 E5 后，故障排除
奔腾 PC18E-B 型电磁炉	通电后加热太慢，不能正常工作（五）	故障可能出在功率管集电极高压保护电路，如该电路中的元器件损坏，会使高压保护动作提前。应重点检查 RJ10、R18 是否有阻值变大的现象，D29 是否被击穿。经检查发现 D29 被击穿。更换 D29 后，故障排除

续表

机型	故障现象	故障分析与维修方法
奔腾 PC18E-B 型电磁炉	其他功能正常，只是蜂鸣器不响（一）	故障可能由 IC201 内部损坏，不能输出蜂鸣器驱动信号。按动操作按键时，用万用表测量 IC201 的 2 脚电压是否为低电平，如无变化，则说明 IC201 损坏。经检查发现 IC201 损坏。更换 IC201 后，故障排除
奔腾 PC18E-B 型电磁炉	其他功能正常，只是蜂鸣器不响（二）	故障可能发生在蜂鸣器驱动电路，应检查 R6 的阻值是否变大或有开路现象。经检查发现 R6 开路。更换 R6 后，故障排除
奔腾 PC18E-B 型电磁炉	其他功能正常，只是蜂鸣器不响（三）	故障可能由蜂鸣器无供电电压所致。用万用表测量蜂鸣器的一端，应为 5V，如无 5V 电压而其他功能正常，则应检查电路上的 5V 供电端至蜂鸣器的导电铜箔是否断裂。经检查发现导电铜箔断裂。重新补焊连通后，故障排除
奔腾 PC18E-B 型电磁炉	其他功能正常，只是蜂鸣器不响（四）	故障可能由蜂鸣器内部损坏所致。用代换法更换蜂鸣器 B201 后，故障排除
奔腾 PC18E-B 型电磁炉	开机后既不加热也不报警（一）	故障可能由 C9 被击穿短路所致。如果 C9 内部被击穿，将会使 IC202A 的 5 脚电压拉低，其内部无法进行翻转，2 脚无驱动脉冲输出。经检查发现 C9 被击穿。更换 C9 后，故障排除
奔腾 PC18E-B 型电磁炉	开机后既不加热也不报警（二）	故障可能出在浪涌保护电路，应重点检查 R18、R19 的阻值是否变化，D15 是否被击穿，C13 是否被击穿，从而使 IC202D 的 10 脚电压大于 11 脚电压，导致浪涌保护电路动作。经检查发现 C13 被击穿。更换 C13 后，故障排除
奔腾 PC18E-B 型电磁炉	开机后既不加热也不报警（三）	故障可能出在功率管集电极高压保护电路，高压保护动作提前，通电开机，测量 IC202C 的各脚电压，如 9 脚电压大于 8 脚电压，说明此电路已动作，应重点检查 R18、RJ10 是否有阻值变大或开路现象。经检查发现 RJ10 开路。更换 RJ10 后，故障排除
奔腾 PC18E-B 型电磁炉	通电开机后不检锅（一）	故障可能出在检锅电路。应重点检查 R12、R15 的阻值是否变大或开路，Q8 内部是否开路，E6、E7 是否被击穿。如上述元器件损坏，会使检锅试探信号不能加到 IC202A 的 5 脚。经检查发现 E7 被击穿。更换 E7 后，故障排除
奔腾 PC18E-B 型电磁炉	通电开机后不检锅（二）	故障可能由 C9 被击穿短路所致，如 C9 损坏，集成电路 IC202A 的 5 脚电压将为零，从而将检锅试探信号短路到地。经检查发现 C9 被击穿短路。更换 C9 后，故障排除

续表

机型	故障现象	故障分析与维修方法
奔腾 PC18E-B 型电磁炉	通电开机后不检锅（三）	故障可能出在驱动电路，使检锅试探信号不能加到功率管的控制极上，应重点检查 Q4～Q7 内部是否开路，R29 是否开路，ZD201 是否被击穿短路。经检查发现 ZD201 短路。更换 ZD201 后，故障排除
奔腾 PC18E-B 型电磁炉	通电开机后不检锅（四）	故障可能由加热线盘局部短路或引出线虚接，经开机后检查加热线圈盘，发现其损坏。更换加热线圈盘后，故障排除
奔腾 PC18E-B 型电磁炉	通电开机后不检锅（五）	故障可能出在高频谐振电路。如该电路电容 C22 失效变质，使检锅试探信号不能在 LC 振荡电路中形成阻尼振荡，从而开机后不检锅。开机后检查 C22 发现其失效。更换 C22 后，故障排除
奔腾 PC18E-B 型电磁炉	通电开机后不检锅（六）	故障可能出在同步检测电路，使 IC202B 的 6 脚电压大于 7 脚电压，1 脚输出低电平，将 IC202A 的 5 脚电压拉低。应重点检测同步取样电阻 R28、R22、R21、R16 的阻值是否变化，C15、C16 是否有被击穿的现象。经检查发现 C15 被击穿。更换 C15 后，故障排除
奔腾 PC18E-B 型电磁炉	通电开机后不检锅（七）	故障可能出在电流检测电路，使电流检测电路中无输出电压，CPU 根据此电压信号不输出加热信号。应重点检查电流互感器的次级引脚是否开焊，可调电位器 VR 是否接触不良，D11～D14 是否有两个以上开路，R5 的阻值是否变大或开路，E5、C3 是否被击穿。经检查发现 C3 被击穿。更换 C3 后，故障排除
奔腾 PC18E-B 型电磁炉	通电开机后不检锅（八）	故障可能出在 18V 电压产生电路，如该电路不良会使集成电路 LM339 和驱动电路无法正常工作。应重点检查低压供电电路中的 C311、C304、C303 是否有被击穿现象，L202 是否有引脚虚焊现象。经检查发现 C303 被击穿。更换 C303 后，故障排除
奔腾 PC18E-B 型电磁炉	通电开机后不检锅（九）	故障可能由功率管集电极的 300V 电压异常所致。检修时，如无 300V 电压，应检查整流桥堆 V201 的引脚、扼流线圈 L2 的引脚和功率管集电极与电路板之间是否有开焊现象。如 300V 电压异常，应检查整流桥堆 V201 是否性能不良，滤波电容 C21 是否失效。经检查发现 V201 性能不良。更换 V201 后，故障排除
奔腾 PC18E-B 型电磁炉	工作时间歇加热（一）	故障可能出在交流干扰滤波电路，电路电容的容量下降，检查 C202，如其容量下降，电网中的干扰脉冲会使保护电路动作。经检查发现 C202 容量下降。更换 C202 后，故障排除

续表

机型	故障现象	故障分析与维修方法
奔腾 PC18E-B 型电磁炉	工作时间歇加热（二）	故障可能出在电流检测电路，如果该电路损坏或引脚虚焊，会使检测到的输入到 CPU 的电流时好时坏，导致机器出现间歇加热的现象。经检查发现电路引脚虚焊。更换引脚后，故障排除
奔腾 PC18E-B 型电磁炉	工作时间歇加热（三）	故障可能出在功率管温度检测电路，使检测到的输入到 CPU 的电压异常，CPU 根据此电压信号输出关机保护信号。应重点检查功率管温度检测热敏电阻的特性是否变差，C255 是否被击穿，R245 的阻值是否变化，经检查发现 C255 被击穿。更换 C255 后，故障排除
奔腾 PC18E-B 型电磁炉	工作时间歇加热（四）	故障可能出在锅具温度检测电路，使检测到的输入到 CPU 的电压异常，CPU 根据此电压信号输出关机信号，应重点检查锅具温度检测热敏电阻是否不良，R238 是否有阻值变大的现象，C256 是否被击穿。经检查发现 C256 被击穿。更换 C256 后，故障排除
奔腾 PC18E-B 型电磁炉	加热温度低，调整无效（一）	故障可能出在高频谐振电路，应检查该电路的电容 C22 的容量变小，经开机检测 C22，发现其容量变小。更换 C22 后，故障排除
奔腾 PC18E-B 型电磁炉	加热温度低，调整无效（二）	故障可能出在 PWM 电路，使 CPU 输出的脉冲控制信号加到 IC202A 的 5 脚时变小，导致 2 脚输出的驱动脉冲变窄。应重点检查 R12、R15 的阻值是否变大，E6、E7、C9 是否被击穿，Q8 是否性能不良。经检查发现 Q8 性能不良。更换 Q8 后，故障排除
奔腾 PC18E-B 型电磁炉	加热温度低，调整无效（三）	故障可能发生在 300V 电压产生电路。用万用表检测，如 300V 电压偏低，应检查整流桥堆 V201 是否性能不良，滤波电容 C21 是否失效。经检查发现 V201 性能不良。更换 V201 后，故障排除
奔腾 PC18E-B 型电磁炉	加热温度低，调整无效（四）	故障可能发生在电流检测电路，使检测电压偏低，CPU 根据此电压信号将功率设置得较小，应重点检查可调电位器 VR1 是否接触不良药，R4、R5 的阻值是否变化，E5、C3 是否有被击穿的现象。经检查发现 VR1 接触不良。更换 VR1 后，故障排除
奔腾 PC18E-B 型电磁炉	加热一会儿后停机（功率管超温）（一）	故障可能出在炉面温度检测电路，使 CPU 输出关机保护信号。应重点检查炉面温度检测热敏电阻 RT201 是否阻值变小或性能，R238 的阻值是否变化，C256 有无被击穿。经检查发现 C256 被击穿。更换 C256 后，故障排除

续表

机型	故障现象	故障分析与维修方法
奔腾 PC18E-B 型电磁炉	加热一会儿后停机（功率管超温）（二）	故障可能出在功率管温度检测电路，使 CPU 输出关机保护信号。应重点检查功率温度检测热敏电阻 RT201 是否阻值变小或性能不良，R238 的阻值有无变化，C256 有无被击穿。经检查发现 R238 阻值不变化。更换 R238 后，故障排除
奔腾 PC18E-B 型电磁炉	加热一会儿后停机（功率管超温）（三）	故障可能由风扇电机异常所致。修复或更换风扇电机后，故障排除
奔腾 PC18E-B 型电磁炉	加热一会儿后停机（功率管超温）（四）	故障可能由出风口油污过多，使散热效果差所致。清洗油污后，故障排除
奔腾 PC18E-B 型电磁炉	工作时自动关机（一）	故障由集成电路 LM339 的性能不良所致。如果集成电路 LM339 中的一路损坏，工作性能会发生变化。经检查发现 LM339 性能不良。更换 LM339 后，故障排除
奔腾 PC18E-B 型电磁炉	工作时自动关机（二）	故障可能发生在炉面温度检测电路，使输出电压异常，CPU 输出关机保护信号，应重点检查炉面温度检测热敏电阻是否有性能不良、R238 的阻值是否变化，C256 是否有被击穿的现象。经检查发现炉面温度检测热敏电阻不良。更换该电阻后，故障排除
奔腾 PC18E-B 型电磁炉	显示屏显示的笔画不全（一）	故障可能由 CPU 与显示板的连接线脚虚焊或 CON4 排线接触不良所致，应仔细检查并对虚焊点进行补焊或处理接触不良故障。经检查发现 CON4 排线接触不良。更换 CON4 后，故障排除
奔腾 PC18E-B 型电磁炉	显示屏显示的笔画不全（二）	故障可能出在译码驱动电路。开机后检查译码驱动电路发现其内部损坏。更换该电路后，故障排除
奔腾 PC18E-B 型电磁炉	显示屏显示的笔画不全（三）	故障可能由显示屏引脚虚焊或显示屏内部损坏所致。经检查发现显示屏引脚虚焊。重新补焊后，故障排除
奔腾 PC18E-B 型电磁炉	通电开机后，面板显示灯全亮，之后转为待机状态（一）	故障可能由集成电路 LM339 内部性能不良所致。如 LM339 损坏，会使机器工作状态发生变化。经检查发现 LM339 损坏。更换 LM339 后，故障排除
奔腾 PC18E-B 型电磁炉	通电开机后，面板显示灯全亮，之后转为待机状态（二）	故障可能出在驱动电路，使开机电流过大，应重点检查 Q7 是否有被击穿的现象。经检查发现 Q7 被击穿。更换 Q7 后，故障排除
奔腾 PC18E-B 型电磁炉	通电开机后，面板显示灯全亮，之后转为待机状态（三）	故障可能由功率管集电极与发射极有被击穿的现象。经开机后检查功率管，发现功率管损坏。更换功率管后，故障排除

续表

机型	故障现象	故障分析与维修方法
奔腾 PC18E-B 型电磁炉	不开机，或指示灯闪烁却不加热	故障可能出在 5V 供电电压电路，如 CPU 的 12 脚的 5V 电压异常，应检查 C257、C258 及 5V 稳压电路是否损坏。经检查发现 C257 损坏。更换 C257 后，故障排除
奔腾 PC18E-B 型电磁炉	某功能失控（一）	故障可能由对应的按键所接的电阻开路。开机后检查该矩阵电阻发现其损坏。更换该电阻后，故障排除
奔腾 PC18E-B 型电磁炉	某功能失控（二）	故障可能由按键损坏。更换按键后，故障排除
奔腾 PC18E-B 型电磁炉	操作错误（一）	故障可能由按键所接的电阻阻值发生变化所致。开机后，检查发现确为电阻变值。更换该电阻后，故障排除
奔腾 PC18E-B 型电磁炉	操作错误（二）	故障可能由面板受潮或某按键有被击穿的现象所致。检修时，应注意面板受潮现象或对按键开关逐个检查，并更换损坏的按键，故障排除
奔腾 PC18E-B 型电磁炉	通电开机后蜂鸣器有较高频率的响声（一）	故障可能由加热线圈盘内部损坏所致。开机后，检查加热线圈盘发现其内部损坏。更换加热线圈盘后，故障排除
奔腾 PC18E-B 型电磁炉	通电开机后蜂鸣器有较高频率的响声（二）	故障可能由加热线圈盘接柱异常所致。应重点检查接线柱是否虚焊、开焊现象或螺丝有接触不良的现象。经检查发现接线柱虚焊。重新补焊后，故障排除
奔腾 PC18E-B 型电磁炉	开机后不加热但有报警声（一）	故障可能出在炉面温度检测电路，使输出到 CPU 的 8 脚电压异常所致。应重点检查炉面温度检测热敏电阻是否有开路或被击穿短路的现象，R238 的阻值是否变化，C256 是否被击穿。经检查发现 C256 被击穿。更换 C256 后，故障排除
奔腾 PC18E-B 型电磁炉	开机后不加热但有报警声（二）	故障可能出在功率管温度检测电路，使输出到 CPU 的 5 脚电压异常。应重点检查热敏电阻 RT201 是否有开路或被击穿短路的现象，C255 是否被击穿，R245 是否变值。经检查发现 C255 被击穿。更换 C255 后，故障排除
奔腾 PC18E-B 型电磁炉	开机后不加热但有报警声（三）	故障可能由功率管集电极无 300V 电压所致。应重点检查整流桥堆 V201、扼流圈 L2 及功率管集电极是否与电路板开焊。经检查发现功率管集电极与电路板开焊。重新补焊后，故障排除
奔腾 PC18E-B 型电磁炉	电磁炉内部冒烟（一）	故障可能由电路板上有烧坏的部分或大功率元器件引脚虚焊及线圈盘烧坏所致。检修时，应对虚焊点进行补焊，如电路板烧坏，应检查相关电路或更换电路板。经检查发现电路板烧坏。更换电路板后，故障排除

续表

机型	故障现象	故障分析与维修方法
奔腾 PC18E-B 型电磁炉	电磁炉内部冒烟（二）	故障可能由机内元器件（电容、电阻、电感变压器）被烧焦所致。对损坏的元器件进行更换，并检查相关电路。经检查发现变压器被烧焦。更换变压器后，故障排除
奔腾 PC18E-B 型电磁炉	有时能正常加热，而有时加热温度较低（一）	故障可能出在 PWM 电路。应重点检查 R12、R15 的阻值是否变化，E6、E7 是否失效，C9 是否轻微被击穿，Q8 是否性能不良。经检查发现 Q8 性能不良。更换 Q8 后，故障排除
奔腾 PC18E-B 型电磁炉	有时能正常加热，而有时加热温度较低（二）	故障可能出在电流检测电路，使电流检测电压异常，应重点检查 D11~D14、R5 的引脚是否虚焊或损坏，可调电位器 VR1 内部是否接触不良或二极管 D11~D14 中有一只性能不稳定。经检查发现 R5 损坏。更换 R5 后，故障排除
奔腾 PC18E-B 型电磁炉	有时能加热有时不能加热（一）	故障可能出在电流检测电路，使电流检测电压异常，应重点检查电流互感器 T1 的次级引脚及电路中的元器件引脚与电路板之间有无虚焊的现象，D11~D14 的性能是否不良，R4、R5、E5 等是否变值。经检查发现 D11 性能不良。更换 D11 后，故障排除
奔腾 PC18E-B 型电磁炉	有时能加热有时不能加热（二）	故障可能出在驱动电路，应重点检查 Q4~Q7、ZD201 是否损坏。经检查发现 ZD201 损坏。更换 ZD201 后，故障排除
奔腾 PC18E-B 型电磁炉	有时能加热有时不能加热（三）	故障可以出在同步电路。应重点检查 R28、R15 的阻值是否变化，C15、R16 是否被击穿。经检查发现 C15 被击穿。更换 C15 后，故障排除
奔腾 PC18E-B 型电磁炉	有时能加热有时不能加热（四）	故障可能出在 300V、18V 电压产生电路。如 300V 电压异常，应重点检查整流桥堆 V201 的性能是否不良，滤波电容 C21 是否失效。如 18V 电压不正常，应检查 C311、C304、C303 是否失效或被击穿，ZD301 是否性能不良。经检查发现 V201 性能不良。更换 V201 后，故障排除
奔腾 PC18E-B 型电磁炉	开机 2s 后自动关机（一）	故障可能由 220V 交流电供电异常所致。检修时，可用万用表测量 220V 交流电供电是否正常，如与 220V 偏离太多，会使电压检测电路的输出电压异常，CPU 进行保护而不开机，应待电压恢复正常后，才能正常使用电磁炉，经检查发现 220V 供电异常。待供电电压恢复后，故障排除

续表

机型	故障现象	故障分析与维修方法
奔腾 PC18E-B 型电磁炉	开机 2s 后自动关机（二）	故障可能由 CPU 内部损坏，检修时，如 220V 交流电供电正常，电压检测电路也未损坏，则说明 CPU 内部损坏。更换 CPU 后，故障排除
奔腾 PC18E-B 型电磁炉	开机 2s 后自动关机（三）	故障可能发生在电压检测电路，使输出到 CPU 的 7 脚的电压异常，CPU 根据此电压输出关机保护信号。应重点检查 R256、R225、R241 的阻值是否变大或开路，C214、C238 是否有被击穿的现象，D208 是否被击穿短路或开路。经检查发现 C238 被击穿。更换 C238 后，故障排除
奔腾 PC18E-B 型电磁炉	电磁炉控制失灵，不能按程序运行（一）	故障可能由 CPU 内部损坏，如 5V 供电电压正常，晶体振荡器也无损坏，则说明 CPU 内部损坏。经检查发现 CPU 损坏。更换 CPU 后，故障排除
奔腾 PC18E-B 型电磁炉	电磁炉控制失灵，不能按程序运行（二）	故障可能由 CPU 外接晶体振荡器性能不良所致。检修时，如测得 5V 供电电压正常，可更换 CPU 的 13、14 脚外接晶体振荡器 G201。经检查发现 G201 性能不良。更换 G201 后，故障排除
奔腾 PC18E-B 型电磁炉	电磁炉控制失灵，不能按程序运行（三）	故障可能发生 5V 电压产生电路。通电后，用万用表测量 CPU 的 12 脚 5V 电压是否正常，如异常，应检查 C257、C258 是否被击穿及 5V 稳压电路中的 U301 和其他元器件是否损坏。经检查发现 U301 损坏。更换 U301 后，故障排除
奔腾 PC18E-B 型电磁炉	开机后蜂鸣器长鸣，然后自动关机（一）	故障可能由 CPU 内部性能不良，如锅具温度检测电路和功率管温度检测电路都正常，而故障没有排除，则说明 CPU 内部损坏。更换 CPU 后，故障排除
奔腾 PC18E-B 型电磁炉	开机后蜂鸣器长鸣，然后自动关机（二）	故障可能发生在功率管温度检测电路，使检温电压输出到 CPU 的 5 脚是异常，CPU 根据此电压信号误认为功率管温度过高，输出关机保护信号。应重点检查功率管温度检测热敏电阻 RT201 是否开路或被击穿短路，C255 是否被击穿，R245 是否开路或阻值变大。经检查发现后 C255 被击穿。更换 C255 后，故障排除
奔腾 PC18E-B 型电磁炉	开机后蜂鸣器长鸣，然后自动关机（三）	故障可能出在锅具温度检测电路，使检温电路输出到 CPU 的 8 脚的电压异常，CPU 根据此电压误认为炉面温度过高，并输出关机保护信号。应重点检查锅具检测热敏电阻是否有开路或被击穿短路，R238 的阻值是否变大或开路，C256 是否被击穿。经检查发现 C256 被击穿。更换 C256 后，故障排除
奔腾 PC18E-B 型电磁炉	能加热但指示灯不亮	故障可能发生在指示灯驱动电路。应重点检查指示灯驱动电路，并更换损坏的元器件，即可排除故障

续表

机型	故障现象	故障分析与维修方法
奔腾 PC18E-B 型电磁炉	开机后指示灯一亮即灭，如此反复	故障可能出在同步电路。如果该电路损坏，会使取样电压发生变化。应重点检查 R22、R21、R28、RJ5、R16 的阻值是否变大或开路，C15～C17 是否被击穿。经检查发现 C15 被击穿。更换 C15 后，故障排除
奔腾 PC18E-B 型电磁炉	启动或工作一段时间后蜂鸣器长鸣，指示灯闪烁（一）	故障可能出在锅具温度检测电路或功率管温度检测电路。应重点检查上述两电路的热敏电阻是否有开路、被击穿短、性能不良现象，C255、C256 是否被击穿，R238、R245 的阻值是否变值。经检查发现 C255 被击穿。更换 C255 后，故障排除
奔腾 PC18E-B 型电磁炉	启动或工作一段时间后蜂鸣器长鸣，指示灯闪烁（二）	故障可能出在电压检测电路。如果该电路损坏，使检测电压输出到 CPU 的 7 脚时异常，CPU 输出关机保护信号。应重点检查 R256、R225、R241 是否变值，C214、C238 是否被击穿，D208 的性能是否不良。经检查发现 C238 被击穿。更换 C238 后，故障排除
奔腾 PC18E-B 型电磁炉	通电后蜂鸣器长鸣不止（一）	故障可能由 CPU 内部性能不良或 13、14 脚外接的晶体振荡器损坏。更换晶体振荡器后，如故障依旧，则说明 CPU 内部损坏。经检查发现 CPU 损坏。更换 CPU 后，故障排除
奔腾 PC18E-B 型电磁炉	通电后蜂鸣器长鸣不止（二）	故障可能出在锅具温度检测或功率管温度检测电路。应重点检查锅具温度检测热敏电阻和功率管温度检测热敏电阻是否开路或被击穿短路。经检查发现功率管温度检测热敏电阻开路。更换该电阻后，故障排除

2. 奔腾 PC22N-B 型电磁炉

机型	故障现象	故障分析与维修方法
奔腾 PC22N-B 型电磁炉	通电后无反应，熔断器损坏（一）	故障可能发生在电源驱动电路或主板控制电路及相关部位，检修时，打开机盖，重点检查消干扰电容或 300V 滤波电容是否异常，用万用表检测 C1、C2 是否被击穿短路，该机经检查发现 C1 短路。更换 C1 后，故障排除
奔腾 PC22N-B 型电磁炉	通电后无反应，熔断器损坏（二）	故障可能发生在功率输出电路或主板控制电路及相关部位。检修时，打开机盖，重点检查功率管是否异常，检查 QS1 的 c、e 极是否被击穿短路，如被击穿短路，还需检查 D3、R12、DS1、CS1、US1 等是否损坏。经检查发现 QS1 的 c 极与 e 极被击穿短路，R12 损坏。更换 R12 后，故障排除

续表

机型	故障现象	故障分析与维修方法
奔腾 PC22N-B 型电磁炉	通电后无反应，熔断器损坏（三）	故障可能发生在电源电路或主板控制电路及相关部位，检修时，打开机盖，重点检查开关管被击穿是否短路，查 QS1 的 c、e 极是否被击穿短路，如被击穿短路，还需检查 D3、R12、DS1、CS1、US1 等是否损坏。经检查发现 QS1 的 c 极被击穿短路，D3 损坏。更换 QS1、D3 后，故障排除
奔腾 PC22N-B 型电磁炉	通电后无反应而熔断器良好，5V 电压正常（一）	故障可能发生在主板 CPU 控制电路及相关部位。检修时，打开机盖，重点检查 CPU 性能是否不良，检查 CPU 的 5V 供电电压外接晶体振荡器是否正常。经检测发现 CPU 损坏。更换 CPU 后，故障排除
奔腾 PC22N-B 型电磁炉	通电后无反应而熔断器良好，5V 电压正常（二）	故障可能发生在主板 CPU 控制电路及相关部位。检修时，打开机盖，重点检查 CPU 性能是否不良，用万用表测 CPU 的 5V 供电电压是否正常。经检查发现 CPU 的外接晶体振荡器失效。更换外接晶体振荡器后，故障排除
奔腾 PC22N-B 型电磁炉	通电后无反应而熔断器良好，5V 电压正常（三）	故障可能发生在主板 CPU 控制电路及相关部位。检修时，打开机盖，重点检查插件 CN1 是否异常，用万用表测得 EC9 两端的 5V 电压正常，而 CPU 供电脚无 5V 电压，说明插件 CN1 的 1 脚或 2 脚接触不良。更换或处理插件 CN1 后，故障排除
奔腾 PC22N-B 型电磁炉	通电后无反应而熔断良好，5V 电压异常（一）	故障可能由 5V 稳压电路中的元器件异常所致。检修时，打开机盖，用万用表检测，如 EC8 两端电压正常，EC9 两端电压不正常，应检查 Q4 是否断路，Z1 是否被击穿，R15 的阻值是否变大或开路，EC9、C9 是否被击穿。经检查发现 R15 阻值变大。更换 R15 后，故障排除
奔腾 PC22N-B 型电磁炉	通电后无反应而熔断良好，5V 电压异常（二）	故障可能由开关电源中的元器件出现异常所致。检修时，打开机盖，用万用表检测，如开关管 QS1 的集电极电压正常而无 5V、18V 电压输出，应检查 QS1 是否断路或引脚开焊，RS2、RS3 的阻值是否变大或开路，DS1 是否被击穿，集成电路 US1 内部是否断路，ECS1 是否被击穿，CS1 是否被击穿。经检查发现 ECS1 被击穿。更换 ECS1 后，故障排除
奔腾 PC22N-B 型电磁炉	通电后无反应而熔断良好，5V 电压异常（三）	故障可能由电路整流管、限流电阻、开关变压器异常所致。检修时，打开机盖，用万用表检测，如桥堆输出电压正常，应测量开关管 QS1 的集电极电压，是否正常，如该电压不正常，应检查 D3、R12、TS1 引脚是否开焊或 D3 是否断路、R12 的阻值是否变大。经检查发现 R12 阻值变大。更换 R12 后，故障排除

续表

机型	故障现象	故障分析与维修方法
奔腾 PC22N-B 型电磁炉	通电后无反应而熔断良好，5V 电压异常（四）	故障可能发生在电源电路或主板控制电路及相关部位，检修时，打开机盖，重点检查桥堆引脚是否开焊或性能不良。用万用表测量桥堆 DB1 的 3 脚对地是否有 300V 电压，如无，应检查 DB1 引脚是否开焊。如无开焊现象，说明桥堆 DB1 内部断路。经检查发现桥堆 DB1 内部断路。更换 DB1 后，故障排除
奔腾 PC22N-B 型电磁炉	功率管屡坏（一）	故障可能发生在电源电路或主板控制电路及相关部位。检修时，打开机盖，重点检查集成电路 LM339 性能是否不良，经检查发现其他元器件正常，判断 LM339 性能不良。更换 LM339 后，故障排除
奔腾 PC22N-B 型电磁炉	功率管屡坏（二）	故障可能发生在功率输出电路或主板控制电路及相关部位。检修时，打开机盖，重点检查加热线圈盘是否异常。经检查发现加热线圈盘局部短路。更换线圈盘后，故障排除
奔腾 PC22N-B 型电磁炉	功率管屡坏（三）	故障可能出在功率输出电路或主板控制电路及相关部位。检修时，打开机盖，重点检查功率管温度检测电路中的元器件是否，如该电路异常，会使功率管失去温度过高保护功能，还应检查热敏电阻 RT1 阻值是否变大或性能不良，插件 CN1 的 9 脚是否接触不良。经检查发现 CN1 的 9 脚接触不良。更换 CN1 后，故障排除
奔腾 PC22N-B 型电磁炉	功率管屡坏（四）	故障可能发生在 PWM 脉宽调制电路。该电路异常，会失去对脉宽调整电路的控制，使电磁炉始终工作在大功率状态下。检修时，打开机盖，重点检查 R23、R25 的阻值是否变大，EC2 容量是否下降，经检查发现 R23 阻值变大。更换 R23 后，故障排除
奔腾 PC22N-B 型电磁炉	不加热或加热特别慢（一）	故障可能发生在电源电路。检修时，打开机盖，重点检测集成电路 LM339 性能是否不良。可用同规格元器件代换试验，经检查发现 LM339 性能不良。更换 LM339 后，故障排除
奔腾 PC22N-B 型电磁炉	不加热或加热特别慢（二）	故障可能发生在检锅电路。检修时，打开机盖，重点检查 Q5 是否开路，Q6 是否被击穿，经检查发现 Q5 开路。更换 Q5 后，故障排除
奔腾 PC22N-B 型电磁炉	不加热或加热特别慢（三）	故障可能出在功率输出电路及相关部位。检修时，打开机盖，重点检查谐振电容是否异常，用数字万用表测量 C3 的容量是否下降或失效。经检查发现 C3 失效。更换 C3 后，故障排除

续表

机型	故障现象	故障分析与维修方法
奔腾 PC22N-B 型电磁炉	不加热或加热特别慢（四）	故障可能发生在电源振荡电路。检修时，打开机盖，重点检查 R28 的阻值是否变大或开路，D6 的正向电阻是否变大，C4 的容量是否下降。经检查发现 D6 电阻变大。更换 D6 后，故障排除
奔腾 PC22N-B 型电磁炉	间歇加热（一）	故障可能出在消干扰电路。检修时，打开机盖，重点检测 C1 的容量是否下降或变质。经检查发现 C1 内部变质。更换 C1 后，故障排除
奔腾 PC22N-B 型电磁炉	间歇加热（二）	故障可能发生在浪涌保护电路。检修时，打开机盖，重点检查 C22 的容量是否下降或失效，R40、R36 的阻值是否变大，C13 是否被击穿。经检查发现 R40 的阻值变大。更换 R40 后，故障排除
奔腾 PC22N-B 型电磁炉	间歇加热（三）	故障可能出在电流检测电路。检修时，打开机盖，用万用表检测电路输出的基准电压时好时坏，应重点检查 R35 的引脚是否虚焊，VR1 是否接触不良，EC1 的容量是否下降，集成电路 U2A 的性能是否不良。经检查发现 VR1 接触不良。更换 VR1，故障排除
奔腾 PC22N-B 型电磁炉	间歇加热（四）	故障可能出在温控电路及相关部位。检修时，打开机盖，重点检测功率管温度检测热敏电阻或炉面温度检测热敏电阻的特性是否变差。用电烙铁对温度检测热敏电阻加热，然后再进行测量，观察其阻值是否随温度的升高而逐渐降低。经测量发现，功率管温度检测热敏电阻不良，其阻值随温度的升高而逐渐降低。更换该电阻后，故障排除
奔腾 PC22N-B 型电磁炉	加热缓慢（一）	故障可能发生在谐振电路。检修时，打开机盖，重点检测电容 C3 的容量是否变小或失效。经检测发现 C3 失效。更换 C3 后，故障排除
奔腾 PC22N-B 型电磁炉	加热缓慢（二）	故障可能出在 PWM 脉宽调制电路。检修时，打开机盖，重点检查 R23、R25 的阻值是否变大或开路，EC2 是否失效或被击穿。经检查发现 EC2 内部失效。更换 EC2 后，故障排除
奔腾 PC22N-B 型电磁炉	加热缓慢（三）	故障可能出在功率管过压保护电路。该电路中的元器件如果异常，会使保护电路超前动作。检修时，打开机盖，用万用表测量 U1A 的 4 脚电压是否为 1.4V 左右，如大于正常值，应检查 R19 的阻值是否变大或开路；6 脚电压是否为 4.3V 左右，如小于正常值，应检查 R21 的阻值是否变大或开路。经测量发现 U1A 的 6 脚电压小于 4.3V，进一步检查发现 R21 的阻值变大。更换 R21 后，故障排除

续表

机型	故障现象	故障分析与维修方法
奔腾 PC22N-B 型电磁炉	加热缓慢（四）	故障可能发生在电流检测电路。检修时，打开机盖，用万用表测量该电路输出的基准电压偏低，应检查 R51 的阻值是否变大或开路，VR1 是否接触不良，EC1 的容量是否变小或被击穿，R35 的阻值是否变大或引脚虚焊。经检查发现 VR1 接触不良。更换 VR1 后，故障排除
奔腾 PC22N-B 型电磁炉	加热时自动关机（一）	故障可能出在 18V 电压电路。检修时，打开机盖，用万用表测量该电路电压异常，重点检查 DS2 的正向电阻是否变大或引脚虚焊，ECS2 是否变质，R48 的阻值是否变大或引脚虚焊。经检查发现 ECS2 内部变质失效。更换 ECS2 后，故障排除
奔腾 PC22N-B 型电磁炉	加热时自动关机（二）	故障可能出在电源电路及相关部位。检修时，打开机盖，用万用表测量该电路电压异常，重点检查集成电路 LM339，发现其内部性能不良。更换 LM339 后，故障排除
奔腾 PC22N-B 型电磁炉	加热时自动关机（三）	故障可能发生在 CPU 主控集成电路及相关部位。检修时，打开机盖，用万用表测量该电路电压正常，重点检查 CPU 外接晶体振荡器，发现其内部性能不良。用同规格器件代换晶体振荡器后，故障排除
奔腾 PC22N-B 型电磁炉	加热时自动关机（四）	故障可能出在锅具检测电路。检修时，打开机盖，用万用表测量该电路电压异常，重点检测锅具温度检测热敏电阻的阻值是否变小或 R42 的阻值是否变大。经检测发现 R42 的阻值变大。更换 R42 后，故障排除
奔腾 PC22N-B 型电磁炉	小功率加热时正常而大功率加热时断续工作（一）	故障可能出在功率管过压保护电路。检修时，打开机盖，用万用表测量该电路电压异常，重点检查 R39、R21 的阻值是否变大或开路。经检查发现 R39 阻值变大。更换 R39 后，故障排除
奔腾 PC22N-B 型电磁炉	小功率加热时正常而大功率加热时断续工作（二）	故障可能出在浪涌保护电路。检修时，打开机盖，用万用表测量该电路电压异常，重点检查 C20 的容量是否下降或被击穿，R40、R36、R38 的阻值是否变大，C21 的容量是否变小，C13 是否被击穿。经检查发现 C21 的容量变小。更换 C21 后，故障排除
奔腾 PC22N-B 型电磁炉	小功率加热时正常而大功率加热时断续工作（三）	故障可能出在电流检测电路。检修时，打开机盖，用万用表重点检查该电路 R35、R51 的阻值是否变大，VR1 是否接触不良，EC1 是否失效。经检查发现 VR1 接触不良。更换 VR1 后，故障排除

三、尚朋堂电磁灶故障维修实例速查

1. 尚朋堂 SR-1126/36/86 型电磁灶

机型	故障现象	故障分析与维修方法
尚朋堂 SR-1126 型电磁灶	通电后无反应	故障可能出在电源电路。检修步骤如下：①检查保险管已烧毁且严重，表明机内可能存在严重短路现象；②检查 IGBT 及整流全桥也被击穿短路。替换保险管、IGBT、整流全桥后，故障不变；③检查低压电源电路，各级无电压输出；④检查出开关变压器 T1 内部开路烧毁。更换 T1 后，故障排除
尚朋堂 SR-1126 型电磁灶	开机后无任何反应	故障可能出在电源电路。检修步骤如下：①检查保险管完好，说明该机是断路性损坏。②查电源电压高、低压各路输出都正常。③检查 CPU 的工作条件，测 CPU 的 12 脚供电端为+5V，测 11 脚（复位端）也为+5V。④检查 VD11、R55、C27 性能良好，按开关机键，测 10 脚 PWM 端电压无任何变化，故怀疑晶体振荡器 Y1 有问题。更换 8MHz 晶体振荡器后，故障排除
尚朋堂 SR-1126 型电磁灶	通电后无任何反应（电源电路）	故障可能出在电源电路。检修步骤如下：①检查保险管完好，通电，用电压法进行检修和测量。测低压电路 16V、12V、5V 输出端，均无电压输出，说明低压电源电路有问题。②用万用表测量 C35 对地有 305V 电压，说明整流、滤波电路正常。测开关管 VT5 的 c 极电压为 0V（正常为 305V），不正常。检查发现开关变压器 T1 的 1 脚有脱焊现象。补焊后，c 极电压恢复正常，但故障依旧。③测量 VT5 的 b 极电压为 0V，说明启动电路未工作。断电后，检查启动电阻 R93、R62、R66（120kΩ），发现 R93 断路。更换 R93 后，故障排除
尚朋堂 SR-1136 型电磁灶	加热灯快速闪烁，数码管显示代码“E1”	故障可能出在炉面温控电路。检修步骤如下：拆机检查炉面温度检测 NTC 热敏电阻值，发现冷态（常温下）电阻阻值有些偏大，有异常。用电烙铁对其边加热边测量，发现阻值变化范围明显偏小，表明该元件性能已变差。将其更换后，故障排除
尚朋堂 SR-1136 型电磁灶	LED 乱跳（一）	故障可能出在控制电路。检修步骤如下：①拆机后发现机内非常潮湿，检查按键后，分析由机器受潮进水所致，按键阻抗降低，替换了所有按键。②对于这种内部潮湿较严重的机器，不要贸然开机，否则会造成故障扩大化。用吹风机对线路板及机壳做烘干处理后，故障排除

续表

机型	故障现象	故障分析与维修方法
尚朋堂 SR－1136型电磁灶	LED 乱跳（二）	故障可能出在控制电路。检修步骤如下：①通电开机后，用万用表测量高、低压电源电路，各路输出电压基本正常。②检查 CPU（U4HT46R47）的三个工作条件也基本正常。③检查按键板无异常元器件。④检查发现 CPU 的 6 脚电压异常。检查 6 脚外围元件 R64、C26，发现 R64（15kΩ）阻值变大。更换 R64 后，故障排除
尚朋堂 SR－1136型电磁灶	指示灯闪烁且不加热（电源电路）	故障可能出在电源电路。检修步骤如下：①通电开机后，用万用表测量低压电源电路。低压电源 12V 正常，16V、5V 电压异常（均为 0V）。②测开关变压器 T1 的 7 脚对地交流电压为 35V 左右，但仍无 16V 输出。③检查发现整流二极管 VD15（FR104）断路、稳压二极管 VD6 被击穿。更换 VD15、VD6 后，故障排除
尚朋堂 SR－1186型电磁灶	指示灯闪烁且不加热（电源电路）	故障可能出在电源电路。检修步骤如下：①通电开机后，用万用表测量低压电源电路。低压电源 12V 正常，16V 正常，而 5V 电压异常（0V）。②检查+5V 供电。测三极管 VT8 的 c 极电压为 0V，测 R61、R62 连接处对地电压为 12V，检测 R62（51Ω）已断路。③更换 R62 后再测+5V 电压，只有 4.2 左右，进一步检查发现滤波电容 C42（47μF/25V）失效。再更换 C42 后，机器故障排除
尚朋堂 SR－1186型电磁灶	通电后无任何反应（CPU 电路）	故障可能出在 CPU 控制电路。检修步骤如下：①通电开机后，用万用表测电源高、低压电路输出电压都基本正常。②检查测量 CPU 的 12 脚+5V 供电端电压正常，故怀疑晶体振荡器 Y1（13、14 脚相接）不良或失效。用 8MHz 晶体振荡器替换后，故障排除
尚朋堂 SR－1186型电磁灶	加热灯快速闪烁，数码管显示代码“E1”	故障可能出在 CPU 控制电路。检修步骤如下：①拆机检查保险管完好，测得炉面温度检测热敏电阻正常，检查 IGBT 也正常。②检查 CPU（U4HT46R47）的三个工作条件无异常。③检查 VT2、VD2 及附近元器件，发现插排座 CN1 接触不良。用新品更换后，故障排除

2. 尚朋堂 SR-16/17/18XX 型系列电磁灶

机型	故障现象	故障分析与维修方法
尚朋堂 SR-16XX 型系列电磁灶	LED 乱跳	故障可能出在控制电路。检修步骤如下：①拆开机器后发现机内积累灰尘太多，先用小型吹风机吹打机内灰尘。②通电开机后，用螺丝刀顶压振动插排 CN6、CN7，故障时好时坏，表明这两个插排有接触不良情况。更换这两个插排，故障排除
尚朋堂 SR-16XX 型系列电磁灶	输出功率偏小	故障可能出在电源及控制电路。检修步骤如下：①检查电源各级电压基本正常，断开 R4 后故障依旧。②断开 R45 后功率增大，说明故障就在该单元电路，经检测发现 LM339 内部不良。更换 LM339 后，故障排除
尚朋堂 SR-16XX 型系列电磁灶	通电后风扇一直转动	故障可能出在驱动控制电路。检修步骤如下：①脱开 U5B（LM339）的 7 脚，通电后风扇不转，表明风扇驱动三极管 VT5 这部分电路基本正常，故障范围在 U5B 的前级。②脱开 U5B 的 5 脚，通电后风扇运转，检查 CPU 的 PWM 脉冲输出正常，检查 U5B 的外围元器件没有发现异常，故判定 U5B 内部损坏。更换 U5B 后，故障排除
尚朋堂 SR-16XX 型系列电磁灶	数码管显示代码“E1”	代码 E1 的含义是 IGBT 温度检测电路异常。检修步骤如下：①检查 RT2 热敏电阻，阻值在 100kΩ 左右，正常（若为无穷大或变很小，则不良）。②测稳压二极管 VD2（9A2）被击穿短路，检查三极管 VT2 及 R47、C3、R49、R35 等相关元器件均正常。更换 VD2 后，故障排除
尚朋堂 SR-17XX 型系列电磁灶	LED 乱跳	故障可能出在按键控制电路。该机由于经常使用 SW2、SW3，较易出现本故障，现越来越明显。据此推断，按键可能老化或被击穿。用新品按键代换了所有按键后，机器故障排除
尚朋堂 SR-17XX 型系列电磁灶	输出功率偏小	故障可能出在主板 CS 电路。检修步骤如下：①检查电源各级输出电压都正常。②检查 CT2 部分的电路，脱开电阻 R4 后故障依旧，说明 CT2 电路基本正常。③检查 CS 部分的电路，脱开电阻 R45 后输出功率增大，表明 CS 电路有异常。进一步检查发现 VT1（1815）断路。更换 VT1 后，故障排除

续表

机型	故障现象	故障分析与维修方法
尚朋堂 SR－18XX型系列电磁灶	灯闪，不加热（一）	故障可能出在主控电路。检修步骤如下：①打开机盖，用万用表测量高压305V，低压19V、12V、16.5V基本正常。②测量CPU的1脚（SB端）和10脚（PWM端）无电压输出。③测量CPU的12脚（供电端）+5V电压正常，检查复位电路VD11、R55、C27也正常。④用替换法代换晶体振荡器Y1（8MHz），其SB、PWM端有信号输出，说明晶体振荡器失效。更换Y1后，故障排除
尚明堂 SR－18XX型系列电磁灶	灯闪，不加热（二）	故障可能出在主控电路。检修步骤如下：①通电开机后用万用表测量SB信号为5V，PWM信号为1.5V，表明CPU正常并已输出开机指令。②测同步电路U1A（LM339）的4、5脚电压，4脚有2.2电压基本正常，而5脚电压异常（正常为2.4V左右）。③关机后，焊下R13（200kΩ）、R14进行测量发现R13断路。更换R13后，故障排除
尚朋堂 SR－18XX型系列电磁灶	灯闪，不加热（三）	故障可能出在检锅电路。检修步骤如下：①通电开机后，用万用表测量SB、PWM开机输出信号基本正常，但没有检锅信号提示，接着查检锅电路。②检查检锅电阻R92正常，插排CN4良好，脱开R87，开机后能加热，说明LM339（U3）可能损坏。③更换LM339并恢复R87后，故障排除
尚朋堂 SR－18XX型系列电磁灶	输出功率明显偏小	故障可能出在功率输出电路。检修步骤如下：①用万用表测量电源电路各级输出电压，基本上都正常。②查CT2部分的电路，脱开电阻R4后，功率输出明显增大，表明R4之前的电路有问题。查功率调整微调电阻VR1，有接触不良现象。更换VR1后，故障排除
尚朋堂 SR－18XX型系列电磁灶	保险烧毁	故障可能出在功率输出电路。检修步骤如下：①用万用表在机检测IGBT各极对地正反向电阻，c、e极间正反向电阻值为0Ω。焊下IGBT再次测量，发现已短路。②更换IGBT后，再次测量各极对地正反向电阻，G极对地正反向电阻还很小，结果发现G极与地间的稳压管VD1被击穿短路，更换VD1。③检查电源各级的输出电压时，CN插排的16V电压为0V，5V电压则为5.7V偏高。对16V电源相关元器件进行排查，发现VD5稳压管也被击穿。更换VD5后，故障排除

续表

机型	故障现象	故障分析与维修方法
尚朋堂 SR－18XX 型系列电磁灶	LED 乱跳	故障可能出在面板控制电路。检修步骤如下：①查看各按键，按压时弹动情况基本良好。②检查插排 CN6、CN7 无接触不良现象。③用万用表测 C26 对地电压，发现时有时无，进一步检查发现 R66 引脚虚焊。重新补焊后，故障排除

四、富士宝电磁灶故障维修实例速查

1. 富士宝 LH-P10 型电磁炉

机型	故障现象	故障分析与维修方法
富士宝 LH－P10 型电磁炉	不加热，指示灯不亮（一）	故障可能出在 220V 交流电输入及变换电路、电源电路、功率变换电路、系统控制电路。经开机后检查发现，故障原因在于 220V 交流电输入电路部分元器件损坏，即压敏电阻 RE、保险管 FUSE 损坏。更换 RE、FUSE 后，故障排除 由于压敏电阻被击穿后它的表面多会出现裂痕，压敏电阻用于 220V 交流电过压保护，所以维修时也可不安装。另外，压敏电阻被击穿还会产生空气开关跳闸的故障
富士宝 LH－P10 型电磁炉	不加热，指示灯不亮（二）	故障可能出在 220V 交流电输入及变换电路、电源电路、功率变换电路、系统控制电路。经开机后检查，故障出在 220V 交流电变换电路，经检查发现整流堆 RS2006M、保险管 FUSE 损坏。更换 RS2006M、FUSE 后，故障排除 整流堆损坏有时是由功率管短路造成的，所以还应检查功率管等元器件是否正常。另外，整流堆被击穿还会产生空气开关跳闸的故障
富士宝 LH－P10 型电磁炉	不加热，指示灯不亮（三）	故障可能出在 220V 交流电输入及变换电路、电源电路、功率变换电路、系统控制电路。经开机后检查，故障出在功率变换电路，经检查发现功率管 QA2、谐振电容 CA3、驱动块 TA8316S、保险管 FUSE 损坏。更换 QA2、CA3、TA8316S、FUSE，故障排除 功率管被击穿多由谐振电容、电源电路、驱动电路、同步电路、检测电路异常引起，所以维修时应对这些电路认真检查，以免功率管再次损坏。另外，功率管被击穿还会产生空气开关跳闸的故障

续表

机型	故障现象	故障分析与维修方法
富士宝 LH－P10 型电磁炉	不加热，指示灯不亮（四）	故障可能出在 220V 交流电输入及变换电路、电源电路、功率变换电路、系统控制电路。经开机后检查，故障出在低压电源电路。经检查发现电源变压器损坏。更换电源变压器，故障排除 由于该电源变压器有时损坏由 220V 交流电异常或本身质量问题所致，有的是由于它次级线圈接的整流管、滤波电容或负载元器件异常所致。因此，检修时，必须要检查整流管、滤波电容和负载，以免再次损坏
富士宝 LH－P10 型电磁炉	不加热，指示灯不亮（五）	故障可能发生在 220V 交流电输入及变换电路、电源电路、功率变换电路、系统控制电路。经开机后检查，发现故障出在 B+1 供电电路。经检查发现调整管 QB1 损坏。QB1 异常不能形成 B+1 供电（5V），从而发生该故障。另外，QB1 的 b 极接的 ZD1、CB3、R8 异常，也会发生该故障。更换 QB1，故障排除
富士宝 LH－P10 型电磁炉	不加热，指示灯不亮（六）	故障可能发生在 220V 交流电输入及变换电路、电源电路、功率变换电路、系统控制电路。经开机后检查，故障原因出在系统控制电路，经检查发现 CPU 的 2 脚外接的晶体振荡器损坏 由于晶体振荡器异常不能形成对 MHz 时钟信号，使 CPU（S3P9404DZZ）不能工作，从而发生该故障。更换 CPU 的 2 脚外接晶体振荡器后，故障排除
富士宝 LH－P10 型电磁炉	不加热，指示灯不亮（七）	故障可能发生在 220V 交流电输入及变换电路、电源电路、功率变换电路、系统控制电路。开机后检查发现，故障出在系统控制电路。经检查发现 CPU 的 7 脚外接的 U3（KIA7033AP）损坏。更换 CPU 的 7 脚外接的 U3（KIA7033AP）后，故障排除
富士宝 LH－P10 型电磁炉	不加热，指示灯不亮（八）	故障可能出在 220V 交流电输入及变换电路、电源电路、功率变换电路、系统控制电路异常。经开机后检查，故障出在 220V 交流电输入电路，经检查发现压敏电阻 RE、保险管 FUSE 损坏。更换 RE、FUSE 后，故障排除 由于压敏电阻被击穿后它的表面多会出现裂痕，压敏电阻用于 220V 交流电过压保护，所以维修时也可不安装。另外，压敏电阻被击穿还会产生空气开关跳闸的故障

续表

机型	故障现象	故障分析与维修方法
富士宝 LH－P10 型电磁炉	不加热，指示灯不亮（九）	故障可能出在220V交流电输入及变换电路、电源电路、功率变换电路、系统控制电路。经开机后检查，故障出在220V交流电变换电路，经检查发现整流堆RS2006M、保险管FUSE损坏。更换整流堆RS2006M、保险管FUSE后，故障排除 由于整流堆损坏有时是由功率管短路造成的，所以还应检查功率管等元器件是否正常。另外，整流堆被击穿还会产生空气开关跳闸的故障
富士宝 LH－P10 型电磁炉	不加热，指示灯不亮（十）	故障可能出在220V交流电输入及变换电路、电源电路、功率变换电路、系统控制电路。经开机后检查，故障出在功率变换电路。经检查发现功率管QA2、谐振电容CA3、驱动块TA8316S、保险管FUSE损坏。更换QA2、CA3、TA8316S、FUSE后，故障排除 由于功率管被击穿多因谐振电容、电源电路、驱动电路、同步电路、检测电路异常引起的，所以维修时应对这些电路认真检查，以免功率管再次损坏。另外，功率管被击穿还会产生空气开关跳闸的故障
富士宝 LH－P10 型电磁炉	不加热，指示灯不亮（十一）	故障可能发生在220V交流电输入及变换电路、电源电路、功率变换电路、系统控制电路。开机后检查，故障出在低压电源电路。经检查发现电源变压器损坏。更换电源变压器后，故障排除 由于该电源变压器有时损坏是由220V交流电异常或本身质量问题所致，有的是由其次级线圈接的整流管、滤波电容或负载元器件异常所致。因此，检修时，必须检查整流管、滤波电容和负载，以免再次损坏
富士宝 LH－P10 型电磁炉	不加热，指示灯不亮（十二）	故障可能发生在：220V交流电输入及变换电路、电源电路、功率变换电路、系统控制电路。经开机后检查，故障原因出在B+1供电电路，经检查发现调整管QB1损坏。更换QB1后，故障排除 QB1异常不能形成B+1供电（5V），从而发生该故障。另外，QB1的b极接的ZD1、CB3、R8异常也会发生该故障
富士宝 LH－P10 型电磁炉	不加热，指示灯不亮（十三）	故障可能发生在220V交流电输入及变换电路、电源电路、功率变换电路、系统控制电路。经开机后检查，故障原因出在系统控制电路，经检查发现CPU的2脚外接的晶体振荡器损坏。晶体振荡器异常不能形成对MHz时钟信号，使CPU（S3P9404DZZ）不能工作，从而发生该故障。更换CPU的2脚外接的晶体振荡器，故障排除

续表

机型	故障现象	故障分析与维修方法
富士宝 LH－P10 型电磁炉	不加热，指示灯不亮（十四）	故障可能发生在220V交流电输入及变换电路、电源电路、功率变换电路、系统控制电路。经开机后检查，故障出在系统控制电路。经检查发现CPU的7脚外接的U3（KIA7033AP）损坏。更换U3后，故障排除
富士宝 LH－P10 型电磁炉	不加热，开机就报警（一）	故障可能发生在电源电路、功率变换电路、检测电路、保护电路。经开机后检查，故障出在220V交流电输入电路。经检查发现电流互感器T1损坏。更换T1后，故障排除 T1的引脚脱焊或损坏，使功率管QA2因无供电而不能工作，导致锅具检测电路不能形成锅具检测信号，被CPU识别后使该机进入保护状态，从而发生该故障
富士宝 LH－P10 型电磁炉	不加热，开机就报警（二）	故障可能发生在电源电路、功率变换电路、检测电路、保护电路。经开机后检查，故障出在300V供电电路。经检查发现电感LA1损坏。更换电感LA1后，故障排除 LA1引脚脱焊使功率管QA2因无供电而不能工作，导致锅具检测电路不能形成锅具检测信号，被CPU识别后使该机进入保护状态，从而发生该故障
富士宝 LH－P10 型电磁炉	不加热，开机就报警（三）	故障可能发生在电源电路、功率变换电路、检测电路、保护电路。经开机后检查，故障出在18V供电电路。经检查发现调整管QA1损坏。QA1异常使18V供电消失，致使驱动电路不能工作，使功率管截止，不能形成锅具检测信号，被CPU识别后使该机进入保护状态，从而发生该故障。更换QA1后，故障排除
富士宝 LH－P10 型电磁炉	不加热，开机就报警（四）	故障可能发生在电源电路、功率变换电路、检测电路、保护电路。经开机后检查，故障出在驱动电路。经检查发现驱动块TA8316S损坏。TA8316S异常使功率管截止，不能形成锅具检测信号，被CPU识别后使该机进入保护状态，从而发生该故障。更换驱动块TA8316S后，故障排除
富士宝 LH－P10 型电磁炉	不加热，开机就报警（五）	故障可能发生在电源电路、功率变换电路、检测电路、保护电路。经开机后检查，故障出在同步电路。经检查发现限流电阻RA5或RA6、RA3、RA4损坏。更换限流电阻RA5或RA6、RA3、RA4后，故障排除 RA5或RA6、RA3、RA4异常，不能控制功率管QA2最大工作电流，使QA2温度升高，引起过热保护电路动作，被CPU识别后使该机进入保护状态，从而发生该故障。另外，该电路异常还容易导致功率管损坏

续表

机型	故障现象	故障分析与维修方法
富士宝 LH－P10型电磁炉	不加热，开机就报警（六）	故障可能发生在电源电路、功率变换电路、检测电路、保护电路。经开机后检查，故障出在功率管过热保护电路。经检查发现热敏电阻 RM2 损坏。更换 RM2 后，故障排除 RM2 开路使 CPU 的 9 脚输入错误的检测信号，被 CPU 识别后使该机进入保护状态，从而发生该故障。另外，该电路异常还容易致功率管损坏
富士宝 LH－P10型电磁炉	不加热，开机就报警（七）	故障可能发生在电源电路、功率变换电路、检测电路、保护电路。经开机后检查，故障出在炉面过热保护电路。经检查发现热敏电阻 RM1 损坏。RM1 开路使 CPU 的 11 脚输入错误的检测信号，被 CPU 识别后使该机保护状态，从而发生该故障。另外，该电路异常还容易导致功率管损坏。更换 RM1，故障排除
富士宝 LH－P10型电磁炉	能加热但加热温度低（一）	故障可能发生在功率调节电路、调宽电路、检测电路、CPU、功率变换电路。经开机后检查，故障出在电流检测电路。经检查发现可调电阻 VOL 损坏 VOL 接触不良使 U1（LM339）的 7 脚输入的取样电压升高，导致 U1 的 1 脚输出的电压增大，最终使功率管 QA2 导通时间缩短，从而发生该故障。更换 VOL 后，故障排除
富士宝 LH－P10型电磁炉	能加热但加热温度低（二）	故障可能发生在功率调节电路、调宽电路、检测电路、CPU、功率变换电路。经开机后检查，故障出在功率变换电路。经检查发现谐振电容 CA3 损坏。CA3 容量减小使谐振电流减小，从而发生该故障。另外，CA3 容量减小还容易导致功率管 QA2 损坏。更换 CA3 后，故障排除
富士宝 LH－P10型电磁炉	能加热但加热温度低（三）	故障可能发生在功率调节电路、调宽电路、检测电路、CPU、功率变换电路。经开机后检查，故障出在功率调整电路。经检查发现 CPU 的 21 脚外围的 CB15 损坏 CB15 被击穿使 U1（LM339N）的 6 脚输入的调整电压下降，导致 U1 的 1 脚输出的电压增大，最终使功率管 QA2 导通时间缩短，从而发生该故障。更换 CB15 后，故障排除

续表

机型	故障现象	故障分析与维修方法
富士宝 LH－P10 型电磁炉	能加热但加热温度低（四）	故障可能发生在功率调节电路、调宽电路、检测电路、CPU、功率变换电路。经开机后检查，故障出在电流检测电路。经检查发现可调电阻 RW 损坏。更换 RW 后，故障排除 RW 接触不良使由 D8～D11 构成的整流堆输入的电压升高，导致 CPU 的 8 脚输入的电压升高，CPU 的 10 脚输出的功率调整信号的占空比减小，最终使功率管导通时间缩短，从而发生该故障
富士宝 LH－P10 型电磁炉	工作时间歇性加热	故障可能发生在功率调节电路、调宽电路、检测电路、CPU、功率变换电路。经开机后检查，故障出在电流检测电路。经检查发现电流互感器 T1 损坏。T1 的引脚脱焊或线圈短路，使电流检测电路不能控制 PWM 电路输出脉冲的占空比，致使功率管导通时间延长，功率管的功耗增大，引起过热保护电路动作，从而发生该故障。更换 T1 后，故障排除

2. 富士宝 IH-P70 型电磁灶

机型	故障现象	故障分析与维修方法
富士宝 IH-P70 型电磁灶	能通电不能操作，指示灯不按操作显示变化	故障可能发生在电源或温控电路及相关部位。检修时，打开机盖，检查发现稳压电路的 ZD2（18V 稳压二极管）短路，更换后通电操作所有按键，指示灯均变化正常，但开机一加热就自动关闭。再用用钳形电流表观察其工作情况，发现一通电就工作在最高功率挡，电流升至 8A 左右后开始下降，调整温控升降键无效，“嘀嘀”声响个不停，用万用表测量各相关点电压均正常，焊下几只电容测量也正常。进一步检查发现线盘中心的负温度系数热敏电阻不良。更换该热敏电阻后，故障排除
富士宝 IH-P70 型电磁灶	一通电就烧管子	故障可能发生在 CPU 控制或温控电路、功率谐振电路及相关部位，询问用户得知，在使用中发现电源保险管烧断后，自己用铝芯线代替保险丝，机器一通电就烧管子，说明机器存在其他故障。再换一只管子，电容（5μF，33μF），LM339N 驱动管（S80580，S8550）也全部换新，让它工作在最高挡的下一挡，四五分钟后突然听到连续不停的“哩哩”声，此时按所的按键均失效，故怀疑 CPU 的晶体振荡器不良。试更换晶体振荡器并将 C1（100μF）改为 47pF、C20 改为 1μF/50V，故障排除

3. 富士宝 IH-P190 型电磁灶

机型	故障现象	故障分析与维修方法
富士宝 IH-P190 型电磁灶	通电，空气开磁跳闸，反复插电后，只听“啪”一声就什么也没有了	故障可能发生在电源供电电路及相关部位。打开机盖，直观检查 10A 保险管已炸裂，说明机内有严重短路。检修时，先在保险管处跨接一只 100W 的灯泡，用万用表在路测量 IGBT（H20T120）已短路，整流全桥的“+”极和交流输入端已被击穿，取下驱动三极管 Q1（8550）、Q2（8050）未见损坏，高压谐振电容 0.33μF/1200V 正常 更换 IGBT 和整流全桥后通电，灯泡不亮，测整流电容 5μF/400V 两端电压为 316V，正常，LM339N 的 3 脚电压为 17.6V。正常取下灯泡，更换 10A 保险管，接上发热盘后，故障排除
富士宝 IH-P190 型电磁灶	开机后立即保护关机	故障可能发生在电源供电、保护电路及相关部位。打开机盖，用万用表测整流滤波 300V 电压正常，LM339N 的 3 脚电压 17.6V 正常。故判断故障可能出在保护电路。检查取样电阻 R25（470kΩ/1W）、R34（470kΩ/1W）、R42（470kΩ/1W）、R43（470kΩ/1W）、R44（470kΩ/1W）均未见损坏。测量散热片上的温度检测电阻为 260kΩ，用电烙铁加热后，阻值逐渐下降，放开后上升，说明其性能良好。再检查发热盘上的温度检测电阻，测得其阻值为无穷大，不正常，正常阻值应与散热片上那只相同。更换该热敏电阻后，故障排除
富士宝 IH-P190 型电磁灶	接通电源插头能通电，机内有烟冒出	故障可能发生在电源及面扳控制电路及相关部位。检修时，打开机盖，检查发现一只 5μF/400V 电容已被击穿漏液。再检查线路板上各元件基本正常。换上一只新的 5μF/400V 电容，装好后试机不再冒烟，但面板按键除了热奶、烧水功能起作用外，其他按键均无效。把面板控制板拆下，测量各按键都正常，最后测到强挡发光二极管开路。更换该发光二极管后，故障排除
富士宝 IH-P190B 型电磁炉	不加热，指示灯不亮（一）	故障可能发生在 220V 交流电输入及变换电路、电源电路、功率变换电路、系统控制电路。经开机后检查，故障出在 220V 交流电输入电路。经检查发现压敏电阻 RZ、保险管 FUSE 损坏。更换 RZ、FUSE，故障排除

续表

机型	故障现象	故障分析与维修方法
富士宝 IH-P190B 型电磁炉	不加热，指示灯不亮（二）	故障可能发生在 220V 交流电输入及变换电路、电源电路、功率变换电路。经开机后检查，故障出在功率变换电路。经检查发现功率管 IGBT、保险管 FUSE 损坏。更换 IGBT、FUSE 后，故障排除 功率管 IGBT 被击穿多因为谐振电容、电源电路、驱动电路、同步电路、检测电路异常，所以维修时应对这些电路认真检查，以免功率管再次损坏。另外，功率管被击穿还会产生空气开关跳闸的故障
富士宝 IH-P190B 型电磁炉	整机不工作，指示灯亮	故障可能发生在电源电路、系统控制电路。经开机后检查，故障出在 5V 供电电路。经检查发现 5V 稳压器 VTL（7805）损坏。更换 5V 稳压器 VTL，故障排除
富士宝 IH-P190B 型电磁炉	不加热，指示灯不亮（一）	故障可能发生在 220V 交流电输入及变换电路、电源电路、功率变换电路、系统控制电路。经开机后检查，故障原因为 220V 交流电输入电路损坏。经检查发现压敏电阻 RZ、保险管 FUSE 损坏。更换 RZ、FUSE，故障排除
富士宝 IH-P190B 型电磁炉	不加热，指示灯不亮（二）	故障可能发生在 220V 交流电输入及变换电路、电源电路、功率变换电路。经开机后检查，故障出在功率变换电路。经检查发现功率管 IGBT、谐振电容 C23、稳压管 ZD4、保险管 FUSE 损坏。更换 IGBT、C23、ZD4、FUSE，故障排除 功率管 IGBT 被击穿多由谐振电容、电源电路、驱动电路、同步电路、检测电路异常引起，故维修时应对这些电路认真检查，以免功率管再次损坏。另外，功率管 IGBT 被击穿还会产生空气开关跳闸的故障

五、格兰仕微波炉故障维修实例速查

1. 格兰仕 WD750 /800/900 型微波炉

机型	故障现象	故障分析与维修方法
格兰仕 WD750B 数字显示的微波炉	开机即炸断 8A 保险管	故障可能发生在电源供电路、高压功率输出电路等相关部位。检修时，打开机盖，发现面板上有明显的打火烧黑的痕迹，翻开印制电路板，12V 直流继电器动、静触点的铜箔全都烧断。经进一步检查发现，继电器触点上的 220V 电源对铁制构件短路以致烧保险，并使继电器的印刷电路开路，故发生该故障。处理方法是：用热塑管套在铁制构件上加以绝缘，用导线把 12V 直流继电器已烧开路的印刷电路连接好

续表

机型	故障现象	故障分析与维修方法
格兰仕 WP750BS 型微波炉	接通电源后无任何显示，微波炉不工作	故障可能出在电源及相关电路。检修时，打开机盖，检查发现6A保险丝已熔断发黑，换上保险丝后开机，保险丝又烧断，说明机内有严重短路故障。用万用表测变压器初级线圈、次级（高压）线圈及灯丝线圈电阻值分别为2Ω、103.5Ω和0.8Ω，正常。检查相关元件发现整流管D1被击穿短路 由原理可知，当微波炉正常时，次级输出1.8kV交流高压，在正半周高压线圈“F”端将向电容器C充电，在负半周时变压器高压线圈电压与电容两端的电压叠加后（约4kV）共同加至磁控管，由于D1被击穿短路，使电流直接经D2入地，造成磁控管无高压而不工作，同时因过流而烧保险丝。更换该非对称整流器后，故障排除
格兰仕 WP750BS 型微波炉	开机后无微波能量输出，有很大的“嗡嗡”声	初步判断故障出在漏感变压器的次级高压电路。断开漏感变压器的次级电路，然后通电试机，发现其交流声明显减小，说明漏感变压器的次级电路正常。再断开微波炉整机电源，检查高压二极管、电容器、保护二极管以及磁控管，发现磁控管散热片（阳极）与灯丝（阴极）之间短路，致使漏感变压器电流过大。更换该磁控管后，故障排除
格兰仕 WP750BS 型微波炉	工作时火力挡位混位，不能烹调食物	故障可能出在电源、鼓风机等相关电路。该机是利用控制微波发射部分电源的通/断来达到功率控制目的的。检修时，打开机盖，检查各接插件无松动及接触不良的迹象。进一步检查发现鼓风机负载过重，造成转速下降，导致散热量不够而使热继电器频繁动作，引起档位混乱。将叶片上的油泥清洗干净后，故障排除
格兰仕 WP750BS 型微波炉	刚开机时工作正常，约5min后，自动停机	判断故障由冷却有问题所致。检修时，打开机盖，检查风扇电机正常，风叶无异常现象，但发现风道被污物堵塞，造成冷却不良，炉内温度高，切断器自动切断电源而停机。将堵塞物彻底清除后，故障排除
格兰仕 WP750BS 型微波炉	开机后照明指示灯亮，转盘、风机均运转正常但不能加热	故障可能发生在高压电路及磁控管等相关部位。检修时，打开机盖，将高压变压器输出端与磁控管，高压电容等的插头拔下，通电用万用表测变压器次绕有3.4V交流电压，但高压线圈无电压，剥开高压线圈的绝缘盖纸，发现其线圈表面有一烧断黑点，估计该处线圈烧断，造成局部开路 应急修复方法是：取下变压器，用针尖挑开烧断点将两头分别与线圈出线相通之后，用塑料皮导线焊接起来，再在焊点及断点处涂上绝缘漆，待绝缘漆晾干即可

续表

机型	故障现象	故障分析与维修方法
格兰仕 WP750BS 型微波炉	开机后无微波输出且机内冒烟	故障可能发生在高压电路及磁控管等相关部位。检修时，打开机盖，检查发现变压器漆包线因温度过高而冒烟。断电后并给电容器放电，测变压器各线圈 R、C、D 等阻值均正常，且在将电容器放电时，发现并无火花，估计变压器不良的可能性很小，判断是磁控管烧坏。更换新磁控管后，故障排除
格兰仕 WP750BS 型微波炉	加热食物后发出焦煳气味	故障可能发生在高压电路及磁控管等相关部位。检修时，打开机盖，检查发现微波炉的波导罩已烧破。其原因是烹调食物过小，加热时间过长。应更换该波导管罩。如无同型号波导管罩更换，用电炉上的云母片替换即可
格兰仕 WP750BS 型微波炉	所有按键失效，微波炉一直处于清除状态	故障可能发生在 CPU 控制电路等相关部位。检修时，打开机盖，怀疑 CPU 有故障或相关元件不良，用万用表测 CPU 的 42 脚 +5V 电压正常，测 31 脚电压为 2.2V、32 脚为 2.4V（均正常），而 33 脚复位端始终为 0.1V（正常应为 4.9V）。经检查发现 C3 被击穿，使 CPU 复位端不能获得迟于电源端上 1ms 以上的正常复位脉冲，而造成工作失常。更换 C3 后，故障排除
格兰仕 WD750BS 微波炉	通电显示“1:01”，按任何按键均无反应	故障可能发生在 CPU 控制电路等相关部位。检修时，打开机壳，观察发现单片机系统未能正常复位，未完成初始化。拆下电脑板通电，测量单片机复位脚一直为低电平。拆下复位信号产生电路的电容测量，发现此电解电容被击穿流偏大，造成复位输出一直为低电平。更换此电容后，故障排除
格兰仕 WD750BS 微波炉	烧烤工作一启动即暂停，其余功能正常	故障可能发生在 CPU 控制电路等相关部位。由原理可知，单片机所接受的输入信号包括有转盘输入和门开关状态输入信号，经换一新薄膜开关，故障依旧，故确定暂停触发信号来自门开关。拆除电脑板接线，仅保留电脑板电源插线和门开关（门开关处于关状态），用万用表测量复位输出端为高电平，设置烧烤工作并启动，但在继电器吸合的同时，复位输出突然跳变为低电平，烧烤即停止工作，之后复位输出端再跳回高电平。这说明烧烤控制信号对复位端造成干扰。检查电脑板布线，发现单片机焊点间有异物。将此处异物清理后，故障排除

续表

机型	故障现象	故障分析与维修方法
格兰仕 WD800B 型微波炉	按下微波键盘及输入时间，屏显正常，按“启动”键，炉内照明灯亮，风扇和转盘转动，唯独不能微波加热	判断故障出在高压电路。检修时，断电，打开机盖，用绝缘螺丝刀将 C 两端短路有较强的放电现象，说明 C 正常。接着检测变压器 T1、烘烤加热器 H、VFUSE、D 和 MAG 等元器件，发现 MAG（型号 2M226）灯丝断路，导致磁控管不能发射微波，从而引起该故障。更换 MAG 后，故障排除
格兰仕 WD800B 型微波炉	接通电源，炉内照明灯亮，风扇和转盘转动，但不能微波加热，偶尔能加热，在加热过程中突然显示时间暂停及不能加热	故障可能出在微波控制电路或门联锁开关 S2。由原理可知，IC1 采用电脑芯片 TMP47C400RN-FD31，当炉门关闭后，门联锁开关 S2 闭合能地，Q3 导通，+5V 电压通过 R8 向 IC1 的 13 脚提供高电平，据此判断炉门关闭，令 16 脚内部开关闭合，为执行启动程序做好准备。当按下火力键，设定时间后，按下“启动”键，IC1 的 14 脚输出启动指令，经 D11 使 Q13、Q14 导通，同时又经 R12 使 Q6 导通，再经 D10、S2 到地，为 Q4、Q5 做好程序执行准备。当设定微波加热时，IC1 的 15 脚输出微波控制信号，经 R17 使 Q4 导通，微波继电器 RY3 吸合，接通低压电路，220V 交流电加至 T1MAG 发射微波加热食物 检修时，打开机盖，拔出按键板连接器的锁定键，拆下电脑控制板，检查上述电路各元器件未发现异常。逐拔出 S2 插接件（S2 安装在炉腔右则）关闭炉门，用万用表测 S2 时通时不通，故判断 S2 接触不良造成微波控制电路不能正常工作，从而引起该故障。拆下 S2，撬开外盖，用细砂纸打磨触点发黑色插线件后，故障排除
格兰仕 WD800B 型微波炉	微波加热正常，不能烘烤加热	故障可能发生在主板控制电路、微波产生电路、烘烤加热器相关部位。检修时，拆开外壳，拔出高压变压器 T1 初级插接件，切断高压电路电源，设置烘烤状态试机，能听到烘烤继电器吸合动作声，用万用表测量烘烤加热器 H 两端有 220V 电压，故判断烘烤控制电路工作正常，故障出在烘烤加热器。该烘烤加热器由两支 110V/500W 石英加热管串联而成，测其中一支石英加热管电阻无穷大，正常电阻为 22Ω 左右，说明该石英加热管烧坏。更换该加热管后，故障排除

续表

机型	故障现象	故障分析与维修方法
格兰仕 WD800B 型微波炉	通电后，打开炉门灯就亮，转盘转动，风扇启动而显示屏不亮，所有功能键不起作用	故障可能出在电脑控制电路。检修时，打开机盖，拆下控制板，单独在该变压器初级线圈两端加 220V 交流电，用万用表测量其次级两组交流电压输出分别为 5.2V×2 和 16V，通电状态下测得双 5.2V 整流输出端 C1 上的直流电压为 6.4V。该直流电压作为控制板上的炉内照明灯控制、微波控制和烧烤控制三只继电器的驱动电源。另一路经 Q1、ZD1 稳压取得 5.2V 直流电压供 CPU 工作。测 Q2 输出端 14V 正常，而 Q1 的 b、e 极无电压输出。故怀疑 ZD1 被击穿短路或 R1 开路。在路测量 ZD1 无明显短路。拆下 R1 测量已开路。更换 R1 后，故障排除
格兰仕 WD-800B 型电脑控制型微波炉	不能正常加热故障，有时刚插上电源插头通电时，炉内照明灯亮，转盘转动，但不能加热，此时面板上的取消按键失效。有时在正常加热过程中出现突然显示时间暂停，而且不能加热	故障可能出在炉内照明灯控制继电器及开关等部位。由原理可知：当炉门正常打开时 S2 断开，电脑板上的炉内照明灯控制继电器 RY1 吸合，常开触点闭合使炉内照明灯内照明灯亮。此时由于第一联锁开关 S1 是断开的，风扇电机和转盘电机无电而不工作。但是，当微波的炉门关上后而开关 S2 存在接通不良时，就相当于炉门是打开的，此时电脑板检测不到 S2 的闭合信号而禁止加热操作，即微波控制继电器 RY2 不吸合，不进行加热，也就会出现计时显示不变化和消除键无效这样的现象 观察发现当故障出现时，在显示屏右下方的微波烹调红色符号也没有出现，判断故障原因为门的第二联锁开关 S2 内部不良。拆下微波炉门的第二联锁开关 S2，小心撬开端盖后把两个触点上的黑色氧化物用细砂纸轻轻打磨干净后，故障排除
格兰仕 WD800 型微波炉	启动后，无灯亮，无声音，无微波发射	检查电源插头与插座是否接触不良，如不是电源问题，则检查以下几项：①8A 保险丝是否熔断，如是，则换新保险丝；②监控开关断不开造成短路；③联锁开关未闭合或门钩断损而不能接触到联锁开关；④变压器初、次级短路；⑤电容对地被击穿或极间被击穿。经检查发现变压器初、次级短路。更换变压器后，故障排除

续表

机型	故障现象	故障分析与维修方法
格兰仕 WD800W 型微波炉	启动灯亮，转盘能转，但不加热	检修步骤如下：①变压器初、次级开路，灯丝开路，将万用表置 2500V 交流挡，一根表笔接变压器铁芯，另一根表笔接次级高压插片，次级高压应为 2100V 左右。若无电压，则变压器已坏；若有 2100V 电压，再检查变压器灯丝电压。用万用表交流 10V 挡测量灯丝电压应是 3.4V 左右，若无电压，则变压器已坏，应更换。②磁控管灯丝开路或磁钢开裂，用万用表 R×1 挡，测量磁控管灯丝插片。若开路，则磁控管已坏；若电阻值很小，则正常，再检查磁控管磁钢是否开裂。③二极管被击穿。用万用表 R×10k 挡，红表笔接二极管负极，黑表笔接二极管正极，读数应为 150kΩ 左右。表笔交换位置，测量二极管反向阻值，万用表读数应为∞大，若万用表读数很小或接近短路，则表示二极管被击穿，应更换。⑤接头插线松动。检查磁控管、电容器上的接插头是否松动，若松动，用钳子夹紧。经检查发现磁控管灯丝开路。更换磁控管后，故障排除
格兰仕 WD800ASL23 型微波炉	当启动烹调程序进行加热工作时，烧烤正常，但微波不加热	故障可能发生在微波控制继电器电路或相关部位。检修时，打开机壳，检查机内连线的可靠性。当排除接插件的影响后，拆下控制面板，拔掉电脑板上所有接插线，短路门开关线接通电脑板电源，启动微波炉，用最大火力工作，用万用表测微波控制继电器（VPC REL）不导通，测该继电器电压仅零点几伏。切断电脑板电源，测量二极管 VD3 的正反向电阻，均很小（约为几十欧），确定 VD3 被击穿，造成驱动电流大部分从 VD3 通过，继电器两端电压不足以使继电器吸合而出现此故障。更换 VD3 后，故障排除
格兰仕 WD900SL 23-2 型微波炉	接通电源，关上舱门后旋动定时器开关，发现炉腔内指示灯亮，转盘转动，其他功能一切正常，但炉腔内食物不能加热	故障可能发生在电源供电电路，微波产生电路，磁控管等相关部位。检修时，打开机盖，接通电源，将一杯冷水放置到转盘上，关上仓门，将微波挡旋动到高火位置，打开定时器，用万用表的交流 10V 挡测量磁控管的灯丝脚发现无电压，故判断微波炉电源部分有故障。于是关掉电源，用万用表电阻挡测量 1.8V/0.7A 的高压保险丝烧坏。更换该保险丝后，故障排除

续表

机型	故障现象	故障分析与维修方法
格兰仕 WD900ASL23 型微波炉	设定烧烤时间，按下“启动”键后能正常工作，但未到设定时间就自动停机。此时屏幕无显示，打开炉门，灯亮度，明显不足，炉盘转动不停，散热风扇同时运转，到达设定时间和自动恢复时显示时，机内有继电器动作声	故障可能发生在电源供电电路、微波产生电路、磁控管等相关部位。检修时，检查炉内各接插件、门开关及电路板均未见异常。在故障出现时用万用表测炉内照明灯两端电压仅为 140V，测电脑板 U1（MW09701G-V2）的 20、21 脚无+5V 电压 照明灯、转盘电机、散热风扇均受门控开关和继电器 RL1 控制，而 RL1 又受 U1 的 20 脚控制。当 U1 无+5V 工作电压时，RL1 便不能正常工作。其中+5V 电压由 Q1（H945）提供，测 Q1 的 c 极输入电压为 25V（正常带载电源为 19V）、b 极电压为 5.2V，故怀疑 Q1 有问题。将 Q1 更换后开机，测 Q1 的 e 极+5V 输出电压正常，微波炉恢复正常工作，手摸 Q1 发现管壳很烫。该管是 5V 串联稳压电路的调整管，其 c、e 极之间的功耗只有 0.25W，该管又未加散热器，明显功率余量不足，长期工作温度过高易损坏，造成该故障。更换 Q1 后，故障排除

2. 格兰仕 WP700 /750/800/850 型微波炉

机型	故障现象	故障分析与维修方法
WP700S 型微波炉	食品未烹好，便自动停机	故障原因在于微波炉顶内的热切断器断开。热切断器断开的原因有：①冷却风扇不转引起腔内温度过高；②腔内进、排气管堵塞或空气导管堵塞等。检修时，检查进、排气管正常，腔内气导管畅通，但冷却风扇电机不转。断电后，拆下风扇检查，发现风扇电机线圈已断路。将其拆开重绕且浸漆后，故障排除
WP700S 型微波炉	火力挡位混乱	故障可能发生在主板控制电路、微波产生电路、磁控管等相关部位。由原理可知，机器是通过控制磁控管电源的开、停时间来控制功率的，电源的开、停时间比决定磁控管平均输出功率的大小。检修时，检查定时开关、尼龙齿条、齿轮及各机件均无异常，各接插件均无松动、接触不良现象。进一步检查发现，风机叶片上沾有一层很厚的油污。将高压电容放电，断开变压器的初级后开机，风机转速很慢，故判断故障由风机叶片因油污太多负载过重所致。风机转速太慢，必然散热效果差，从而造成热断器频繁动作，致使火力挡位混乱。将风机叶片上的油污洗净后，故障排除

续表

机型	故障现象	故障分析与维修方法
格兰仕 WP700 微波炉	加热正常，但烹调火力档位混乱，高、中挡位不可调	故障可能发生在档位控制开关或相关线路。该机是利用控制微波发射电源的通断时间再控制功率管的，微波发射部分的工作时间与停止时间的比例决定了平均输出功率的大小。故障原因可能有：档位控制开关和线路接触不良；炉内散热不良；热继电器动作 检修时，打开机盖，检查档位控制开关正常，检查各接插件无松动及接触不良现象。进一步检查发现鼓风机叶片上粘有一层油腻，致使鼓风机负载过重，造成风速减慢，引起继电器动作，致使微波发射时续时断，从而造成火力档位混乱。将鼓风机叶片上的油腻全部清洗干净后，故障排除
格兰仕 WP700 微波炉	开机后微波炉不工作	开机后检查发现 S1 在较长时间工作后发热变形，在炉门打开时，虽然门开关联锁机构动作正常，但其触点可能发生粘连，导致在 S3 闭合时 S1 仍未断开，造成 220V 交流电源短路。更换 S1 后，故障排除
格兰仕 WP750BS 微波炉	开机指示灯亮，所有按键均失效	故障可能发生在 CPU 控制电路等相关部位。检修时，打开机盖，重点检查 CPU 及其相关电路。用万表测 CPU 及相关电路，测 CPU 的 42 脚+5V 电压正常，测 31 脚电压为 2.2V，33 脚（复位端）电压始终为 0.1V（正常为 4.9V）。检查其外围元件，发现电容 C3 被击穿，使 CPU 复位端不能获得正常复位脉冲而造成工作失常。更换 C3 后，故障排除
格兰仕 750W 微波炉	工作时，“嗡嗡”声很大，无微波产生	判断故障出在变压器的次级高压电路等相关部位。检修时，打开机盖，断开变压器的次级电路，通电试机，发现“嗡嗡”声明显减小，说明变压器初级电路正常。断开微波炉电源，检查高压二极管、电容器、保护二极管以及磁控管，发现磁控管散热片（阳极）与灯丝（阴极）之间有许多油污，产生较大电流，致使变压器负载过重。将磁控管清洗干净后，故障排除
格兰仕 750W 微波炉	开机后不工作	开机后检查发现，故障原因在于压敏电阻损坏。更换压敏电阻后，故障排除。注意：压敏电阻一旦损坏，必须用同型号的压敏电阻替换，不能随意省去。因为压敏电阻对电网上的其他电器有一定的保护作用，对电脑控制型微波炉有很大的保护作用
格兰仕 750W 微波炉	开机后，一按烹调一关，保险即被烧毁	故障可能出在电源及相关电路。检修时，打开机盖，先焊掉电源变压器初级引线，用万用表测量其他启动部分的阻值，如果阻值为零或很小，说明有短路，应分别检查各电机和其间连线。如果这些部分均正常，则说明短路出在变压器，一般以初级线圈短路较为多见，应重新绕制或更换。经检查发现变压器匝间短路。更换变压器后，故障排除

续表

机型	故障现象	故障分析与维修方法
格兰仕 WP7500S 型微波炉	工作时火力挡位混乱	开机后检查发现，鼓风机叶片上沾有厚厚的一层油泥。将高压电容器放电，并断开变压器的初级后开机，风机转速很慢，故判断鼓风机负载过重，转速下降，造成散热效果差，而使热继电器频繁动作，最终造成挡位混乱。清洗掉鼓风机叶片上的油泥后，故障排除
格兰仕 WP-800BS 型微波炉	工作时断时续	故障可能发生在安全联锁开关和热敏开关、风扇电机控制电路等相关部位。由于机器是有时工作正常，怀疑该故障因接触不良引起，分别检查安全联锁开关和热敏开关均正常，进一步检查发现风扇不转，断电后用万用表测量风扇电机阻值很大，判断风扇电机已烧坏，出现内部断路，致使微波炉腔内温度不均匀，引起热敏开关动作而停止工作，更换同型号风扇电机后，故障排除
格兰仕 WP800-TL23-K3 型微波炉	使用时炉内照明灯亮，转盘运转正常，风扇运行也正常但声音比较大，不能加热食物	故障可能发生在高压电路等相关部位。检修时，打开机盖，断开电源后，用万用表进行检测，测量高压保险管开路，磁控管对地短路，测量高压变压器、高压电容和高压二极管等都正常。撬开高压保险管塑料盒，换上新的5kV/0.75A 高压保险管和新的磁控管后，故障排除
格兰仕 WP800 微波炉	加热食物往往过度，定时器旋钮不能返回零位	故障原因有：定时器连线接触不良；定时器走轮卡住；定时器电机损坏。检修时，检查定时器连线正常，调节定时器上的三颗固定螺钉，定时器在任何角度都能旋转自如，但不能返回到零位。进一步检查发现定时器电机线圈已短路。更换定时器电机后，故障排除
格兰仕 WP850S 微波炉	温度控制失灵	故障可能发生在定温控制电路等相关部位。定温控制是根据温度传感器的热敏特性来实现的。其控制原理是：选择不同的电阻与传感器电阻构成分压电路，其分压值作为开关电路的输入电位，与开关电路本身设定的开关电位进行比较，再经微处理器处理后，控制供电电源的通断，以实现定温控制 检修时，打开机盖，检查热敏电阻和分压电路相关元件，发现热敏电阻损坏。更换热敏电阻后，故障排除
格兰仕 WP850 微波炉	能加热食物但功率调节旋钮不起作用	故障原因主要有：功率调节器电机被卡死或控制面板上的塑料旋钮打滑。检查功率调节器电机无卡阻现象。检查控制面板上的塑料旋钮打滑。将旋钮上的固定螺钉旋紧后，故障排除

续表

机型	故障现象	故障分析与维修方法
格兰仕 WP850 微波炉	调节功率时，无论调到哪一挡，微波炉只能以高功率（HIGH）挡加热	故障原因可能是功率调节器电机及其联动的开关不良。检修时，打开机盖，用万用表测功率调节器节器电机线圈的直流电阻正常。在电机线圈上加上 220V 交流电，在不同的功率挡时，开关均长时间导通，说明联动开关损坏。更换联动开关后，故障排除
格兰仕 WP850 微波炉	能对食物加热，但到规定时间，定时器不停机	重点检查定时器电机及其相关连线。该微波炉中定时器采用步进走时电机。检查定时器触点无粘连现象，用万用表测量电机线组无断路。该步进走时电机为数字旋盘控制式，检查发现旋盘被卡住。将清除被卡杂物后，故障排除

六、饮水机故障维修实例速查

机型	故障现象	故障分析与维修方法
安吉尔 YLR0.7-5-X 型饮水机	水龙头漏水	故障原因及检修方法如下：①出水接头与水龙头松动，在出水接头缠绕数层塑料带，重新拧紧水龙头。②水龙头出水主体爆裂，更换新品。③手压盖松动，顺时针拧紧压盖即可。④内部胶塞严重变形或龟裂，更换新品即可。经检查发现出水接头与水龙头松动。在出水接头缠绕数层塑料带，重新拧紧水龙头后，故障排除
安吉尔 YLR0.7-5-X 型饮水机	通电后制冷指示灯亮，不制冷	检修时，打开背板，检查电机 M 转动正常，用手靠近风扇排风口无热风吹出，初步判断制冷片 PN 损坏。用万用表测 PN 两电极，正常电阻为 2.5～3Ω，若为 0Ω 或∞，说明短路或开路。经检查发现制冷片 PN 损坏。更换制冷片 PN 后，故障排除
安吉尔 16LK 型温/热饮水机	不能加热且加热红色指示灯不亮	检修时，打开机盖，用万用表检查电源插头是否接触不良、电源保险管 F1 是否熔断、开关 KB1 触点是否因氧化不通及温控器 KT1、KT2 是否开路。若红色指示灯能点亮，则很可能是电热管 LH 开路。经检查发现电源保险管 F1 熔断。更换保险管 F1 后，故障排除
安吉尔 16LK 型温/热饮水机	通电后保温指示灯常亮且不能加热	故障可能发生在温控器等相关部位。检修时，打开机盖，经检查发现温控器 KT1 触点氧化断路。更换 KT1 后，故障排除
安吉尔 16LK 型温/热饮水机	不能自动定时	检修时，打开机盖，卸下定时器外壳，向里面轴孔、齿轮或发条上面滴一些缝纫机油进行润滑即可，也可临时用洗衣机定时器或电风扇定时器替换

续表

机型	故障现象	故障分析与维修方法
安吉尔 16LK 型温/热饮水机	通电后消毒指示灯能点亮但消毒柜不工作	检修时，打开机盖，检查限流电容 C1 是否开路，整流桥堆 DL 有无开路或短路，充放电电容 C2、晶闸管 KS、脉冲变压器是否损坏。经检查发现变压器 T 次级线圈断路。更换变压器 T 后，故障排除
佳意 YSX－H2 型冷热饮水机	闭合制冷开关 S2，制冷指示灯亮，压缩机不启动	检修时，先拧出冷凝器四个角上的固定螺钉，移开冷凝器，操作时要小心冷凝管被压瘪。再拔出压缩机接线盒卡环，打开外壳，拔出启动器 PTC，用万用表测其两端电阻为∞，正常电阻为 20Ω，故判定 PTC 损坏。更换 PTC 后，故障排除
佳意 YSX－H2 型冷热饮水机	臭氧消毒效果差	检修时，打开机盖，接通电源，用验电笔使笔尖靠近脉冲升压器次级线圈 L2。若验电笔辉光很暗或不亮，应检查 VD6、R6、R7、VS、C、T 等元器件。若验电笔辉光正常，往往是臭氧管老化、漏气所致。经检查发现臭氧管老化。更换臭氧管后，故障排除
佳意 YSX－H2 型冷热饮水机	闭合加热开关 S1，加热指示灯不亮，不加热	开机后检查，220V 交流电未进入加热电路。拔下电源插头，闭合加热开关 S1，用万用表测量电源插头 L、N 极，回路电阻为∞，正常电阻约为 88Ω，说明电热电路相关元件损坏。分别检查 FU、S1、ST1、ST2 和 EH 等相关元器件，发现加热开关 S1 内部不通，故确认 S1 触点烧坏开路。更换 S1 后，故障排除
佳意 YSX－H2 型冷热饮水机	闭合制冷开关 S2，制冷指示灯不亮，保温指示灯 LED4 亮，不制冷	检修时，打开机盖，经检查发现制冷温控器 ST3 触点呈永久性断开，造成制冷电路电源不通，应更换 ST3。更换时，先在温控器的感温头上涂导热硅脂，再将其插入蒸发器测温管中并且要到位，同时需调整温轴置于第 3 挡
佳意 YSX－H2 型冷热饮水机	能加热，进水装置缝隙冒出蒸汽，工作数分钟后自动关机	检修时，打开机盖，经检查发现温控器触点拉弧烧结粘死，水温加热到 95℃时触点不能断开电源，仍继续升温使 ST1 自动保护关断电源。更换温控器，再触动 ST1 复位按钮后，故障排除
佳意 YSX－H2 型冷热饮水机	电机 M 不转，有“咕咕”声，数分钟后自动停机	检修时，打开机盖，先用万用表检测 FR、PTC 正常，然后分别测量电机的启动线圈和运行线圈的电阻，发现启动线圈的阻值为∞，正常为 42Ω。更换压缩机（QD36，86W/0.68A）后，故障排除
佳意 YSX－H2 型冷热饮水机	水温较低，测水温才 70℃	判断故障由自动复位型温控器控制温度变低，提前动作所致。更换复位型温控器后，垫 2 层密封用的聚四氟乙烯薄膜增加热阻，增加加热器的加热时间，使热罐内水温提高后，故障排除

续表

机型	故障现象	故障分析与维修方法
美乐牌饮水机	加热较慢且加热、保温动作频繁	打开机盖，用万用表测自动复位型温控器触点接触电阻太大（约1.2kΩ）。自动复位型温控器ST1多次闭合断开，触点烧蚀，接触电阻增大，电源通过时自身产生热量，温度达到96℃时温控器动作，此时热罐温度还较低，造成该故障。更换复位型温控器后，故障排除
上工CH-B3型饮水机	水龙头漏水	故障原因及检修方法如下：①龙头上端盖处漏水，只要用手指捏住龙头上端盖，沿顺时针方向拧紧便可解决。②龙头嘴处滴水，多是龙头内部的弹簧、橡胶芯子失效变形引起的，只能更换水龙头。③龙头与前面板连接处有水漏出。由于采用螺纹龙头，靠旋转拧紧与饮水机连接，可将龙头整体逆时针方向旋转（面朝机器）拆卸下来，重新塞好龙头末端的圆形硅橡胶垫圈或更换垫圈后，再将龙头装上拧紧即可
上工WH-B6型饮水机	工作时制冷指示亮但不制冷	开机后检查发现，压缩机工作，用手触摸机器背后冷凝器不发热，说明内部循环系统制冷液已泄漏，需重新加液。经检查，果然为制冷剂泄漏。按规定和工艺重新加制冷剂后，故障排除
上工WH-B6型饮水机	冷水龙头不出水	打开机器上面板和后面板，检查龙头内部的橡胶水管是否在安装时拧成麻花状，造成堵塞。如果是，则松开紧箍装置，重新理顺橡胶水管。如果采用螺旋式龙头，需要重安装一次
上工WH-B6型饮水机	开机后电源指示灯亮但不加热	检修时，打开机盖，用万用表R×1挡测加热器电源线两端阻值为70~80Ω，正常。检查接插件内部线路是否连通，如指针不动，说明加热器损坏或接插件接触不良。经检查发现加热器内部不良。更换加热器后，故障排除
上工WH-B9型饮水机	工作时背后放水阀处漏水	该机放水阀内有一个环形小硅橡胶密封圈，用户如果用放水阀放过水，此密封圈极易丢失，造成漏水。可用其他有弹性的、2~3mm厚的橡胶圈代替。橡胶密封圈要符合卫生安全要求。经检查发现密封圈丢失。选用罐头盒内密封圈代替后，故障排除
沁园YLR-15T型饮水机	工作时水龙头滴水或漏水	水龙头使用日久后因受热作用，塑料容易老化，严重时还会爆裂。另外，内部胶塞用久了会出现变形或龟裂，使其密封性能变差，导致漏水。经检查发现水龙头老化。更换水龙头后，故障排除

续表

机型	故障现象	故障分析与维修方法
沁园 YLR-15T 型饮水机	开机后指示灯不亮，也不加热	检修时，打开机盖，先检查供电是否正常，包括检查电源插头与是电源插座的接触情况和机内电源接线器螺钉有无松动，引线是否脱落。若均正常，再检查加热电源开关是否损坏；若 FU1 或 FU2 熔断，需更换保险管。经检查发现 FU2 内部开路。更换 FU2 后，故障排除
沁园 YLR-15T 型饮水机	能正常加热，指示灯不亮	检修时，打开机盖，先检查指示灯引线接头是否松脱。若正常，则多由限流电阻 R1 在长期使用后烧坏所致。经检查发现 R1 内部开路。更换 R1 或用一只 3W 同阻值电阻替换后，故障排除

七、豆浆机故障维修实例速查

机型	故障现象	故障分析与维修方法
九阳 JYDZ-9 型豆浆机	通电后工作混乱，乱“说话”	检修时，打开机盖，先打开机器看机头是否进水，若进水，用吹风机吹干。然后查 IC1 的 4 脚复位电路 R5、C9，15、16 脚外接 HDT 晶体振荡器等是否有问题。最后检查 IC1 的 10、11、13、14 脚与 IC2 相应引脚之间连线有无虚焊。经检查发现 IC1 引脚与 IC2 相应引脚之间连线虚焊。重新补焊后，故障排除
九阳 JYDZ-9 型豆浆机	语音提示电路发生故障	故障原因可能有：①做豆浆正常但无语音，一般是喇叭 SP 损坏或接线断、R14 断路、T3 被击穿短路、IC2 损坏。②语音语速失真，调整 R13。③语音音调失常、音量变小，检查 R14、R12 是否变值。经检查发现电阻 R14、R12 变值。更换 R14、R12 后，故障排除
九阳 JYDZ-9 型豆浆机	水温至 82℃以上，电机仍不工作	检修时，打开机盖，主要应检查温度传感器 RT。若 RT 不良，阻值不能随加热温度升高而变小，IC3 的 1 脚和 IC1 的 9 脚不为低电平，IC1 就不会执行下一个打浆程序。IC3 比较器有时也会坏，但为数较少。经检查发现 RT 内部不良。更换 RT 后，故障排除
九阳 JYDZ-9 型豆浆机	通电就发出警示语音	检修时，打开机盖，先检查机头电路板是否进水，如果进水，用吹风机吹干。再检查水位检测反馈路径是否断路。经检查发现机头电路板进水。用吹风机吹干电路板后，故障排除

续表

机型	故障现象	故障分析与维修方法
九阳 JYDZ-9 型豆浆机	加热沸腾，泡沫外溢	检修时，打开机盖，先检查溢浆情况，检测反馈路径是否断路，再检查加热控制继电器是否粘连，T1 是否被击穿短路。最后检查 IC1 的 18 脚是否一直输出高电平，若是，只有将 IC1 更换。经检查发现 IC1 内部不良。更换 IC1 后，故障排除
九阳 JYDZ-9 型豆浆机	电机不打浆或加热管不加热	检修时，打开机盖，先检查电机或加热管是否损坏。将电机直接接 220V 交流电以判断好坏。加热管用万用表 R×10 挡测量，正常为 60Ω。如正常，再查继电器 K1、K2 及 T1、T2 是否损坏。经检查发现继电器 K1 内部不良 更换 K1 后，故障排除
九阳 JYDZ-9 型豆浆机	通电指示灯亮但不工作	检修时，打开机盖，首先应检查容器内是否有水或水量是否太少，没有达到水位线。若水量正常，再检查水位检测反馈路径是否断路，如水位线端子生锈、松脱以及温控管外壳接的水位线连线是否断路等。若以上正常，检查 IC1 的 14 脚有+5V 电压；IC1 的 4 脚外复位电路的 R5、C9，15、16 脚之间的 4MHz 晶体振荡器是否良好；17、18 脚有无高电平输出；K1、K2 继电器是否有+14V 供电；电机或加热管两端是否有 220V 交流电压等。经检查发现 4MHz 晶体振荡器内部失效。更换该晶体振荡器后，故障排除
九阳 JYDZ-9 型豆浆机	通电后加热器能加热，打浆电机不工作，听不到继电器的吸合声	检修时，打开机盖，测 T3 的 b 极无信号，进一步检查发现感温探头 PTC 开路。如购不到此元件，可用一只小阻值电阻并接到 IC1 的 3、4 脚上，临时应急。但此时最好用开水磨豆浆，因为 PTC 短接后，豆浆机失去了先将水加热到 80℃左右才启动打浆电机工作的功能，如用冷水时插上电源后打浆电机就工作，容易引起加热器上沉积豆渣，造成清洗困难
九阳 JYDZ-9 型豆浆机	通电后加热器能加热，可是直到豆浆机里的水烧开了，打浆电机也不工作	检修时，打开机盖，细听有继电器吸合声但似乎是吸力不足。拆开检查发现 D7（12V 稳压器）两端电压明显不足，进一步检查发现是电解电容器 C2（100μF/35V）被击穿。更换 C2 后，故障排除
九阳 JYDZ-16/16S 型豆浆机	开机后不工作，指示灯不亮，蜂鸣器也不响	故障可能发生在电源、电机电路等相关部位。检修时，打开机盖，检查发现保险管烧断，进一步检查发现打浆电机部分线圈匝间短路。更换打浆电机后，故障排除

续表

机型	故障现象	故障分析与维修方法
九阳 JYDZ－16/16S 型豆浆机	水烧开了仍不打浆	故障可能发生在打浆电机及控制电路等相关部位。检修时，打开机盖，检查发现电容 C11 爆裂，用 0.22MF/400V 电容更换。杯中加水、加电后，用万用表测量 IC 的 2 脚，随着水温上升该脚电位上升，当电位升至 1.3V 时不变了，直至水烧开。此时测 11 脚电位为 0Ω，V1 不能导通，电机不转。故怀疑 2 脚电位太低而使 11 脚电位无法翻转 检查 2 脚外围元器件，温度传感器阻值为 20kΩ（26℃）正常，C9 的绝缘电阻只有 1kΩ 左右（已严重被击穿）。更换 C9 后，IC 的 2 脚电位随着水温上升，当电位升至 1.2V 时开始打浆，故障排除
海菱 HL－2011 型豆浆机	按规定加入定量的豆和水后，接通电源，指示灯发绿光，不能加热，电机也不转	故障可能发生在连接电路等相关部位。检修时，打开机盖，检查发现，感温探头与外壳相连的水位探测连线一端脱落。重新安装好后，故障排除
海菱 HL－2011 型豆浆机	制浆正常但制浆完毕后无声光提示	故障可能发生在声光报警触发电路等相关部位。检修时，打开机盖，检查声光报警触发电路，发现三极管 Q1（S8050）内部开路损坏。更换 Q1 后，故障排除
海菱 HL－2011 型豆浆机	电路不工作（一）	故障可能发生在电源供电电路等相关部位。检修时，打开机盖，检查电源供电电路，发现整流二极管 D1～D4（1N4007）内部不良。更换 D1～D4 后，故障排除
海菱 HL－2011 型豆浆机	电路不工作（二）	故障可能发生在电源供电电路等相关部位。检修时，打开机盖，检查电源供电电路，发现电容 C2（100μF）内部不良。更换 C2 后，故障排除
格来德 TP－800B 型豆浆机	按“启动”键（全自动状态）后，不磨浆、不加热，约 20min 后蜂鸣器发出“嘀嘀”报警提示音，同时三个指示灯闪烁。单独粉碎功能正常，但不能单独加热	故障可能发生在加热控制电路等相关部位。检修时，打开机盖，用万用表测加热管 EH 两端的电阻值为 6Ω 左右，基本正常。再接通电源，单独按“加热”功能键，用万用表测集成电路 IC1 的 7 脚有 5V 电压，再测三极管 BG1 的 b、e 极电压为 0V，c 极为 12V，判断可能是其 b-e 结短路或电阻 R3 开路所致。用镊子直接短路 BG1（9013）的 c、e 极，这时可听到继电器 J1 吸合声，加热管 EH 开始加热。焊下 BG1 后检测发现已损坏。更换 BG1 后，故障排除

续表

机型	故障现象	故障分析与维修方法
1 龙的牌型豆浆机	部分按键不起作用	故障可能发生在面板按键微动开关或接插件等相关部位。如果只是某一按键不起作用，其他按键正常，应重点检查相关按键，多数情况下是按键接触不良或接插件 CZ2 有关引脚断线所致。检修时，打开机盖，检查发现接插件 CZ2 引脚断线。更换或修复接插件 CZ2 后，故障排除
龙的牌型豆浆机	防溢功能不起作用	故障可能发生在防溢探头或接插件等相关部位。应重点检查防溢探头是否有污渍，接插件 CZ3 是否有虚焊，线路是否有虚焊。检修时，打开机盖，经检查发现接插件 CZ3 有虚焊现象。重新补焊后，故障排除
龙的牌型豆浆机	不能加热	故障可能发生在加热控制电路等相关部位。检修时，打开机盖，输入加热命令后，用万用表检测 IC1 的 17 脚是否有高低电平的变化，若有，应该重点检查三极管 VT1 及继电器 KA1 是否不良。经检查发现 VT1 内部损坏。更换 VT1 后，故障排除
龙的牌型豆浆机	不能停止加热	故障可能发生在加热控制电路等相关部位。检修时，打开机盖，用万用表检测 IC1 的 17 脚是否有高低电平的变化，若有，应该重点检查继电器 KA1，多数情况下是其触点黏结所致。经检查发现继电器 KA1 触点黏结。修复或更换继电器 KA1 后，故障排除
龙的牌型豆浆机	电机不转	故障可能发生在电机及控制启动电路等相关部位。检修时，打开机盖，应该重点检查三极管 VT2 及继电器 KA2 是否不良。经检查发现 VT2 内部损坏。更换 VT2 后，故障排除
红牌豆浆机	工作时不加热，发出“嘟嘟”报警声	检修时，在豆浆机中加入适量的水，用万用表测 IC 的 13 脚对地电压为 0V，再检查 R12 正常，测 R12 与测温探头外壳不通。经检查发现 R12 到测温探头外壳之间的连线未与测温探头外壳可靠接触，导致该故障发生。将其接牢后，故障排除
赛尼牌豆浆机	开机后工作时无加热和打浆动作	故障可能发生在加热控制、电机及继电器控制电路等相关部位。检修时，打开机盖，在路用万用表测量 5A/250V 保险丝和两只控制打浆和加热的继电器（线圈电压直流 9V，触点功率 5A/交流 250V、10A/直流 28V）的线圈完好。进一步检查发现控制电热器工作的继电器动触点与常开触点已严重烧蚀，导致该故障发生。更换该继电器后，故障排除

八、消毒柜故障维修实例速查

机型	故障现象	故障分析与维修方法
普通型电子消毒柜	工作噪声大	故障原因及检修方法如下：①继电器磁芯间隙积锈，清除积锈后，用无水酒精洗净，再抹少许黄油。②风机松动；紧固风机松动的机械部分
普通型电子消毒柜	风机不转	故障原因及检修方法如下：①风机电源线开路，重新接牢。②风机电机被卡或损坏，修理或更换电机
普通型电子消毒柜	定时器功能失效	故障原因及检修方法如下：①定时器接线脱落，重新接牢。②机械式定时器传动部件损坏，更换定时器。③电子式定时器的元件损坏，更换元件或更换的定时器。④定时器的触点接触不良或损坏，修理触点或更换定时器
普通型电子消毒柜	温度过高，外壳发烫	故障原因及检修方法如下：①温控器失灵，消毒室内温度远远超过125℃，更换温控器。②继电器触点烧结不断电，修理触点或更换继电器
普通型电子消毒柜	温度过低	故障原因及检修方法如下：①温控器失灵，远未达到预设的125℃就提前动作，更换温控器。②继电器触点接触不良，校正触点使其接触良好。③电热管接触不良或损坏，修理使其接触良好或更换电热管
普通型电子消毒柜	低温消毒时无“吱吱”放电声，闻不到臭氧气味	故障原因及检修方法如下：①臭氧发生器连接导线脱落或接触不良，重新接牢导线。②臭氧管两电极间距离变大，更换臭氧器。③臭氧管漏气、老化，用验电笔靠近臭氧管发生器，验电笔亮但臭氧管不工作，说明臭氧管老化或漏气，更换臭氧管。④臭氧发生器中晶闸管损坏，更换晶闸管。⑤臭氧发生器中触发二极管损坏，更换二极管。⑥臭氧发生器中振荡电容器开路，更换的电容器。⑦臭氧发生器中激发电阻变值或损坏，更换电阻器。⑧臭氧发生器中升压变压器线圈断路或烧坏，更换变压器
普通型电子消毒柜	超温熔断器熔断	故障原因及检修方法如下：①带电导线脱落与箱体或底板接触，形成短路。重新接好脱落导线，更换超温熔断器。②温控器失灵，消毒室内温度超过125℃，更换温控器和超温熔断器。③继电器触点烧结，电热管工作时间过长而超温，更换继电器和超温熔断器。④臭氧发生器电气元件损坏短路，更换有关元件和超温熔断器

续表

机型	故障现象	故障分析与维修方法
普通型电子消毒柜	指示灯亮，但消毒柜不工作	故障原因及检修方法如下：①温控器接线脱落或触点接触不良，将脱落线头接好或打磨触点使其接触良好。②温控器引棒与接线铜片铆合点松动，消除氧化物且焊牢 ③温控器双金属片损坏，更换温控器。④电源按键开关损坏，更换温控器。⑤按键开关变形，动静两触点不能接触，用尖嘴钳仔细矫正触点的变形度，使动静两触点正常接触。⑥电源开关触点氧化接触不良，清除氧化物使其接触良好。⑦继电器管脚与管座接触不良，清除氧化物使其接触良好。⑧继电器线圈开路或烧坏。换用原规格线圈。⑨电热管接头至接线板相关镙钉松动或接触不良，拧紧镙钉或消除引棒与接线板上的氧化物，使其接触良好。⑩电热管全部烧坏，换用相同规格的电热管
普通型电子消毒柜	指示灯不亮	故障原因及检修方法如下：①电源插头松动或插头与插座间接触不良，插好插头或清除插头与插座铜皮上的氧化物，使其接触良好。②电源插头尾部或底板固定套弯曲处折断，重新接好或换线即可。③接线器电源进线接头镙钉松动，导线接头脱落，重新紧固好镙钉
普通型电子消毒柜	接上电源就烧保险	故障原因及检修方法如下：①电源插头根部铜线短路，更换插头。②消毒柜电源连接器固定火线镙钉松动，导致火线与零线或机壳短接，重新接牢火线
普通型电子消毒柜	柜门密封不良	故障原因及检修方法如下：①柜门变形，关门不合，留有缝隙，校正使其平整。②门铰链松动，门体偏移，调整并固定好门铰链。③门封条变形或老化，用电吹风机整形或更换磁性封条。④门封条磁性变弱，关门不严，更换磁性封条
格力 YTD100H 保洁碗柜	消毒后不干燥，单独运行干燥程序也不工作	检修时，打开机盖，检测电脑板有无控制指令输出。用万用表测量发现驱动三极管 b 极的 0.7V 电压时有时无，故确定电脑板正常。检查三极管 b 极到电脑板只有两只电阻，观察发现电阻引脚未焊好，经过补焊，驱动三极管 b 极有稳定的 0.72V 电压，试机，干燥电机仍不工作。再次检测驱动管正常，12V 电源正常，判定故障出在继电器上。断开并测量干燥继电器，发现其电阻为∞，已经开路。更换干燥继电器后，故障排除

续表

机型	故障现象	故障分析与维修方法
格力 ZTP75A 消毒/保温柜	高温消毒功能失效	故障有以下三种情况：①按下高温消毒开关后，继电器 J 不能吸合，说明控制电路有故障。应检查高温消毒开关 K1、保险管 BX、高温温控器 WK1 及继电器线圈等是否开路。②按下 K1 后，继电器能吸合但不能加热，双色发光二极管发红光。这说明继电器 J-1 触点氧化或烧蚀而无法使电路接通。③按下 K1 后继电器能吸合，DL1 能发出橘黄色光，但不能加热。这说明两只红外加热管灯丝烧断或接线断路。经检查发现红外加热管灯丝烧断。更换红外加热管后，故障排除
格力 ZTP75A 消毒/保温柜	臭氧消毒功能失效	故障有以下两种情况：①按下臭氧消毒开关 K3 后，DL2 不能点亮，臭氧发生器也不能产生臭氧（听不见高压泄放的“吱吱”声），这说明 K3 触点氧化或开路 ②按下 K3 后 DL2 能正常点亮，但臭氧发生器不能产生臭氧。这种情况下，应先检查高压放电腔中有无杂物将高压极间形成短路。若没有，说明高压发生器有故障，通常是高压线圈短路，应予更换。经检查发现高压线圈短路。更换高压发生器后，故障排除
格力 ZTP75A 消毒/保温柜	不能保温	故障有以下三种情况：①按下保温开关 K2 后，DL1 不能发绿光，也不能升温，这说明 K2 触点氧化或开路。②按下 K2 后 DL1 能发绿光但不能加热。这极有可能是低温温控器 WK2 触点氧化或烧蚀而不能闭合，应检查排除。③按下保温开关 K2 后，一直持续升温，温度超过 58℃而不能断电。这说明 WK2 触点粘连而不能跳开，需要更换 经检查发现低温温控器 WK2 触点烧蚀。更换 WK2 后，故障排除
格力 ZTP75A 消毒/保温柜	高温消毒时柜内温度一直待续上升且超过 170℃	故障现象说明高温消毒控制器 WK1 触点粘连而不能跳开，这很容易使柜体过热变形，必须换用原厂产品，以免造成事故。经检查发现高温消毒控制器 WK1 触点粘连。更换 WK1 后，故障排除
格力 ZTP75A 消毒/保温柜	相关功能正常，但对应的指示灯不亮	故障现象说明对应指示灯限流电路发生开路，常见的是 R1、R2、R3 开路。经检查发现 R1 开路。更换 R1 后，故障排除

续表

机型	故障现象	故障分析与维修方法
精艺牌 ZLD-63 型双功能电子消毒柜	红外线消毒工功能正常但不能臭氧消毒	怀疑是臭氧发生电路中晶闸管及充放电电容损坏，导致无法产生高压。检查方法是，将臭氧玻璃管取下，使电极引线相距 2mm 左右。通电后，若不产生火花，也无“啦啦”声，则说明脉冲发生器电路出故障。分别拆下检查，发现晶闸管损坏。更换晶闸管后，故障排除
精艺牌 ZLD-63 型双功能电子消毒柜	柜内温度上升慢，指示灯暗	检修时，打开机盖，用万用表测电容器 C3 两端电压为 4.6V，偏低，说明故障在 C3 后面的负载电路中。断电，分别检查 C3、VD10、R4、VT1、C4 等有关元件，发现稳压二极管 VD10 被严重击穿，造成工作电压低。更换 VD10 后，故障排除
精艺牌 ZLD-63 型双功能电子消毒柜	臭氧消毒时间短，其他功能正常	故障可能发生在臭氧消毒电路等相关部位。由原理可知，臭氧消毒时间长短由 RC 时间常数决定，也与电源电压波动大小有关。C6 漏容量变小，都会使时间变短；泄放电路电阻 R10、R11 虚焊或开路，会造成自动关断故障，使时间变长或不能关断。也就是说，C6 以上的电压等于 IC 的供电电压一半的时间变长，只有 C6 上电压低于 IC 的供电电压的一半时，消毒过程才会终止 检修时，打开机盖，用万用表测 C6 有被击穿电流存在。更换 C6 后，故障排除
精艺牌 ZLD-63 型双功能电子消毒柜	工作时，指示灯正常，红外线消毒功能不能自动停止	故障原因一般有：①K1 短路，这种微动按键由于长期工作在厨房中，难免因油渍粘住而不能复位；②IC 内部损坏；③始终输出高电平；④三极管 V2 内部被击穿。检修时，打开机盖，用万用表检测电路 K1、V2 都良好，怀疑 IC 损坏，用一只 CD4069 芯片换上后故障排除。在没有相同 IC 的情况下可以利用另两个非门移接过去，也可以直接用 74LS04 或 74LS06 集成电路替换
康宝 SDX-61B 型电子消毒柜	工作时加热指示灯亮，不加热	检修时，打开机盖，检查远红外石英电热管 EH1 和 EH2，发现 EH1 和 EH2 均失效。远红外发热管一般采用石英玻璃电热管或陶瓷外壳的远红外电热管，安装于消毒柜底层和背部，常见的功率为每根发热管 300W 左右，正常冷态电阻为 160~170Ω，为消毒柜提供高温消毒热能。更换 EH1 和 EH2 后，故障排除
康宝 SDX-61B 型电子消毒柜	通电即烧保险	检修时，打开机盖，外观检查未见明显短路处。通电后在不按按钮开关时，试将电磁继电器常开触点 KA-2 短接，此时机器工作正常，故判定故障由电磁继电器线圈短路所致。更换电磁继电器后，故障排除

续表

机型	故障现象	故障分析与维修方法
康宝 SDX-61B 型电子消毒柜	通电后，按下按钮开关时能工作，松开时不工作	检修时，打开机盖，经检查发现继电器 KA 内部接触不良。用砂纸将 KA-1 触点表面上的氧化物擦干净，再用镊子将触点弹片弹力增大的方向拉弯一点，使其闭合时接触良好即可
康宝 SDX-61B 型电子消毒柜	通电后电热管不发热，指示灯也不亮	检修时，打开机盖，用万用表测得机器插头两端电阻为∞，说明机内存在开路性故障。打开机盖，检查超温熔断器 FU 和温度控制器 WK 正常，检查按钮开关 SB 也未见异常，分析是电磁继电器 KA 未工作所致。经检查发现继电器线圈一端已脱焊。重新补焊后，故障排除
康宝 SDX-61B 型电子消毒柜	工作时温度超过 125℃时，加热管仍加热不停	检修时，打开机盖，分别检查温度控制器 WK 和继电器 KA，发现 WK 控制失效。双金属片是由两种热膨胀系数不同的金属片紧紧地粘合在一起制成的。消毒柜正是利用双金属片的这种温度特性，通过和继电器的配合来控制柜内温度或使柜内的温度保持在一定的范围内。更换温度控制器 WK 后，故障排除
康宝 KB-10 型电子消毒碗柜	开机后不能通电工作	故障原因一般有：①开关按钮内部的簧片开关变形、接点表面有污物等引起的接触不良；②温控器内部电路故障。检修时，对第一种故障，只要打开按钮开关外壳，将内部的簧片轻轻拨动，使其恢复原状，并将其接点表面污物用脱脂棉沾无水酒精清洗干净，故障即可消除。如为温控器内部电路损坏，一般只能更换温控器。经检查发现温控器内部损坏。更换温控器后，故障排除
万宝 ZTP-63A 型消毒柜	插上电源，按轻触开关 S1、S2 无反应	故障可能发生在供电电路等相关部位。检修时，打开机盖，拔出小电路板，直观发现电路板脏污，有局部铜箔已烧蚀。经清洗并连好铜箔后还是无反应，故怀疑启动电路有问题。更换 S1、S2 后，故障依旧。进一步用万用表检查发现 VD3~VD6、VD7~VD10 两整流桥中各有一只二极管短路。更换二极管后，故障排除

续表

机型	故障现象	故障分析与维修方法
万宝高温消毒柜	工作时柜内温度不够	检修时，可在按下电源按钮几分钟后，打开柜门检查电热管的发热情况。对于陶瓷外壳的远红外线电热管，可用石蜡棒或塑料棒穿过防护网接触其表面，若能熔化或冒烟，说明电热管工作正常，否则就是不正常的。如果是石英玻璃电热管，可根据其工作时的颜色来判别。工作时外表面呈红色是正常的，若通电后不是呈红色，则有可能是电热管烧坏 接着断开电源，待消毒柜内部冷却后，将电热管卸下，测量其直流电阻，正常时300W电热管的阻值应为160~170Ω。若所测电阻值为∞，说明电热管已烧坏，应更换。经检查发现电热管内部损坏。更换电热管后，故障排除
万宝 YTD－180C 型消毒柜	工作时柜内温度过高，但仍可自动停机	故障一般发生在温控器上。经开机后检查发现温控器内部损坏。更换温控器后，故障排除
万宝 YTD－180C 型消毒柜	开机后，数码管无任何显示，机器不工作	故障可能出在控制电路。检修时，打开机盖，取下控制电路板用万用表加电测量，变压器B1输出的双7.5V电压正常。在扳动控制电路板时发现有一处线路打火冒烟，显示器数码管随之闪亮。断电后观察发现，线路板局部铜箔已经断裂，用细导线连接后数码管显示器显示时间正常，但按压启动按钮S3时，整机无法启动。焊下S3，分解后发现按钮内铜片触点发霉。更换S3后，故障排除

九、热水器故障维修实例速查

机型	故障现象	故障分析与维修方法
樱花SCH-1029型燃气热水器	打开热水龙头能听到高压打火声，听不到自吸阀吸合的声音，不着火，数秒钟后停止打火	检修时，打开机盖，短接W1与W2端接线，发现打火针位置准确，就是听不到自吸阀吸合的声音。用万用表测V、H端和A、H端电压，发现有吸合脉冲和3V电压，怀疑自吸阀不良，更换后故障依旧。最后关闭燃气总阀后拔掉液化气胶管，短接W1与W2能听到自吸阀的吸合声，断定液化气减压阀不良。更换减压阀，装上原来的自吸阀后，故障排除

续表

机型	故障现象	故障分析与维修方法
樱花 SCH-1025 燃气热水器	开启热水龙头后不点火	检修时，打开机盖，开启热水龙头检查发现滑杆不能在槽内滑动，短接 W1 与 W2 线，有打火和自吸阀吸合声，调节高低水压调节杆无变化。拆下水压盘检查，发现腔内水压皮圈中间有一细微裂缝。更换水压皮圈后，故障排除
樱花 SCH-1007 燃气热水器	开机后机内有轻微漏水，不能点火	检修时，打开机盖，检查发现水压盘上方滑针机槽内有水渗出，周围积满白色氧化物。短接 W1 与 W2 端打火正常，自吸阀吸合，估计电路工作基本正常，只是微动开关损坏。拆下水压盘，旋出中心顶针，用汽油清洗掉氧化物，再把顶针周围密封皮圈换掉，装机并更换微动开关，故障排除
万家乐 JSYZ5-AI 型燃气热水器	开启水阀后，主燃烧器里的燃气不能及时点燃，待燃气过量后突然燃烧，并伴有较大的声响	故障原因及检修方法如下：①长明火过小。长明火小的原因有气压低或点火燃烧器喷嘴堵塞。解决的办法是换气源，使用通针疏通喷嘴，若仍不行，则要拆下来清洗。②燃气密封塞轻微漏气。当水阀开启后密封塞打开，燃气进入主燃烧器后，立即就有过量的燃气被点燃而引起爆燃。密封塞漏气的原因有密封塞边缘有异物、脏物，密封塞弹簧无力等。对此应清除异物，清洗脏物，更换弹簧。经检查发现密封塞边缘有异物。将其清洗后，故障排除
万家乐储水式电热水器	通电后加热管不发热	故障一般发生在加热管及温控器等相关部位。故障原因及检修步骤如下：①若漏电保护插头上的指示灯亮，应检查加热管与电源线之间的接插件是否接触良好。用万用表测加热管的两接线端，阻值若为无穷大，说明加热器已坏。②若漏电保护插头上的指示灯灭且复位按钮弹起，可能是超温保护或漏电保护。若是出现了超温保护，只要在热水器内的水温比过热保护温控器动作的水温低 25℃或更多时，按下复位按钮应能复位；若不能复位，说明出现了漏电情况，要仔细检查漏电原因。③检查温控器的接插件接触是否良好。用万用表量温控器的低温闭合触点，旋动温控器旋钮，看是否通断正常，常通或常断都说明温控器已坏。更换新温控器时，要选择温度范围 25~75℃、复位温度-7℃±2℃的温控器。经检查发现温控器内部损坏。更换温控器后，故障排除

续表

机型	故障现象	故障分析与维修方法
万家乐储水式电热水器	淋浴水温过高	故障原因可能是：①温控器控温失灵；应更换新的同样的温控器。②过热保护温控器失灵，选用新的过热保护温控器时，要选用动作温度为93℃±5℃的过热保护温控器。经检查发现过热保护器不良。更换过热保护器后，故障排除
爱德 RZL40-15GW2 型电热水器	工作时加热正常，但加热指示灯不亮	检修时，打开机盖，先检查加热指示灯连接线有无虚焊或接头脱落。温控器是否接通，指示灯两端是否有220V电压，灯丝是否断路。经检查发现加热指示灯内部开路。更换加热指示灯后，故障排除
爱德 RZL40-15GW2 型电热水器	工作时水温未达到设定温度，漏电插头突然跳闸	开机后检查发现干烧超温保护误动作。更换干烧超温保护温度96℃的电源线后，故障排除
万和牌燃气热水器	工作时开水龙头能点火，指示灯也亮，但燃气点不着	故障原因及检修方法如下：①检查燃气开关是不是开得足够大，在气管与燃气灶相接的较长气管中，常因气压太小、气管中存留有空气，要连续点火几秒钟甚至十几秒钟后方能点燃。②在打开水龙头喷头冒出水的同时，应注意听一下进气管上方电磁气阀是否有“咔”一声阀门吸合声。如没有，则要打开热水面罩，看到进气管上方与继电器连接的插头座，拔下插头，测蓝黄线间阻值应为910~1000Ω。③检查驱动控制电磁阀的晶体管BG4、BG5是否损坏，D5、D8是否开路以及BG6是否短路 经检查发现BG4内部损坏。更换BG4后，故障排除
万和牌燃气热水器	打开水阀后不能点火，指示灯闪亮	指示灯亮，说明故障在脉冲变压器BG1次级线圈以后电路，常见原因为晶闸管BG12损坏、D8被击穿或高压变压器B2开路。另外，高压点火探针固定螺钉松脱，探针与地之间有积碳形成导电膜垢等原因也会造成此故障。经检查发现D8内部被击穿。更换D8后，故障排除
迅达 XT507 型燃气热水器	按下点火开关时无高压火花产生	在按下点火开关的同时，拨动点火发生器的高压输出线，发现其接触不良。拔下高压接线，用酒精清洗铜片后，装回试机，故障排除
迅达 XT507 型燃气热水器	开机后主燃烧器不燃烧	检修时，打开机盖，检查主燃烧器管道无堵塞现象。打开水气联动阀，发现其内部橡胶膜片因磨损而穿孔，因此不能推动顶杆打开燃气阀塞。为此需要更换像胶膜片。如无该配件，可从废旧自行车内胎上剪取合适大小的橡皮代替

续表

机型	故障现象	故障分析与维修方法
三角牌燃气热水器	工作时不能点火，点火指示灯也不亮	故障可能出在点火控制电路。检修时，打开热水器外盖，检查电池夹连线、接插件等未见异常，检查水控开关也正常。将水控开关打开时，用万用表测三极管 T2 的 c 极有 2.4V 电压出现，说明 T1、T2 已工作在正常的导通状态。考虑到点火指示灯不亮，故断定故障发生在 A 点至振荡变压器 B1 之间的电路上。进一步检测图中 A、B 两点不通，检查发现 B1 的 2 脚已脱焊。重新补焊后，故障排除
玉环 JST5-D 型天然气热水器	关闭水阀后主燃烧器不熄火	检修时，打开水气联动阀，发现阀内顶杆表面附着一层水锈，增大了顶杆与轴孔的动作阻力，使顶杆不能回位。将顶杆表面水锈除掉后涂上黄油，重新装好后，故障排除
银河牌燃气热水器	有高压打火声但不能点火	检修时，打开机盖，用万用表检查，若 Q7 的 b 极有 0.6V 以上电压，Q8、Q9 的 c 极也有 2V 以上电压，故判断故障出在电磁阀。电磁阀维持线圈匝数特多，又没有层间绝缘，若密封不良受潮，很容易引起匝间短路。若保护二极管 D8 开路，启动线圈断电瞬间会使维持线圈中感应出很高电压，也易使匝间绝缘破坏。电磁阀损坏后较难修理，一般更换新件。经检查发现电磁阀线圈损坏。更换电磁阀后，故障排除
百得 JSYD7-96 热水器	工作时开启水阀，一着火马上熄灭	检修时，接通电源，用两个万用表同时测 D1 负极及 V4 的 e 极电压，V4 的 e 极有瞬间 2.8V 电压且电磁铁有吸合声，D1 负极也有 2.8V 电压，但电磁铁不能保持吸合，约 6s 后 D1 负极电压消失。经检查发现电磁铁线圈内部损坏。更换电磁铁线圈后，故障排除
江龙牌 1SYD6 型燃气热水器	不能点火	检修时，打开机盖，拆下热水器面板，用万用表测电池两端有 2.8V 电压。拆下微动开关插接头，直接短接该插头两端，有较强“啪啪”打火声和电磁阀吸合声。更换点火微动开关后，故障排除
三皇 1SYZ6-A 型燃气热水器	不点火，打开水阀时指示灯微红（不闪）	检修时，打开面板，不开水阀用万用表测电池两端有 3V 电压，拆下点火器电路板，开启水阀后测量 LM339 的 14 脚电压约 2.2V 且基本不变（正常应随点火过程，逐渐由低电平向高电平变化），故怀疑 LM339 损坏。将其更换后，故障排除

续表

机型	故障现象	故障分析与维修方法
江龙牌 1SYZ5－C 型燃气热水器	顶部冒烟	故障可能发生在热交换器等相关部位。故障一般是由燃气在火排腔中流动不顺畅造成的。拆下火排，用细铁丝清理疏通六个气腔，并用自来水冲洗六个气腔，清理热交换器上的积炭后，故障排除
雅典 1SYZ5－938B 型燃气热水器	有“啪啪”点火声但无电磁阀吸合声	故障可能发生在电磁阀等相关部位。检修时，打开机盖，取下面板，拔下电磁阀的插接头，用万用表测量电磁阀启动/维持线圈分别有 3.8Ω、180Ω 的直流电阻，正常。直接加电启动时，启动线圈两端有约 3V 电压，于是检查插接头，触点处有绿色的锈斑。将锈斑清理干净后，故障排除

十、抽油烟机故障维修实例速查

机型	故障现象	故障分析与维修方法
金龙 CPT8A 型抽油烟机	工作时电机转动噪声大	应重点检查以下部位：①检查电机风扇叶轮是否变形；②检查电机叶轮是否松动；③检查电机轴承压盖螺钉是否松动；④检查电机轴承是否变弯曲变形，使转子偏向一侧，导致转动时擦壁。经检查发现电机叶轮松动。将电机叶轮重新固定后，故障排除
金龙 CPT8A 型抽油烟机	工作时，琴键开关接触不良	琴键开关长期使用后，其触点周围会因积聚油污太多而影响电路工作，导致电机不转、照明灯不亮等故障。处理方法是：先擦洗去除触点及周围油污，再用砂纸将触点打磨光亮，然后用尖嘴钳把弹性金属片向静触点方向轻微折弯，使开关按下时触点能保持接触良好
金龙 CPT8A 型抽油烟机	开机后风扇电机运转不停，此时自动气敏报警功能失效	故障一般出在自动排风装置电路。检修时，打开机盖，用万用表测量 C1 两端有+9V 电压，而三端稳压器 IC1（7805）的 3 脚却无+5V 电压。经检查发现 IC1 已断路，使运算放大器 IC2（LM324）的 4 脚无+5V 工作电压，导致 8 脚无高电平输出，驱动管 T2 截止，使继电器线圈中无电流，常闭触点不能断开，造成上述故障。更换 IC1 后，故障排除
金龙 CPT8A 型抽油烟机	按下”自动”键，遇有害气体时电机不转，但绿灯灭且有声光报警	故障多为继电器 J 常开触点 J－1 烧结不能断开（J－2 也不能接通）所致。检修时，可取下继电器外壳，把粘在一起的触点拨开，再用砂纸对触点稍稍打磨，使常开、常闭触点均动作灵活自如。若无法修复，则应更换继电器。经检查发现继电器 J 内部不良。更换继电器 J 后，故障排除

续表

机型	故障现象	故障分析与维修方法
金龙 CPT8A 型抽油烟机	工作时，按下”自动”键，遇有害气体时控制失灵	故障一般发生在有害气体检测电路。检修时，先拔下气敏头，在 MQ 插座的 1、4 两孔（分别为检测极 A、B 端）接入一根短路线（气敏头有 6 个引脚，2、5 脚为加热极，1、3 脚相连，4、6 脚相连），若发出声光报警、电机转动，则可判断为 MQ 损坏，需对 MQ 进行清洗或更换。反之，接上短路线后仍不动作，则可判断为电路故障，其中以 LM324 损坏较为普遍。经检查发现 LM324 芯片内部不良。更换 LM324 后，故障排除
金龙 CPT8A 型抽油烟机	工作时，遇有害气体时报警器不响	故障一般发生在音乐集成块 IC3（KD-9561）电路上。检修时，用万用表检查 IC3 外围电路中的 T1（9013）、R13（51Ω）、R15（47kΩ）、R14（240Ω）等元件，均未发现异常，检查扬声器也正常，故判定音乐块 IC3 内部损坏。更换 IC3 后，故障排除
玉立 CST-8-170 型抽油烟机	通电后，左、右电机控制开关按下后均不能正常工作	电机与自动控制电路正常，说明故障出在左、右电机控制开关及其有关连接导线上。经检查各连接导线均正常，用万用表从外部对左、右电机控制开关的引出脚进行测量，发现按下按钮之后其内部触点不能正常导通，说明开关内部损坏。更换或修复开关后，故障排除
玉立 CST-8-170 型抽油烟机	通电后能自动启动，但不报警，指示灯 LED1 也不亮	故障可能出在报警电路。检修时，用万用表测 IC 的 7 脚电平由高变低，说明 LM555 正常。该机报警电路由变压器 T2、振荡管 VT、压电陶瓷 HA 及 C2、R3、R4、R5 等组成。由于 LED1 不亮，分析可能是 VT 损坏。用万用表检测 VT 发现已断路。更换 VT 后，故障排除
玉立 CST-8-170 型抽油烟机	按下”自动”键，当有油烟时排风扇电机不能自动启动，LED2 不亮	检修时，打开机盖，用万用表测量自动控制电路的供电电源（C2 两端）电压为 10V 正常，测稳压管 VD5 两端电压却为 0V。观察发现 R10（10Ω）表面有烧焦痕迹，测量 R10 已开路，且 VD5 被击穿短路。更换 R10、VD5 后，故障排除
万宝抽油烟机	运转时有异常声音或噪声大	故障原因及检修方法如下：①装配不当，使风叶碰到机框产生异常声音，应重新装配，紧固风叶螺钉。②轴承严重磨损，应更换。③风叶变形不平衡，应校正风叶，调风叶的动、静平衡。④电机线圈发生匝间短路故障，应更换电机。经检查发现电机内部不良。更换电机后，故障排除

续表

机型	故障现象	故障分析与维修方法
万宝抽油烟机	琴键开关部分失灵	故障一般为琴键开关不能自锁或开关某一挡接点损坏，导电片接触不良，弹簧片位移脱落。小故障可进行调整修复，大故障应更换琴键开关。经检查发现琴键开关损坏。更换琴键开关后，故障排除
万宝抽油烟机	开机后电机“嗡嗡”响，风叶不转	判断故障出在电机本身。打开电机外壳，焊开两组线圈公共接点，用万用表测两线圈间的绝缘电阻，已短路。此时，用电吹风给线圈加热，等漆包线软化后，把万用表拨到电阻挡，接到启动和运转线圈之间，再仔细地将两组线圈慢慢分开，直到万用表指示为无限大时，短路点就在此段线圈内。接着查看此段线圈的绝缘情况，并加以处理（垫电容器纸或其他耐热薄膜），再浸以绝缘漆。待晾干或烘干后，测启动线圈电阻值为45Ω，运转线圈电阻值为20Ω，两线圈电阻值之和为65Ω。试机后，故障消失
大昌 CPWⅢ型自动排油烟机	工作时电机发热严重	检修时，断电后检查轴承和转轴的配合是否过紧，若过紧，放松配合即可。检查润滑油情况，若已干涸失效，应重新加注润滑油。检查电机机械系统无异常，再分别检查电机 M1 和 M2，发现电机 M2 的线圈局部短路。更换电机 M2 后，故障排除
千叶 YP5－4C 型排油烟机	按下“自动”键后，风扇立即启动并发出报警声	故障一般出在控制电路。由原理可知，该机气敏传感器在接通电源后，必须经过 2~5min 预热，才能进入稳定的工作状态。此时，气敏传感器的内阻较大，一旦接触到油烟或有害气体，气敏传感器的内阻就下降，有害气体浓度越高，气敏传感器内阻变得越小，从而自动启动排风电机工作。若气敏传感器没有预热稳定，而自动监控电路也没有相应的延时控制输出电路，则一旦按下”自动”键，就相当于刚接上电源，自动电路会立即误启动电机而发出报警声。经检查发现控制板电路损坏。更换控制板后，故障排除